“延边-东宁成矿带‘金厂式’金矿综合研究及勘查突破”(HJY10－03)项目资助
“黑龙江省东宁县金厂矿区及外围隐爆角砾岩含矿性评价研究”(HJY12－03)项目资助

黑龙江东宁金厂金矿床成矿模式与找矿预测

HEILONGJIANG DONGNING JINCHANG JIN KUANGCHUANG CHENGKUANG MOSHI YU ZHAOKUANG YUCE

闫家盼　许佳琪　李光琪
赵玉锁　黄　伟　王　斌　等编著

中国地质大学出版社
ZHONGGUO DIZHI DAXUE CHUBANSHE

图书在版编目(CIP)数据

黑龙江东宁金厂金矿床成矿模式与找矿预测/闫家盼等编著.—武汉:中国地质大学出版社,2024.10.
—ISBN 978-7-5625-5994-8
Ⅰ.P618.51
中国国家版本馆 CIP 数据核字第 20248S378G 号

黑龙江东宁金厂金矿床成矿模式与找矿预测

闫家盼　许佳琪　李光琪
赵玉锁　黄　伟　王　斌　等编著

责任编辑:唐然坤　　选题策划:唐然坤　　责任校对:宋巧娥

出版发行:中国地质大学出版社(武汉市洪山区鲁磨路 388 号)　　邮编:430074
电　　话:(027)67883511　　传　　真:(027)67883580　　E-mail:cbb@cug.edu.cn
经　　销:全国新华书店　　http://cugp.cug.edu.cn

开本:880mm×1230mm　1/16　　字数:444 千字　　印张:14
版次:2024 年 10 月第 1 版　　印次:2024 年 10 月第 1 次印刷
印刷:广东虎彩云印刷有限公司

ISBN 978-7-5625-5994-8　　定价:178.00 元

《黑龙江东宁金厂金矿床成矿模式与找矿预测》编委会

前　言

黑龙江东宁金厂金矿床系原中国人民武装警察黄金部队(简称武警黄金部队)第一支队于1994年在该区进行矿产预查工作时发现的,经多年勘查现已成为吉黑东部延边-东宁成矿带上的一个特大型金矿。金厂金矿床的发现无疑是1994年以来东北地区找矿工作所取得的又一重要突破。金厂金矿床的成矿地质背景优越,成矿潜力巨大,随着找矿勘查工作的不断深入,其规模有望进一步扩大成为超大型矿床。该矿床矿化类型以隐爆角砾岩筒型和岩浆穹隆型为主,具有鲜明的“四位一体”成矿作用特点,并与国内外目前已知的主要金矿床类型有一定区别,既不同于浅成低温热液型矿床,又与典型的斑岩型矿床存在异同,在国内外都是不可多见的重要矿床类型。因此,围绕该矿床开展研究工作具有十分重要的理论和实际意义。

为了更好地总结金厂金矿床的地质特征、成因及成矿作用模式,分析和探讨该类金矿床的有效找矿评价标志,提高勘查找矿工作效益,推动该地区金矿地质找矿工作又好又快发展,在黄金专项业务费项目“延边-东宁成矿带‘金厂式’金矿综合研究及勘查突破”(HJY10-03)和“黑龙江省东宁县金厂矿区及外围隐爆角砾岩含矿性评价研究”(HJY12-03)资助下,笔者团队完成了金厂金矿的相关调查研究工作。该项目由中国人民武装警察部队黄金地质研究所(现中国地质调查局地球物理调查中心)牵头,中国人民武装警察黄金部队第一支队(现中国地质调查局牡丹江自然资源综合调查中心)协助完成。通过几年的工作,两家单位在密切合作下,通过全面收集、分析、整理和综合前人大量资料,结合野外地质调查与各种分析测试,对金厂矿区岩浆岩、控岩控矿构造、矿石类型、矿化规律、成矿作用和成矿机制进行了系统研究,指出了下一步找矿靶区,并经工程验证取得了满意的找矿效果。

本书由金厂金矿发现以来多年主要工作成果汇编而成,全书共9章。具体编写情况如下:第1章金厂金矿床的发现史及研究现状由赵玉锁、黄伟、肖力、郭晓东、王景瑞编写;第2章区域地质背景由闫家盼、赵玉锁、赵由之、曾冠中编写;第3章矿区地质特征由闫家盼、许佳琪、李光琪、赵玉锁、肖力、曹勇、赵由之、曾冠中、王斌编写;第4章矿床地质特征由闫家盼、许佳琪、李光琪、赵玉锁、肖力、黄伟、赵由之、曾冠中、陈永福编写;第5章岩浆活动及对成矿的制约由闫家盼、赵玉锁、肖力、郭晓东编写;第6章矿区构造演化及其控岩控矿作用由闫家盼、许佳琪、李光琪、赵玉锁、肖力、赵由之、曾冠中编写;第7章矿床地球化学特征由闫家盼、赵玉锁编写;第8章矿床成因及成矿模式由闫家盼、赵玉锁编写;第9章综合信息找矿模型及找矿预测由闫家盼、许佳琪、李光琪、赵玉锁、黄伟、赵由之、曾冠中、王斌、肖力、郭晓东、曹勇、王景瑞编写;主要参考文献由许佳琪、李光琪整理;插图由许佳琪、李光琪清绘;最终统稿由闫家盼、赵玉锁完成。

首先,本书通过剖析金厂金矿的成矿模式,为理解该地区的成矿过程和矿床特征提供了科学依据,解释了矿床的空间分布、形成条件等,支持地质学家深入研究。其次,书中结合了成矿模式与找矿预测,对东宁地区的矿产勘查具有指导作用,能够有效提升找矿效率,减少盲目性。此外,该书丰富了地质资料库,为东宁地区金矿的系统记录和分析提供了支持。最后,金矿资源对地方经济有重要价值,该书的理论与预测方法可以推动地方经济发展,并促进矿产资源的合理开发和保护。因此,这本书不仅具备理论价值,还有重要的实用性。

在项目实施过程中,各级领导给予了大力支持和指导。本书在编写过程中,得到了中国地质调查局地球物理调查中心领导和有关部门的大力支持，吉林大学也给予了相关指导。在此，对项目工作和专著出版提供支持与帮助的工作人员一并表示诚挚的敬意！

由于该书时间跨度大，涉及机构改革、单位转制，项目和专著出版衔接不畅，再者，笔者虽然在文后列出了主要参考文献，难免挂一漏万，敬希相关作者谅解，笔者在此谨表示感谢！

笔　者

2024年5月

目 录

1 金厂金矿床的发现史及研究现状

金厂金矿地处黑龙江东南部,行政区划归属东宁市*,矿床位于延边-东宁成矿带北段。该区砂金采矿历史悠久。

1.1 金厂金矿床的发现过程和勘查现状

1945年前,日本人曾在该区开采黄金,作为军需补给的一个基地。1945年后,先后有多家地勘单位在该区开展地质找矿工作。

1958—1961年,张广才岭地质队九分队、牡丹江专署地质局杨木沟地质队和第三地质队对金厂八号硐黄铁矿进行了检查评价。同期,东宁地质队、牡丹江专署地质局第三地质队先后在本区开展了较系统的1∶20万地质测量工作,初步建立了地层系统,概略地划分了侵入岩,进行了分散流、金属量及重砂测量工作。

1961年,牡丹江地质局第二地质队对金厂砂金矿床进行了评价,获得砂金C_2级储量275.7kg。

1964年,黑龙江省有色金属公司地质勘探公司地质队对金厂、大肚川及东宁镇3个地区砂金远景做出普查评价,提出了值得进一步工作的地区是东宁镇至大肚川一带和金厂地区,除砂金点外,还发现3个砂金分散晕。

1965年,省地质局第一地质队对金厂金、黄铁矿矿点进行了范围较大的以金为主的普查工作,圈定了11个蚀变矿化带。

1967年,东北黄金勘探公司第一勘查队获得砂金C_2级储量740.6kg。

1968年,黑龙江省地质局第一地质队对金厂金矿、黄铁矿矿点进行了以金为主的普查工作,圈定了11个蚀变矿化带。

1968年,中国黄金地质勘探公司第二勘探队,对金厂半截沟一带进行了普查工作,发现了6条金矿化体。

1976—1977年,黑龙江省地质局第一区域地质测量队对本区L-52-XXXⅤ(穆棱镇幅)、L-52-XXXⅥ(东宁县幅)进行了正规1∶20万区域地质测量工作,建立了区域地层层序,将区内大面积出露的侵入岩划分为海西期和燕山期两个侵入旋回,确立了8个岩组的相对生成顺序,并对测区进行了较系统的矿产地质调查工作。通过矿点检查、重砂测量、分散流测量、航磁异常检查、放射性测量,将双桥子—金厂一带圈定为Ⅰ级金-有色金属-黄铁矿远景区。

1992年后,武警黄金部队第一支队(原第五支队)在金厂八号硐—半截沟一带开展岩金普查工作,于1994年发现金厂J-1号矿体,之后陆续发现了角砾岩型矿体和岩浆穹隆型矿体。到2009年,岩金

* 东宁市,原名东宁县,2015年12月由国务院批准撤销东宁县,设立县级东宁市。

储量达到80t,达到特大型岩金矿床规模。

1995年,武警黄金部队第五支队在绥阳—道河开展1∶10万水系沉积物测量2000km²,圈定水系沉积物异常11处,随后在金厂矿区及外围开展1∶2.5万水系异常查证,圈出异常区4处,其中金厂矿区位于1号异常区内。在此基础上,开展1∶1万土壤测量30km²,1∶1万磁法测量15km²对1号水系沉积物异常区进行查证,圈定土壤异常10处,圈定磁法异常2处。

1996年,武警黄金部队第五支队四中队边红业、王艳忠利用槽井探工程对金厂矿区物化探异常进行验证,发现了Ⅱ-1号、Ⅱ-2号脉。

1997—2002年,武警黄金部队第五支队通过勘查,相继发现了Ⅱ-3号、Ⅱ-4号、Ⅴ号、Ⅵ号、Ⅲ号、Ⅲ-1号、Ⅻ号、ⅩⅢ号等矿体,于2002年底提交《黑龙江省东宁县金厂矿区岩金阶段性普查报告》,全区提交推断的内蕴经济资源量(333)为40 221kg。

2002—2010年,武警黄金部队第一支队继续在该区开展岩金普查工作,发现了18号脉及Ⅱ-0号、Ⅱ-5号矿体,并对Ⅱ号、Ⅻ号、18号脉深部进行了稀疏控制,提交资源量(333)+(334)类40 726kg,矿区资源总量(333)+(334)类总计80 947kg,达到特大型矿床规模。

2010—2011年,武警黄金部队第一支队在刑家沟成矿远景区和大狍子沟成矿远景区内新发现了角砾岩型矿体J-17、J-14、J-11、J-13、J-16,这些新矿体的发现使金厂金矿床有可能达到超大型金矿规模。

1.2 矿区地质科研现状

20世纪90年代开始,武警黄金部队第一总队和武警黄金地质研究所在此开展找矿勘探与科学研究,从寻找砂金到寻找岩金,从勘探隐爆角砾岩型矿体到勘探裂隙充填型矿体,对矿床地质特征的认识不断深化,为矿区的找矿突破做出了重要贡献。

1996—1997年,武警黄金地质研究所慕涛等在金厂矿区开展了"黑龙江省东宁金厂金矿区成矿规律以及找矿方向研究"项目,确定了矿区的基本构造格架,评价了印支期花岗斑岩活动对J-1号隐爆岩筒构造及金矿化的控制作用,对矿区金矿成矿规律进行了初步总结,对区内的下一步找矿方向进行了探讨,并圈定了矿区内10个找矿远景区。

1998—1999年,武警黄金地质研究所陈锦荣等开展了"黑龙江省东宁县金厂矿区及外围金矿成矿规律与深部研究"项目,确定了印支期花岗斑岩和燕山期闪长玢岩超浅成侵入岩浆活动对隐爆角砾岩筒构造和半截沟产出的环状、放射状金矿化脉群的控制作用。在室内和野外研究的基础上,对岩浆活动期次和成矿期次进行了划分,建立了"次火山岩-隐爆角砾岩筒-环状、放射状断裂"成矿模式。在对1∶5万TM遥感解译的过程中,结合典型隐爆角砾岩筒地貌特征,解译出45个微环遥感影像异常,验证其中几个微环影像,证明是隐伏的隐爆角砾岩筒并有不同程度的金矿化。通过构造学研究、黄铁矿热电性测定和原生晕地球化学研究,对J-1号矿体进行了深部预测。

1999—2005年,武警黄金部队地质研究所先后多次在金厂矿区内开展了高密度电法测量和EH4电磁测深试验研究,共圈出低电阻率、高极化率异常12个。其中,在Ⅸ号矿体上圈出的异常形态、规模与浅钻验证结果基本一致,9号环形影像经浅钻验证为隐伏角砾岩筒,具较强烈黄铁矿化、硅化、绿泥石化蚀变。

2005年,武警黄金部队第一支队与武警黄金地质研究所合作对2号环形影像,14号、36号角砾岩筒进行了高密度电法、EH4电磁测深,确定了低阻高极化地质体形态及产状。武警黄金部队第一支队与中国地质大学(北京)合作,开展了金厂金矿岩体含矿性矿床成因及成矿模式研究。

2006 年，北京长江经济研究中心资源与环境研究所对矿区及外围进行遥感解译工作，解译并识别出 209 个小型环状构造。

2006—2007 年，武警黄金地质研究所开展了“黑龙江省东宁县金厂矿区及外围遥感地质解译及找矿预测研究”工作，进行了中等比例尺的遥感区域地质解译工作，建立了区域控矿构造格架；研究了区域构造、岩体与金矿分布的空间关系，以及区域构造对岩体和金矿的控制作用；建立了矿区尺度内构造控矿规律，结合矿区地质情况建立了金厂金矿遥感找矿模式。

2005—2009 年，张德会和李胜荣等开展了“黑龙江金厂金矿岩体含矿性评价研究”项目，对 18 号金矿体的矿体空间展布、矿石类型与特征、热液蚀变类型与特征及其分带性进行了研究，初步确定其矿床类型为斑岩型，并以热液蚀变矿物组合、岩石磁化率、黄铁矿形态特征值和黄铁矿成分为参数，进行了矿物学填图，对矿床类型、剥蚀程度及深部远景进行了初步分析和预测（张德文和李胜荣，2005）。王永（2006）对矿体流体包裹体特征及矿床成因进行了研究。李真真等（2009）对金矿类型、围岩蚀变、流体包裹体进行了研究。张华锋（2007）对金矿的成矿时代进行了研究，确定 18 号脉群蚀变分带与斑岩相似，成矿温度为中高温，流体盐度较高，花岗斑岩侵位时间与围岩蚀变时间较一致。罗先熔（2009）开展了“黑龙江省东宁县金厂矿区多种方法寻找隐伏金矿研究及找矿预测”项目，采用地电提取测量法、土壤离子电导率测量法和土壤吸附相态汞测量法 3 种新方法组合的集成技术，根据地电化学找金目的性，依据 Au 异常分布情况，结合其他异常指标，划出异常靶区，并对下一步找矿工作进行预测。

2008—2009 年，贾正元等（2009）开展了“黑龙江东宁县金厂矿区多种物探新方法寻找隐伏金矿研究和成矿预测”项目，采用高精度磁法扫面、高密度电法、激电中梯等测量方法，在充分分析地质和化探成果的基础上优选出找矿有利地段。

2008—2009 年，崔彬等开展了“黑龙江金厂矿区金成矿远景预测”项目，在综合矿区各矿体赋存特征、矿化蚀变组合分带特征、矿化蚀变阶段特征后，发现它与斑岩型铜金矿床具有高度相似性，认为金厂金矿为深部斑岩成因的次火山构造控制的中低温热液铜金矿床。

2008—2009 年，武警黄金地质研究所肖力和赵玉锁（2009）开展了“黑龙江省东宁县金厂矿区及外围金矿构造控矿规律与找矿预测研究”项目，系统对金厂矿区的角砾岩构造、接触带构造、断裂构造、岩浆穹隆构造、矿石类型、矿化规律、成矿规律和成矿机制进行了研究，总结了构造控岩控矿规律和建立了构造控岩控矿模式，最后指出了下一步找矿方向，圈定了找矿有利地段。

目前为止，金厂矿区已成为吉黑东部特大型金矿，成矿潜力巨大。该矿床集爆破角砾岩筒型、环状及放射形断裂控矿型等多种类型金矿化于一身，这在国内外都是不可多见的矿床类型。

2 区域地质背景

2.1 大地构造位置

成矿区(带)是一定成矿时期、特定地区成矿地质环境和区域成矿作用发展全过程的综合表达,成矿区(带)划分的最基本依据为区域矿床的时空分布规律。据陈毓川等(1999)对全国成矿区(带)的划分方案,延边-东宁成矿带属于滨(西)太平洋成矿域(Ⅰ-1)中的老爷岭晚古生代—中生代金、铜、镍、铅、锌、(铁)成矿带(Ⅱ-1)中的绥芬河-延边加里东、海西、燕山期金、铜、镍、铅、锌、(铁)成矿带(Ⅲ-2)。

2.1.1 自然地理

延边-东宁成矿带位于松辽平原东缘穆棱—宁安—敦化市一线以东至中朝、中俄边界,行政区划分别属于吉林东北部和黑龙江东南部,面积约10万km^2。

区内铁路、公路网发达,以公路交通为主。东西向铁路有滨绥线、长图线,南北向有牡图线。公路有滨绥公路、鸡图公路和G301、G015、G201、G302等国家级公路,所有县市、乡镇都有铁路或不同等级的公路相通。

本区属中低山区,老爷岭山脉从东部向南部延伸到图们江下游,地势起伏较大,呈北高南低,最高峰老爷岭海拔1477m,一般海拔在600～700m。区内水系较发育,主要河流有海兰河、嘎呀河、珲春河、密江河、大汪清河、大绥芬河、图们江、牡丹江等,属图们江水系与牡丹江水系。主要淡水湖泊为镜泊湖。

工作区属森林覆盖中高山区,温带湿润季风气候,但受海洋影响较深,夏短温暖,冬长寒冷。年平均气温5.5℃。最热8月份,平均气温21℃,最冷2月份,平均气温−12℃,降水量600～700mm。

区内农业、工业、林业、矿业经济并举,特产经济占有一定的地位。农作物以水稻、玉米、大豆为主。森林覆盖率在80%以上,是国家林业生产基地之一。地方特产主要有人参、鹿茸等名贵中药材。地方工业较发达,主要有森林采伐、加工、采矿(以金铜为主)、机电、造纸、水泥、纺织、煤炭、电力、冶金、建材等。矿业经济以贵金属、有色金属、黑金属为主,区内有金、铅、锌、铜、银、锰、汞等50多种矿产和40多种非金属矿产。

2.1.2 大地构造位置

本区位于敦化-密山深断裂以东,西拉木伦、锡林浩特古生代沟、弧、盆东部,吉黑地槽褶皱中的延边褶皱带(吉林部分)与兴凯湖地块中的太平岭隆起带与老黑山断陷(黑龙江部分),中朝古板块的北部。

主体为海西期褶皱系，由于中生代—新生代滨太平洋边缘活动的叠加，其东部老爷岭地区又称滨太平洋延边海西褶皱系。北侧为吉黑地槽褶皱的中间地块——布列亚-佳木斯地体。西北侧为牡丹江-穆棱古生代拼合带发育起来的敦密断裂，南侧以西拉木伦（辉发河）（华北地台北缘）断裂带与华北板块相接，东部进入俄罗斯境内（图 2-1）。

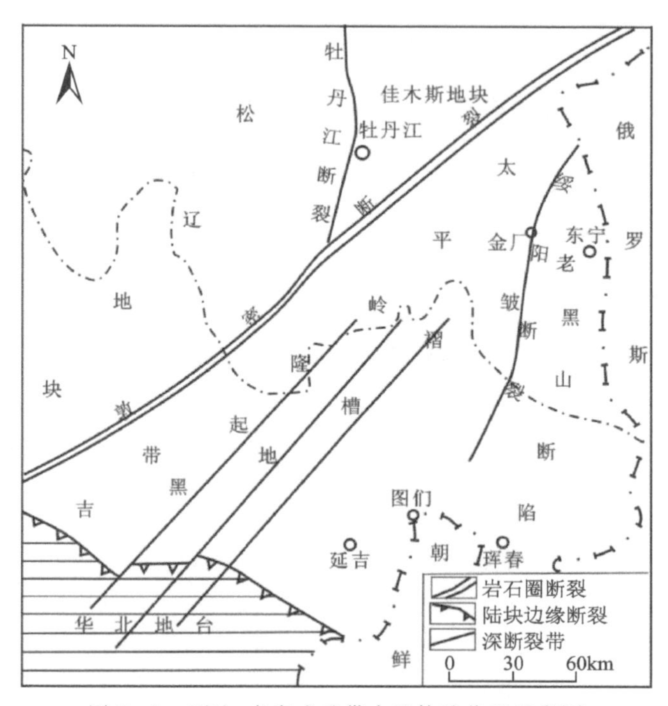

图 2-1 延边-东宁成矿带大地构造位置示意图

吉黑地槽褶皱由老爷岭隆起、张广才岭褶断束和太平岭褶断束组成，古生代时期老爷岭两侧下陷，发育有石炭纪—二叠纪的地槽型建造，海西运动表现为强烈的块断褶皱作用并伴随有花岗岩侵入。

吉黑地槽褶皱的固结时间在早中三叠世，该区大部分在早中三叠世之前处于强烈活动的环境中，形成了经过强烈变形变质的早古生代和大面积分布的海西期花岗质岩石，同时形成了复杂的构造格架。在中生代刚固结的吉黑褶皱又被强烈活动的西太平洋大陆边缘活动带叠加，形成褶皱带终结区的构造岩浆活化区。延边褶皱带-绥芬河-延边海西期—燕山期铜金成矿区属天山-兴安构造带中的一个古生代岛弧带。

2.2 区域地层

中国东北地区作为亚洲东部重要的地质构造单元，与俄罗斯远东地区、朝韩和日本地缘相近，某些方面具有重要的地质构造演化亲缘性。最新研究资料表明，我国东北地区是夹持于华北克拉通和西伯利亚克拉通间的多块体拼贴增生地体，为新生的年轻地壳，它的演化明显具古亚洲构造域和环太平洋构造域的印记。

兴凯地块、佳木斯地块、布列亚地块是具有亲缘的地块，是同一地块的断裂错断。

该地区的火山岩地层比较年轻，与西伯利亚、冈瓦纳大陆以及华北华南板块具有亲缘性，或者是一个外来地块。

东宁地区位于兴凯地块，罗圈站组是其同碰撞火山岩以及一些同碰撞花岗岩。古亚洲洋 260Ma 闭合后,210Ma 发生环太平洋的闭合增生,促使兴凯-佳木斯板块拼合增生,黑龙江杂岩具洋壳性质。

从研究角度而言,延边-东宁不是一个板块,且分属于黑龙江省和吉林省。在区域地层的建组方面使用不同的名称,统一起来比较难,故分述于下。

2.2.1 东宁地区地层

东宁地区区域范围内出露的地层由老至新主要有新元古界、上古生界及中生界—新生界。各时代地层特征如下。

2.2.1.1 新元古界黄松群

新元古界黄松群是本区所见最老地层单元,在区内共和村—双桥子一带分布较为广泛,在空间上具北东向展布特征。该套地层顶底界线不清,岩性特征表现为上部以千枚状含石榴石碳质云母片岩为主,下部以钠长片岩、变粒岩夹角闪片岩及含铁石英岩等为主。区内黄松群可进一步划分为杨木组、阎王殿两组。

杨木组:主要由含石榴二长片岩、黑云斜长片岩、石英片岩、变粒岩、角闪片岩及大理岩等岩性组成,下伏地层不清,与上覆地层整合接触,厚度大于 3828m。

阎王殿组:主要岩性为千枚状含石榴石碳质绢云母片岩,厚度大于 2031m。

本区黄松群岩石变质程度不均匀,总体来看,杨木组岩石变质程度较深,而阎王殿组岩石变质程度稍浅;而在区域分布上,南部和北部变质程度稍浅,中间地带变质程度较深。原岩恢复结果表明(陈锦荣等,2000),杨木组下部以中酸性火山岩为主,夹中基性火山岩、石英岩及磁铁石英岩,上部为砂岩、泥质岩与中酸性火山岩交替发育;阎王殿组原岩主要为碳质泥岩、泥质粉砂岩,仅下部含少量砂岩及中酸性火山岩。从区域上黄松群变质岩原岩特征来看,自南而北,火山岩夹层有增多趋势。

2.2.1.2 上古生界

本区上古生界主要发育石炭系及二叠系。

石炭系:本区的石炭系主要见上石炭统塔头河组,岩性为黄褐色、灰绿色粉砂岩、粉砂质板岩、碎屑砂岩及砾岩。总体上看,该套地层为一套由砂岩、板岩构成的韵律性陆相沉积,下部岩石粒度较粗,向上部碳质、泥质成分逐渐增加。

二叠系:主要分布于区内太平岭两侧地区,包括二龙山组、平阳镇组及城山组,总厚度大于 2198m。

二龙山组:属于不连续的断陷型水下洼地堆积,上部主要岩性为灰绿色片理化安山岩、杏仁状安山岩,夹安山玄武岩及白色薄层大理岩;下部为剧烈火山爆破形成的集块岩,并渐变过渡为宁静溢流和间歇式喷发形成的熔岩、凝灰质岩石夹碳酸盐岩。

平阳镇组:原岩为浅海相细碎屑岩沉积,主要岩性有绢云母千枚岩、碳质板岩夹大理岩。在区域上由北至南,该套地层中沉积岩厚度和碳酸盐夹层厚度有逐渐增加的趋势。

城山组:本套地层主要岩性有砾岩、凝灰质砂岩、板岩等,并呈现出砾岩→砂岩→板岩的韵律性变化特点。自下而上,砾岩层厚度变薄,砾石磨圆度较好,砾石成分以酸性火山岩居多,板岩、花岗岩较少,砂岩以中粗粒为主,成分以长石及岩屑为主。这反映了本组地层是在地貌反差较大、剥蚀较快、物源丰富且未经长距离搬运条件下的沉积。

2.2.1.3 中生界

三叠系:本区三叠系主要为罗圈站组。该组地层岩性主要为酸性熔岩、碎屑岩夹凝灰岩等,厚度大于828m,与下伏平阳镇组及上覆侏罗系绥芬河组均呈角度不整合接触关系。该套岩性反映出该区晚三叠世火山喷发强烈,且以酸性火山爆发及熔岩喷溢方式为主,只在间歇期沉积了一些含植物化石的正常沉积岩。

侏罗系:由老至新,将侏罗系划分为托盘沟组、天桥岭组、屯田营组及东宁组等,其岩性总体为一套中酸性火山岩-火山碎屑岩-正常沉积岩建造,空间分布受区内南北向断裂构造的制约。

托盘沟组主要岩性为灰绿色、黄绿色、黄褐色中酸性含砾凝灰岩、凝灰角砾岩,紫色、灰色—灰白色流纹斑岩、安山玢岩及其凝灰熔岩等。

天桥岭组主要岩性为灰色—灰黄色流纹斑岩及其凝灰熔岩,夹熔凝灰岩、凝灰岩及凝灰角砾岩。

屯田营组主要岩性为灰色、紫色玄武岩、安山玄武岩、安山玢岩及凝灰岩。

白垩系:本区白垩系发育相对较少,仅在东宁盆地及太平沟一带出露有下白垩统穆棱组及白垩系猴石沟组。前者为一套粒度较细的陆相、湖相韵律状煤系沉积,粉砂岩、泥质岩及凝灰岩占比较大,反映其沉积时该区地质构造活动性较大;猴石沟组岩性下部为砾岩夹砂岩,上部则主要为砂岩、粉砂岩和泥岩。

东宁组主要岩性为灰绿色、灰白色砾岩、砂砾岩、粗砂岩、细砂岩、凝灰质砂岩、灰黑色砂质泥岩、泥岩以及煤层。

2.2.1.4 新生界

新近系包括道台桥组(或土门子组)及船底山组。前者在本区仅零星出露,岩性为灰白色、灰绿色胶结松散的碎屑岩,夹薄层煤层;后者主要岩性为气孔状玄武岩、橄榄粗玄岩、伊丁石玄武岩等。

第四系:主要指分布于河谷、阶地等处,由砾石、砂、黏土等组成的沉积物,厚度不稳定。该类沉积在绥芬河、八里坪、金厂及道河等地区均有发育。

2.2.2 延边地区地层

延边地区与华北地台的界线为现今发育于延吉、珲春以南的北西向古洞河深断裂带(图 2-2),其南为华北地台区,北为古生代大陆边缘增生带,也即通常所称的吉黑褶地槽皱(带)(芮宗瑶等,1995)。该断裂以南的华北地台区,发育以太古宙、元古宙灰色片麻岩及花岗质岩石等为主的古老变质结晶基底;而断裂以北的槽区,则主要发育早古生代变质火山-沉积建造,太古宙及元古宙基底岩石仅在局部地区以残片形式出现。现今延边地区发育的主要地层单元由老至新如下。

2.2.2.1 前泥盆系青龙村群及五道沟群

青龙村群及五道沟群是延边地区出露的最古老的岩石地层单元,由于后期构造及大规模岩浆活动的破坏,它们多呈残块或孤岛状零星分布于大面积海西期花岗岩中。目前,这两套地层地质研究程度相对较低,其时代归属问题也争议较大。《吉林省区域地质志》将青龙村群形成时代定为寒武纪—奥陶纪,而将五道沟群形成时代定为志留纪—泥盆纪(吉林省地质矿产局,1988)。本区青龙村群主要分布于龙井南部的勇新、和龙的古洞河、獐项、长仁到安图的新合、万宝及敦化的大蒲柴河、宝忠桥一带,总体呈现出沿古洞河断裂一线北西向断续分布的面貌。青龙村群岩性主要为含红柱石片岩、黑云母斜长片麻岩、

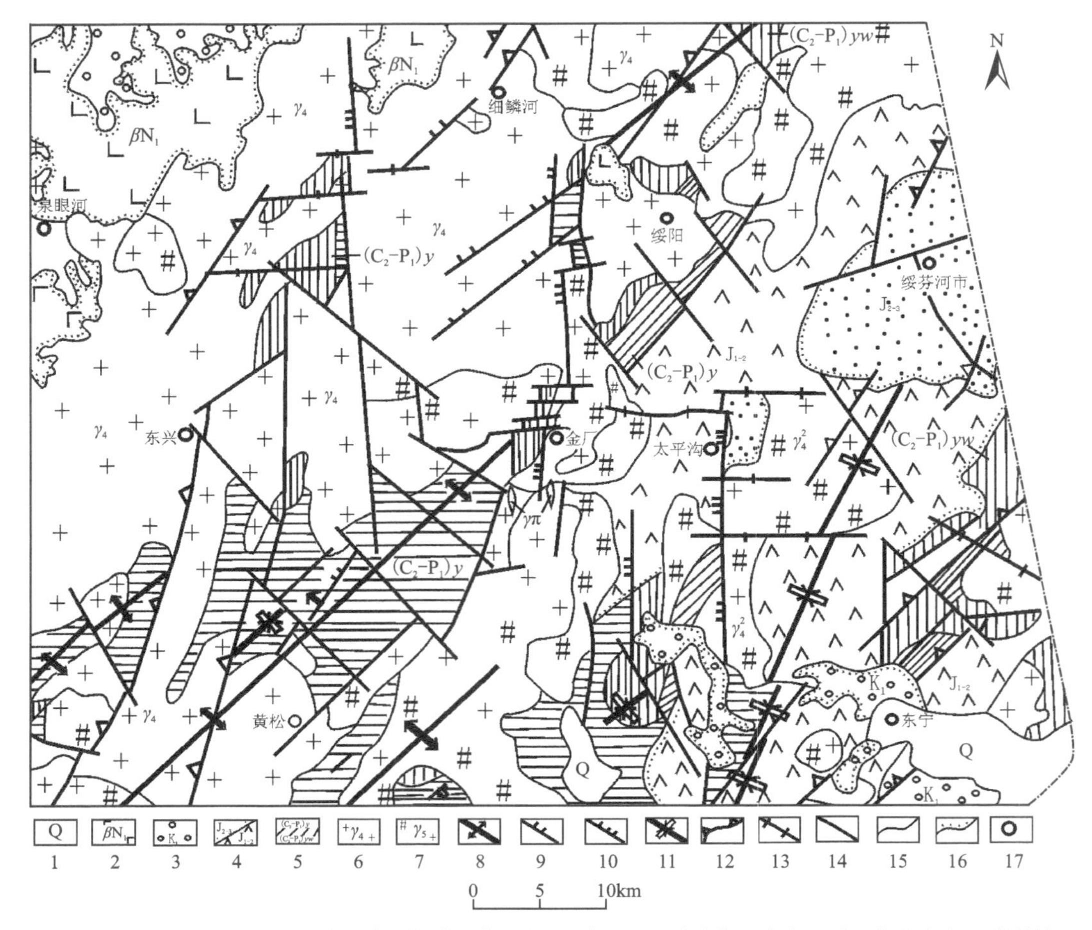

1.第四系;2.新近系;3.白垩系;4.侏罗系(中下侏罗统/中上侏罗统);5.古生界;6.印支期花岗岩;7.燕山期花岗岩;8.背斜轴;9.北东向压性—压扭性断裂;10.南北向压性—压扭性断裂;11.向斜轴;12.压性—压扭性断裂;13.张扭性断裂;14.其他断裂;15.地质界线;16.不整合界线;17.村镇

图 2-2 东宁地区地质构造简图(据贾国志等,2005)

角闪质岩石、含石墨大理岩及硅质条带大理岩等,其总体变质程度达低角闪岩相-高绿片岩相。区内五道沟群主要分布于珲春五道沟—小西南岔一带,其岩性顶部为含红柱石碳质板岩、含石榴石二云母石英片岩、斜长角闪岩夹大理岩等,下部则主要为含石榴石变质砂岩。五道沟群岩石总体变质程度较青龙村群略低,属绿片岩相。

2.2.2.2 石炭系山秀岭组

延边地区普遍缺失下、中石炭统,仅发育少量的上石炭统山秀岭组。该组地层主要分布于开山屯山秀岭及天宝山两地,岩性以凝灰岩、凝灰质砂岩、灰岩及结晶灰岩等为主。

2.2.2.3 二叠系

延边地区二叠系分布较为广泛。下二叠统由老至新依次划分为大蒜沟组、庙岭组、柯岛组及亮子川组;上二叠统在开山屯等地称为开山屯组,而在敦化地区称为青沟子组。下二叠统大蒜沟组主要分布于开山屯山秀岭、大蒜沟—大同、安图罗圈沟等地,岩性以凝灰质粉砂岩、含砾凝灰熔岩、钙质粉砂岩及扁透镜状灰岩等为主。庙岭组主要分布于安图北塘沟、汪清庙岭、西大坡、开山屯后底洞、珲春仁河洞等地，岩性包括凝灰质砾岩、粉砂-砂岩及灰岩等。柯岛组出露较为广泛，西起敦化，东至珲春，北自汪清，南至开山屯均有分布，主要岩性上部为杂色片理化凝灰岩及中酸性熔岩，下部为凝灰质砾岩、粉砂-砂岩等。亮子川组分布于开山屯寺沟洞、珲春仁河洞、干沟子等地，岩性以层凝灰岩、凝灰质板岩、凝灰质粗砂岩-砾岩等为主。上二叠统开山屯组主要分布于汪清、珲春及开山屯等地，岩性主要有凝灰质砾岩、中粗粒砂岩、黑色板岩、酸性凝灰岩、安山岩及扁豆状灰岩等。

2.2.2.4 三叠系大兴沟群

延边地区发育的三叠系为大兴沟群，岩性主要为一套陆相火山-沉积岩系。该套地层主要分布于汪清大兴沟、珲春马滴达、安图天宝山、敦化镜泊湖及二背青一带，自下而上可分为托盘沟组、马鹿沟组及天桥岭组。从总体上看，该套地层上、下均为中酸性火山岩，中间夹一套含煤碎屑沉积岩，故有人将其划归为事件沉积。已有的同位素年代学数据表明其火山岩形成时代为220～200Ma(赵宏光，2007)。该套地层角度不整合覆于二叠系之上，其上又被侏罗系屯田营组不整合覆盖。

2.2.2.5 侏罗系屯田营组

延边地区侏罗系仅发育中侏罗统屯田营组。在区域上，该组地层呈北东向展布，分别出露于汪清地荫沟盆地的城墙砬子、亲和屯、沙金沟、刺猬沟，延吉盆地老头沟，安图盆地明月沟、五峰等地。该组地层岩性主要为一套中性火山岩、火山碎屑岩及凝灰质砂岩，在区域上可与吉林地区的德仁组对比，与上覆金沟岭组整合接触。

2.2.2.6 上侏罗统—下白垩统

延边地区晚侏罗世—早白垩世地层包括金沟岭组、泉水村组、长财组及大砬子组等。金岭沟组时代为晚侏罗世—早白垩世，主要分布于汪清地荫沟盆地、百草沟盆地、延吉屯田营盆地、老头沟盆地、安图明月沟及龙金厂沟、龙井福洞盆地等地，岩性为一套中性火山熔岩-火山碎屑岩夹煤层，区内不同地段岩性变化较大，与下伏屯田营组为整合接触，或与老地层不整合接触，而与上覆泉水村组地层为平行不整合接触关系。

泉水村组：该组地层时代归属早白垩世，由一套中性火山岩、火山碎屑岩夹少量英安质熔岩及流纹岩组成，主要分布在汪清盆地、杜荒子盆地、罗子沟盆地、地荫沟盆地及敦化大桥盆地等地区，底部以砾岩与金岭沟组呈平行不整合接触。

长财组：其时代归属早白垩世晚期，主要分布于长岩等地，岩性为一套陆相沉积岩组合，主要包括灰白色含砾长石石英砂岩、砾岩、粗砂岩、细砂岩及泥质粉砂岩等，内发育较薄的煤层，与上覆大砬子组平行不整合接触。

大砬子组：其时代归属早白垩世晚期，多分布于百草沟西南、西山屯一带及西兴的南部，岩性为一套紫红色—红绿色砾岩、含砾粗砂岩、含砾细砂岩、粗砂岩、细砂岩夹粉砂岩等。

2.2.2.7 新生界及沉积物

延边地区新生代地层主要包括新近系船底山组火山岩及第四系现代河床阶地沉积物。新近系船底山组火山岩零星分布于西湾子、仲坪、刺猬沟及农坪等地，岩石类型较为单一，主要为橄榄玄武岩、安山质玄武岩，底部为气孔状玄武岩等，不整合覆于前期地质体之上，地貌上构成玄武岩台地；第四系主要分布于现代河床阶地之中，主要为河漫滩冲—洪积物及砂、砾石、黏土等松散堆积物。

2.3 区域构造

2.3.1 东宁地区构造

根据前人对该区基础地质方面研究所取得的成果(芮宗瑶等,1995;赵春荆等,1996;孟庆丽等,2001;赵宏光,2007),总体而言,该区的地质构造演化过程可大体划分为两个大的发展阶段,即吉黑地槽褶皱的回返阶段及中生代以来的滨太平洋构造域地质构造叠加与活化改造作用阶段,两者的转折过渡时限大致在二叠纪末至早三叠世。在前一地质演化阶段,由于延边地区与东宁地区所处地理位置与构造环境不同,故两者具体地质构造发育特征及演化过程均有所差异;但到了后一阶段,两者都同处于滨太平洋构造域的构造-岩浆作用强烈活化改造阶段,故大体经历了相似的地质构造发展演化过程。因此,为论述方便及便于对比分析,这里将分别对延边及东宁地区的区域地质构造背景概况简要介绍。

东宁地区位于吉黑地槽褶皱之太平岭隆起带与老黑山断陷结合部位,北东向的绥阳深大断裂及北东—北北东向褶皱奠定了本区的基本构造格局(图 2-2)。

2.3.1.1 褶皱构造

本区发育的褶皱构造主要有太平岭背斜、双桥子向斜、南天山向斜、黄松背斜、黑瞎子沟向斜、杨木二段向斜及大猪圈背斜等,其中太平岭褶皱为一复式背斜,其余褶皱为其次级构造。

太平岭背斜:太平岭背斜位于该区的中部,规模大,自南而北贯穿全区,长达百余千米,总体轴向北东。区内发育的南北向及北西向断裂将太平岭背斜分割为两段:南西段核部地层为新元古界黄松群杨木组,而北东段核部地层为黄松群阎王殿组。该背斜总体西南段抬起,北东段倾没,为一倾伏背斜。

双桥子向斜:为太平岭复式背斜的次级褶皱,它位于本区东北部,总体轴向 NE60°左右。该向斜核部出露中石炭统—下二叠统双桥子组,两翼发育阎王殿组,北西翼地层产状 165°∠38°,南东翼地层产状 330°∠36°～44°。

南天山向斜:为太平岭复式背斜的次级褶皱,它位于本区东南部,总体轴向北东,长度约 13km。该向斜核部地层为双桥子组,两翼地层为阎王殿组,转折端大体在南天山一带,该处地层倾向南西,倾角约 40°。

黄松背斜:为太平岭复式背斜的次级褶皱,它位于本区南部,总体轴向北东,长在 16km 以上。该背斜核部为燕山期白岗质花岗岩占据,两翼为杨木组上部地层,北西翼地层产状 315°∠40°,南东翼地层产状 130°∠30°。

黑瞎子沟向斜:为太平岭复式背斜的次级褶皱,它位于本区东南部,黄松背斜东侧,长度大于 10km。该向斜核部出露阎王殿组,两翼为杨木组,北西翼地层产状 170°∠40°,南东翼产状 325°∠46°。

杨木二段向斜:为太平岭复式背斜的次级褶皱,它位于本区南部,总体轴向北东,长大于 13km。该向斜轴部发育杨木组上部地层,两翼为杨木组下部层位。后期花岗岩的侵入导致其北西翼完整性差,残存地层产状 115°∠40°,南东翼地层产状 300°∠50°。

大猪圈背斜:为太平岭复式背斜的次级褶皱,它位于本区西南部,总体轴向北东,长度约 20km。该背斜核部由杨木组构成,两翼则主要为阎王殿组。其中,南东翼遭受后期花岗岩体破坏,致使地层残缺不全,残存地层显示该背斜南东翼产状为 140°～150°∠45°,而北西翼产状 320°～330°∠40°～45°。

2.3.1.2 断裂构造

本区断裂构造较为发育，依走向可划分近东西向、近南北向、北东—北北东向及北西向4组。各组断裂规模大小、性质不同，现分别介绍如下。

(1)近东西向断裂：该组断裂在区内较少发育，且规模一般不大，力学性质偏张性，多显示张性—张扭性特征，主要发育于区内东南部，常切错如北东向等其他方向的断裂，反映其形成较晚或晚期活动性较强的特点。

(2)近南北向断裂：该组断裂在区内较为发育，多集中在区内中部地区，力学性质以压性—压扭性为主，较有代表性的有绥西-黑瞎子沟断裂、太平沟-石灰窑断裂、太平岭-半砬窝洼断裂、512高地-八号洞子断裂等。

(3)北东—北北东向断裂：该组断裂在区内十分发育，规模也较大，力学性质以扭性或压扭性为主，较有代表性的有三道河子断裂、会川断裂、双垭子-黄松断裂、新兴屯-莲河林场断裂、奇新屯-柳毛河下屯断裂、共和-伊林断裂等，敦化-密山(超壳)深断裂也属此列。

(4)北西向断裂：该组断裂在区内也较为发育，但规模一般相对较小，力学性质以扭性—张扭性为主，较为代表性的有猴石沟断裂、砍椽沟断裂等。

2.3.2 延边地区构造

延边地区地质构造作用复杂，早期经历了吉黑地槽褶皱回返(古亚洲洋演化)，中生代以来又遭受滨太平洋构造域构造作用的强烈叠加改造。因此，该区不同期次、性质和方向的褶皱及断裂构造十分发育，为该区内生金属成矿作用提供了有利的构造条件。

2.3.2.1 褶皱及韧性变形构造

区内的褶皱和韧性变形作用，从时间上可以划分为3个形成和演化阶段：加里东晚期—海西早期褶皱和韧性变形阶段、海西晚期—印支早期褶皱和韧性变形阶段、中生代褶皱和韧性变形阶段。以前两期形成的褶皱构造为主(图2-3)。

1. 加里东晚期—海西早期褶皱和韧性变形作用

该期构造变形作用主要发育于青龙村群和五道沟群中，其主要表现为地层岩石的强烈褶皱变形及北西向大规模的韧性剪切带的形成(不同变形程度的糜棱岩系列岩石发育)，但由于后期构造及岩浆活动的强烈改造，这些早期构造形迹仅局部残留于延边古生代增杂岩系中。

该期构造作用形成的褶皱构造，从其形态及空间分布特征来看主要分为两组：一组主要分布于延边地区南部和西南部，包括卧龙、长仁—青龙村、安图的寒葱沟一带，褶皱轴向北西—北西西向，多呈背斜和复式向斜形式产出，局部存在倒转现象；另一组主要分布在马滴达—五道沟—小西南岔、闹枝—百草沟一带，褶皱轴向近南北向。两组褶皱轴向的差异可能与古亚洲洋封闭期间其内岛弧的分布与旋转作用有关。

2. 海西晚期—印支早期褶皱和韧性变形作用

这期构造变形作用主体为石炭纪—二叠纪地层，对早期的青龙村群和五道沟群也有一定影响。依据褶皱构造形态及空间展布特征，该期构造变形形成的褶皱构造亦可划分为两组。

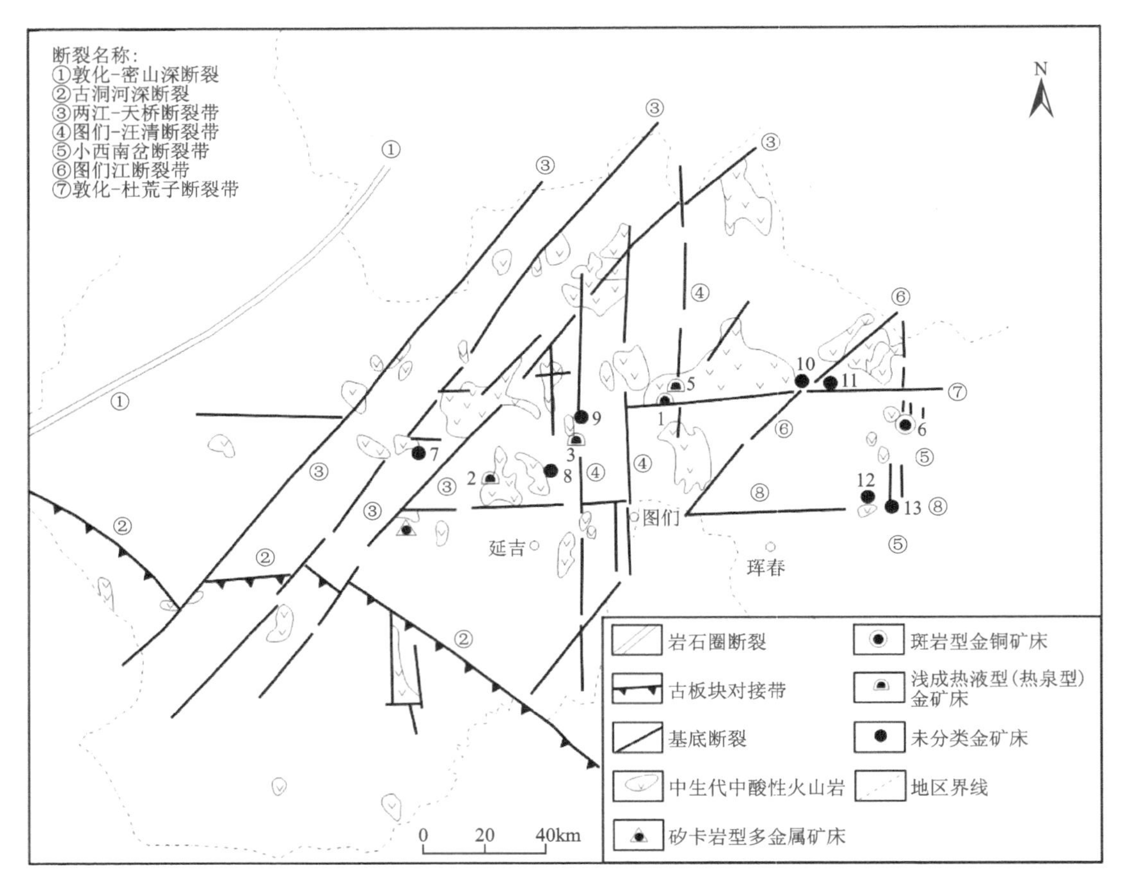

1.天宝山铜-多金属矿床;2.五凤-五星山金矿床;3.闹枝金矿床;4.刺猬沟金矿床;5.干沟子金矿床;6.小西南岔金铜矿床;7.金矿屯金矿床;8.春兴金矿床;9.富岩金矿床;10.九三沟金矿床;11.杜荒岭金(铜)矿床;12.三道沟金(铜)矿床;13.农坪金(铜)矿床

图 2-3 延边地区构造轮廓、中生代中酸性火山岩及主要金(多金属)矿床(据芮宗瑶等,1995)

北东向褶皱:主要分布于延边地区西部,图们-汪清-牡丹江断裂以西的明月镇—庙岭—大兴沟—天桥岭一带,自南西向北东发育有北塘沟-罗圈沟倒转背斜、西阳-前河倒转向斜、庙岭背斜、大兴沟向斜、天桥岭倒转向斜等一系列北东向褶皱,从而构成一条长度大于 110km 的北东向紧闭褶皱构造带,这些褶皱构造总体轴向北东,轴面西倾,倾角 30°～50°。由于晚海西期—早印支期的大规模花岗岩侵入及后期断裂构造的切割,使得这些褶皱构造残缺不全,但其北东向展布特点可能与中生代以来滨太平洋构造域构造作用叠加改造有关。

南北向褶皱:主要分布于延边地区东部,如汪清西大坡、十里坪,珲春密江、大荒沟、杜荒子等地。这组褶皱涉及地层主要为二叠系和五道沟群,褶皱形态呈紧闭的线性和倒转褶皱,褶皱轴向总体近南北向或北北东向,轴面陡立,倾角一般为 60°～70°。伴随着褶皱变形作用,岩层还常发育一组侵入性轴面劈理。同样,这组褶皱也被后期的侵入岩体及断裂构造破坏得残缺不全。

2.3.2.2 断裂构造

延边地区断裂构造十分发育,依走向可将该区的断裂构造划分为 4 组,具体如下。

1. 东西向断裂构造

本区东西向断裂构造具有形成早且具长期多次继承性活动等特点,典型代表如敦化-汪清-春化断裂带及东清-新合-马滴达断裂带等。

敦化-汪清-春化断裂带：该断裂带西起蛟河横道，经敦化—汪清—复兴—小西南岔—春化，向东进入俄罗斯境内，全长大于330km，宽约20km，是本区规模最大的一条超壳东西向断裂。该断裂带总体南倾，倾角变化大，为30°～70°。它切穿了区内古生代及中生代等不同时期的地层和侵入岩，具有早期韧性、晚期脆性变形特点，显示出长期活动及挤压破碎变形的性质。从区域上看，该断裂总体上将华北北缘古生代陆缘增生杂岩系分成南、北两个区，即南部的牡丹岭-大荒沟断隆带和北部的东西向断陷带，对区域地质构造演化有重要控制作用。另外，该断裂带与区内北东向、北西向及南北向断裂交会部位，也控制着中生代火山-侵入杂岩系的形成分布及与其相关的内生金属成矿作用。据相关记载，沿此断裂有5级深源地震发生，也表明该断裂对新生代的构造-岩浆作用有一定的控制作用。

东清-新合-马滴达断裂带：该断裂西起安图东清，向东经新合—图们—珲春，直到马滴达—五道沟一带，全长约220km，宽约25km，其产状总体北倾，倾角40°～70°。该断裂同样切穿古生代、中生代等不同时期的地层和侵入体，具规模大、活动时间长等特点，它与其他方向断裂交会部位，亦控制着中生代火山-岩浆侵入活动及相关内生金属成矿作用。

2. 北东向和北北东向断裂构造

该区北东向和北北东向断裂构造亦十分发育，自西向东依次有敦化-密山断裂、两江-天桥岭断裂带（图2-3）及相对次级的图们江-罗子沟断裂带、珲春-杜荒子断裂带、三道沟-小西南岔断裂带、四道沟-春化断裂带等。上述断裂带基本呈近等间距分布，在西部这组断裂走向以北东40°～50°为主，东部以北北东15°～20°为主。这组断裂形成时代不一，性质复杂，切割深度大且多数在新生代仍在活动。其中敦密断裂为超壳断裂，对全区地质构造演化有明显的控制作用。总体来看，该组断裂是该区重要的控岩控矿构造之一。

3. 南北向断裂构造

本区南北向断裂构造主要分布于中部和东部，中部以图们-汪清断裂带（图2-3）、东部以小西南岔断裂带为代表（图2-3）。该组断裂带构造性质一般为逆断层或逆冲断层，其产状多数倾向东，倾角一般60°～80°。该组断裂空间上一般与南北向褶皱相伴生，切穿五道沟群至中生代岩体或其他类型地质体，但在很多地方见其被北东、北西及近南北向断裂所截切，推测其形成时代较早且长期活动。遥感图像解译分析表明，图们断裂向北与牡丹江断裂相连，向南经朝鲜进入日本海，因此是一条有相当规模的大型断裂构造。同样，从区域角度分析，该组方向的断裂构造对区内中生代岩浆活动及与其相关的金属成矿作用起着重要的控制作用（图2-3）。

4. 北西向断裂构造

除研究区西南部华北板块北缘存在的长期活动的古洞河边界性断裂（图2-3）以外，该组方向的断裂还见于延边地区的中部和东部，如汪清的永昌-闹枝-安田断裂、密江-汪清断裂以及五道沟-小西南岔-杜荒子断裂等，但其规模远不及上述所讨论的断裂（带）。这组断裂总体走向北西310°左右，结构面力学性质以张扭、压扭交替发育为特征，其形成时代多在侏罗世—白垩世，尤其以晚侏罗世—早白垩世为主，是这一时期火山-岩浆侵入作用的主要控制构造类型及重要的控矿构造之一。

2.4 区域岩浆作用

2.4.1 东宁地区岩浆岩

区域内侵入岩极为发育，分布广泛，以中性侵入体为主。侵入岩以中深成花岗岩类为主，主要岩性为花岗闪长岩、碱长（二长）花岗岩、闪长（玢）岩等。各类侵入体主要呈岩基、岩株等形式产出，也有一些呈岩脉形式产出。区内岩浆侵入体形成时代主要有古元古代晚期张广才岭期、印支期及燕山期，各期岩浆岩岩石类型、空间分布及时代关系见表 2－1。根据具体侵入时代，侵入岩活动主要分为晚三叠世—早侏罗世和早白垩世两期，同位素年龄峰值分别为 200Ma 和 115Ma 左右（张华锋，2007）。

表 2－1　东宁地区侵入岩活动顺序表（据陈锦荣等，2000）

分类			符号	主要岩性	主要岩体
旋回	亚旋回	岩组名称			
燕山期	晚期	闪长玢岩组	$\delta\mu_5^{3(2)}$	闪长玢岩	金厂
		花岗斑岩组	$\gamma\pi_5^{3(1)}$	花岗斑岩、花斑岩、流纹岩、	金厂、大徐山、通沟岭
	早期	花岗闪长岩组	$\gamma\delta_5^{2(2)}$	花岗岩、花岗闪长岩、斜长花岗岩	金厂、红房子、太平岭
		闪长岩组	$\delta_5^{2(1)}$	闪长岩、辉石闪长岩	金厂、河北屯、通沟
印支期	晚期	碱长花岗岩组 二长花岗岩组 闪长岩组	xr_4^3 nr_4^3 δ_4^3	白岗岩、二长花岗岩，正长花岗岩、辉石闪长岩、闪长岩	金厂、紫阳、砂河、大徐山、闹枝沟、向岭、黑瞎子沟
古元古代晚期	张广岭期	花岗闪长岩组	δ_2^3	闪长岩、花岗闪长岩、二长花岗岩	南鸡冠砬子、大顶子山、小寒葱河、七十二个顶子

晚三叠世—早侏罗世侵入岩沿北东向和南北向广泛分布，呈岩基和岩株状产出，自老到新为辉长岩、花岗闪长岩、二长花岗岩-正长花岗岩组合。岩石类型为中粒辉长岩、中粒闪长岩、花岗闪长岩、二长花岗岩、正长花岗岩等。

早白垩世侵入岩：分布于南北向构造带上，出露不广，呈岩株和岩脉产出。岩石组合为二长花岗岩-正长花岗岩，主要岩石类型有细粒正长花岗岩、中细粒二长花岗岩、花岗斑岩、闪长玢岩以及流纹斑岩等。

2.4.2　延边地区岩浆岩

延边地区岩浆侵入作用较为强烈和广泛，各类侵入体出露面积约为 20 000m^2，占全部岩石出露面积的 80％左右。总体而言，该区岩浆侵入作用以中生代时期为主，古生代侵入作用发育岩浆带相对较少。以下主要依据该区地质发展演化特点，按时间序列对该区侵入岩发育特征作简要介绍。

2.4.2.1　古生代侵入岩

区内古生代侵入岩依其地质地球化学特征可划分为 4 个岩石成因系列：①加里东晚期 M 型角闪辉长岩-闪长岩-石英闪长岩-斜长花岗岩系列；②海西早期闪长岩-石英闪长岩-花岗闪长岩系列；③海西早期花岗闪长岩-二长花岗岩系列；④海西晚期-印支花岗闪长岩-二长花岗岩系列（孟庆丽等，2001）。

加里东晚期 M 型角闪辉长岩-闪长岩-石英闪长岩-斜长花岗岩系列岩石主要由辉长岩、角闪辉长岩、辉石闪长岩、角闪闪长岩、石英闪长岩和少量的斜长花岗岩及花岗细晶岩等构成，同时属于这一时期的尚有一些橄榄石-辉石岩-辉长岩岩石类型。区内该类岩石主要分布于珲春—汪清地区，其突出地质特征表现为在空间上与早古生代中基性火山-沉积变质岩系（五道沟群）密切伴生，现今多呈残块或残留包裹体形式产于后期侵入岩体边部和其中。已有的地质年代学研究结果表明，角闪辉长岩 Sm－Nd 等时线年龄为（549.1±23.2）Ma，辉石闪长岩-角闪闪长岩-石英闪长岩的 Sm－Nd 等时线年龄为（466.7±

1.02)Ma(周永昶,1992)。

海西早期闪长岩-石英闪长岩-花岗闪长岩系列岩石主要由少量辉石闪长岩、闪长岩、石英闪长岩、花岗闪长岩及斜长花岗岩等类型岩石构成,其空间分布与M型岩石密切相关。不同的是,该系列岩石规模较大,多呈岩基或独立岩体形式产出,是M型系列岩石的主要围岩或载体。已有的测年结果表明,该系列岩石U-Pb等时线年龄为310Ma至(390.2±80)Ma(孟庆丽等,2001)。

海西早期花岗闪长岩-二长花岗岩系列岩石主要由花岗闪长岩、二长花岗岩等构成,空间上多分布于延边地区西部槽台结合部的槽区一侧,其U-Pb等时线年龄为327~326Ma。

海西晚期—印支早期花岗闪长岩-二长花岗岩系列岩石主要包括花岗闪长岩和斜长花岗岩,在空间上多分布于延边地区的东部,与二叠纪火山-沉积岩系相伴产出,产出形式主要为岩基,其Rb-Sr等时线年龄为234.5Ma。

2.4.2.2 中生代侵入岩

延边地区发育的侵入岩以中生代时期为主,按侵入时代顺序及成因可划分为5个岩石系列。

印支晚期二云母-二长花岗岩系列:该系列岩石主要沿东清—天桥岭和珲春—东宁等北东方向分布,均呈小岩体或岩株形式侵入到海西晚期—印支早期基岩之中,所获各种同位素定年年龄多为207Ma。

燕山早期花岗岩系列:主要岩石类型有二长花岗岩、钾长花岗岩、黑云母花岗岩、黑云母-微斜长石花岗岩等,多分布于延边地区的中部和东部汪清—珲春一带,呈岩基和不同规模的岩体产出,空间上一般无火山岩相伴,所获同位素定年年龄在196~170Ma。

燕山中—晚期石英闪长岩/辉石闪长岩-花岗闪长岩/斜长花岗岩-花岗闪长斑岩/花岗斑岩系列:该系列主要类型岩石有辉石闪长岩、石英闪长岩、花岗闪长岩/斜长花岗岩、花岗闪长斑岩、花岗斑岩等,它们均呈小岩株、岩脉与侏罗纪—早白垩世火山岩和次火山岩相伴产出,构成火山-侵入杂岩系。在区域上,这一系列岩石主要分布于延边地区东部,如永昌—百草沟—锅盔顶子、林子沟—苍林—金沟岭—杜荒岭以及小西南岔—五道沟—大(小)六道沟—农坪—白虎山等地,已有的同位素年代学数据表示该系列岩石形成时代在150~123Ma(孟庆丽等,2001)。已有研究表明,区内大多数金、铜成矿作用与该系列岩体侵入作用有关。

燕山晚期A型碱长—碱性花岗岩系列:该系列岩石包括碱长花岗岩、碱性花岗岩等,多分布于延边地区西部,以小岩株形式产出,形成时代为燕山晚期(110Ma左右)。

2.5 区域地球物理

2.5.1 地层密度及磁性特征

2.5.1.1 岩(矿)石密度参数特征

区内岩石密度总体趋势为沉积岩小于岩浆岩和变质岩。沉积岩中不同岩性之间的密度值变化不大,其变化范围在2.52×10^3~2.69×10^3 kg/m^3之间。密度变化的基本趋势是自上而下密度值逐渐增大,各个时代地层之间存在密度界面。

变质岩不同岩性密度值变化范围一般在2.59×10^3～2.88×10^3kg/m^3之间，变质程度越深，密度值越大。

火山岩的密度值差异变化较大，变化范围在2.48×10^3～2.80×10^3kg/m^3之间。火山岩有从碱性→酸性→基性→超基性密度值增高的规律。侵入岩密度差异变化最大，密度值在2.57×10^3～2.95×10^3kg/m^3内变化。总体上喷出岩的密度值小于侵入岩的密度值，基性岩的密度值高于中酸性岩类的密度值。金属矿石密度一般大于3.0×10^3kg/m^3（表2－2）。

表2－2　金厂矿区岩石密度表

岩(矿)石名称	加权平均值/10^3kg·m^{-3}	变化范围/10^3kg·m^{-3}	岩(矿)石名称	加权平均值/10^3kg·m^{-3}	变化范围/10^3kg·m^{-3}
泥灰岩	2.59	1.89～2.96	英安岩	2.67	2.30～2.85
页岩	2.69	2.20～2.93	安山岩	2.63	2.29～3.12
砂岩	2.58	1.95～2.78	安山玄武岩	2.67	2.60～2.67
砾岩	2.59	2.29～2.81	玄武岩	2.80	2.73～3.08
角岩	2.64	2.40～3.00	正长岩	2.57	2.37～2.73
板岩、千枚岩	2.69	2.55～2.87	煌斑岩	3.02	2.79～3.20
片岩	2.80	2.30～3.18	花岗岩	2.59	2.25～2.91
变粒岩	2.67	2.12～3.16	闪长岩	2.73	2.08～3.23
石英岩	2.64	2.51～2.74	基性岩	2.90	2.61～3.44
斜长角闪岩	2.88	2.46～3.00	超基性岩	2.95	2.58～3.16
结晶灰岩	2.59	2.38～2.74	蛇纹石化橄榄岩	2.80	2.65～2.86
大理岩	2.71	2.56～2.91	褐煤	1.43	1.26～1.85
片麻岩	2.71	2.40～2.81	褐铁矿(帽)	2.65	2.20～3.24
混合岩	2.62	2.13～3.05	磁黄铁矿	3.66	3.12～4.46
凝灰岩	2.62	2.23～2.89	赤铁矿	4.08	2.68～5.04
火山角砾岩	2.59	2.26～2.89	磁铁石英岩	3.60	3.00～3.93
粗面岩	2.48	2.42～2.54	其他成因磁铁矿	3.98	2.51～5.10
酸性熔岩	2.62	2.38～2.74			

2.5.1.2　岩(矿)石磁性参数特征

根据所收集的岩(矿)石磁性参数，岩(矿)石的磁性强弱可以分成4个级次。极弱磁性(κ<300×4π×10^{-6}SI)，弱磁性[κ为(300～2100)×4π×10^{-6}SI]，中等磁性[κ为(2100～5000)×4π×10^{-6}SI]，强磁性(κ>5000×4π×10^{-6}SI)。

沉积岩基本上无磁性，正常沉积的变质岩(除铁质岩石)大多无磁性。角闪岩、斜长角闪岩普遍显中等磁性，片麻岩、混合岩在不同地区有差异。火山岩类岩石普遍具有磁性，并且具有从酸性火山岩→中性火山岩→基性、超基性火山岩由弱到强的变化规律。花岗岩一般具有中等—弱磁性，部分酸性岩表现为无磁性。碱性岩-正长岩表现为强磁性。中性岩为弱—中等磁性。基性—超基性岩类表现为中等—强磁性。磁铁矿及含铁石英岩均为强磁性，而有色金属矿石一般来说均不具有磁性。磁性强度基本上按沉积岩→变质岩→火成岩的顺序逐渐增强。

2.5.2 重力场特征

1∶100万重力场信息基本反映了东北地区宏观构造格架。纵览全区，异常值的大小与地貌呈负相关关系，即松江平原和三江平原布格重力异常值较高，东部山区异常值较低。由西向东重力场由高到低，再由低到高。依兰-伊通断裂以西的松辽平原重力场可达 $15\times10^{-5}\sim20\times10^{-5}\,m/s^2$，张广才岭—长白山地区重力场降至 $-60\times10^{-5}\sim-80\times10^{-5}\,m/s^2$，而珲春—春化地西以东重力场值又急速升为正值，这表明地幔具隆起→拗陷→隆起的变化态势。

2.5.2.1 重力场区划分的原则

Ⅰ级重力场区大体对应地质二级、三级构造单元。场区内异常分布大体类似，与邻区有明显差别；场区界线以连续性较好的梯度带为特征。

Ⅱ级重力场大体对应地质三级、四级构造单元。一个Ⅱ级重力场区在宏观上的性质大体相同，异常值相近，区域上是同一个重力高(或低)，也可以是几个异常特征相似或有一定分布规律的局部场集合。场区界线为梯度带或两侧异常特征明显不同的分界线。

Ⅲ级重力场区大体对应四级以下地质单元，其局部重力异常有明显差异，界线是局部重力异常差异的分界线。

2.5.2.2 重力场分区及其地质意义

1.区域重力场

Ⅰ级重力场区有两个，以依兰-伊通断裂为界，西侧为松辽坳陷区，布格重力异常值均为正值。东部为辽吉黑东部隆起区，可划分为3个Ⅱ级重力场区：①辽南台块正场区；②吉林-延边褶皱负场区；③佳木斯地块-完达山正场区。在重力异常轴向统计图上，延边褶皱区的重力场特征与吉黑地槽褶皱区有明显的差异，前者以负等值线为主，局部异常走向为北西，后者正、负异常都有，且走向为北东。

2.局部重力场

Ⅲ级重力场反映不同时代、不同类型岩石密度差异所形成的不同密度界面，太古宇不但磁性最强，而且密度最大。布格重力异常图上表现为重力高值区。中生界—新生界密度较小，与其他时代岩石接触形成明显的重力差，重力场上形成梯度带。除基性—超基性岩外，所有岩浆岩的密度都低于中生代以前沉积岩的密度，也低于同时代沉积岩的密度。火山岩地区异常值普遍较低，异常形态复杂，局部重力高和局部重力低相间或交错排列，封闭的局部重力异常具有呈串珠状定向排列的特点。

3.重力梯度带

依兰-伊通断裂两侧表现为密集的重力梯度带，断裂带西侧为重力高，异常值在 $-10\times10^{-5}\sim10\times10^{-5}\,m/g^2$，长轴呈北东向；东侧重力低，异常值在 $-30\times10^{-5}\sim10\times10^{-5}\,m/g^2$，长轴方向以东西向为主。

敦化-密山断裂带是在一片重力低背景上表现为一条明显的重力梯度带，水平梯度稳定在 $-1\times10^{-5}\,m/(g^2\cdot km)$，长轴北东向，与断裂带平行。断裂带西侧为不同重力场的过渡带，东侧为密集的重力梯级带。断裂北西侧异常梯度线宽缓，轴向多东西向；而南东侧异常梯度陡，轴向多北东向。断裂带恰为两个重力场的分界线。

鸭绿江断裂以负重力场为主，等值线长轴方向大致呈北东向，局部呈近东西向。

2.5.3 磁场特征

2.5.3.1 区域性磁场特征

太古宙结晶基底岩(矿)石磁化率偏高,平均磁化率 κ 为 $2910\times4\pi\times10^{-6}$ SI,平均剩磁 J_r 为 1322×10^{-3} A/m(剔除磁性强的磁铁石英岩、磁铁矿等),一般具有较高背景场;古元古界的强磁性岩石主要集中在辽河群的里儿峪和浪子山岩组,其 κ 值为 $(1000\sim4000)\times4\pi\times10^{-6}$ SI,其他地层中岩石的磁性较弱,但与太古宇有明显差异,多呈较低的区域异常;中新元古界、古生界、中—新生界岩石中除个别含铁岩系外,一般都为弱磁性(表 2-3)。

表 2-3 延边—东宁地区岩浆岩物性参数表

岩性	磁化率/$4\pi\times10^{-6}$ SI		剩余磁化强度 J_r/$\times10^{-3}$ A·m^{-1}	
酸性	变化区间	常见值	变化区间	常见值
花岗岩	0～2550	160	0～5303	180
黑云母花岗岩		1147		4954
石英二长岩	0～636	177	0～317	93
花岗闪长岩	1100～3900	1900	930～6100	3600
闪长岩	0～12 100	3450	0～3185	700
辉绿岩	3350～6920	351	1178～14 970	506
花岗岩	0～3370	860	0～11 960	4280
中细粒花岗岩		618		404
正长岩	0～670	420	0～275	103
花岗闪长岩		1034		1869
闪长岩	2400～4300	3400	180～310	220
花岗岩	0～36 000	1700	0～19 100	1540
闪长岩	弱～890	450	弱～890	700
基性、超基性岩类	0～14 000	3240	0～6600	2380
花岗岩	3600	1180	0～8130	1230
辉长岩	0～12 000	1200	1800～2700	1700
花岗岩	0～5360	810	1360	260
酸性岩	弱	弱	弱	弱
细碧角斑岩	400～28 900	7990	230～64 100	22 630
安山岩	0～27 450	4430	0～12 720	1950
安山质凝灰岩	0～11 600	2560	0～4880	470
玄武岩	0～2500	1230	90～4300	5840
矽卡岩等矿化岩石	弱～59 190	2700	弱～29 240	920
磁铁矿	3400～101 000	78 620	27 000～2 339 000	136 480

不同岩石类型具有不同场强特征:以碳酸盐岩、碎屑岩为主的地层多为弱磁或非磁性岩石,多呈低缓的负磁场;基性火山岩-中酸性火山岩-火山碎屑岩磁性较强,且由于铁磁性物质的不均一性多呈杂乱场;侵入岩的磁性变化范围较大,由于岩石组成类型不同,一般(超)基性、中性、中酸性岩体中含铁镁质矿物含量较多,磁场多为正场或强正场;而酸性岩、碱性岩多为低缓的负磁场,对于复式侵入的杂岩体的其磁场变化更大。

2.5.3.2 线性磁场特征

郯庐断裂带是中国东部重要的地球物理场分界线,它在东北地区呈现出3条北北东线性狭长条带状负磁异常带,在断裂带两侧重力场磁力场形态、规模都有明显区别。

(1)依兰-伊通断裂(带)为本区西部边界,是郯庐断裂北延的全体部分。磁场上均表现为明显的−300～−50nT的北东向负值带。

(2)敦化-密山断裂带表现为北东向负异常条带,宽5～7km,在负异常背景上叠置一系列等轴状航磁正异常,强度50～300nT,峰值达500nT,是中生代火山岩、次火山岩、中基性岩的反映。敦化-密山断裂西侧航磁特征具有明显差异:断裂以东表现为负的或接近于零值的背景场,正负异常交替出现,水平梯度变化大,延伸方向多北东向或北北东向;断裂以西主要为正磁异常区,水平梯度变化较小,形态沿轴向东西和北西为主,在沈阳附近航磁异常被北西向构造所截。

(3)鸭绿江断裂航磁等值线长轴也呈北东向串珠状展布,以安图为界南段(ΔT)等值线宽缓;北段(ΔT)等值线为扁豆状轴向变化较大(表2-4)。

表2-4 延边-东宁地区地层物性参数表

宇/界		系	组	岩性	磁化率/$4\pi\times10^{-6}$ SI		剩余磁化强度 J_r/$\times10^{-3}$A·m^{-1}	
					变化区间	常见值	变化区间	常见值
新生界				火山角砾岩	0～121	41	0～134	31
				橄榄玄武岩	28.3～59.5	2040	212～12 400	12 400
中生界		K		凝灰岩	0～1871	260	0～989	825
				安山质凝灰岩	300～22 542	2304	317～42 153	8294
				玄武质灰岩	8.32～4593	8460	2000～32 700	6395
				流纹岩	1200～1500	1.38		
				砂岩、砾岩	0		0	
古生界		C—∈		灰岩、砂岩	0	0	0	0
元古宇	新元古界	Z		灰岩、砂岩、板岩	0	0	0	0
	古元古界	Pt_2		千枚岩	弱磁		弱磁	
				变质砂岩				
		Pt_1	盖县组	片岩	0～129	50	0～58	19
			大石桥组	大理岩	0～262	2	0～107	4
				蛇纹石大理岩	100～3800	2872	0～1390	2872
			高家峪组	变质凝灰岩	0～985	555	0～1268	419
				斜长变粒岩	0～884	363	0～789	111

续表 2-4

宇/界		系	组	岩性	磁化率/$4\pi\times10^{-6}$ SI		剩余磁化强度 $J_r/\times10^{-3}$ A·m^{-1}	
					变化区间	常见值	变化区间	常见值
元古宇	古元古界	Pt_1	里尔峪组	浅粒岩	0～1200	260	0～1080	270
				电气石浅粒岩	228～3730	1270	0～2340	4
				大理岩	0～147	9	0～271	16
				二长变粒岩	0～813	306	0～51	23
				斜长角闪岩		836		8913
				硼镁铁矿	6900～78 800	9845	4000～97 300	10 146
				磁铁矿	7709～257 100	27 046	9443～121 800	18 085
			浪子山组	浅粒岩	0	0	0	0
				变粒岩	0～500	155	0～220	92
太古宇		鞍山群		磁铁矿石	896～150 000	65 842	13 000～22 000	29 000
				磁铁石英岩	2000～610 000	147 984	2900～479 000	83 526
				变粒岩	383～625	539	73～101	90
				黑云角闪斜长片麻岩	1000～6600	3000		
				黑云斜长片麻岩	470～2470	1040	0～216	121
				二云斜长片麻岩	0		0	

2.6 区域地球化学

2.6.1 区域地球化学场

同生地球化学场按元素亲合性可划分为亲铁元素同生地球化学场，亲石、稀有稀土分散元素同生地球化学场，亲石、碱土金属元素同生地球化学场。

2.6.1.1 亲铁元素同生地球化学场

亲铁元素同生地球化学场主要由一系列超基性—基性—中性岩浆活动产物所形成的地球化学场，地质体类型以火山岩为主，时代从太古宙直至新生代。构造环境以辽吉台块为主，其次是吉黑地槽褶皱。

太古宙花岗岩-绿岩为主要物质构成的龙岗古陆核，反映了太古宙极为强烈的基性岩浆活动产物的元素组合，是最为稳定的区域地球化学场。中生代—新生代大陆边缘断陷盆地-大陆裂谷-造山带基性、中基性岩浆喷发区，该同生地球化学场一般规模较小，呈条状、块状分布。

2.6.1.2 亲石、稀有稀土分散元素同生地球化学场

亲石、稀有稀土分散元素同生地球化学场主要分布在褶皱区内，主要物质组成是海西期、燕山期两大侵入岩浆旋回的酸性岩、中酸性岩、碱性岩的元素组合。

2.6.1.3 亲石、碱土金属元素同生地球化学场

亲石、碱土金属元素同生地球化学场，主要由沉积作用形成的地质体、少数碱性岩浆活动产物所形成的地球化学区域场。这种地球化学场台块区和褶皱区均有分布。

(1)辽吉台块区元古宙陆内裂谷所发育的古—中元古代沉积建造，构成地台区稳定的亲石、碱土金属元素同生地球化学场，规模较大。

(2)吉黑地槽褶皱区古生代海相碎屑岩、碳酸盐岩、火山岩、火山碎屑岩形成的地球化学场较元古宙沉积建造形成的同生地球化学场稳定性差，但其规模较大。

(3)海西期、燕山期的碱性岩浆岩所形成的碱土金属元素同生地球化学场规模极其有限。

2.6.1.4 成矿元素在地层、岩石中的分布特征

(1)成矿元素在地层中的分布特征：太古宙地层及混合岩分布区富集 Au、Cu 元素，相对亏损 Pb、Zn、Cb、As、Sb，具有地幔岩特征，反映了太古宙特殊的成岩成矿环境，并且 Au 呈不均匀分布，客观上该区的确有较普遍的金、银矿化，因此太古宇是金、铜矿最重要的矿源层并发生过强烈的金、铜成矿作用。

古元古界及混合岩分布区富集 Pb、Zn、Au、Ag、Mo、Bi、Hg、W、Sn 等元素，相对亏损元素，反映了古元古代拗拉谷多元素、多期次含矿建造特点。这表明古元古界是铅、锌矿最有利的矿源层，Au 元素呈不均匀分布，说明易于富集成矿；沉积盖层分布区以富集 As、Sb、Bi 为特征，其中中元古界蓟县系显著富集 Au、As、Sb、Bi，与卡林型金矿地球化学标志相似。

(2)成矿元素在侵入岩中的元素分布特征：印支期、燕山期岩浆岩相对富集贵金属，特别是燕山期基性岩，Au、Cu 浓集克拉克值较大(属弱富集型)，其变异系数也较大(属不均匀型)，说明此类岩体具有贵金属及有色金属成矿专属性。在许多金矿床中有该期基性岩脉与矿脉相伴。

亲铁元素 Co、V、Ni、Cr、Mn 元素密切伴生，主要反映基性、超基性岩体和玄武岩的分布。该组元素与铂、钯、铜、镍、钴、锰成矿有关，部分锰区域异常与沉积型锰矿化有关。

花岗岩类特别是印支期碱性岩微量元素富集能力最强，几乎富集了全部的亲铜、亲铁元素，稀有、稀土元素、放射性元素和磷元素。其中，Cu、Pb、Zn 等浓集克拉克值都较大，但变异系数较小，多呈均匀分布。B 为含量明显偏高的元素，除一部分与海相沉积建造(元古宙含硼岩系)有关外，还反映岩浆作用比较发育。

在岩浆岩分布区，As、Sb、Bi 异常为金及有色金属成矿的指示元素。

2.6.2 地球化学块体特征

区内岩石地球化学资料缺乏，利用 10km×10km 窗口对 1:20 万水系沉积物测量数据进行处理，编制了 3 个省的地球化学块体图。辽吉黑东部地区 9 种主成矿元素构成 59 个地球化学块体，其中金 10 个，银 17 个，铜 6 个，铅 2 个，锌 6 个，钴 7 个，镍 8 个，硼 3 个，单元块体累计面积约 40 万 km^2，与辽吉黑东部整个成矿区带的面积相当。金属供应总量：金 234 901t；银 10 534 191t；铜 11 亿 t；铅 1.15 亿 t；锌大于 11.9 亿 t；钴 10.5 亿 t；硼 5641 万 t；镍 19.7 亿 t。金属供应量指的是赋存在地球化学块体内(块体厚度设定为 500m)的某种金属的总量。其计算公式为

$$E = X \times (0.5 \times S) \times \rho$$

式中：E 为元素的可供应金属量；X 为地球化学块体内元素的平均含量；S 为块体面积；ρ 为岩块密度。此概念是块体内最大限度提供成矿金属量的度量，延边—东宁地区地球化学块体一览表(表 2-5)。

表 2-5 延边—东宁地区地球化学块体一览表

元素	块体名称	块体面积/km^2	金属供应量/t	元素	块体名称	块体面积/km^2	金属供应量/t
Au	石桥子-红透山	7808	20 493	Cu	穆棱	2401	108 850 000
	营口-青城子	8419	18 946		大肚川	2324	147 870 000
	五龙-镇江	2895	8323		火连寨-清源	9758	463 500 000
	通化-集安-临江	11 140	40 348	Pb	营口-桓仁	26 199	117 895
	四平-伊通	11 261	31 997		鸡东-密山	2458	115 610 000
	夹皮沟	6752	45 788	Zn	辽东	17 975	2 100 000 000
	汪清-珲春	11 662	54 444		老岭群区域	60 443	未算
	敦化	1352	5500		桦林镇	1935	258 410 000
	勃利县	1546	4021		小佳河-珍宝岛	7076	933 400 000
	密山市	2011	5041		大肚川	2324	217 380 000
Ag	开原-清源	7807	20 493		穆棱县-鸡西市	5290	706 530 000
	青城子-二棚甸子	8419	18 943	Co	抚顺-汪清	9543	77 490 000
	岫岩-大营子	2895	8323		宽甸-二棚甸子	3972	91 850 000
	大路	1283	224 525		久财源-夹皮沟	24 037	574 284 500
	二密镇	1541	304 815		和龙	1740	45 041 350
	集安-临江	7258	1 494 916		大山咀子镇	7822	192 293 900
	安口镇	2151	437 916		图们市	1212	25 755 000
	靖宇	1374	240 450		小西南岔	2000	42 500 000
	那尔轰-百里坪	7656	1 543 806	B	后仙峪-风成	11 504	130 858
	双河镇	3487	1 120 093		宽甸东部	2460	56 270 000
	万宝-天桥岭	9676	1 910 404		黄土坎-汤池	1260	11 812
	上营镇	4534	862 757	Ni	抚顺-清源	14 773	72 081
	板石沟-临江	2333	408 275		河栏-青城子	2300	9487
	安口镇	2137	373 975		宽甸-下露河	4184	19 351
	那尔轰-夹皮沟	4754	831 950		花甸子	1476	55 350 000
	大山咀子	2047	358 225		安口镇-夹皮沟	23 576	1 206 054 000
	小西南岔	2139	374 325		和龙	2455	145 474 900
Cu	小佳河-珍宝岛	6432	250 330 000		大山咀子-天桥岭	6981	388 100 700
	虎林	1028	40 060 000		春化	1753	176 975 900
	鸡东	1974	77 460 000				

2.6.3 地球化学块体及重点异常特征

延边—东宁地区 1∶20 万水系沉积物测量地球化学异常见表 2-6。

表 2-6 延边—东宁地区 1:20 万水系沉积物测量地球化学异常特征表

主成矿元素	顺序号	异常名称	异常原编号	元素组合	异常面积/km^2	地质背景	典型矿床
Au	1	桦南县老柞山异常	双 86Hs-14	Au、Ag、Cu、As、Sb	50	古元古界大马河组变质岩及同期花岗岩	老柞山金矿床
	2	勃利县羊胡子沟异常	勃 86Hs-1	Au、Sb	130	古元古界大马河组变质岩及同期花岗岩	羊胡子沟金矿点
	3	虎林县四平山异常	珍 90Hs-9	Au、Ag、As、Sb、Cu	50	上白垩统四平山组硅质岩、大塔山林场组酸性火山岩	四平山金矿床
	4	东宁县金厂异常	穆 97Hs-43	Au、Ag、Cu	100	早侏罗世闪长岩、北东向断层	金厂金矿床
	5	饶河县临江异常	小 91Hs-13	Au、Ag、Sb、As、Cu	32	早侏罗世花岗闪长岩	258.7 高地金矿点
	6	宝清县跃进山异常	宝 92Hs-20	Au、Cu、Pb、Cd、Pt、Co、Ni、Mn	40	中元古界跃进山群变质岩及同期花岗岩	跃进山铜金矿床
	7	虎林县先锋北山异常	宝 92Hs-21	Au、Cu	30	下白垩统皮克山组酸性火山岩	先锋北山金矿点
	8	桦南县驼腰子异常	双 86Hs-16	Au、Ag、As、Pb	74	古元古界黑龙江群及大马河组变质岩,同期花岗岩	桦南县新立金矿床
	9	穆棱市大顶子山异常	穆 97Hs-1	Au、Ag、As	190	古元古界黑龙江群变质岩	
	10	密山县金银库异常	Au6	Au	2011	下寒武统大理岩,早三叠世正长花岗岩	
	11	东宁县亮子川异常	大 97Hs-33	Au、Ag、As、Pb	75	下二叠统火山-沉积岩系,早侏罗世花岗闪长岩	
	12	东宁县白刀山子异常	大 97Hs-34	Au	65	新近纪玄武岩、晚三叠世二长花岗岩	
Ag	1	鸡东县金场沟异常	鸡 98Hs-102	Ag、Cu、Pb	95	新元古界阎王殿组变质岩、晚三叠世二长花岗岩	金场沟铜钼矿床、四山林场金矿床
	2	东宁县绥阳异常	穆 97Hs-26	Ag、Cu、Pb、Zn	110	晚三叠世花岗斑岩	
	3	鸡东县洞子沟异常	东 97Hs-26	Au、Cu、Pb、Zn	200	新元古界阎王殿组变质岩及同期花岗岩,北东向断层	洞子沟铜矿床
	4	密山县裴德异常	密 97Hs-36	Ag、Pb、Cu、Zn	280	早白垩世花岗闪长岩,北东向断层	
	5	穆棱市下城子异常	穆 97Hs-17	Ag、Cu、Zn	390	古元古界黑龙江群变质岩	
	6	勃利县羊胡子沟异常	双 86Hs-14	Ag、Au、As、Sb	150	古元古界大马河组变质岩及同期花岗岩	羊胡子沟金矿点

续表 2-6

主成矿元素	顺序号	异常名称	异常原编号	元素组合	异常面积/km^2	地质背景	典型矿床
Cu	1	珍宝岛异常	Cu4	Cu、Zn、Co、Ni、Mo	6432	三叠纪蛇绿岩、硅质岩，侏罗纪花岗岩	跃进山铜金矿床、四平山金矿床
	2	鸡东异常	Cu6	Cu、Pb、Zn、Mo	1974	新近纪玄武岩	
	3	鸡东县洞子沟异常	穆 97Hs-52	Cu、Pb、Zn、Ag	120	新元古界阎王殿组变质岩及同期花岗岩、北东向断层	洞子沟铜矿床
	4	大肚川异常	Cu8	Cu、Zn、Co、Ni	2324	新近纪玄武岩	
	5	东宁县南天山异常	穆 97Hs-26	Cu、Ag、Ni、Zn	95	早三叠世中基性火山岩、新元古代花岗闪长岩	
	6	穆棱异常	Cu7	Cu、Zn、Ag、Mo	2401	新近纪玄武岩	
	7	虎林异常	Cu5	Cu、Pb	1028	古元古界黑龙江群变质岩	
Pb	1	鸡东-密山异常	Pb5	Pb、Cu、Ag	2458	新近纪玄武岩、早白垩世闪长玢岩	
	2	密山县裴德异常	密 98Hs-36	Pb、Ag、Cu、Zn	350	早白垩世花岗闪长岩、早侏罗世花岗闪长岩，南北向断层	
	3	东宁县绥阳异常	穆 97Hs-26	Au、Cu、Pb、Zn	430	晚三叠世花岗斑岩	
Zn	1	桦林镇异常	Zn5	Zn、Cu、Pb、Ag	1935	新元古代浅变质岩、新元古代花岗闪长岩、三叠纪正长花岗岩	
	2	大肚川异常	Zn7	Cu、Zn、Co、Ni	2324	新近纪玄武岩	
	3	珍宝岛异常	Zn3	Zn、Cu、Co	6432	三叠纪蛇绿岩、硅质岩，侏罗纪花岗岩	跃进山铜金矿床、四平山金矿床
	4	穆棱-鸡西异常	Zn6	Cu、Zn、Ag、Pb	5290	新近纪玄武岩	
Pt	1	饶河县大顶子山异常	小 90Pt-1	Pt、Mn、Cu	8	三叠纪蛇绿岩	大顶子山铂钯矿点
	2	宝清县跃进山异常	珍 90Pt-2	Pt、Pb、Zn、Cu	大于 8	元古宙超基性岩，北东向断层	
Pa	1	饶河县永乐异常	小 90Pa-1	Pa、Cu、Au、As	16	三叠纪蛇绿岩	

注：1. 表中编号分两种，块体资料的用块体号，如 Au6，其他为 1∶20 万异常号；2. 面积为异常大致面积。

2.6.4 重砂异常特征

据1∶20万区域地质调查资料，自然重砂主要分布于二级、三级河流中，区内重砂异常种类有金、锡石、白钨矿、黑钨矿、辰砂、黄铜矿、方铅矿等。伴生重砂矿物有钛铁矿、黄铁矿、锆石、金红石、黑钨矿、独居石、石榴石等。

全区共圈出各类重砂异常200余处，按重砂矿物组合分类金多金属异常100余处，自然金异常20余处，以黄铜矿、方铅矿、黄铁矿为主的多金属异常100余处。

延边—东宁地区岩金矿床周围几乎均有自然金重砂分布，为重要找矿标志。新近纪、第四纪有众多的砂金和砾岩金矿，集中分布在4个地区：①辽宁抚顺—清源地区；②吉林—桦甸地区；③延边—珲春地区；④黑龙江桦南县—七台河地区。

金、黄铜矿、方铅矿等重砂异常区集中分布在辽南普兰店—盖州、鞍山—本溪—抚顺、通化—临江、桦甸—和龙地区。

黄铜矿、方铅矿、闪锌矿、辰砂、辉钼矿等重砂异常区集中分布在敦化—牡丹江地区。

2.7 区域遥感特征

遥感地质解译通常是遵循由易到难、由简单到复杂的顺序来开展。对于较为简单的构造或地质体，根据解译者的经验就可以判别，而对于一些复杂的地质体，则要根据解译者对工作区地质规律和遥感地质解译标志的结合来进行。

前人研究工作结果表明，工作区内主要为中生代以后的火山-次火山岩型金矿床，其成矿作用又主要受浅成或超浅成侵入岩体和断裂构造控制。所以，在本书中重点论述构造及岩浆岩等与金矿关系密切的地质体。区内分布的各个时代的地层也相应地开展了遥感解译和遥感填图工作，但具体解译工作和解译成果不再过多地论述。

2.7.1 解译标志

2.7.1.1 线性、环状构造解译标志

在遥感影像上，线性、环状构造的解译标志有直接和间接两种。直接解译标志主要包括岩性地层标志和明显的构造标志，这类构造通常也比较明显；而对于许多线性构造在图像上不甚清晰，要通过间接解译标志来确定，主要包括色调标志、地貌标志、水系标志、土壤植被标志、岩体及热液活动标志等。工作区主要线性构造体的解译标志见表2-7。

环状构造一般在影像上表现为色调环、地貌环、水系环、植被环、影纹环或是两种或两种以上环的复合类型，但并不是所有的环都是地质工作所关心的，一些人为因素形成的环（如圆形水库或人造林）和自然地貌现象（如圆形湖泊），对地质工作没有实际意义，所以在解译过程中要进行甄别。

2.7.1.2 岩浆岩解译标志

区域上各时代岩浆活动均比较强烈，其形成时代有元古宙、古生代、中生代、新生代，岩体性质为从

闪长质到花岗质的中酸性侵入岩体。尤其是中生代以后的侵入体在区域分布极为广泛，并且与区内金矿成矿有着密切的成因联系。在少量的基岩裸露区，岩石色调、影纹特征明显，可通过目视直接解译。但工作区大部分为森林及植被覆盖区，山顶多被森林植被覆盖，地势较低和地形平缓地带，又被第四纪冲积物所覆盖，解译的难度较大，因而只能通过一些间接的纹理、水系特征来开展解译工作。解译的顺序是首先确立在易解译区能够清晰反映岩体性质的色调、影纹、岩石纹理、不协调地形地貌等影像特征，然后与难解译区进行对比、筛选和排除，确定岩体性质。区内的岩浆侵入体一般具有以下特征。

表 2-7　延边—东宁地区不同级别线性构造遥感解译标志

构造级序	色调标志	纹理标志	水系标志	地貌标志
Ⅰ级	色调较两侧岩石浅，亮度高	纹理较粗，与周围山体纹理有明显差别，呈平直宽缓直线，断续延伸较远，两侧纹形有差异	主河流沿断裂方向延伸，平面上弯曲	形成较宽缓、开阔的河谷
Ⅱ级	较岩石稍浅的色线，亮度差异不大	构造线平直，围岩纹形被错开	河流呈直线延伸	山脊或错断的山坡呈直线状延伸
Ⅲ级	差异不明显	平直的构造线，延伸较短	支流水系或主河流不规则拐折	地貌无差别

(1)由于岩体与地层中岩石在成分、结构、构造上的差别，决定了岩体与地层中岩石以及不同类型的岩体在地表抗风化能力存在明显差异。岩体通常抗风化能力较强，所以在地貌上一般呈现凸出的正地形。

(2)在岩体中通常发育特殊的树枝状、放射状、不规则状弧形水系。

(3)岩体中纹理发育。但不同类型岩体中纹理发育程度不一，在花岗质岩体中纹理小而细密；在闪长质岩体中，纹理较花岗岩区稍显粗大、稀疏。花岗岩体的纹理略显粗糙，有褐色或红色斑点。

(4)岩体在平面上的出露形态与周围地层或不同岩体产状不协调，有时呈不规则椭圆状或似层状、面状产出。

(5)岩体上的水系形态与周围围岩形成明显反差，与围岩的接触带边界往往发育蚀变现象。

(6)一般隐伏岩体在影像上没有明显的纹理或影纹反映，但有时因与上覆围岩发生交代蚀变，隐伏岩体上部围岩与边部以外的围岩存在色调差异，或者隐伏岩体在地表显示为环形影像。

区内地层解译也以与岩体解译相同的思路和方法开展。

2.7.2　区域构造解译

根据前面叙述的构造解译标志，对工作区不同的构造开展了详细的解译。

2.7.2.1　线性构造

对工作区开展详细构造解译后，将解译的线性构造按规模、产状分为3级，如图2-4所示，分别用不同粗细的线条来标示。

Ⅰ级线性构造，在解译图中以粗线表示。区内解译出3条Ⅰ级线性构造，自工作区西南连续或不连续延伸到北部和东北部，贯穿全区，构造总体呈北北东—北东向展布。其中，中间的一条就是作为太平岭隆起带与老黑山断陷盆地分界线的绥阳深大断裂。因此，该线性构造就是穿过绥阳、金厂、闹枝沟和

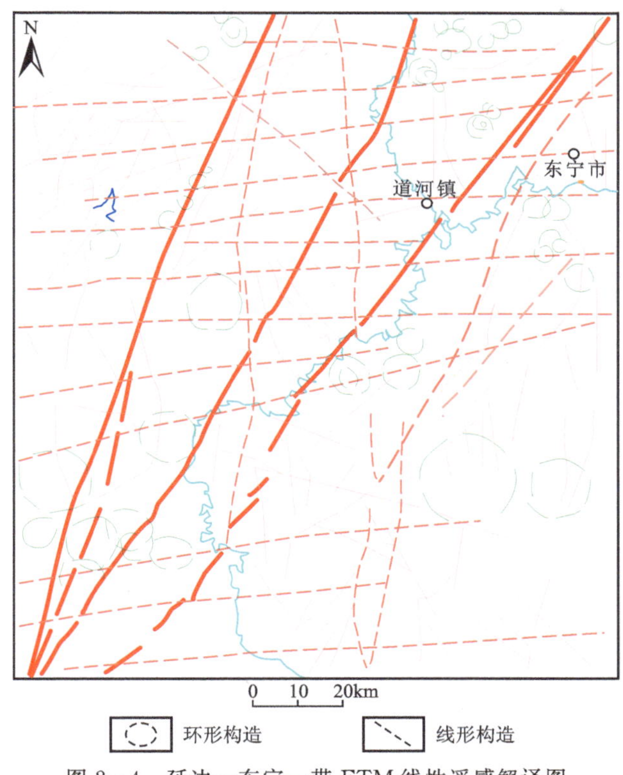

图 2-4　延边—东宁一带 ETM 线性遥感解译图

堡格砬子的绥阳断裂在遥感影像上的反映。该断裂在北部地区与绥芬河水系基本一致，在遥感影像上北部和南部影像都比较清楚，在中部影像模糊，可能与中生代以后的岩浆侵入活动有关。西部的一条线性构造产于太平岭隆起带中，可能是太平岭复式背斜轴部断裂构造，线性构造在影像上比较清晰，沿走向上连续而且稳定。东部的一条线性构造产于老黑山断陷盆地内，在北部穿过绥芬河市、东宁市，向南断续延伸到地荫沟、金沟岭林场，即绥芬河断裂构造在遥感影像上的反映。该断裂构造在北部影像清楚且连续，与绥芬河走向基本一致；但在南部地区，影像较模糊且断续，受到比较强烈的后期构造改造或错断，构造线发生明显位移。3 条沿北北东向和北东向展布的线性构造具有向北散开、向南部收敛的特点，根据《吉林省区域地质志》，向南可能归并到一起，即延边朝鲜族自治州内的松江-集安断裂带。

Ⅱ级线性构造，走向为近东西向和北东东向，在区内分布比较均匀，具有近似等间距分布的特点。其构造延伸长度不等，但多数贯穿全区，为基底断裂。例如最南边的一条近东西向线性构造，即为吉林省延边朝鲜族自治州境内的敦化-杜荒子断裂，影像上反映该断裂构造延伸稳定，断续分布，构造线平直，沿走向上几乎没有变化。该断裂控制了大量金及多金属矿床的产出，断裂带是延边地区重要的成矿亚带。

Ⅲ级线性构造，在图中以细线条表示。区内Ⅲ级线性构造发育，但集中于中部岩浆岩区，按走向分有北东向、北西向和近南北向、近东西向，并以北东向为主，构造密度统计分析表明，Ⅲ级线性构造占比较大，这可能与区域构造应力场有关。在工作区北西及南东新近纪酸性火山岩区，线性构造不发育，这可能说明了工作区在新近纪以后地壳相对稳定。

2.7.2.2　环状构造

由图 2-4 可以看出，区域环状构造较为发育，且分布不均。大小环状构造相互交织出现，具有复杂的构造组合形式。主要环状构造集中出现在研究区北西和南东两个区域，以近圆状或椭圆状为主，其次为不规则形状。在环状影像集中区，环状构造组合关系复杂，以套环、链环或不相交环的组合形式产出，如在金厂地区和其东北部，为套环和链环组合形式；在新开林场一带，环状构造以链环和不相交环的组合形式出现；在共和林场一带，沿北东方向近等间距分布着4个环形影像，野外检查后推断可能是受北东向构造控制的岩浆侵入体在影像上的反映。在其他地区，环形影像则呈孤环或单环的形式产出。

在本区解译出的环状构造，可能有如下几种成因。

(1)岩浆环及由其引起的蚀变晕环：由岩浆侵入体引起的岩浆环在本区较为发育，环状构造呈同心环状，其环形影像范围可能与隐伏岩体的大致范围相同。

(2)火山环：在研究区北部的火山岩区发育，并形成一个环状构造的密集区。该类环状构造一般规模较小，组合复杂，可能由火山机构引起，但由于断裂的影响多发育不完整而成为破环(半环或弧形构造)，如东宁市西北部通沟岭一带的环形影像就属于这种类型。

(3)构造环：相比上述两类型环状构造，本区由构造引起的环并不发育，零星见于研究区东部和西南部一带，且影像不很典型。东宁市北部元古宙变质岩中分布这种构造成因的环形影像。

(4)地形地貌环：环状构造除构造环以外，还有少数环状构造为环状地形地貌的遥感影像反映。比如在共和乡东部六峰山，其地形是在宽缓的平原地带突起的6座近等间距分布的山峰，这种地貌在遥感影像上也反映为较小的环形影像。地形地貌成因的环状构造多以孤立的环为主，通常较为完整。从成因上看，它们中一些也可能由某些具特殊意义的地质体所引起。

2.7.2.3 线性、环状形构造组合特征

可以看出，环状构造一般发育在线性造的密集区内，而且多数不相交的环状构造均沿着Ⅰ级或Ⅱ级解译线性构造分布，不同级别的线性构造切割环状构造的现象十分普遍。

2.7.3 岩浆岩解译

根据前述不同岩浆岩体的解译标志，对区内开展了详细的岩浆岩体解译。

从解译结果分析，区内岩浆活动频繁，其活动时期从元古宙到新生代均有分布，在工作区中部沿北东-南西方向展布，总体以岩体形式、局部呈岩脉形式产出，平面上呈镶嵌式分布。在工作区北西和南东两个地区，主要是元古宙浅变质岩地层和大面积的新近系酸性火山岩，这种岩体的分布规律也显示了区内中部为北东方向的隆起带，两侧为坳陷盆地的构造单元特点。同时，在中间地带岩浆岩发育区，多数岩体呈北东向产出，可能是受区域性的北东向深大断裂控制的。

对解译的岩浆岩体与区内金矿床(点)进行GIS空间分析发现，70%以上的金矿点落到岩浆岩分布区，并且绝大多数矿床或矿点产在中生代以后岩体附近，尤其是燕山期岩体的边部或附近，这也直接说明了区内的金矿成矿作用与燕山期岩浆活动有着直接的、必然的联系。燕山期岩浆活动一方面为金矿成矿提供了成矿物质，另一方面为金矿成矿提供了能量和物理化学条件，这与前人在该区开展的金矿成矿规律研究结果基本一致。

2.8 区域构造演化

延边-东宁成矿带处于亚洲构造域和滨太平洋构造交接复合的部位，受双重大地构造单元的制约和影响。本区的地质演化分为古亚洲洋构造演化(图2-5)和滨太平洋构造演化(图2-7)两个阶段。

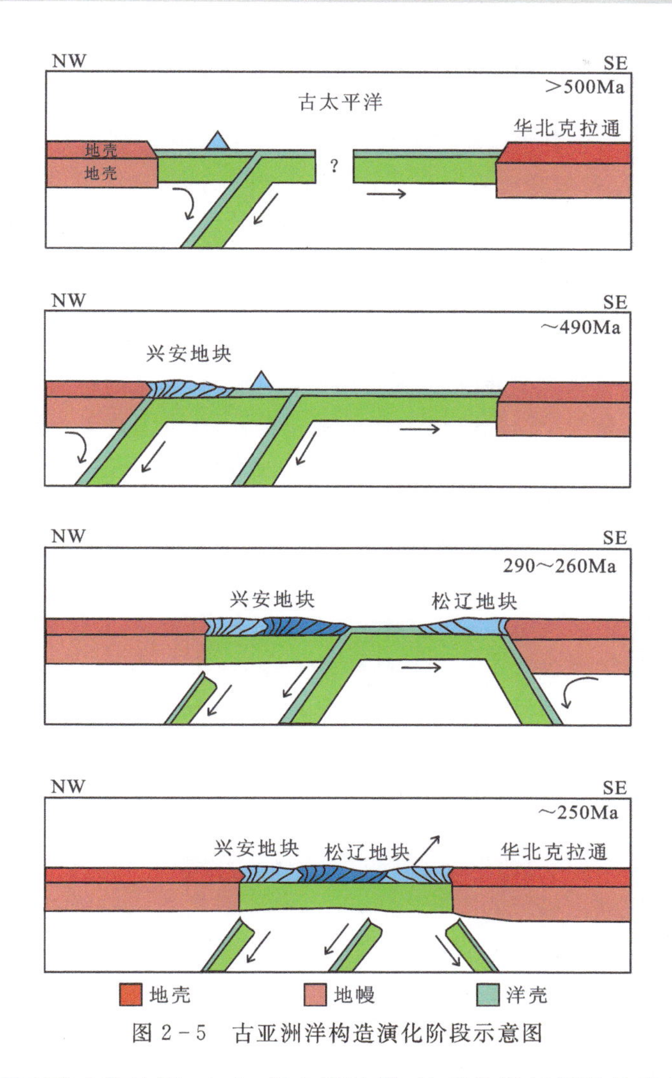

图 2-5　古亚洲洋构造演化阶段示意图

根据延边、东宁地区不同时代地层、火山-侵入岩地质、地球化学特征及构造发育特点等综合分析，可将该区古亚洲洋构造阶段（兴蒙造山阶段）地质-构造发展演化过程划分以下几个阶段，各阶段特征如下。

2.8.1　早前寒武纪大陆地壳增生阶段

这一时期地质构造作用的基本特点是在太古宙古陆核基础上，通过围绕太古宙古陆核边缘的古—中元古代裂陷槽型火山-沉积变质及花岗质岩系增生作用，形成一些刚性的过渡性陆壳（板块或微地块）。在该区南部，龙岗地块与相邻一些小地块拼贴形成华北板块；而在该区北部，则形成了佳木斯、兴凯（湖）等小的地块。研究表明，该区所经历的两期主要的陆壳增生事件（分别发生于2.0Ga、1.4Ga）与北秦岭陆壳增生事件中的两期基本一致。自此开始，该区的地质构造演化进入了夹持于华北板块（南侧）、佳木斯-兴凯（湖）地块（北东侧）之间的吉黑地槽褶皱演化阶段。

2.8.2　新元古代—古生代早期吉黑地槽造山作用阶段

自新元古代开始，展布于上述3个地块之间，以古—中元古代（过渡性）陆壳为基底的活动带（地槽区）进入了造山作用阶段。古生代本区所处的古亚洲洋板块分别与北侧佳木斯-兴凯地块及南侧华北板块相互作用，由于古亚洲洋板块与两侧地块之间性质的差异，致使本区形成了北以佳木斯-兴凯地块、南以华北板块的龙岗地块为中心，各具特征的南、北两个地质-构造演化系列(赵春荆等，1996)。

北部演化系列在元古宙末期，该区北部在兴凯地块西侧出现了裂陷活动，沉积了黄松群海相火山-碎屑岩沉积建造。黄松群岩石及其地球化学分析结果研究表明，黄松群由火山岩及沉积岩组成，其火山岩包括中基性及中酸性成分，具双峰火山岩特征，其 Ti－Zr－Sr 微量元素特点显示该套地层中的玄武质火山岩类似于洋底喷溢玄武岩，部分类似于洋中脊玄武岩，表明其形成于拉张环境。同时，由于断裂作用，沿裂陷带中心形成了马滴达超基性—基性岩带。这一裂陷一直延续到震旦纪末期，形成了现今沿佳木斯-兴凯地块西缘陆续展布长达近千千米的东风山、张广才岭、五道沟裂陷槽。大约在震旦纪末期，裂陷槽开始闭合，后发生了双向挤压造山，早寒武世中期该区隆升，形成加里东“I 型花岗岩侵位”，这标志着该裂陷槽活动的结束，黄松群强烈褶皱隆起，显示出裂陷-闭合造山带的特征。

早古生代区域北部未见奥陶纪—志留纪的沉积和岩浆活动，该区处于上升剥蚀环境；自泥盆纪开始出现沉积和岩浆活动，标志着该区进入古亚洲大陆地壳垂直增生、成熟固结阶段。

南部演化系列表现为在龙岗地块北侧，本区江域一带由于古亚洲洋板块与龙岗地块作用的结果，形成了南部演化系列的第一个陆缘活动带，即震旦纪—早寒武世山弧带。该带由新元古代末期(兴凯期)定位的花岗岩类及有震旦纪—早寒武世的沉积地层(现呈构造残片赋存于加里东岩体之中)为主体。沉积地层是以安山岩为主体的钙碱性中酸性火山岩建造，夹有碎屑岩、碳酸盐岩的沉积，如青龙村组，并有典型陆上环境侵入的阿拉斯加型含镍基性—超基性侵入岩体(长仁基性—超基性侵入岩带)。

青龙沟群岩石地球化学分析结果表明，在(Al＋Fm)-(C＋ALK)－Si 图解上，青龙沟组的主要岩石均投于火山岩区，表明其原岩主要为火山岩，可能有少量泥灰质岩石；而依据被动陆缘特提斯小洋盆火山-沉积建造特征和古岛弧建造的判别标志，区内青龙村群具小洋盆火山-沉积建造特征，显示出当时由于板块间相互作用形成的活动陆缘体系。

本区寒武纪中晚期—奥陶纪、志留纪处于隆起剥蚀环境，未接受相应的沉积作用。在本区南部，奥陶纪—志留纪末期由于古亚洲洋板块的俯冲作用，使一些地带构造-火山作用异常强烈，形成了具活动陆源特征的双火山弧特征的岛弧构造带。五道沟群岩石地球化学分析结果表明，其形成环境具有成熟岛弧特点可能反映了当时该区地质构造环境的这一特点。

2.8.3 晚古生代地壳垂向增生、成熟固结阶段

本区南部及北部地区在早古生代地质构造演化特征方面存在一些明显差异。赵春荆等(1996)的研究表明，北部区与南部区相比，前者缺失晚奥陶世—早泥盆世沉积地层；在构造环境方面，当时北部区属于被动大陆边缘，而南部区则属于活动大陆边缘；此外，在岩浆岩方面，北部表现为以佳木斯-兴凯前震旦纪构造-花岗岩区为中心，向东、西、南 3 个方向古生代构造-花岗岩区(带)作有顺序的自老而新的增生演化；而南部地区则自龙岗地块边缘向外，显示同样的自南而北的增生演化。但在早古生代末期以后，由于古华北板块与古西伯利亚板块的拼合，南部与北部的沉积、岩浆活动逐渐实现了统一(赵春荆等，1996)。

自志留纪晚期开始，该区总体处于上升阶段，这一时期全区发生了裂陷、沉降构造作用，在由华北板块及西伯利亚板块拼合的古亚洲大陆板块之上形成了分布极广的晚古生代上叠构造盆地。因此，本区大部分时代缺失，仅出露少量的上石炭统山秀岭组海相碳酸盐沉积建造及分布较为广泛的二叠纪海相火山-碎屑沉积和陆相碎屑沉积，它们构成了晚古生代上叠构造盆地沉积主体。由于本区位于两大板块对接带附近，其地质构造演化仍受碰撞造山后“超大陆碰撞作用影响”，在二叠纪末期发生了强烈、分布广泛的岩浆活动，以岩浆底侵和英云闪长质深成岩浆的垂直增生模式为特征，从地块的边缘向活动带中心，陆壳依次增长，最终出现了几乎遍布全区的海西晚期钙碱性—亚碱性系列的花岗岩类岩体。后造山期 A 型构造-花岗岩带的出现，表明该区地壳的成熟及造山作用的结束(赵春荆等，1996)。从晚三叠世开始，本区进入滨太平洋构造域的发展阶段。

2.8.4 中生代滨太平洋构造域发展演化阶段

众所周知，地震是板块运动直接或间接的表现。环太平洋地震带上包括了全世界约80%的浅源地震、90%的中源地震和几乎全部深源地震。我国东北地区多发深源地震，深源地震带主要位于乌苏里江以西、牡丹江-延吉以东的地带，震源深度多为500～590km，少数为300～400km，为太平洋深震带的一部分。高分辨率的三维纵波速度结构模型(Zhao et al.，2011)，揭示了中国大陆及其邻区主要的速度结构特征，各速度层上最为明显的特征是太平洋板块的高速异常带，在多个剖面图上，清晰地显示了太平洋板块沿日本海沟的俯冲形态(黄金莉，2010)(图2-6)。

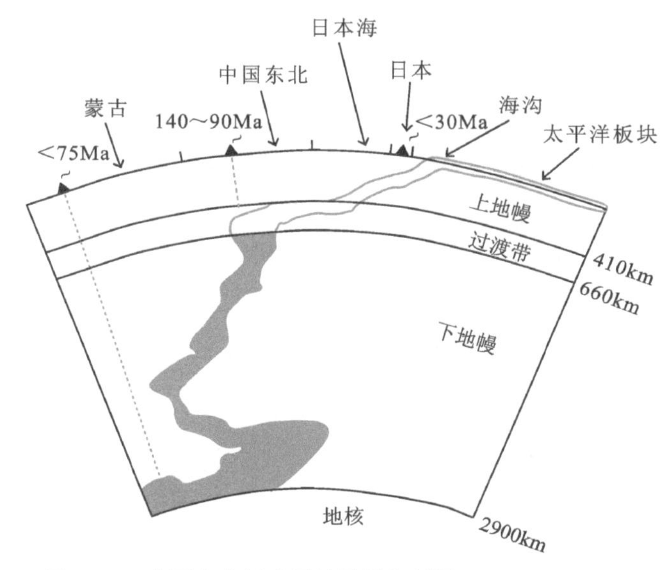

图2-6 中国东北部地震波层析解剖图(据嵇少丞等，2008)

西太平洋板块向西俯冲，在日本海形成的俯冲带称为日本海俯冲带，其前端深入到中国东北地区的汪清与穆棱一带，震源深度在540～590km，日本海俯冲带倾角约为29°，俯冲带宽达1287km，成为全球俯冲倾角最小、宽度最宽的俯冲带(孙文斌等，2004)。中国东北深震带是西太平洋板块自日本海沟以高速度、小倾角俯冲到中国东北大陆之下造成的(孙文斌和和跃时，2004；高立新，2011)。

该阶段始于晚三叠世，结束于白垩纪，以强烈的北东向断裂活动和火山喷发、岩浆侵入作用为特征。古亚洲板块与泛太平洋板块的相互作用，发生了陆缘外带的锡霍特-阿林、日本岛弧等的侧向增生。由于本区属陆缘内带，所以其地质构造演化依然以陆壳垂直增生为主。但由于大洋板块向大陆板块的俯冲作用，使得当时本区(古亚洲大陆边缘)形成了一系列火山弧形构造带(老黑山—大兴沟等)及陆相火山碎屑岩盆地沉积。已有的火山-侵入岩石学及年代学研究表明，本区岩浆作用可划分为三大阶段，即晚三叠世—早侏罗世早期(230～190Ma)、中侏罗世(175～160Ma)及晚侏罗世—早白垩世(145～110Ma)，表明本区经历了晚印支期、早—中燕山期及晚燕山期等多期的陆缘造山和构造-岩浆作用，而后进入新生代大陆伸展、拉张构造作用阶段。

2.8.5 新生代地质构造发展演化阶段

深源地震及地震层析成像的研究表明本区在新生代存在深俯冲作用，产生了走滑-拉分引张区，地壳减薄，地幔部分熔融，从而造成了新生代玄武质岩浆活动，形成了著名的长白山现代火山群。

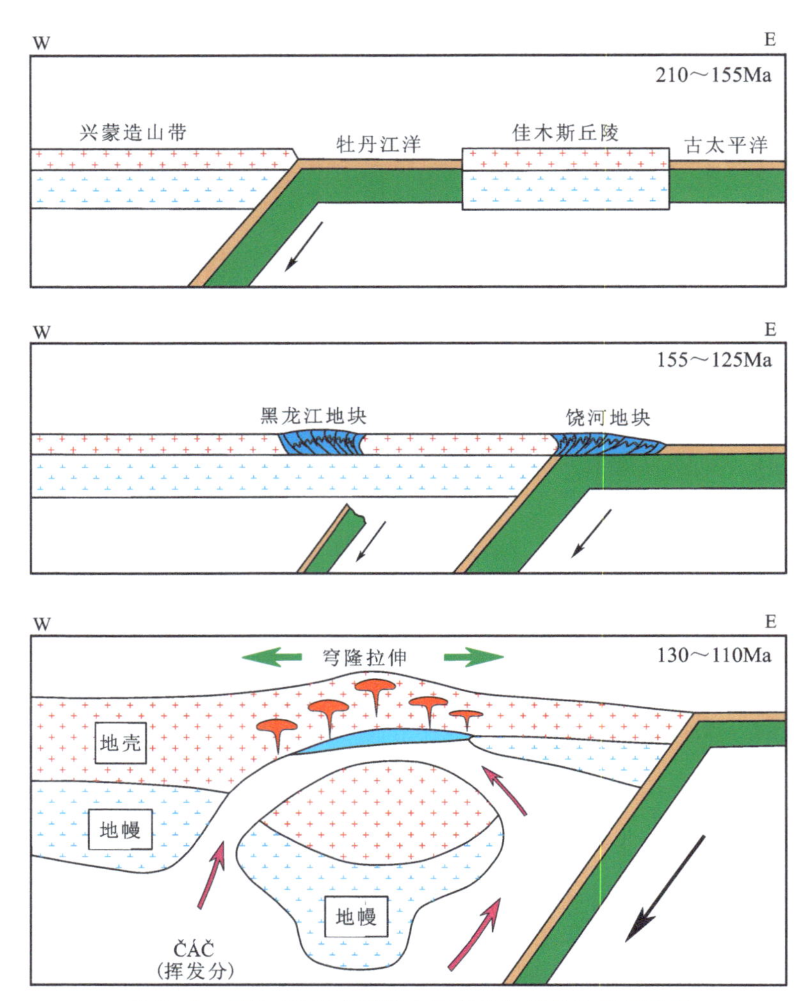

图 2-7　延边-东宁成矿带太平洋构造演化阶段示意图

综上所述，认为延边-东宁成矿带的成矿地质背景为活动大陆边缘的火山弧构造环境，具备典型的沟-弧-盆体系。

2.9　区域矿产

区内矿产资源丰富，矿种也多种多样，其中非金属矿产有煤、油页岩、石灰岩、珍珠岩等。金属矿产以金为主，其次有铜、铅、锌、钼等矿产。总体来说，本区成矿背景复杂，矿种及矿床类型繁多，成矿时代在海西期以后，且多数为印支期—燕山期。

计区内金矿床(点)有200余处，具有一定规模的金矿床有几十处，其中达到大型矿床规模的金矿床有3处(东宁金厂、延边堡格砬子金矿床和珲春小西南岔金铜矿床)。从区内金矿床(点)分布情况看，大体集中于3个集中区：南部延吉-汪清-珲春一带金矿集中区、北部牡丹江-穆棱市一带金矿集中区和中部绥芬河-东宁一带金矿集中区。其他则为区内呈零星形式分布的金矿(化)点。

区内的金矿类型主要为岩浆热液型和火山-次火山热液型。其中，岩浆热液型金矿与海西期中酸性侵入体有密切的成因联系，代表性矿床为小西南岔铜金矿。火山-次火山热液型金矿在区内分布在中侏罗世以后的中酸性火山岩中，金矿多赋存于断陷盆地边缘，一般受中生代火山盆地的控制，代表性金矿床有东宁金厂金矿床和汪清县刺猬沟金矿、闹枝沟铜金矿。

3 矿区地质特征

金厂金矿床位于黑龙江省东宁市金厂乡的东南侧，矿区内大面积分布中生代侵入岩，主要为印支期—燕山期中酸性侵入岩，地层分布很少，仅在矿区外围出露新元古界黄松群变质岩系，矿区东部及外围零星出露上三叠统罗圈站组(T_3l)火山岩系，岩性为流纹质—英安质岩屑晶屑凝灰岩-流纹质火山角砾岩(图3-1)。

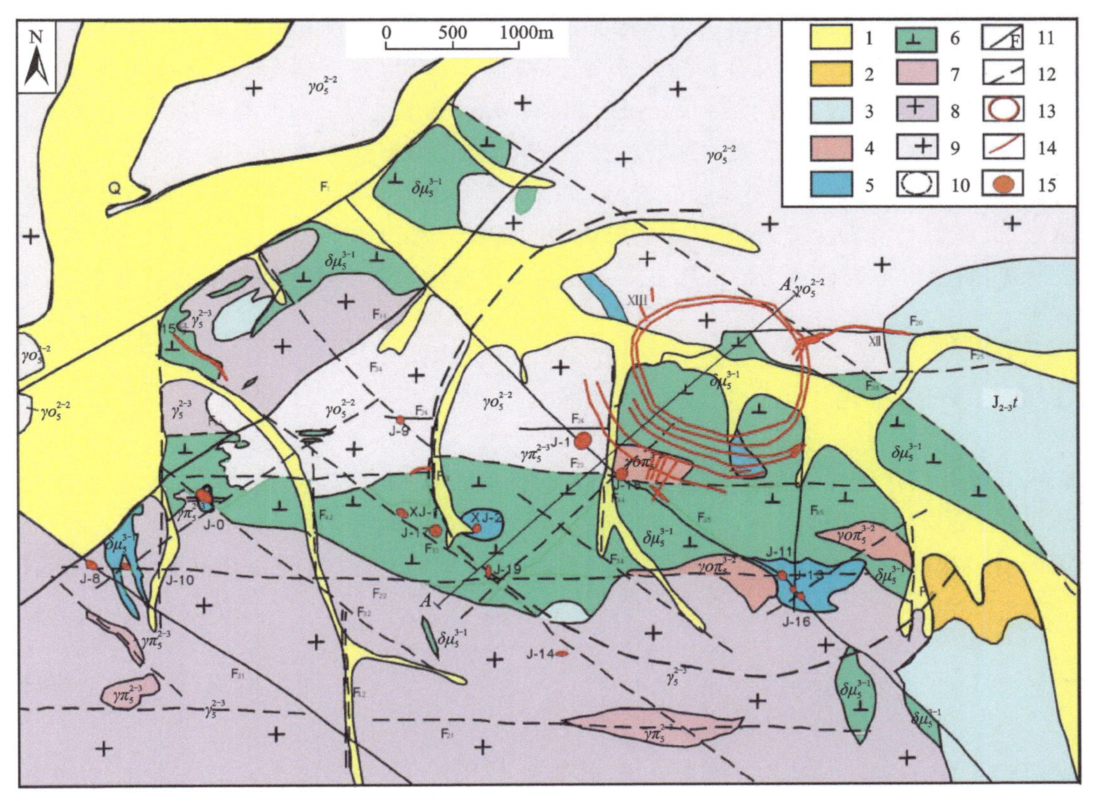

1.第四系；2.新近系；3.侏罗系(屯田营组)；4.燕山晚期花岗斑岩；5.燕山晚期闪长玢岩；6.燕山早期闪长岩；7.印支晚期—燕山早期粗粒花岗岩；8.印支晚期—燕山早期中细粒花岗岩；9.印支晚期—燕山早期文象花岗岩；10.环状构造；11.断裂；12.推断断裂；13.环状矿体；14.放射状矿体；15.角砾岩型矿体

图3-1 金厂矿区地质简图

3.1 矿区地层

3.1.1 黄松群

黄松群变质岩系在矿区外围西部出露，岩石类型比较单一，主要可分为云母(石英)片岩类(含千枚岩)、变粒岩类、斜长角闪片岩类。

黄松群岩石具有以下特征:①为一套低变质级的变质岩,受应力作用较明显;②含碳质成分较普遍,尤其是在千枚岩中,碳质可作为岩石组成部分出现于岩石中,其他碳质多呈包裹体存在于钠长石等矿物中;③普遍含石榴石,千枚岩中石榴石晶形完整,无包裹体,为绿泥石交代,钠长片岩中石榴石晶形不完整,多为包裹体;④片岩中的斜长石,一部分为钠长石(An≤10),也有一部分为更—中长石(An10~28);⑤钠长石片岩中,钠长石多呈眼球状变斑晶,碳质包裹体呈"S"形分布,说明钠长石与变质作用同时形成;⑥部分钠长石片岩中,石英条带比较发育,具一定的混合岩化。

黄松群变质岩微量元素显示大洋拉斑玄武岩的特征,结合地质背景资料,黄松群应属于海底喷发玄武岩,也有部分是洋中脊玄武岩。稀土元素特征显示大洋拉斑玄武岩的特征。

黄松群变质原岩以沉积岩为主,夹部分火山岩,其中:①云母片岩类(千枚岩),它们的共同特点是富含云母片岩类泥质变质矿物,变余沉积层理清楚,在岩石化学成分上 K_2O 含量大于 Na_2O,MgO 含量大于 CaO,投影点落入到砂岩、杂砂岩和泥质岩区;②变粒岩类,主要为黑云斜长变粒岩,其 Na_2O 含量大于 K_2O,CaO 含量大于 MgO,具典型火山岩特征,恢复原岩分为钙碱性岩系英安岩和钙碱性岩系玄武岩两类;③斜长角闪(片)岩类,角闪石含量一般高于斜长石含量,并有黑云母、石英出现,SiO_2 含量为 47.88%~49.66%,Al_2O_3 含量为 14.46%~16.44%,MgO 含量大于 CaO,具典型火山岩特点,原岩为玄武岩。另外,在黄松群中出现的镁质片岩(蛇纹片岩),原岩为超基性岩。

黄松群变质岩的原岩下部主要是杂砂岩、英安岩夹少量玄武岩和泥质粉砂岩,局部相变为玄武岩夹含硅铁质岩;上部为泥质粉砂岩、泥质砂岩夹安山岩和英安岩透镜体。

综上所述,黄松群原岩建造为砂泥质复理石建造夹中基性—中酸性火山岩和含铁硅质岩,代表一个优地槽环境。

3.1.2 罗圈站组

矿区东部及外围广泛出露的火山岩为一套中酸性火山沉积岩,经野外地质工作及室内岩石岩相学鉴定结果,火山岩岩性为熔结凝灰岩、英安质—流纹质晶屑凝灰岩和火山角砾岩。从矿区到外围,火山岩逐渐由熔接凝灰岩过渡到英安质—流纹质晶屑凝灰岩,再过渡到火山角砾岩,以晶屑凝灰岩为主。

3.1.2.1 岩石化学特征

晶屑凝灰岩中以晶屑为主,含有少量岩屑、玻屑和火山尘。晶屑以正石和石英为主,并含有少量的斜长石、黑云母和角闪石。晶屑呈尖角形,有的发生弯曲、碎裂和熔蚀现象。岩屑成分较复杂,包括晶屑凝灰岩、岩屑凝灰岩、火山角砾岩、流纹岩、闪长岩、花岗岩等,大小不一,粒径 0.2~10mm,形状多样,从浑圆状到次棱角状。

对各种典型火山岩岩石样品做岩石全分析,其主量元素含量及特征值如表 3-1 所示。凝灰岩中 SiO_2 含量 66.32%~75.56%,平均值 70.32%;Al_2O_3 含量 12.09%~15.64%,平均值 14.04%,属酸性长英质岩石系列;TiO_2 含量 0.14%~0.52%,平均值 0.36%;Fe_2O_3 含量 2.27%~4.91%,平均值 3.48%,FeO 含量 1.44%~3.38%,平均值 2.20%,Fe_2O_3 含量大于 FeO,具火山岩的特点;CaO 含量大于 MgO,Na_2O 含量大于 K_2O,碱总量(Na_2O+K_2O)为 6.40%~7.91%,$Al_2O_3/(CaO+K_2O+Na_2O)$ 小于 1.1,Na_2O 含量相对较高,属准铝质钙碱性岩石系列。

表 3-1 金厂矿区火山岩主量元素含量及特征值表

样品编号	YQ1	YQ2	YQ3	YQ13	YQ14	YQ15	YQ16	YQ17	YQ18	YQ19	YQ27	YQ28	YQ29
SiO_2/%	71.30	73.14	73.10	68.83	68.55	67.31	66.32	71.55	66.60	72.60	69.76	75.56	69.01
TiO_2/%	0.36	0.23	0.22	0.43	0.47	0.50	0.49	0.32	0.52	0.27	0.34	0.14	0.40
Al_2O_3/%	13.79	12.98	13.23	15.19	14.44	14.77	15.64	13.66	15.11	13.09	13.93	12.09	14.66
Fe_2O_3/%	4.49*	3.07	2.88	3.52*	4.52	5.52	4.30	3.69	4.91	3.34*	2.63	2.27	4.31
FeO/%		1.44	1.53				3.09		2.63		3.38	1.37	1.99
MnO/%	0.10	0.08	0.06	0.11	0.09	0.15	0.08	0.05	0.07	0.03	0.10	0.07	0.09
MgO/%	0.49	0.18	0.15	0.66	0.81	0.91	0.82	0.32	0.61	0.29	0.44	0.07	0.52
CaO/%	1.42	0.81	0.93	2.54	2.37	2.96	2.57	1.70	2.56	1.38	2.22	0.47	1.40
Na_2O/%	4.10	4.51	4.55	4.58	4.40	4.66	4.49	4.41	5.08	3.96	4.63	3.74	4.50
K_2O/%	3.01	3.41	3.28	2.46	2.90	1.74	2.67	2.99	1.87	3.73	2.72	3.96	2.22
P_2O_5/%	0.08	0.05	0.05	0.09	0.13	0.13	0.11	0.08	0.11	0.06	0.07	0.02	0.09
烧失量/%		1.15	1.29				1.12		1.69		0.92	0.81	2.15
合计/%	99.12	101.03	101.28	98.40	98.67	98.66	101.69	98.75	101.77	98.74	101.12	100.56	101.33
分异指数(DI)	85.16	89.81	89.33	80.88	80.95	76.18	75.65	86.29	76.52	88.48	80.91	92.35	81.64
A/CNK	1.096	1.032	1.038	1.025	0.983	0.988	1.046	1.007	1.005	1.002	0.956	1.072	1.188
固结指数(SI)	4.09	1.4	1.22	5.96	6.52	7.29	5.33	2.86	4.08	2.56	3.18	0.64	3.86
碱度率(AR)	2.76	3.69	3.48	2.32	2.54	2.13	2.3	2.86	2.3	3.27	2.67	4.17	2.44
A/MF	1.98	2.03	2.12	2.47	1.85	1.58	1.31	2.47	1.31	2.63	1.5	2.41	1.52
C/MF	0.37	0.23	0.27	0.75	0.55	0.58	0.39	0.56	0.4	0.5	0.43	0.17	0.26
里特曼指数(δ)	1.78	2.08	2.04	1.90	2.06	1.67	2.21	1.90	2.05	1.98	2.02	1.82	1.72

测试单位：武警黄金指挥部测试中心；带*为全铁含量。

在火山岩全碱-硅(TAS)分类图解(图 3-2)上，火山岩的样品均落在亚碱性岩区域内，除去一个点落在安山岩中外，多数落在流纹岩和英安岩中，结合手标本特征与火山岩的岩相学特征认为火山岩的岩性为流纹质—英安质晶屑凝灰岩和流纹质火山角砾岩。

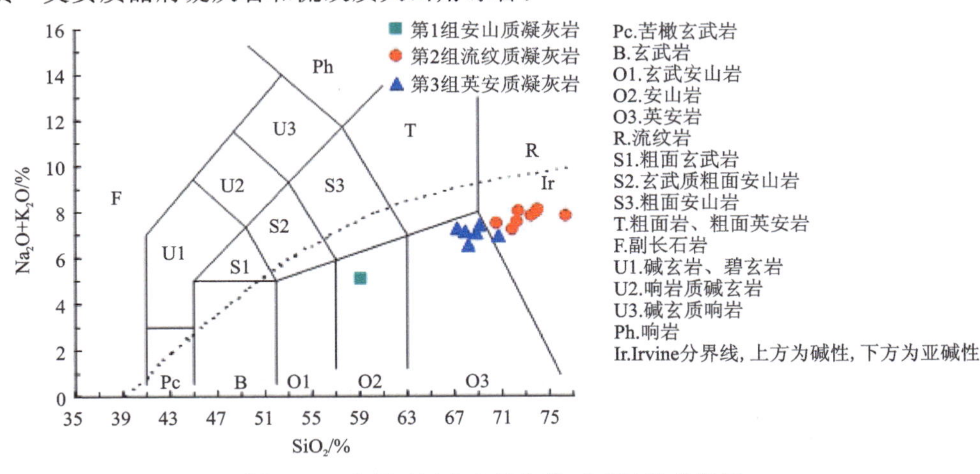

图 3-2 金厂矿区火山岩全碱-硅(TAS)分类图

在 SiO_2-K_2O 分类图中(图 3-3),晶屑凝灰岩样品落在高钾系列流纹质凝灰岩和钙碱性英安质—流纹质凝灰岩区域中,说明与火山岩有成因关系的岩浆岩-次火山岩为一中酸性到酸性的演化序列。

在火山岩构造环境判别图解 La/Yb-Sc/Ni(图 3-4)中,凝灰岩样品投点均落于大陆边缘弧与演化的大洋弧叠合部位,这与延边-东宁成矿带的成岩地质背景相符,即矿区火山岩的形成于太平洋板块的洋壳俯冲有关,为活动大陆边缘的构造地质背景环境。

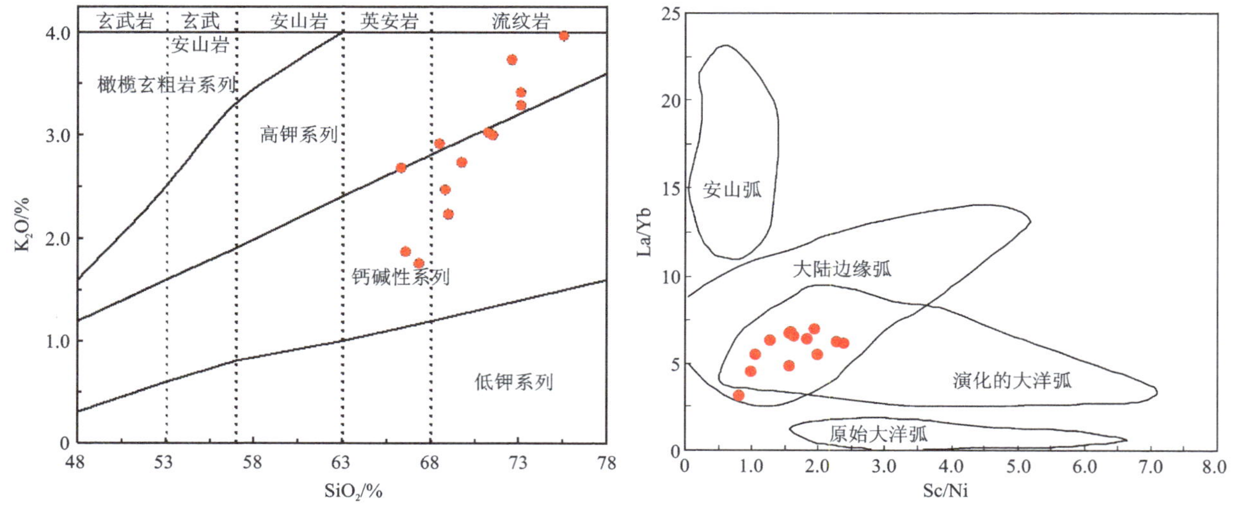

图 3-3 金厂矿区火山岩的 K_2O-SiO_2 分类图　　图 3-4 金厂矿区火山岩构造环境判别图解(据 Condie,1987)

在火山岩成因类型判别图解中(图 3-5),Ce-SiO_2 判别图和 Y-SiO_2 判别图中,火山岩样品投点均落于 I 型花岗岩区内,说明与火山岩成因有关的岩浆岩为 I 型花岗岩,这种花岗岩的源岩物质是未经风化作用的火成岩熔融而来,是活动大陆边缘的产物,与上述结果相符。

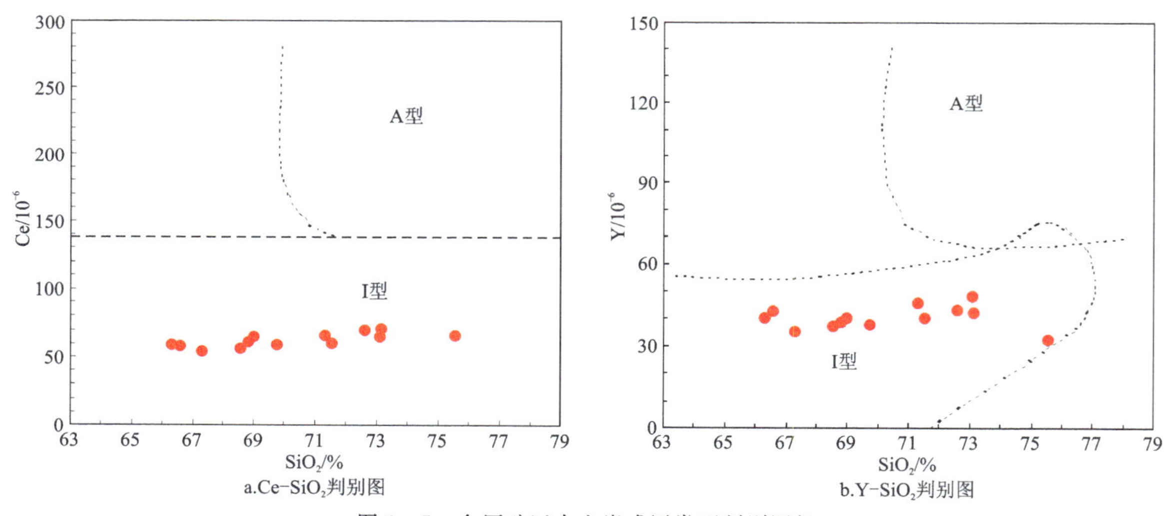

图 3-5 金厂矿区火山岩成因类型判别图解

对各种火山岩岩石样品做稀土元素分析,其稀土元素含量及特征值如表 3-2 所示。火山岩稀土总量较高,ΣREE 为 146.32×10^{-6}~183.53×10^{-6},是球粒陨石丰度的 7~8 倍;LREE/HREE 为 4.32~5.34,轻重稀土元素分异程度较高;δEu 为 0.46~0.88,具明显的负铕异常 δCe 为 0.93~1.37,无明显异常。在火山岩对球粒陨石标准化配分模式图(图 3-6)中,均呈轻稀土富集、重稀土亏损、向右倾斜的平滑曲线。矿区内的火山岩的稀土配分模式和上地壳花岗岩配分模式相似,因此火山岩为上地壳花岗岩熔融的产物。

表 3-2 金厂矿区火山岩稀土元素含量及特征值

样品号	样品描述	La	Ce	Pr	Nd	Sm	Eu	Gd	Tb	Dy	Ho	Er	Tm	Yb	Lu	Y	ΣREE	LREE	HREE	REE/HREE	La_N/Yb	δEu	δCe
		10^{-6}																					
YQ1	流纹质火山角砾岩	31.07	65.51	8.34	33.05	7.11	1.68	7.16	1.26	8.24	1.61	4.74	0.79	5.09	0.86	45.58	176.50	146.75	29.75	4.93	3.16	0.71	0.98
YQ2	凝灰岩	28.21	70.14	8.26	33.07	7.13	1.26	6.76	1.23	8.03	1.60	5.00	0.86	5.82	1.00	42.02	178.36	148.07	30.30	4.89	2.90	0.55	1.11
YQ3	凝灰岩	29.04	64.62	8.35	33.23	7.32	1.34	7.25	1.35	8.91	1.81	5.55	0.95	6.41	1.13	48.14	177.24	143.90	33.34	4.32	2.38	0.55	1.00
YQ13	英安质凝灰岩	27.60	60.76	7.82	30.91	6.62	1.66	6.52	1.20	7.76	1.55	4.65	0.77	5.03	0.85	38.87	163.69	135.36	28.32	4.78	2.98	0.76	1.00
YQ14	英安质凝灰岩	25.48	56.02	7.04	27.56	6.03	1.28	5.85	1.06	6.85	1.38	4.21	0.69	4.65	0.79	37.27	148.88	123.40	25.48	4.84	2.96	0.65	1.01
YQ15	英安质火山角砾岩	24.98	54.01	6.98	28.15	6.26	1.58	6.05	1.11	6.91	1.36	3.91	0.61	3.80	0.61	35.27	146.32	121.96	24.36	5.01	3.69	0.78	0.99
YQ16	英安质凝灰岩	28.56	58.65	7.63	29.87	6.61	1.66	6.50	1.17	7.40	1.48	4.30	0.69	4.48	0.75	40.28	159.73	132.98	26.75	4.97	3.27	0.77	0.95
YQ17	流纹质凝灰岩	31.82	59.72	7.14	27.23	5.89	1.14	5.63	1.03	6.69	1.36	4.14	0.69	4.59	0.78	40.44	157.83	132.93	24.90	5.34	3.18	0.59	0.93
YQ18	英安质凝灰岩	27.58	57.64	7.85	31.71	7.24	2.10	7.16	1.30	8.24	1.62	4.61	0.68	4.10	0.63	42.42	162.45	134.12	28.33	4.73	3.81	0.88	0.95
YQ19	流纹质凝灰岩	30.19	69.41	9.00	35.68	7.97	1.20	7.62	1.38	8.75	1.69	4.79	0.73	4.44	0.69	42.98	183.53	153.45	30.08	5.10	4.19	0.46	1.02
YQ27	流纹质凝灰岩	26.50	58.64	7.56	30.53	6.79	1.54	6.60	1.21	7.64	1.49	4.25	0.67	4.27	0.71	37.68	158.40	131.55	26.84	4.90	3.43	0.69	1.00
YQ28	流纹质凝灰岩	20.19	65.63	6.78	25.99	5.74	0.88	4.78	0.97	6.67	1.44	4.91	0.90	6.42	1.11	32.57	152.40	125.20	27.20	4.60	2.45	0.50	1.37
YQ29	英安质凝灰岩	29.97	64.59	8.22	32.01	6.95	1.52	6.71	1.24	7.84	1.56	4.54	0.73	4.78	0.77	40.30	171.41	143.26	28.15	5.09	3.46	0.67	0.99
YQ40	闪长岩	31.96	68.99	8.99	36.33	8.08	1.85	7.62	1.41	8.89	1.80	5.37	0.88	5.80	0.95	45.79	188.90	156.20	32.70	4.78	3.02	0.71	0.98
YQ63	凝灰质砂岩（安山岩）	29.30	61.95	8.10	32.23	7.08	1.40	6.85	1.26	7.96	1.60	4.78	0.77	5.04	0.82	39.63	169.14	140.06	29.08	4.82	3.12	0.61	0.97
YQ64	安山岩	19.76	41.39	5.52	23.30	5.41	1.50	5.26	0.95	5.96	1.19	3.46	0.55	3.66	0.62	28.30	118.54	96.88	21.66	4.47	2.76	0.85	0.96

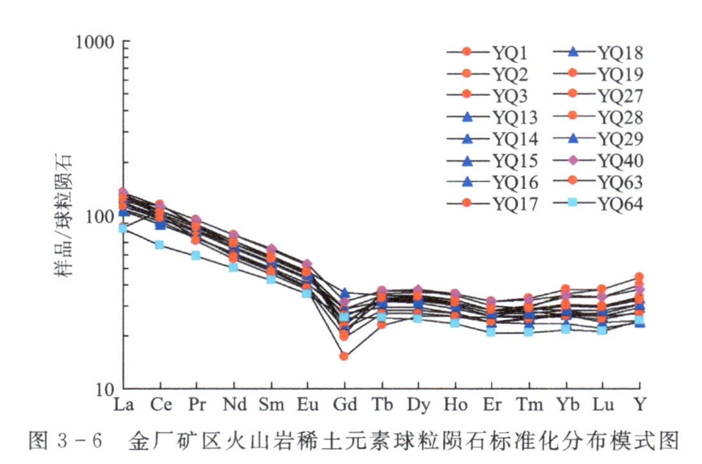

图 3-6　金厂矿区火山岩稀土元素球粒陨石标准化分布模式图

3.1.2.2　火山岩成岩时代

前人多认为矿区东部出露火山岩系为中—上侏罗统屯田营组($J_{2-3}t$)，与矿区内的成矿地质体为火山-次火山岩关系，与成矿关系密切。为了精确确定其成岩时代，对矿区东部的火山岩进行了锆石的激光剥蚀测年。

锆石粒径为100～350μm，多为长柱状和短柱状，自形程度较高，为自形到半自形；由于碎样粒度较小和岩浆喷发，致使少量锆石形态遭到一定程度破坏。在锆石CL图像上，锆石多具有清楚的振荡环带，为典型的岩浆成因锆石特征。部分锆石内部结构不均，可见内核及外边，但其发育振荡环带的主体部分岩浆成因特征明显，振荡环带部分从内到外具有一致的表面年龄，测试结果见表3-3、表3-4。

在TY-6号样品测试的27个锆石数据中，除06号点外样品Th/U值都大于0.4，最高达到1.02，表明TY-6中的锆石为典型的岩浆成因锆石。经分析认为，有3个锆石测试数据的谐和率较低(分别为06、13、18)，其余24个锆石的年龄较为一致。

前人研究表明，采用激光探针进行U-Pb同位素定年时，需要进行普通铅的校正，对大于1Ga年龄的锆石采用$^{207}Pb/^{206}Pb$年龄合适，而对于年轻的锆石样品采用$^{206}Pb/^{238}U$年龄较为合适。由于矿区火山岩成岩年龄小于250Ma，故采用$^{206}Pb/^{238}U$的年龄，$^{206}Pb/^{238}U$表面年龄加权平均值为(210.4±1.6)Ma(MSWD=0.078)(图3-7)；24个样品点的表面年龄相关性较好，符合正态分布规律。24个样品点在$^{206}Pb/^{238}U-^{207}Pb/^{235}U$谐和图上表现为较好的谐和性(图3-8)，年龄值较为集中，谐和年龄为(210.4±1.6)Ma(MSWD=0.078)。

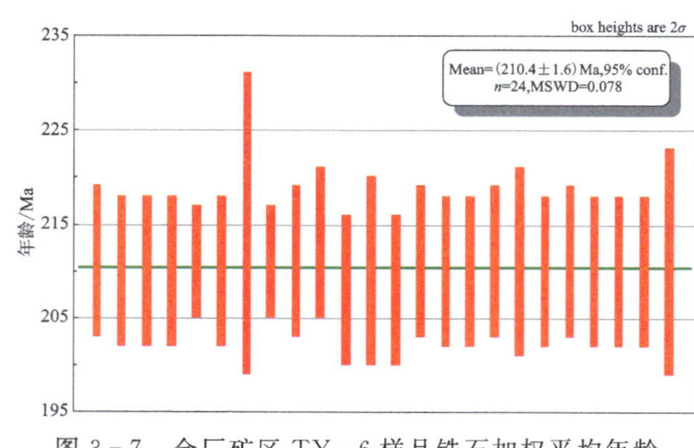

图 3-7　金厂矿区TY-6样品锆石加权平均年龄

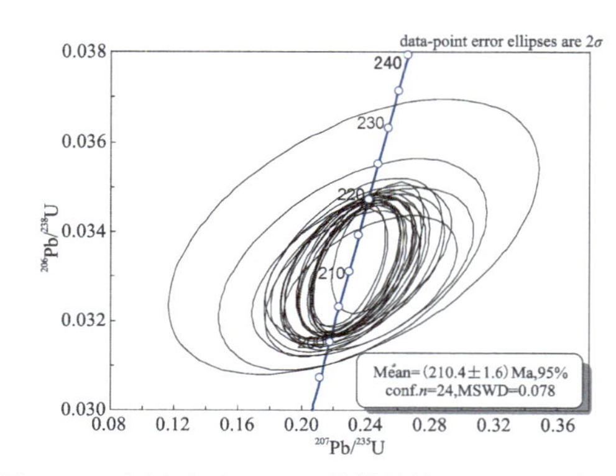

图 3-8　金厂矿区TY-6号样品锆石U-Pb谐和图

表 3-3 金厂矿区火山岩 TY-6 号样品单颗粒锆石 U-Th-Pb 同位素测试结果

测试点号	元素含量/10^{-6}			Th/U	同位素比值								年龄/Ma					
	Pb^{206}	Th^{232}	U^{238}		$^{207}Pb/^{206}Pb$	1σ	$^{207}Pb/^{235}U$	1σ	$^{206}Pb/^{238}U$	1σ	$^{208}Pb/^{232}Th$	1σ	$^{207}Pb/^{206}Pb$	1σ	$^{207}Pb/^{235}U$	1σ	$^{206}Pb/^{238}U$	1σ
TY6-01	17.72	66.50	142.33	0.47	0.049 92	0.002 92	0.228 76	0.013 27	0.033 23	0.000 61	0.009 41	0.000 37	191	99	209	11	211	4
TY6-02	15.26	50.55	122.86	0.41	0.050 14	0.003 81	0.229 30	0.017 28	0.033 16	0.000 66	0.009 81	0.000 48	201	134	210	14	210	4
TY6-03	15.15	77.38	121.96	0.63	0.050 39	0.003 03	0.230 53	0.013 74	0.033 18	0.000 62	0.009 47	0.000 35	213	103	211	11	210	4
TY6-04	21.33	112.60	171.79	0.66	0.050 43	0.004 01	0.230 57	0.018 13	0.033 16	0.000 70	0.007 55	0.000 36	215	140	211	15	210	4
TY6-05	70.65	683.65	567.87	1.20	0.050 94	0.002 53	0.233 37	0.011 61	0.033 22	0.000 56	0.009 48	0.000 28	238	84	213	10	211	3
TY6-06	149.53	91.18	932.95	0.10	0.054 50	0.002 40	0.321 75	0.014 17	0.042 81	0.000 74	0.015 26	0.000 69	392	68	283	11	270	5
TY6-07	47.83	357.22	385.73	0.93	0.050 20	0.002 19	0.229 29	0.010 02	0.033 12	0.000 57	0.009 92	0.000 31	204	69	210	8	210	4
TY6-08	14.30	78.21	112.72	0.69	0.049 75	0.010 27	0.232 45	0.047 42	0.033 88	0.001 26	0.008 31	0.000 88	183	326	212	39	215	8
TY6-09	66.04	521.34	530.53	0.98	0.050 03	0.002 04	0.229 39	0.009 41	0.033 25	0.000 56	0.009 69	0.000 30	196	64	210	8	211	3
TY6-10	16.87	78.83	135.73	0.58	0.050 02	0.003 61	0.229 02	0.016 37	0.033 20	0.000 66	0.009 33	0.000 41	196	126	209	14	211	4
TY6-11	84.40	308.51	670.33	0.46	0.053 35	0.002 52	0.247 50	0.011 69	0.033 64	0.000 60	0.010 61	0.000 38	344	74	225	10	213	4
TY6-12	14.22	51.12	114.67	0.45	0.049 78	0.004 50	0.225 35	0.019 83	0.032 83	0.000 67	0.010 37	0.000 24	185	205	206	16	208	4
TY6-13	16.83	62.81	135.33	0.46	0.061 32	0.004 02	0.280 95	0.018 22	0.033 23	0.000 67	0.010 64	0.000 48	650	105	251	14	211	4
TY6-14	16.98	74.86	137.11	0.55	0.052 15	0.006 24	0.238 05	0.028 27	0.033 10	0.000 77	0.011 38	0.000 60	292	225	217	23	210	5
TY6-15	45.17	318.91	364.21	0.88	0.053 55	0.005 01	0.242 53	0.022 22	0.032 85	0.000 62	0.010 28	0.000 14	352	215	220	18	208	4
TY6-16	30.88	118.44	247.64	0.48	0.051 17	0.005 19	0.235 20	0.023 71	0.033 33	0.000 70	0.010 92	0.000 57	248	189	214	19	211	4
TY6-17	29.22	149.19	235.83	0.63	0.051 62	0.002 68	0.235 82	0.012 21	0.033 13	0.000 60	0.009 86	0.000 36	269	85	215	10	210	4
TY6-18	22.65	93.09	160.98	0.58	0.060 19	0.011 96	0.259 49	0.051 21	0.031 27	0.000 74	0.009 65	0.000 38	610	422	234	41	198	5
TY6-19	57.34	512.3	462.32	1.11	0.051 07	0.002 71	0.233 51	0.012 34	0.033 16	0.000 61	0.016 90	0.000 58	244	88	213	10	210	4
TY6-20	25.28	145.39	203.57	0.71	0.051 17	0.003 30	0.234 33	0.014 99	0.033 21	0.000 65	0.009 66	0.000 39	248	111	214	12	211	4
TY6-21	21.28	87.49	171.16	0.51	0.050 61	0.005 04	0.232 02	0.022 81	0.033 25	0.000 80	0.008 90	0.000 55	223	177	212	19	211	5
TY6-22	23.34	98.64	188.18	0.52	0.052 03	0.003 53	0.237 98	0.016 09	0.033 17	0.000 63	0.010 27	0.000 42	287	120	217	13	210	4

续表 3-3

测试点号	元素含量/10^{-6}			Th/U	同位素比值								年龄/Ma					
	Pb^{206}	Th^{232}	U^{238}		$^{207}Pb/^{206}Pb$	1σ	$^{207}Pb/^{235}U$	1σ	$^{206}Pb/^{238}U$	1σ	$^{208}Pb/^{232}Th$	1σ	$^{207}Pb/^{206}Pb$	1σ	$^{207}Pb/^{235}U$	1σ	$^{206}Pb/^{238}U$	1σ
TY6-23	39.52	265.35	318.09	0.83	0.052 01	0.002 82	0.238 34	0.012 86	0.033 23	0.000 62	0.009 52	0.000 36	286	89	217	11	211	4
TY6-24	24.02	129.85	193.86	0.67	0.051 39	0.004 90	0.234 91	0.022 28	0.033 15	0.000 69	0.008 79	0.000 42	258	176	214	18	210	4
TY6-25	74.19	372.89	606.69	0.61	0.051 06	0.002 53	0.233 62	0.011 57	0.033 18	0.000 60	0.009 09	0.000 34	244	81	213	10	210	4
TY6-26	28.13	137.10	226.82	0.60	0.051 28	0.004 10	0.234 63	0.018 56	0.033 18	0.000 72	0.009 23	0.000 45	253	140	214	15	210	4
TY6-27	21.47	98.72	172.72	0.57	0.050 54	0.007 53	0.231 80	0.034 16	0.033 26	0.000 97	0.010 10	0.000 77	220	271	212	28	211	6

表 3－4 金厂矿区火山岩 TY－7 号样品单颗粒锆石 U－Th－Pb 同位素测试结果

测试点号	元素含量/10^{-6}			Th/U	同位素比值								年龄/Ma					
	Pb^{206}	Th^{232}	U^{238}		$^{207}Pb/^{206}Pb$	1σ	$^{207}Pb/^{235}U$	1σ	$^{206}Pb/^{238}U$	1σ	$^{208}Pb/^{232}Th$	1σ	$^{207}Pb/^{206}Pb$	1σ	$^{207}Pb/^{235}U$	1σ	$^{206}Pb/^{238}U$	1σ
TY7－01	29.73	155.98	237.48	0.66	0.050 47	0.002 23	0.230 44	0.010 19	0.033 11	0.000 54	0.009 19	0.000 24	217	72	211	8	210	3
TY7－02	81.60	938.48	651.74	1.44	0.054 44	0.001 92	0.248 56	0.008 91	0.033 11	0.000 50	0.009 92	0.000 20	389	53	225	7	210	3
TY7－03	20.65	106.43	164.53	0.65	0.051 30	0.005 24	0.234 75	0.023 97	0.033 18	0.000 57	0.010 11	0.000 31	254	199	214	20	210	4
TY7－04	27.33	107.15	217.91	0.49	0.051 47	0.002 30	0.235 34	0.010 53	0.033 16	0.000 54	0.009 69	0.000 27	262	73	215	9	210	3
TY7－05	21.63	102.47	172.96	0.59	0.050 31	0.002 58	0.229 43	0.011 72	0.033 07	0.000 57	0.009 42	0.000 28	209	86	210	10	210	4
TY7－06	16.98	74.68	135.98	0.55	0.050 25	0.002 86	0.228 66	0.012 95	0.033 00	0.000 58	0.010 26	0.000 31	207	98	209	11	209	4
TY7－07	122.35	1 202.07	985.52	1.22	0.050 42	0.001 49	0.228 16	0.006 93	0.032 82	0.000 49	0.009 58	0.000 19	214	43	209	6	208	3
TY7－08	81.59	834.00	654.55	1.27	0.051 82	0.005 02	0.236 69	0.022 72	0.033 12	0.000 70	0.009 88	0.000 28	277	178	216	19	210	4
TY7－09	34.84	251.90	272.43	0.92	0.050 64	0.010 29	0.236 01	0.047 21	0.033 80	0.001 35	0.012 18	0.000 65	224	334	215	39	214	8
TY7－10	11.29	39.29	89.49	0.44	0.050 63	0.003 93	0.232 83	0.017 90	0.033 35	0.000 66	0.010 32	0.000 46	224	138	213	15	211	4
TY7－11	11.18	52.73	87.83	0.60	0.082 82	0.011 16	0.358 01	0.047 15	0.031 35	0.000 90	0.009 34	0.000 21	1265	278	311	35	199	6
TY7－12	19.87	74.69	157.87	0.47	0.050 58	0.003 30	0.231 93	0.015 08	0.033 25	0.000 58	0.009 95	0.000 34	222	117	212	12	211	4
TY7－13	16.75	80.13	133.73	0.60	0.050 53	0.003 89	0.231 33	0.017 74	0.033 20	0.000 61	0.010 31	0.000 35	219	140	211	15	211	4
TY7－14	34.21	295.41	259.39	1.14	0.049 12	0.007 04	0.236 01	0.033 54	0.034 84	0.000 88	0.010 36	0.000 43	154	254	215	28	221	5
TY7－15	87.97	194.59	247.77	0.79	0.049 98	0.003 34	0.646 32	0.042 97	0.093 78	0.001 72	0.022 26	0.000 81	194	118	506	27	578	10
TY7－16	19.29	83.04	153.83	0.54	0.050 80	0.003 09	0.232 00	0.014 01	0.033 12	0.000 61	0.009 76	0.000 33	232	105	212	12	210	4
TY7－17	292.94	94.67	663.75	0.14	0.061 72	0.001 70	0.992 02	0.028 13	0.116 55	0.001 74	0.034 43	0.000 83	664	36	700	14	711	10
TY7－18	81.53	164.76	616.94	0.27	0.051 46	0.006 37	0.247 61	0.030 18	0.034 89	0.000 96	0.000 99	0.001 35	261	224	225	25	221	6
TY7－19	24.19	117.23	192.53	0.61	0.050 03	0.003 60	0.228 90	0.016 30	0.033 17	0.000 65	0.009 37	0.000 37	196	126	209	13	210	4
TY7－20	14.59	64.66	116.24	0.56	0.052 13	0.021 08	0.238 26	0.094 90	0.033 15	0.002 44	0.004 42	0.002 01	291	591	217	78	210	15
TY7－21	20.28	78.28	161.43	0.48	0.050 17	0.002 52	0.229 42	0.011 50	0.033 16	0.000 57	0.009 88	0.000 31	203	84	210	9	210	4

样品的 LA－ICP－MS 锆石 U－Pb 年龄在误差范围内可信，谐和年龄能够代表矿区火山岩的成岩年龄。

在 TY－7 号样品测试的 21 个锆石数据中，除 06 号点外样品的 Th/U 值都大于 0.4，最高达到 1.02，表明 TY－7 中的锆石为典型的岩浆成因锆石。经分析认为，有 5 个锆石测试数据的谐和率较低(分别为 11、14、15、17、18)，其余 16 个锆石的年龄较为一致。

$^{206}Pb/^{238}U$ 表面年龄加权平均值为(210.4±1.9)Ma(MSWD＝0.063)(图 3－9)。16 个样品点在 $^{206}Pb/^{238}U$－$^{207}Pb/^{235}U$ 谐和图上表现为较好的谐和性(图 3－10)，年龄值较为集中，谐和年龄为(210.0±1.9)Ma(MSWD＝0.063)。

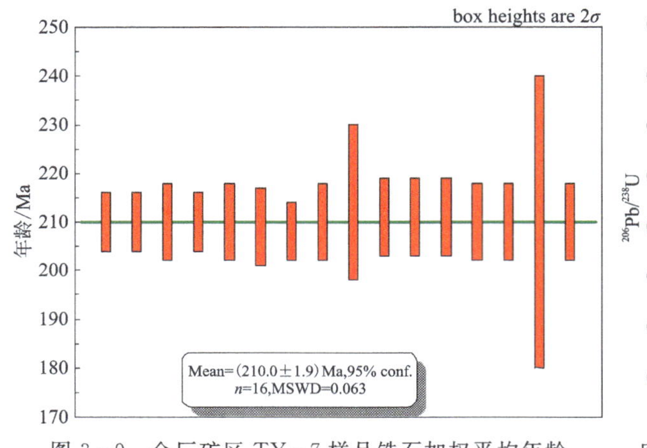

图 3－9　金厂矿区 TY－7 样品锆石加权平均年龄

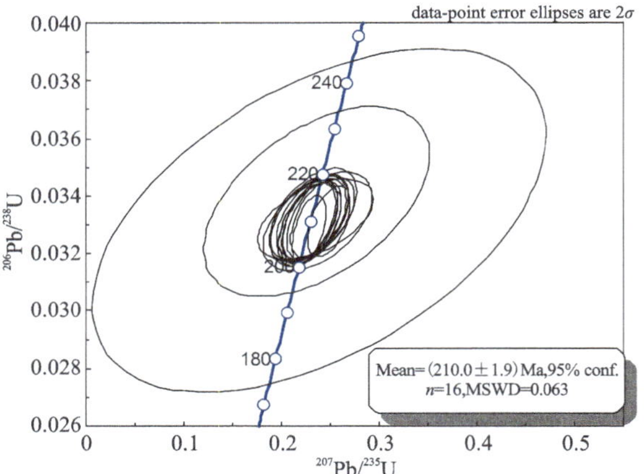

图 3－10　金厂矿区 TY－6 号样品锆石 U－Pb 谐和图

火山岩锆石微区稀土元素测试结果见表 3－5、表 3－6。

TY－6：锆石稀土元素总量(ΣREE)较高，为 891.38×10^{-6}～6 693.32×10^{-6}，平均值 2 144.51×10^{-6}；LREE 为 10.65×10^{-6}～1 250.92×10^{-6}，平均值 119.22×10^{-6}，HREE 为 814.90×10^{-6}～6 562.44×10^{-6}，平均值 2 025.29×10^{-6}；LREE/HREE 为 0.01～0.97，平均值 0.08；La_N/Yb_N 为 0～0.26，平均值 0.02，轻稀土元素亏损，重稀土元素强烈富集；δEu 为 0.07～0.21，平均值 0.14，δCe 为 0.94～50.45，平均值 9.30，表现为中度的负铕异常，而铈异常分为两组，一组具有强烈的铈正异常，一组基本无异常。

TY－7 锆石稀土元素总量(ΣREE)较高，为 372.21×10^{-6}～9 118.55×10^{-6}，平均值 2 129.62×10^{-6}；LREE 为 6.28×10^{-6}～169.68×10^{-6}，平均值 46.58×10^{-6}，HREE 为 358.69×10^{-6}～8 954.55×10^{-6}，平均值 2 083.05×10^{-6}；LREE/HREE 为 0.01～0.11，平均值 0.02；La_N/Yb_N 为 0～0.02，平均值 0.002，轻稀土元素亏损，重稀土元素强烈富集；δEu 为 0.02～0.49，平均值 0.17，δCe 为 0.83～65.24，平均值 12.29，表现为中度的负铕异常，而铈异常分为两组，一组具有强烈的铈正异常，一组基本无异常。

在稀土元素配分模式图上(图 3－11、图 3－12)，两个火山岩样品具有一致性，均表现为典型的锆石稀土分配模式，它们的稀土分配曲线形式的形态分为两组，一组近似于平直的直线，一组具强正铈异常的折线，均表现为重稀土逐步富集的左倾曲线。一组分配曲线在 Ce 和 Eu 的位置分别呈现出明显的峰和谷，而另一组分配曲线在 Ce 位置较为平直却在 Eu 的位置呈现出明显的谷。

锆石轻稀土元素组成具有非常明显的两组变化趋势和相似的重稀土变化趋势，反映出这些锆石具有相同的物质来源和不同的成因环境，这与火山岩的成因、成岩地质过程吻合。而锆石较高的稀土含量，较强烈的正 Ce 异常和 HREE 富集明显区别于热液锆石和变质锆石(李长民，2009)，进一步印证了其为岩浆来源锆石。

表 3-5 金厂矿区 TY-6 号样品锆石稀土元素分析结果

测试点号	La	Ce	Pr	Nd	Sm	Eu	Gd	Tb	Dy	Ho	Er	Tm	Yb	Lu	Y	ΣREE	LREE	HREE	LREE/HREE	La_N/Yb_N	δEu	δCe
	10^{-6}																					
TY6-01	0.15	6.71	0.12	1.62	4.11	0.50	24.86	9.48	124.20	48.94	217.47	50.55	528.26	109.23	1 315.87	1 126.19	13.21	1 112.99	0.01	0	0.12	11.85
TY6-02	25.28	64.30	9.37	50.98	15.44	0.88	28.87	8.47	100.04	38.26	170.46	39.73	422.72	88.78	1 028.35	1 063.58	166.25	897.33	0.19	0.04	0.13	1.02
TY6-03	0.01	4.92	0.13	2.96	7.99	1.40	44.62	16.58	206.38	77.58	331.00	75.55	774.66	158.06	2 024.63	1 701.85	17.41	1 684.43	0.01	0	0.18	11.47
TY6-04	0.07	7.81	0.03	0.74	3.73	0.48	26.06	10.52	139.04	57.51	267.89	58.10	536.29	143.78	1 620.05	1 252.05	12.86	1 239.19	0.01	0	0.11	41.34
TY6-05	0.51	47.89	1.35	24.27	50.82	6.04	250.15	85.59	984.10	347.38	1 411.05	290.24	2 645.08	548.85	8 954.77	6 693.32	130.87	6 562.44	0.02	0	0.13	9.60
TY6-06	49.26	120.56	19.91	116.46	37.53	4.13	49.17	11.29	114.55	42.16	198.09	52.60	630.69	145.93	1 289.81	1 592.33	347.85	1 244.48	0.28	0.06	0.29	0.94
TY6-07	0.05	22.38	0.65	12.86	31.21	5.17	153.99	55.04	651.03	232.75	960.34	211.24	2 070.55	410.21	6 107.92	4 817.46	72.31	4 745.15	0.02	0	0.19	10.47
TY6-08	19.79	48.26	6.96	37.70	17.01	1.69	52.39	17.19	203.54	73.59	307.88	70.36	687.55	144.48	1 907.27	1 688.39	131.41	1 556.98	0.08	0.02	0.16	1.01
TY6-09	0.10	40.29	1.14	20.99	42.22	5.27	194.31	67.28	782.86	280.72	1 161.05	254.21	2 438.20	492.83	7 506.23	5 781.47	110.01	5 671.46	0.02	0	0.15	10.59
TY6-10	1.56	7.40	0.51	4.07	4.82	0.65	27.04	9.99	125.45	47.62	207.85	47.69	487.59	102.15	1 286.68	1 074.40	19.01	1 055.38	0.02	0	0.14	2.02
TY6-11	12.01	34.24	4.89	25.21	14.55	0.71	55.36	19.20	234.48	84.57	361.79	81.67	859.95	163.92	2 236.01	1 952.55	91.61	1 860.94	0.05	0.01	0.07	1.10
TY6-12	4.36	15.43	1.59	9.35	5.01	0.43	19.72	7.43	96.22	38.76	172.37	41.40	449.98	94.09	1 024.80	956.14	36.17	919.97	0.04	0.01	0.12	1.43
TY6-13	0.02	6.21	0.05	0.94	3.11	0.32	19.49	8.03	106.78	43.35	197.60	46.54	482.48	105.86	1 149.94	1 020.78	10.65	1 010.13	0.01	0	0.10	34.40
TY6-14	3.22	9.88	1.35	8.99	6.16	0.99	31.08	11.62	142.94	54.12	239.28	55.00	553.11	116.30	1 406.26	1 234.05	30.59	1 203.45	0.03	0	0.18	1.16
TY6-15	1.06	19.84	0.60	8.70	19.49	3.12	112.43	40.77	497.70	182.38	764.25	168.30	1 707.38	333.27	4 683.91	3 859.29	52.81	3 806.48	0.01	0	0.16	6.02
TY6-16	196.31	474.54	71.68	397.12	104.02	7.25	109.40	19.71	166.99	52.14	218.70	50.25	549.64	119.55	1 469.42	2 537.30	1 250.92	1 286.38	0.97	0.26	0.21	0.98
TY6-17	0.63	8.25	0.43	5.54	10.38	1.50	57.82	21.43	260.91	98.76	421.80	94.33	955.39	189.89	2 581.48	2 127.06	26.73	2 100.33	0.01	0	0.15	3.75
TY6-18	5.15	16.75	1.65	10.94	8.37	0.86	35.55	12.97	160.03	60.47	257.36	58.56	597.58	119.29	1 566.54	1 345.54	43.72	1 301.81	0.03	0.01	0.13	1.40
TY6-19	1.29	19.43	0.76	8.97	17.50	2.62	97.76	34.72	421.87	150.60	629.96	137.58	1 340.04	272.73	3 982.84	3 135.83	50.57	3 085.26	0.02	0	0.15	4.74
TY6-20	0.02	6.19	0.05	1.11	3.06	0.55	22.54	9.15	118.76	45.94	205.86	48.15	498.14	104.11	1 223.21	1 063.63	10.98	1 052.65	0.01	0	0.14	33.15
TY6-21	10.75	30.47	3.72	22.47	8.40	0.67	19.87	7.23	87.78	34.28	157.25	36.35	390.50	81.64	904.44	891.38	76.48	814.90	0.09	0.02	0.15	1.18
TY6-22	11.45	42.85	4.11	24.50	9.66	0.82	30.79	10.88	132.69	51.39	225.39	52.20	543.02	109.81	1 347.82	1 249.56	93.39	1 156.17	0.08	0.02	0.13	1.53

续表 3－5

测试点号	La	Ce	Pr	Nd	Sm	Eu	Gd	Tb	Dy	Ho	Er	Tm	Yb	Lu	Y	ΣREE	LREE	HREE	LREE/HREE	La_N/Yb_N	δEu	δCe
	10^{-6}																					
TY6－23	17.95	56.73	6.80	44.55	20.50	1.78	69.28	23.38	285.08	106.53	449.56	97.58	963.02	199.84	2 714.08	2 342.57	148.31	2 194.27	0.07	0.01	0.13	1.26
TY6－24	1.74	9.57	0.63	5.41	5.79	0.85	33.72	13.44	174.45	71.90	324.60	73.01	716.28	173.10	1 978.42	1 604.49	23.99	1 580.50	0.02	0	0.14	2.24
TY6－25	0.08	12.72	0.05	0.47	5.82	0.48	43.31	18.30	249.77	104.37	488.92	116.16	1 227.63	261.64	2 827.63	2 529.71	19.61	2 510.10	0.01	0	0.07	50.45
TY6－26	0.60	8.83	0.33	3.56	6.75	1.08	40.77	15.08	194.58	75.15	324.77	73.91	744.75	154.64	1 898.05	1 644.79	21.14	1 623.65	0.01	0	0.15	4.85
TY6－27	31.88	80.49	11.43	64.10	20.62	1.56	48.76	14.52	174.49	64.90	278.23	62.87	631.71	130.40	1 661.01	1 615.96	210.08	1 405.88	0.15	0.04	0.14	1.03

表 3-6 金厂矿区 TY-7 号样品锆石稀土元素分析结果

测试点号	La	Ce	Pr	Nd	Sm	Eu	Gd	Tb	Dy	Ho	Er	Tm	Yb	Lu	Y	ΣREE	LREE	HREE	REE/HREE	La_N/Yb_N	δEu	δCe
	10^{-6}																					
TY7-01	0.02	5.75	0.19	3.39	7.59	1.99	40.80	14.02	171.70	65.31	292.34	69.41	753.61	164.76	1 838.78	1 590.88	18.93	1 571.95	0.01	0	0.28	9.13
TY7-02	0.19	60.36	1.34	27.15	65.25	9.71	333.14	116.23	1 333.60	465.83	1 836.89	401.01	3 741.53	726.32	12 166.63	9 118.55	164.01	8 954.55	0.02	0	0.16	13.20
TY7-03	0.87	8.41	0.53	4.55	7.74	0.98	40.93	15.27	186.80	71.77	306.01	67.48	672.50	138.10	1 895.53	1 521.93	23.07	1 498.86	0.02	0	0.14	2.99
TY7-04	0.43	12.30	0.19	2.25	4.96	0.56	31.84	12.24	164.24	65.19	289.73	66.43	673.39	143.97	1 756.63	1 467.72	20.69	1 447.03	0.01	0	0.10	10.51
TY7-05	0.96	8.25	0.38	2.79	3.58	0.49	22.46	8.55	113.08	44.12	195.62	45.90	481.76	101.46	1 192.76	1 029.40	16.45	1 012.95	0.02	0	0.13	3.36
TY7-06	0.23	4.54	0.17	2.48	5.34	0.85	31.03	11.68	146.99	56.84	245.94	57.62	597.18	123.00	1 515.11	1 283.90	13.61	1 270.28	0.01	0	0.16	5.32
TY7-07	0.13	73.07	1.33	26.57	60.14	8.44	294.45	103.54	1 206.27	425.76	1 711.70	371.73	3 470.94	694.48	11 457.86	8 448.55	169.68	8 278.87	0.02	0	0.16	16.38
TY7-08	0.13	45.46	0.97	19.81	44.27	6.39	203.13	71.17	822.09	285.72	1 166.35	253.95	2 387.02	480.25	8 140.89	5 786.72	117.04	5 669.68	0.02	0	0.17	13.77
TY7-09	7.17	27.78	2.93	16.33	12.41	1.56	38.05	12.01	154.60	57.29	266.49	58.46	572.74	140.48	1 663.59	1 368.30	68.18	1 300.12	0.05	0.01	0.20	1.49
TY7-10	0.02	3.88	0.03	0.52	1.54	0.29	10.46	4.21	55.70	22.27	102.93	25.21	271.81	58.17	628.74	557.04	6.28	550.76	0.01	0	0.17	37.37
TY7-11	0.01	3.67	0.10	2.36	6.29	1.36	29.79	10.68	124.48	46.10	198.23	45.19	478.82	96.74	1 233.98	1 043.83	13.79	1 030.03	0.01	0	0.25	10.84
TY7-12	9.34	27.15	3.18	20.02	7.79	0.69	25.10	8.72	109.08	43.05	190.19	44.34	470.39	97.45	1 146.01	1 056.49	68.17	988.32	0.07	0.01	0.14	1.22
TY7-13	0.03	3.73	0.15	2.97	7.97	1.36	43.81	16.09	196.18	73.50	311.82	69.72	706.09	143.17	1 920.29	1 576.60	16.22	1 560.38	0.01	0	0.18	7.03
TY7-14	0.07	12.33	0.10	2.10	5.94	0.98	33.48	12.81	168.56	65.17	285.82	64.93	684.25	135.39	1 882.09	1 471.92	21.51	1 450.41	0.01	0	0.17	31.02
TY7-15	0.07	19.43	0.07	1.09	2.87	1.08	11.84	4.04	52.43	21.51	107.67	29.79	360.78	95.77	699.57	708.43	24.60	683.83	0.04	0	0.49	65.24
TY7-16	0.18	6.70	0.10	1.24	3.27	0.46	20.83	8.42	111.32	44.38	201.61	47.27	496.82	104.33	1 178.94	1 046.93	11.95	1 034.98	0.01	0	0.13	11.92
TY7-17	0.01	1.10	0.08	1.99	10.13	0.20	57.54	16.93	123.00	23.80	56.25	8.36	63.53	9.28	659.08	372.21	13.52	358.69	0.04	0	0.02	3.86
TY7-18	0.10	3.38	0.10	1.20	3.93	0.24	25.59	9.99	134.95	51.44	238.66	55.94	621.31	118.93	1 528.00	1 265.76	8.95	1 256.81	0.01	0	0.06	7.62
TY7-19	20.49	58.56	8.12	48.06	18.17	1.53	47.59	15.18	176.20	65.16	276.12	63.31	648.45	131.43	1 719.67	1 578.37	154.93	1 423.44	0.11	0.02	0.15	1.11
TY7-20	0.42	1.06	0.23	1.41	4.95	0.67	35.07	13.34	167.83	63.95	287.55	61.88	589.38	152.37	1 849.57	1 380.11	8.74	1 371.37	0.01	0	0.11	0.83
TY7-21	0.90	9.07	0.37	2.96	4.04	0.52	23.47	8.88	115.27	45.27	199.44	46.31	492.08	99.92	1 231.60	1 048.50	17.86	1 030.64	0.02	0	0.13	3.86

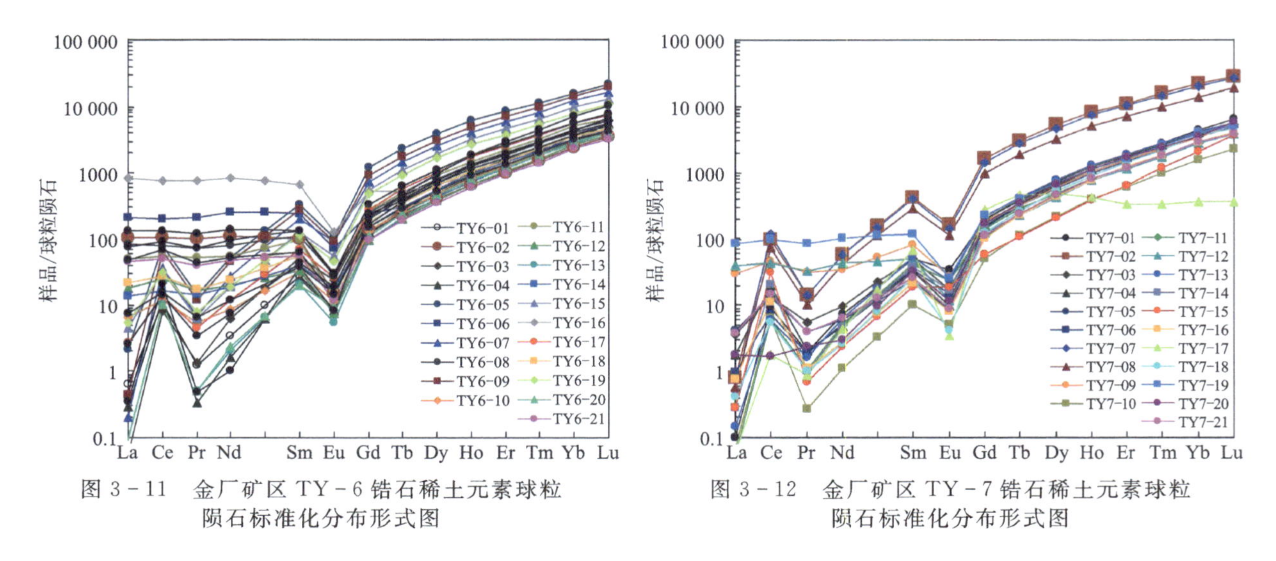

图 3-11 金厂矿区 TY-6 锆石稀土元素球粒陨石标准化分布形式图

图 3-12 金厂矿区 TY-7 锆石稀土元素球粒陨石标准化分布形式图

综上所述，由 TY-6 和 TY-7 两个火山岩样品得到的矿区火山岩成岩年龄为(210.4±1.6)Ma 和(210.0±1.9)Ma，故矿区火山岩的成岩年龄为 210Ma，即火山岩为晚三叠世火山岩，与区域上的上三叠统罗圈站组(T_3l)相对应，而不是前人提到的中—上侏罗统屯田营组火山岩。火山岩的成岩时代与矿区内的围岩成岩时代相近，而与矿区内成矿时代相差较远，有近 100Ma 的差距，故认为其与成矿没有成因上的联系。

3.2 矿区构造

金厂矿区在区域上位于太平岭隆起带东侧，与老黑山断陷的交接部位，由于受区域上多期次构造活动影响，矿区内构造活动频繁，形态复杂。

由于区内位于东北森林覆盖区，第四系沉积物覆盖层巨厚，地质体出露较少，构造研究困难较大，结合遥感解译和前人研究的成果资料(陈锦荣等，2000)对矿区范围内断裂构造进行系统的分析研究。

在 1∶5 万 TM 遥感图像上，区内宏观上北东向、北西向、南北向及东西向 4 个方向上的线性影像清晰，断裂构造发育，以北东向和北西向最为明显，规模较大，南北向次之，东西向在影像上的反映则不太明显。

北东向断裂：矿区位于北东向深大断裂——绥阳断裂带中部，该断裂带是区内古老的构造活动带和重要的控岩构造，具有形成时间早、长期多期活动的特点，控制了区域内地层和印支期—燕山期侵入体的分布，构成本区三级构造单元——太平岭隆起与老黑山断陷之分界线，该断裂带由数条平行的压性或压扭性走向断裂构成。

在矿区内发育一系列的北东向断裂，主要集中在八号硐—高丽沟口—黑瞎子沟一带。其特点为：在遥感图像上，影像清楚，为一系列沿北东向展布的亮线，延伸较远；实地观察断裂面光滑平直，多数陡倾，并且在穷棒子沟 J-1 号矿体穿脉坑道中见到北东向黄铁矿细脉切穿角砾岩体中的角砾，说明北东向这组断裂性质为剪应力作用的压性—压扭性走向断层。

南北向断裂：矿区在区域上位于绥西-金厂南北向断裂带中部，该断裂带由一系列平行的压性断裂构成。受北西向断裂破坏，矿区内该断裂带常被错断，根据遥感解译结果，矿区内自西向东近等间距分布6 条南北向断裂：高丽沟南北向断裂、黑瞎子沟南北向断裂、邢家沟南北向断裂、穷棒子沟南北向断裂、大狍子沟南北向断裂、小狍子沟南北向断裂，略呈舒缓波状，断层三角面清楚，沟谷平直，两侧岩石破坏较强，并且在断层中常发育有挤压片理，说明矿区内的南北向断裂与绥西-金厂南北向断裂属同一构造系统，也是压性断裂。

北西向断裂：在 TM 遥感图像上，有两条规模较大的北西向断裂平行产出，贯穿矿区，影像清晰，线性地貌及河谷发育。在矿区内有一系列伴生的次一级北西向断裂构造，在延伸方向上规模较大，近等间距分布，断裂面光滑平直，略呈舒缓波状，多数陡倾。该组断裂为压性—压扭性断裂，控制了矿区内部分燕山期花岗斑岩的侵入和环状构造的分布。

东西向断裂：区域上东西向断裂较发育，但普遍特点是规模较小，延伸不远，影像上不甚清楚，有断续的线性影像存在，具体表现为一系列不连续的亮线。

矿区内东西向断裂构造不甚发育，在高丽沟口出露一条近东西向断裂，走向为 80°左右，断层三角面清楚。在遥感图像上线性影像向东断续延伸至石门子附近。在八号硐、石门子民采洞及穷棒子沟 J-1 号矿坑道内也见到东西向的断裂，断层内充填有不规则角砾或蚀变岩型及黄铁矿细脉型矿化(体)；断层面呈锯齿状，参差不齐，显示断裂为张性断裂。

东西向断裂控制了矿区内印支期闪长岩体和一部分燕山期花岗斑岩及闪长玢岩脉的分布，并与北东向、北西向和南北向断裂联合控制金厂矿区内隐爆角砾岩体在空间上的产出。

环状构造：通过对 1∶5 万遥感影像图的详细解译发现，矿区内微型(直径小于等于 1km)环状构造发育。金厂村南—邢家沟—穷棒子沟一带发育有一系列环状构造，在空间上沿北西向断裂构造呈北西向带状分布，构成套环式或环形链状组合。根据本区实际地质情况及野外检查结果，推断区内环状构造主环状构造由燕山期侵入岩引起。

3.3　矿区岩浆岩

金厂金矿区的岩浆活动非常强烈，印支期—燕山期侵入岩及火山-次火山岩遍布全区。侵入岩主要有闪长岩、花岗闪长岩、粗粒文象花岗岩、花岗岩等；浅成岩主要有花岗斑岩、闪长玢岩等，火山-次火山岩主要有流纹斑岩、安山岩等。

前人(慕涛等，1999；陈锦荣等，2000)将矿区内岩浆活动分为 5 期：①印支早期侵入岩(δ_5^{1-1})；②印支晚期—燕山早期侵入岩(γo_5^{2-2})；③燕山中期侵入岩(γ_5^{2-3})；④燕山中晚期火山-次火山侵入岩($\gamma\pi_5^{3-1}$)；⑤燕山晚期火山-次火山侵入岩($\delta\mu_5^{3-2}$)。

本次研究认为矿区岩浆岩主要有两期岩浆活动：①印支晚期—燕山早期岩浆活动(210～190Ma)；②燕山晚期岩浆活动(130～97Ma)。这前人对吉黑东部区域上花岗质岩浆演化的同位素研究结果显示，主要集中在早中生代晚三叠和早侏罗世(200～180Ma)以及白垩纪(130～100Ma)两个阶段的研究成果吻合。

不同岩性侵入岩之间的相互穿插关系在松树砬子、半截沟、金厂南山及小东沟等地都十分普遍。

3.4　地球化学特征

1995 年开展的 1:10 万水系沉积物测量以及 1∶1 万土壤元素测量结果证明，金厂矿区金元素在侏罗纪地层及海西晚期侵入岩(花岗岩、闪长岩、粗粒花岗岩、花岗斑岩)中含量较高，离差较大，浓集比例大于 1，表现为富集状态。高背景区总体呈南北向及北北东向展布，并在交叉部位得到加强，形成强度高，规模大的异常区。金厂-道河南北向高背景区与金厂-绥阳北北向高背景区在金厂附近交会，形成特大型金异常 HS10、HS11。高背景区的分布与侏罗纪地层密切相关，主要分布在测区东南侧，与北东向分布的中酸性火山岩吻合，且在燕山期侵入岩与侏罗纪地层接触带附近高度浓集，形成异常区。

高背景区的分布反映了燕山期花岗岩特别是地层与该岩体接触部位和燕山期侵入岩方向即北北东向一致，并在构造交会部位得到加强，表现了岩体、构造的共同控制作用。HS10 异常面积 140km^2，近椭圆形，异常以金为主，范围大，强度高，浓度分带明显，且伴生有 As、Ag、Sb、Cu 异常。

3.4.1 指示元素的地球化学参数

根据矿区出露的主要地质体(矿体及各类岩石)的分析结果进行统计，结果见表 3－7。

表 3－7 金厂矿区不同地质体地球化学参数特征

单位：10^{-6}

地质体		参数	Au	Ag	As	Sb	Cu	Bi	Hg
金矿床(1 号矿体)		极大值	23.61	29.4	3223	276	5322	227	0.19
		极小值	1.5	0.1	33	3.6	24	6.35	0.03
		平均值	—	7.26	599	90.6	1197	40	0.096
		克拉值	0.004 3	0.07	1.7	0.50	47	0.009	0.083
		浓集系数	1309	104	352	18	25.5	4444	1.16
印支期	闪长岩	极大值	0.004 5	0.10	2	1.10	4	0.05	0.005
		极小值	0.004 1	0.10	0.25	0.51	4	0.05	0.005
		平均值	0.000 4	0.10	1.25	0.805	4	0.05	0.005
燕山晚期	花岗斑岩	极大值	0.003 6	0.76	1.3	3.4	15	0.31	0.04
		极小值	0.001 4	0.10	1.1	0.86	7	0.05	0.01
		平均值	0.002 5	0.25	6.65	1.765	11.75	0.155	0.02
	闪长玢岩	极大值	0.03	0.10	13	1.5	136	0.38	0.04
		极小值	0.001 4	0.10	3.6	0.47	7	0.05	0.05
		平均值	0.017	0.10	5.7	11.09	42.17	0.24	0.019
燕山早期	花岗岩	极大值	0.005 5	0.10	8.3	3.2	45	0.18	0.01
		极小值	0.001 4	0.10	0.25	0.28	4	0.05	0.005
		平均值	0.003	0.10	1.59	1.08	15.8	0.083	0.008
闪长岩脉		极大值	0.60	0.27	127	4.4	45.0	0.72	0.02
		极小值	0.022	0.10	0.25	0.55	5	0.05	0.02
		平均值	0.241	0.17	31.9	6.13	131.75	0.237	0.02

(1)与地壳克拉克值相比，矿床中 Au、Ag、As、Sb、Cu 明显富集。

(2)金含量高时，Ag、As、Sb 元素含量明显增高，这几个元素可作为金的指示元素。

(3)金在闪长岩脉、燕山期闪长玢岩含量相对较高，闪长岩脉含量最高，可作为找金的有利目标。

3.4.2 各地质单元中指示元素的地球化学参数

各地质单元中指示元素的地球化学参数见表 3－8。

表 3-8　金厂矿区各地质单元中指示元素的地球化学参数表　　单位：10^{-6}

元素参数	Au		Ag		As		Sb		Cu	
地球化学参数	$\overline{X}$	S_0	$\overline{X}$	S_0	$\overline{X}$	S_0	$\overline{X}$	S_0	$\overline{X}$	S_0
闪长岩	2.16	2.05	0.08	0.06	6.2	4.23	0.32	0.03	9.78	8.65
花岗岩	1.65	1.56	0.06	0.02	4.7	2.38	0.28	0.17	12.90	8.12

注：$\overline{X}$ 为平均值，S_0 为方差。

3.4.3　指示元素的分布特征及其意义

3.4.3.1　指示元素在矿区不同地质单元中的分布特征

(1)燕山期闪长岩中 Au、Ag、As、Sb 呈高值异常、高背景出现，矿（化）体及其附近部位呈现高值异常。

(2)燕山期花岗岩中，Au 在矿区中部Ⅰ号矿体、西部 0 号矿体周围呈高值异常出现，在矿区北部呈低值出现。Ag、As、Sb、Cu 在东部构造带附近呈高值出现，在西部呈低值出现。各元素丰度总体在侏罗纪地层中偏低，在花岗闪长岩中偏高。

3.4.3.2　指示元素的分布意义

(1)各元素的集中分散呈正相关变化，且都与已知矿（化）体有关，同时各元素的集中分散规律提供了大量的找矿信息。

(2)土壤Ⅰ号异常群中，金矿的前缘晕和矿体均显示出来，说明此区正在遭受浅剥蚀。

(3)在元素的浓集中心处，有已知的Ⅰ、Ⅱ号矿体及 16 号矿化体，矿区陆续发现的矿体都与土壤异常关系密切。

(4)各元素在此区浓集中心很多，通过综合分析各元素的分布特征，查明异常原因，将对下一步找矿具有重大意义。

3.5　地球物理特征

金厂矿区内的矿（化）体与围岩存在着明显的物性差异，它们引起的地球物理特征各不相同。区内大面积分布的花岗岩、花岗斑岩形成的是地球物理背景区，而区内的矿（化）体形成的是地球物理参数的高值区，从而引起异常。

3.5.1　电场特征

金厂矿区内的围岩与矿（化）体存在着明显的物性差异，围岩引起的是本区的地球物理背景场，矿（化）体是本区的异常场。对矿区主要的岩性及矿石进行物性测定，统计结果见表 3-9。

由矿区内有代表性的岩矿石标本的测定结果可知：矿区内分布的大面积闪长岩、花岗岩及侏罗纪凝灰岩幅频率值较低，电阻率较高，显示出高阻低极化率特征，为本区的背景地段，是本区的背景场。

表 3-9 金厂矿区不同岩性电性参数测定结果表

岩石名称	块数/块	幅频率/%			电阻率 ρ_s/Ω·m		
		最大值	最小值	平均值	最大值	最小值	平均值
矿石	34	9.5	2.25	5.6	1225	49	432
闪长岩	19	2.4	0.54	1.32	1876	529	503
花岗岩	21	2.0	0.43	1.09	2103	683	765
凝灰岩	10	0.98	0.36	0.84	2972	703	924

从标本测定结果看，含金属硫化物较高的矿(化)体幅频率值较高，而电阻率较低，显示出低阻高幅频率特征，为本区的异常地段，是区内的异常场，矿体与围岩存在着明显的电性差异。

电法异常与区内分布的矿(化)体有着密切的关系，异常的位置、规模、形态、强度基本上受矿(化)体的分布位置、规模、形态、埋深所影响。

3.5.2 磁场特征

矿区内的围岩与矿(化)体存在着较为明显的磁性差异，围岩的磁场变化平稳，是本区的背景场；矿(化)体的磁场变化大，磁场值高，是本区的异常场。

区内分布的花岗岩、侏罗纪的凝灰岩磁场平稳，磁场值较低，其总场值变化范围在 50～200nT，是本区的背景地段。

区内东西向分布的闪长岩体磁场变化平稳，但磁场值较高，其总场值变化范围在 500～900nT，是本区的高背景地段。

区内的矿(化)体、构造蚀变带、接触蚀变带磁场变化大，磁场值高，其磁场值变化范围在 1000～2500nT，是本区的异常地段。

3.6 遥感影像特征

1999 年，武警黄金地质研究所在绥阳—老黑山一带开展 1∶5万遥感解译工作，共解译出 46 个环形影像，其中矿区内已成型的Ⅰ号矿体、0 号矿体、八号硐Ⅰ号矿体分别与 14 号、4 号、1 号环形影像吻合，先后对 2、5、9、10、11、12、13、15、16、17 号环形影像进行验证，查明 9、10、11、15、16、17 号环形影像为角砾岩筒，蚀变及矿化均较发育，说明区内角砾岩筒为重要的容矿、控矿构造。

2006 年，区内开展 1∶1万遥感解译工作，圈出解译环状构造 207 个，一类 46，二类 87 个，三类 74 个；圈出 5 个隐爆角砾岩筒型金矿环形影像密集区，其中一类区 3 个，二类区 1 个，三类区 1 个。1 号环形影像密集区，解译小环状构造 10 个(一类环 1 个)，2 号环形影像密集区，解译出环状构造 23 个(一类 14 个)。3 号环形影像密集区，解译环状构造 27 个(一类环 17 个)，4 号环形影像密集区，解译小环状构造 49 处(一类 12 个)。5 号环形影像密集区，解译出小环状构造 13 处(一类环 3 个)。

3.6.1 金厂矿区实测光谱

在矿区及外围对 54 个岩(矿)石样品进行了地面光谱测试，把样品分成了 7 类：蚀变岩类、安山玢岩、火山碎屑岩、花岗岩、闪长岩、花岗闪长岩、花岗斑岩。不同岩石的光谱曲线见图3-13，根据光谱曲线进一步把蚀变岩分为7类(表3-10)。各类蚀变岩的光谱曲线见图3-14。从图3-13、图3-14可以明显看出，蚀变岩在2.2μm和2.35μm左右存在明显的吸收谷，2.2μm是Al—OH羟基标准吸收谷，2.35μm是Mg-OH和CO_3^{2-}标准吸收谷，但针对褐铁矿(Fe^{3+})光谱吸收谷表现不明显，所以这次工作主要提取羟基和碳酸盐蚀变。

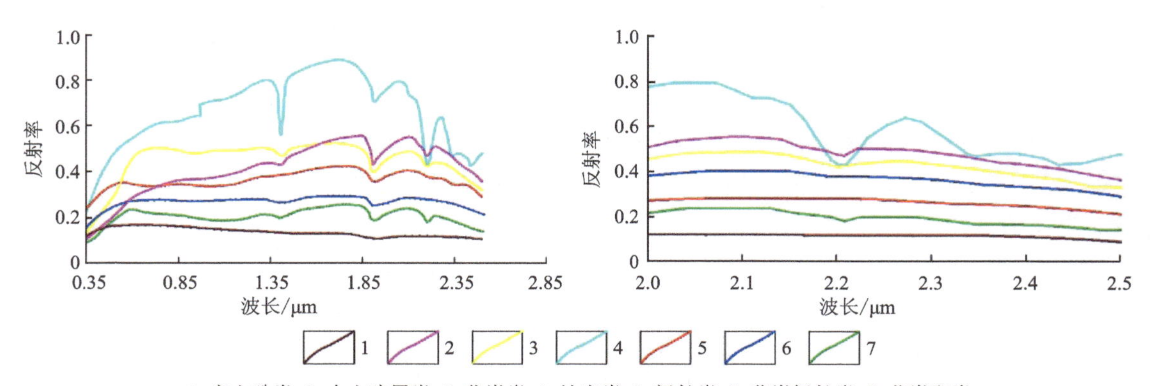

1. 安山玢岩；2. 火山碎屑岩；3. 花岗岩；4. 蚀变岩；5. 闪长岩；6. 花岗闪长岩；7. 花岗斑岩

图3-13 金厂矿区不同岩石的光谱曲线图

注：右图是左图的局部放大。

表3-10 金厂矿区蚀变岩分类表

野外编号	YG1	YG2	YG3	YG4	YG5	YG6	YG7
蚀变类型	高岭土化、绿泥石化	蚀变花岗岩	绢云母化、黄铁矿化	石英脉	蚀变火山岩	石英-碳酸盐脉	硅化、高岭土化

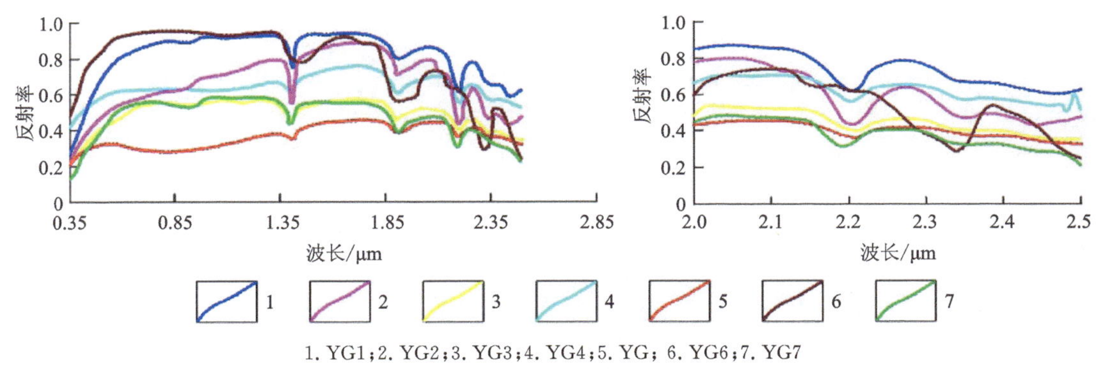

1. YG1；2. YG2；3. YG3；4. YG4；5. YG；6. YG6；7. YG7

图3-14 金厂矿区不同蚀变类型光谱曲线图

注：右图是左图的局部放大。

3.6.2 蚀变异常提取方法

根据研究区的波谱特征，主要采用下列3种方法开展蚀变信息实验研究。

1. 假彩色合成法

利用ASTER短波红外4、6、8三个波段RGB假彩色合成图像。在这个波长区，黏土、碳酸盐和硫酸盐矿物具有诊断吸收特征，在图像上显示为特有的浅灰蓝颜色（图 3－15），是区内构造带蚀变的特征显示。该图强化区内构造系统，突出了环形、线性构造解译标志，是森林覆盖区利用 ASTER 数据合成基础图像有效的方法（韩先菊等，2010）。

2. 主成分分析法

以 Al—OH 为代表，特征谱带 2.2μm 对应数据 Band6，构建 4 波段主成分分析模型（Band4、Band6、Band7、Band9）提取 Al—OH 蚀变。主成分分析特征向量矩阵（表 3－11）表明，第 4 主成分主要贡献来源于 Band6（－0.732 27）和 Band7（0.672 15）。根据 Al—OH 光谱反射率曲线特征，Band6 对应强吸收谷，Band4、Band7 对应高反射区。把 pc4 分类后，与 Band2、Band3 进行假彩色合成（图 3－16）。图中蓝色调代表了黏土化、碳酸盐类蚀变。从图 3－16 中看出，蚀变围绕环状构造分布，在西南部位表现强烈，同时局部表现为东西向和北西向以及围绕环状构造的放射状，与目前矿区构造系统认识和找矿发现吻合较好。据此，可以进一步明确金厂矿区重点找矿方向：一是环性构造南西部；二是环性构造的南部；三是南部呈东西向分布的异常带。该带前期找矿工作重视程度不够，建议加强工作。

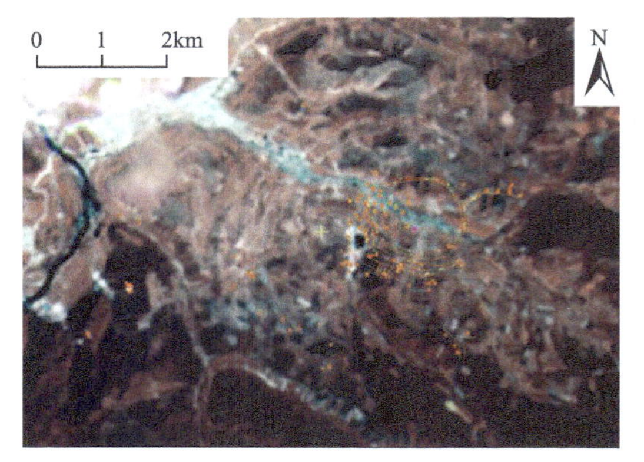

图 3－15　AST4、AST6、AST8 假彩色合成图

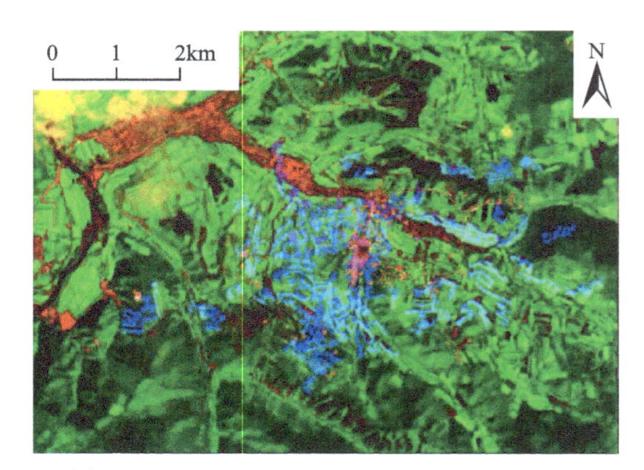

图 3－16　AST2、AST3、PC4（AST4、AST6、AST7、AST9）合成图

表 3－11　Band4、Band6、Band7、Band9 主成分分析特征向量矩阵

向量矩阵	Band4	Band6	Band7	Band9
Pc1	0.591 69	0.478 69	0.510 53	0.400 16
Pc2	－0.791 39	0.218 68	0.374 38	0.430 95
Pc3	－0.136 95	0.432 22	0.383 95	－0.804 37
Pc4	0.069 61	－0.732 27	0.672 15	－0.084 49

3. 光谱吸收指数法

一条光谱曲线的光谱吸收特征可由光谱吸收谷点 M 与光谱吸收两个肩部的 S_1 和 S_2 组成（图 3－17）。S_1 与 S_2 连线称为非吸收基线。设与光谱吸收谷点 M 相对应的波长 λ_M、反射率 ρ_M、谷底 M 的垂线的延长线与非吸收基线的交点对应的反射率为 ρ。肩部 S_1、S_2 对应的波长和反射率分别为 λ_1、λ_2 和 ρ_1、ρ_2。光谱吸收谷点 M 与 2 个肩端组成的非吸收基线的距离称为光谱吸收深度（H），吸收的对称性参数 d 可表达为 $d=(\lambda_M-\lambda_2)/(\lambda_1-\lambda_2)$，则光谱吸收指数可表示为

$$\mathrm{SAI}=\rho/\rho_M=\frac{d\rho_1+(1-d)\rho_2}{\rho_M} \tag{3-1}$$

吸收谷越深，光谱吸收指数的值越大，在图像上表现为亮值。根据实测波谱，在 2.2μm 处有明显的吸收谷，对应的 ASTER 波段为 Band6，两肩的对应波段分别为 Band7、Band5，应用公式得到的图像与 Band2、Band3 进行假彩色合成（图 3 - 18）。图 3 - 18 中黄绿色为羟基蚀变强烈区，可以看出反应线性、环状构造特征明显，可以辅助开展成矿预测。

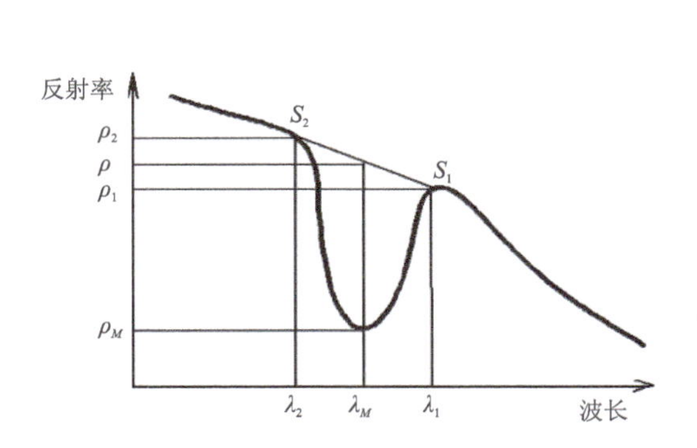

图 3 - 17　金厂矿区光谱吸收特征量化

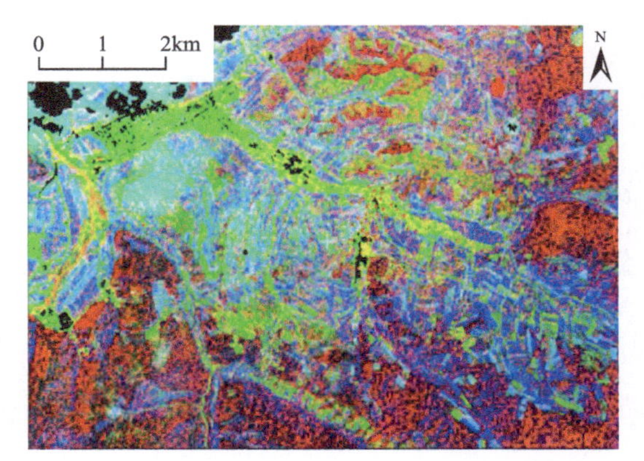

图 3 - 18　金厂矿区 Band2、Band3 光谱吸收指数合成图

3.6.3　蚀变异常提取效果

利用 ASTER 数据，用不同方法组合对金厂地区进行羟基蚀变信息提取工作，取得了比较满意的效果。

(1)在短波红外光谱范围内，ASTER 数据与 TM 数据相比存在明显的优势。ASTER 数据具有 5 个连续的短波红外波段，对数据处理有更多的方法和手段，尤其是主成分分析技术，提取的效果也更好。

(2)ASTER 数据便宜，SWIR 光谱范围内光谱分辨率高，对黏土化蚀变有更细的鉴别能力，开展矿区级别蚀变信息提取具有优势。

(3)针对金厂矿区开展的 ASTER 数据蚀变信息提取得出的结论，可以在实际工作中参考。

(4)与其他景观区相比较，森林覆盖区提取效果相对较差，需要下一步深入实验，开发新的提取方法。另外，下一步可以利用 ASTER 数据热红外波段开展区域主成分矿物提取实验研究，以期发挥该类数据的最大效果。

4 矿床地质特征

金厂金矿床规模已达特大型，矿床地质特征较为复杂，矿体类型具有多样性，围岩蚀变分带不强等特点。

4.1 矿体地质特征

金厂矿区现已发现大小金矿体二十几个，金矿体矿化类型存在多样性。前人对金矿体类型的划分一直存在争议。

4.1.1 矿化类型

本书结合前人的工作成果，将金厂矿区的矿体类型划分为两个大类：角砾岩型矿体和岩浆穹隆裂控型矿体。其中，角砾岩型矿体又可划分为隐爆角砾岩型矿体、塌陷角砾岩型矿体和热液充填角砾岩型矿体3个亚类，岩浆穹隆裂控型矿体划分为环状裂隙充填型和放射状裂隙充填型两个亚类（表4-1）。

表4-1 金厂矿区金矿体矿化类型分类

序号	分类依据	矿化类型	典型矿体	资料来源
1	容矿构造、矿化特征	构造蚀变岩型	J-8	慕涛等，1999
		裂隙充填型	Ⅱ	
		隐爆角砾岩型	J-1	
2	矿化特征	隐爆角砾岩型	J-1、J-0	陈锦荣等，2000
		裂隙充填型	Ⅱ、Ⅵ、Ⅶ、Ⅷ	
		破碎蚀变岩型	Ⅸ	
3	控矿构造特征	岩浆穹隆型	18号	贾国志等，2005
		隐爆角砾岩型	J-1、J-0	
		环状—放射状断裂型	Ⅱ、Ⅲ、Ⅴ、Ⅷ	
4	控矿构造类型、成矿作用方式、矿石特征	隐爆角砾岩型	J-1	金巍和卿敏，2008
		裂控型	Ⅱ、Ⅲ	
		似层状微细脉浸染型	18号	

续表 4-1

<table>
<tr><th>序号</th><th>分类依据</th><th colspan="2">矿化类型</th><th>典型矿体</th><th>资料来源</th></tr>
<tr><td rowspan="5">5</td><td rowspan="5">控矿构造、成因类型</td><td rowspan="3">角砾岩型</td><td>隐爆角砾岩型</td><td>J-1</td><td rowspan="5">本书</td></tr>
<tr><td>坍塌角砾岩型</td><td>J-0</td></tr>
<tr><td>热液充填角砾岩型</td><td>J-17</td></tr>
<tr><td rowspan="2">岩浆穹隆裂控型</td><td>环状裂隙充填型</td><td>Ⅱ、18号</td></tr>
<tr><td>放射状裂隙充填型</td><td>Ⅲ、Ⅷ、Ⅻ</td></tr>
</table>

4.1.2 矿体分布规律

4.1.2.1 角砾岩型矿(化)体分布特征

据遥感解译，可能为角砾岩筒的环形影像在全区有45个，其中一部分具有较好的金矿化，已发现金矿化的角砾岩矿体有6个(图4-1)，而另一部分据当前工程控制情况控制是基本不含矿或金矿化较弱。角砾岩筒的分布具有如下特征：①角砾岩筒的分布受半截沟环形影像的控制，在大环套小环及大环与小环的交叉部位较发育，如半截沟—刑家沟一带；②常成串成群出现，如刑家沟、大狍子沟一带；③沿着断裂带分布，主要受北西向、近南北向及近东西向断裂的联合控制，产于这3组断裂的交会部位，如半截沟J-1角砾岩型矿体产于北西、东西及南北断裂的交会部位，邢家沟J-9角砾岩筒矿体产于北西向和南北向断裂的交会部位，高丽沟J-0角砾岩筒矿体产于北西向和东西向断裂的交会部位。这3个角砾岩筒矿体基本沿着近东西向呈等距性分布，其间距大约为1.4km。

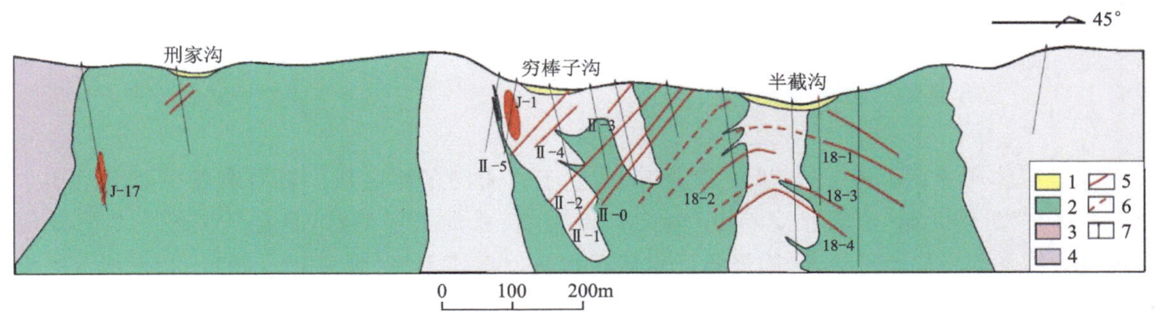

1. 第四系；2. 燕山早期闪长岩；3. 印支晚期—燕山早期中细粒花岗岩；4. 印支晚期—燕山早期文象花岗岩；5. 矿体及编号；6. 推测矿体；7. 钻孔

图4-1 金厂矿区 $A—A'$ 剖面地质简图

4.1.2.2 岩浆穹隆裂控型矿(化)体分布特征

该类型脉体的厚度一般都比较小，仅几厘米到十几厘米，但是品位比较高，延长比较稳定。这些金矿化黄铁矿脉在空间上具有明显的分布规律。环状矿体受半截沟大型环状构造控制，环状构造的直径为1.1km，主要控制了Ⅱ脉群和18号脉群，矿体呈环形或弧形展布。Ⅱ脉群处于岩浆穹隆的上部，18号脉群处于岩浆穹隆的下部。岩浆穹隆型矿体的分布在剖面上具"背斜"特征，这与安徽沙溪斑岩型铜矿的矿体分布较为相似(图4-2)。

放射状矿体沿着环状展布的矿脉附近呈放射状分布，这类矿体的延长较短，厚度不稳定，矿体在走向上基本垂直于环状构造，常成群分布。

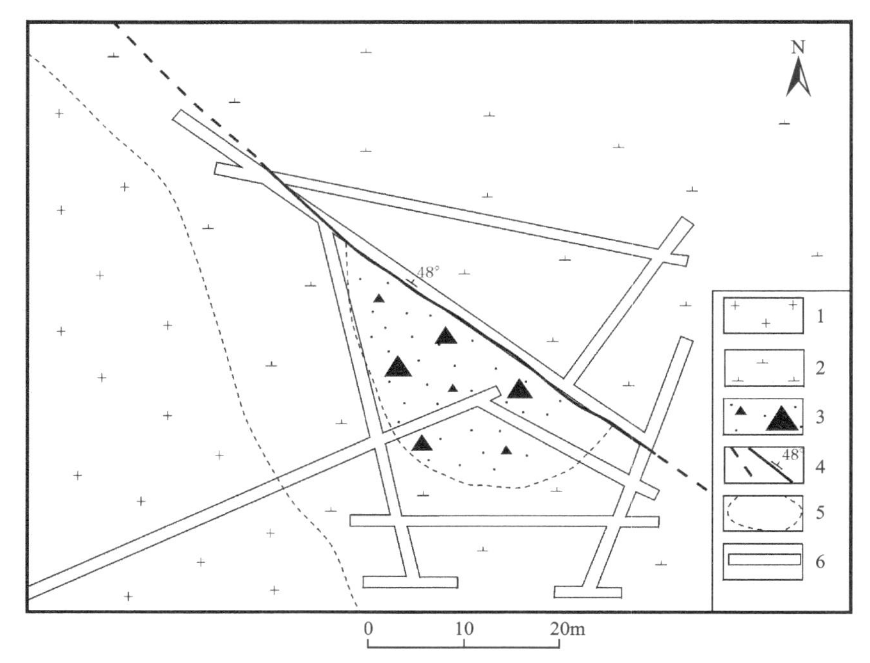

1. 花岗岩；2. 闪长岩；3. 角砾岩体；4. 断层面；5. 角砾岩筒界线；6. 穿脉或沿脉

图 4-2　金厂矿区 J-0 号矿体 345m 中段平面图(据陈锦荣等，2000)

4.1.3　矿体特征

在金厂金矿区共发现具有工业价值的矿体 21 条，在这两种矿体类型中，J-1 号、J-0 号、Ⅱ号和 18 号矿体是矿区的主要矿体，金厂矿区的矿脉体特征如下。不同类型主要矿体特征见表 4-2。

4.1.3.1　高丽沟 J-0 号矿体

J-0 号矿体产于高丽沟 J-0 号角砾岩筒内，位于高丽沟东侧山顶。岩筒地表平面上呈半个椭圆形，长轴方向为近南北向，长轴长 30m，短轴长 20m 左右；垂向上呈筒状，是金厂矿区一个隐爆角砾岩筒。岩筒比较复杂且形态不规则，隐爆角砾岩体产状为近南北走向，倾向 90°，倾角 82°～85°，向南东侧伏，产于钾长花岗岩与闪长玢岩接触带中，角砾岩体的产出受半截沟环状构造和断裂构造联合控制的，它位于高丽沟解译的未封闭环状构造外缘，北东向、北西向和南北向构造交会处。岩筒受北西向断裂限制，在断裂下盘西南侧呈半个椭圆形岩筒(图 4-2)，延深已控制 270m；在垂向上呈不规则筒状，是一个非典型的角砾岩筒。闪长岩分布于东北部，往南西向为钾长花岗岩，岩筒与围岩界线不清。从岩筒中心向外依次为强角砾岩化带→弱角砾岩化带→裂隙化岩石带→裂隙不发育的围岩。角砾岩体中心为强角砾岩化带，角砾多为岩屑和小角砾，砾径从几毫米到十几厘米，偶尔有砾径超过 1m 的大角砾或特大角砾，造成矿体局部品位不稳定。角砾被岩屑及蚀变岩粉胶结，胶结物含量 10%～15%，为团块状石英-黄铁矿化、黄铜矿化及硅化、绿泥石化蚀变岩胶结，黄铁矿、黄铜矿常与石英在角砾边部形成窝状矿化。在弱角砾岩化带，较岩体中心角砾变大，单位体积内数量减少，砾径几厘米到几十厘米，但通常小于 50cm，属小一中等角砾，小于 1cm 的岩屑少见，基本为蚀变岩粉胶结，胶结物含量减少，小于 10%，为浸染状黄铁矿化、黄铜矿化、弱硅化、绿泥石化蚀变岩，局部出现团块状黄铁矿化和黄铜矿化。在裂隙化岩石带内，角砾多为中等，小角砾少见，砾径 50～80cm，尖棱角状，位移较小，可拼接性很强，在角砾之间的裂隙中充填有细脉状黄铁矿化及弱绿泥石化蚀变岩，裂隙化岩石带表现为隐爆角砾岩体的震碎带。裂

表 4-2 金厂金矿区不同类型主要矿体特征表

成因类型		矿体	控矿因素	矿体形态	矿石特征	围岩	赋存标高/m	控制长度/m	产状	平均厚度/m	平均品位/10^{-6}
角砾岩型	侵入角砾岩型	J-1	北东向、北西向、东西向构造交会部位	筒状，与围岩界线清楚	角砾状，胶结物以多金属硫化物为主	印支晚期花岗岩、花岗闪长岩	−160～380	46	155°～160°∠80°～82°	21.02	8.10
		J-8	北西向与北北西向断裂交会部位	筒状，与围岩界线清楚	角砾状，胶结物以黄铁矿和绢云母为主	印支晚期黑云母花岗岩	225～290	100	46°∠80°	23.40	4.04
		J-9	北西向与近南北向断裂交会部位	筒状，与围岩界线不清楚，渐变过渡	角砾状，胶结物以多金属硫化物为主	印支晚期闪长岩					
	坍塌角砾岩型	J-0	北东向、北西向、东西向构造交会部位	筒状，与围岩界线不清楚，渐变过渡	角砾状，胶结物以多金属硫化物和闪长岩为主	印支晚期闪长岩、花岗闪长岩	209～399	50	90°∠78°	6.70	5.76
岩浆穹隆型	环状裂隙充填型	Ⅱ-0	环形构造	弧形、环形单脉状	黄铁矿脉型矿石，以浸染状黄铁矿为主，少量方铅矿、闪锌矿	花岗岩、闪长岩	100～320	1040	250°～226°∠54°	0.79	5.05
		Ⅱ-1	环形构造	弧形、环形单脉状	黄铁矿脉型矿石，以浸染状黄铁矿为主，少量方铅矿、闪锌矿	花岗岩、闪长岩	−82～345	1600	250°～226°∠55°	0.96	6.57
		Ⅱ-2	弧形构造	弧形单脉状	黄铁矿脉型矿石，以浸染状黄铁矿为主，少量方铅矿、闪锌矿	花岗岩、闪长岩	−40～350	1350	250°～226°∠55°	0.74	13.26
		Ⅱ-3	弧形构造	弧形单脉状	黄铁矿脉型矿石，以浸染状黄铁矿为主，少量方铅矿、闪锌矿	闪长岩	10～380	1520	226°～192°∠55°	1.01	9.00
		Ⅱ-4	弧形构造	弧形单脉状	黄铁矿脉型矿石，以浸染状黄铁矿为主，少量方铅矿、闪锌矿	闪长岩	90～395	1120	250°～226°∠50°	0.93	3.14
		Ⅱ-5	弧形构造	弧形脉状	构造蚀变岩型矿石，以浸染状黄铁矿为主，少量方铅矿、闪锌矿	花岗岩、闪长岩	210～420	1040	226°∠50°	0.79	5.05
		18-1	弧形构造	弧形似层状	石英-黄铁矿脉，浸染状黄铁矿	花岗岩、闪长岩	220～133	300		2.86	15.79
		18-2	弧形构造	弧形似层状	石英-黄铁矿脉，浸染状黄铁矿	花岗岩、闪长岩	40～205	670		2.66	4.19
		18-3	弧形构造	弧形似层状	石英-黄铁矿脉，浸染状黄铁矿	花岗岩、闪长岩	−62～34			1.00	3.14
		18-4	弧形构造	弧形似层状	石英-黄铁矿脉，浸染状黄铁矿	花岗岩、闪长岩	−138～−37	580		1.69	3.46
	放射状裂隙充填型	Ⅲ	放射状构造	近直立单脉	黄铁矿-毒砂-石英脉	正长花岗斑岩	290～490	200	120°∠87°	0.30	25.76
		Ⅲ-1	放射状构造	近直立单脉	黄铁矿-毒砂-石英脉	正长花岗斑岩	360～490	160	120°∠87°	0.30	23.91

隙化岩石带外带为新鲜的花岗闪长岩，即裂隙发育程度不如裂隙化岩石带，发育少量不规则的裂隙，充填有晚期方解石脉、黄铁矿细脉。角砾岩筒到花岗闪长岩围岩，没有清楚的界线，为渐变过渡关系。

在整个筒柱状矿体中，角砾大小不一，有的角砾大到十几米，致使金矿化极不均匀，按品位筒内可圈出几条脉状矿体。矿体总体走向为近南北向和北北西向，倾向东，倾角较陡，矿体总体呈脉状，与围岩的界线不清楚，呈逐渐过渡的关系。矿体呈灰黑色—灰绿色，呈明显的角砾状构造。矿体中角砾的成分比较复杂，主要有闪长岩、花岗岩、粗粒文象花岗岩等，总体上与围岩的成分一致。角砾大小不一，一般直径 0.1～0.5m，小者只有几厘米，大者可达十几米到 30m 左右，角砾大小分布没有规律性，大小混杂，没有分选性，也没有韵律性分布。角砾的磨圆性不好，形态多为不规则的棱角状，少数呈浑圆状、纺锤状、瘤状及团块状等。基质和胶结物以多金属硫化物和蚀变矿物为主，有少量的围岩岩屑和岩粉，以硅化胶结为主，因此胶结较强。作为胶结物的多金属硫化物主要为黄铜矿，少量的黄铁矿、方铅矿及闪锌矿；作为胶结物的蚀变矿物主要为石英、绿泥石等，少量的长石。J-0 号矿体金为主矿种，铜为伴生矿。

岩筒围岩（钾长花岗岩）中也存在几条脉状矿体，属于破碎蚀变岩型矿体，长度约 80m，最大延深 151m，总体走向 35°，倾向 125°，倾角 65°～70°。矿体深部延伸不大，横向上品位、厚度的变化都比较大，矿化极不稳定，规模均不如筒内矿体。围岩普遍见黄铁矿化、绿泥石化现象，另见少量硅化、碳酸盐化及黄铜矿化现象，围岩蚀变程度随远离矿体而减弱，局部可达到金矿体工业边界品位。

随着勘探程度的加深，根据 275m（一中段）、240m（二中段）、200m（三中段）、150m（四中段）及 110m（五中段）采矿坑道的观察发现：从 309m 开始，筒内脉状矿体与围岩界线逐渐清晰；240～309m 为一过渡带，矿体类型逐渐由脉状角砾岩型矿体过渡为坍塌角砾岩型矿体；矿体围岩有角砾岩逐渐过渡到闪长（玢）岩；从隐爆角砾岩筒过渡到坍塌角砾岩和闪长玢岩岩体。

从闪长玢岩围岩通过坍塌角砾岩带至钾长花岗岩，岩体总体变化趋势为未蚀变或弱蚀变闪长玢岩→裂隙状闪长玢岩带→闪长玢岩和角砾岩带→混合角砾岩带→钾长花岗岩角砾岩带→钾长花岗岩。裂隙状闪长玢岩带主要特征是闪长玢岩中发育细小、方向不定、延长较短的裂隙，属原生裂隙，裂隙中充填黄铁矿细脉或石英-黄铁矿细脉。闪长玢岩和角砾岩带主要特征是角砾成分 80% 为闪长玢岩，角砾大者 40cm，小者 5cm，呈圆状、次圆状，胶结物为黄铜矿、黄铁矿。混合角砾岩带主要特征是角砾成分中闪长玢岩和钾长花岗岩基本含量相同或相差不大，角砾大小不一，大者约 15cm，小者 1cm，角砾呈次圆状、次棱角状，胶结物为黄铁矿、石英和少量黄铜矿。钾长花岗岩角砾岩带，角砾主要成分为钾长花岗岩，呈棱角状、次棱角状，大者 20cm，小者 5cm，胶结物为闪长玢岩、黄铁矿、石英和少量磁铁矿。深部矿体为坍塌角砾岩型，主要分布在钾长花岗岩角砾岩带，即闪长玢岩与钾长花岗岩接触带靠近闪长玢岩一侧。

高丽沟 J-0 号角砾岩型矿体从上到下，由脉状岩浆气液胶结的角砾岩型矿体逐渐过渡到蚀变闪长玢岩胶结的坍塌角砾岩型矿体，反映了矿体的成矿作用：上部由于闪长玢岩的侵位，在岩体的上部聚集了大量的富含挥发分的岩浆气液流体，在一定的条件下在构造交会部位发生爆破形成隐爆角砾岩筒，岩筒形成的同时，在当时应力作用下形成一系列的近南北向和北北西向构造裂隙，岩浆热液在这些裂隙中就位并胶结隐爆角砾，形成脉状角砾岩型矿体；深部，闪长玢岩岩浆在引起爆破之后，能量得到释放，原地直接胶结了由于隐爆或侵位时塌陷下来的角砾，由于压力的释放和坍塌角砾的突然加入，致使闪长玢岩内部的物理化学环境突变，使岩浆中携带的成矿物质发生卸载成矿，故在闪长玢岩中团块状黄铜矿和黄铁矿极为发育，这种成矿作用直接导致了矿体的不均匀性。

从上述可知，J-0 号矿体的成矿地质体为蚀变的闪长玢岩，其成矿时代与闪长玢岩的成岩时代是一致的，对 J-0 号矿体深部坍塌角砾岩型矿体的胶结物-闪长玢岩进行了锆石 LA-ICP-MS U-Pb 同位素测年，近矿围岩蚀变闪长玢岩（胶结物）的成岩时代为（118.1±1.6）Ma，距离矿体较远的未蚀变闪长玢岩的成岩时代为（115.7±2.0）Ma。近矿围岩蚀变闪长玢岩的成岩时代可以代表 J-0 号矿体的成矿时代，蚀变闪长玢岩和未蚀变闪长玢岩的成岩时代的不一致性，说明岩体边部结晶较早，而岩体中心部位结晶较晚，这与岩体的地质特征反映的情况一致。

J-0号矿体由浅部的脉状矿体和深部的坍塌角砾岩型矿体组成复合型矿体，具斑岩型矿体的地质特征，矿床类型厘定为斑岩型。在坍塌角砾岩下部可能有斑岩型矿体的存在，故深部有较大的找矿潜力，应该进一步加大科研和勘探的投入。

世界上大多数斑岩型铜矿床成矿流体氧逸度高，含有大量的CO_2，温度和压力降低是导致成矿物质沉淀富集的主要机制。

与富金斑岩型矿床成因相关的斑岩体属于I型、磁铁矿系列，具有高氧化性的特征，富金斑岩型铜矿床与氧化性高、分异演化程度较低的花岗闪长质岩浆(闪长质斑岩等)有关。

岩浆高氧化性特征与富金斑岩型铜矿床中发育大量的磁铁矿和石膏的地质现象吻合，由此看来，岩浆高氧化性的特征可能是Au、Cu等成矿元素进入岩浆熔体最主要的机制。

4.1.3.2 J-1号矿体

J-1号矿体位于穷棒子沟西坡，赋存于半截沟1号角砾岩筒内，岩筒产于印支期花岗岩、花岗闪长岩中，位于由隐伏的燕山晚期闪长玢岩形成的环状构造上部，并且在矿体东部零星出露燕山中—晚期正长花岗斑岩。该角砾岩体的产出明显受次火山岩体、环状构造和断裂构造联合控制，产出于环形隐伏浅成侵入岩体的中心部位，也是近南北向、近东西向和北西向断裂构造交会部位。

J-1号矿体地表出露标高380m，在其顶部有5～15m闪长岩盖层。矿体控制长度46m，总体产状155°～160°∠80°～82°，矿体向北东方向侧伏，侧伏角83°，矿体宽度30m左右，单样品位为1.00×10^{-6}～88.11×10^{-6}不等，矿体连续稳定，见较好硅化、黄铁矿化、绿泥石化和高岭土化，蚀变强烈。深部由五排孔控制，控制深度540m，J-1号矿体平均厚度为21.02m，厚度变化系数165%，平均品位为8.10×10^{-6}，品位变化系数118%。

半截沟1号角砾岩筒为全筒矿化，角砾岩体本身就是矿体，产状与隐爆角砾岩筒一致。在角砾岩筒顶部有5～15m花岗闪长岩盖层，说明矿体未遭受剥蚀、保存良好。目前有钻孔工程控制最大延深近540m，角砾岩体尚未尖灭。角砾岩筒从地表到四中段，岩筒平面上呈椭圆形(图4-3a)长轴方向为北东-南西走向，长轴长约50m，短轴长约30m，倾向160°，倾角82°左右。四中段以下，岩筒椭圆长轴方向发生转变，在五中段岩筒近圆形，六中段和七中段岩筒长轴方向为北西-南东向。在剖面上呈上宽下窄的筒状，形态规则，变化不大。岩筒与围岩界线清楚，是典型的角砾岩筒(图4-3c)。筒内矿体为灰黑色—灰褐色—灰白色，为角砾状构造和细脉穿插构造(图4-3d)。

岩筒中的角砾大小不一，直径一般在10～25cm之间，最大可达50cm，在采场偶尔见到直径在1m以上的，无分选性，角砾呈次棱角状—浑圆状，局部磨圆较好(图4-3b)，矿体中角砾成分较为单一，主要为黄铁矿化、绢云母化及高岭土化的花岗岩及少量花岗闪长岩，与围岩成分基本一致。

角砾间胶结物胶结程度不均匀，大部分胶结不强，胶结物比较松散(图4-3b)；少部分胶结较强，形成不规则团块状(图4-3d)。胶结物成分以多金属硫化物和蚀变矿物等为主，金属硫化物主要有黄铁矿，少量黄铜矿、方铅矿及闪锌矿等，蚀变矿物有绢云母、高岭石，少量石英、长石以及一些岩石碎屑、岩粉等，局部出现黄铁矿团块和黄铁矿细脉(图4-3d)。

花岗岩角砾蚀变强烈，发育明显的蚀变晕圈，表现为从中心向边缘蚀变强度逐渐增强，从切面上可以清楚地看到蚀变围绕角砾中心呈环带状(图4-3b)。蚀变的类型主要有黄铁矿化、绢云母化、高岭土化、绿泥石化、钾长石化、硅化及碳酸盐化等。胶结物蚀变较强，以黄铁矿化、高岭土化、硅化、绢云母化为主，少量碳酸盐化和黏土矿物。

角砾岩体无明显的矿化蚀变分带现象，角砾岩体与围岩界线清楚，呈突变式侵入状接触关系(图4-3c)，筒壁光滑平整，发育少量节理或裂隙。围岩为花岗岩，有弱蚀变。从矿体的矿化富集形式来说，该角砾岩体表现为全筒式矿化，整个角砾岩体都富集成矿，品位连续而且稳定。

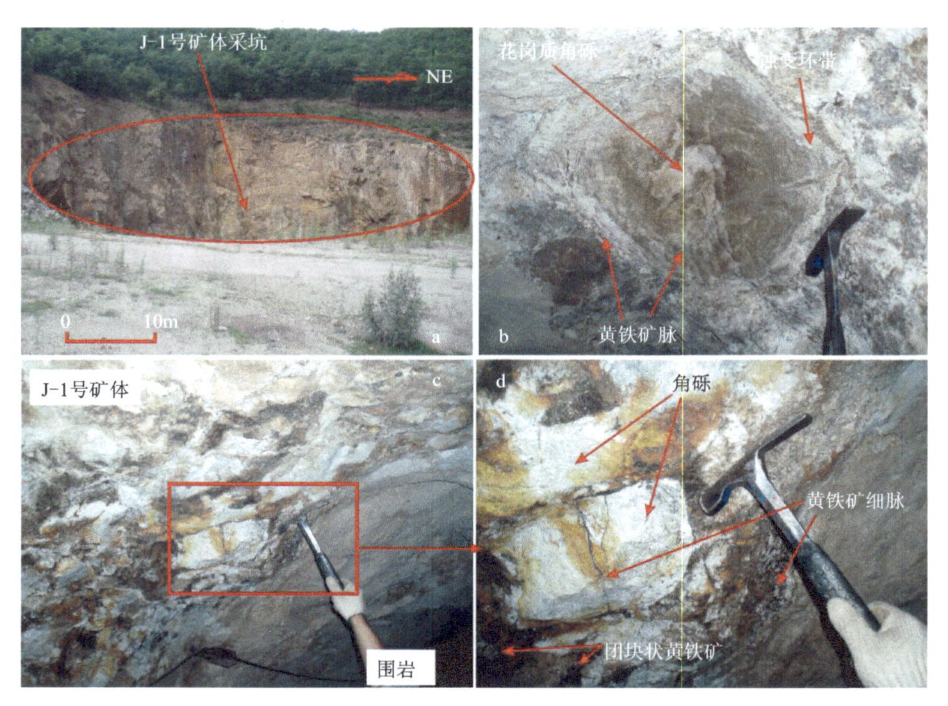

图 4-3　金厂矿区 J-1 号矿体角砾岩筒与围岩、矿石特征

4.1.3.3　Ⅱ号脉

Ⅱ号脉群位于矿区中部，呈弧状产出，自内而外可圈出Ⅱ-0、Ⅱ-1、Ⅱ-2、Ⅱ-3、Ⅱ-4、Ⅱ-5 号 6 条矿脉 12 条矿体。各矿体呈半环状平行产出于 18 号脉西南侧，间距 40～65m。矿体属薄脉型，最薄地段厚度为 0.20m，一般厚度在 0.60～1.00m 之间，近地表部分品位较高，向深部矿体品位逐渐变贫。最大延深 450m，最小延深小于 80m(图 4-1)。

1. Ⅱ-0 号脉

Ⅱ-0 号脉位于矿区中部Ⅱ号脉最北部半截沟河谷中，位于 40～63 号线，呈弧形展布。赋存标高 100～318m，垂深 240m，控制长度 1040m，宽 0.80～1.00m，平均品位 5.05×10^{-6}，圈出 5 条矿体。

Ⅱ-0-1 号矿体位于 40～2 号线间，为隐伏矿体，深部由 7 个钻孔控制。赋存标高 100～244m，最大延深 340m。矿体总体走向 160°，倾向南西，倾角 46°～52°。矿体长度 220m，品位 1.33×10^{-6}～12.10×10^{-6}，平均品位 3.71×10^{-6}，品位变化系数 66%。矿体厚度 0.33～2.45m，平均厚度 1.03m，厚度变化系数 42%。

Ⅱ-0-2 号矿体位于 2～63 号线间，由于处在河谷中，矿体仅在 47 线由 1 个探槽控制，深部由 7 个钻孔控制。赋存标高 100～318m，最大延深 240m。矿体总体走向 136°～102°，倾向南西，倾角 50°。矿体长度 560m，品位 2.75×10^{-6}～12.10×10^{-6}，平均品位 5.56×10^{-6}，品位变化系数 66%。矿体厚度 0.33～1.00m，平均厚度 0.61m，厚度变化系数 42%。

在 15 线 ZK1501 孔中揭露到Ⅱ-0-3、Ⅱ-0-4 号矿体，55 线 ZK55-1 钻孔中揭露到Ⅱ-0-5 号矿体。Ⅱ-0-3 号矿体品位 7.82×10^{-6}，厚度 0.42m；Ⅱ-0-4 号矿体品位 4.74×10^{-6}，厚度 0.77m；Ⅱ-0-5 号矿体品位 22.20×10^{-6}，厚度 0.84m。

2. Ⅱ-1 号脉

Ⅱ-1 号脉圈出两条矿体，矿体产于Ⅱ-0 号脉和Ⅱ-2 号脉之间，与两者间距平均 60m，平行产出，北起 56 号线，经由 7 号线、39 号线至 111 号线。矿体在地表由 26 个工程控制，在 56～40 号线处于河谷中，地表工程无法施工，在 47～71 号线由于民采破坏较严重，无法查明该地段品位厚度变化情况。在 16～12 号线 308m 中段、99～107 号线 308m 中段由坑道控制。深部由 24 个钻孔控制，其中 48～55 号线钻探工程控制程度相对较高，55～111 号线仅有 2 个钻孔进行了稀疏控制。8～71 号线深部稀疏施工的 11 个钻孔中虽然揭露到该矿体，但是其品位或厚度未达到本次工作中资源量估算所采用的最低工业指标要求，平均品位 2.11×10^{-6}，平均厚度 0.61m。

Ⅱ-1 号矿体长度 1600m，赋存标高 82～345m，最大延深 320m。矿体在 56～39 号线总体走向 160°，倾向南西，倾角 45°～55°，7～39 号线总体走向 136°，39～87 号线总体走向 102°，倾向南，倾角45°～51°，平均 47°，87～111 号线总体走向 57°。品位 1.31×10^{-6}～80.44×10^{-6}，平均品位 9.00×10^{-6}，品位变化系数 120%。矿体厚度 0.20～7.00m，平均厚度 1.12m，厚度变化系数 128%。

矿体呈脉状赋存于闪长岩中，仅在 48～24 号线赋存于花岗岩构造破碎带中，矿体与围岩接触界线清晰，为构造破碎蚀变岩型矿体，具有地表富，向深部逐渐变贫的特征。蚀变以硅化、高岭土化、绿泥石化为主，碳酸盐化次之。近地表部分矿化以褐铁矿化为主，深部以黄铁矿化为主。

3. Ⅱ-2

Ⅱ-2 号脉严格受环状断裂控制，呈弧形产出，地表出露长度 1350m，宽 0.20～1.40m，圈出 2 条矿体。矿体主要呈脉状赋存于闪长岩中，仅在 40～24 号线赋存于花岗岩构造破碎带中，为构造破碎蚀变岩型矿体，矿体与围岩接触界线清晰，具有地表富且向深部逐渐变贫的特征。蚀变以硅化、高岭土化、绿泥石化为主，碳酸盐化次之。近地表部分矿化以褐铁矿化为主，深部以黄铁矿化为主。

Ⅱ-2 号矿体北起 40 号线，经由 7 号线、39 号线至 75 号线，地表由 16 个工程控制，在 40～24 号线处于河谷中，地表工程无法施工，深部由 24 个钻孔控制。矿体长度 1200m，赋存标高 −30～352m，最大延深 400m。矿体在 40～7 号线总体走向 160°，倾向南西，倾角 45°～55°，平均 50°，7～39 号线总体走向 136°，39～75 号线总体走向 102°，倾向南，倾角 45°～51°，平均 47°。矿体品位 1.01×10^{-6}～56.64×10^{-6}，平均品位 13.26×10^{-6}，品位变化系数 89%。矿体厚度 0.20～1.90m，平均厚度 0.74m，厚度变化系数 33%。

4. Ⅱ-3

Ⅱ-3 号脉圈出矿体 1 条，Ⅱ-3 矿体位于矿区中部Ⅱ-2 号脉南侧。矿体主要呈脉状赋存于闪长岩构造破碎带中，矿体与围岩接触界线清晰，为构造破碎蚀变岩型矿体，蚀变以硅化、高岭土化、绿泥石化为主，碳酸盐化次之。近地表部分矿化以褐铁矿化为主，深部以黄铁矿化为主。

矿体分布于 16～127 号线间。其中，在 16～7 号线为隐伏矿体，由 4 个钻孔控制。23～127 号线在地表由 7 个工程控制，深部由 13 个钻孔控制。矿体长度 1520m，赋存标高 10～380m，最大延深 360m。矿体在 16～39 号线总体走向 136°，倾向南西，倾角 45°～55°，39～127 号线总体走向 102°，倾向南，倾角 45°～56°。矿体品位 1.17×10^{-6}～39.60×10^{-6}，平均品位 9.00×10^{-6}，品位变化系数 124%。矿体厚度0.30～2.62m，平均厚度 1.01m，厚度变化系数 56%。

5. Ⅱ-4

Ⅱ-4 号脉圈出 1 条矿体，Ⅱ-4 号矿体位于矿区中部Ⅱ号脉南侧，产于Ⅱ-3 和Ⅱ-5 号脉之间。矿体主要呈脉状赋存于闪长岩构造破碎带中，矿体与围岩接触界线清晰，为构造破碎蚀变岩型矿体，蚀变以硅化、高岭土化、绿泥石化为主，碳酸盐化次之。近地表部分矿化以褐铁矿化为主，深部以黄铁矿化为主。

矿体分布于16～79号线间，16～7号线由4个钻孔控制。15～79号线间在地表由8个工程控制。深部由14个钻孔控制。矿体长度1120m，赋存标高120～396m，最大延深240m。矿体在16～7号线总体走向160°，倾向南西，倾角46°～56°，平均50°，7～39号线总体走向136°，39～79号线总体走向102°，倾向南，倾角48°～56°。矿体品位1.02×10^{-6}～15.80×10^{-6}，平均品位为3.14×10^{-6}，品位变化系数87%。矿体厚度0.20～2.00m，平均厚度0.93m，厚度变化系数38%。

6. Ⅱ-5

Ⅱ-5号脉位于Ⅱ-2号脉群南侧，分布于19～79号线间。地表出露标高340～420m。矿脉长1040m，厚度0.80～1.00m。矿体总体走向由北西向转变为近东西向直至111号线呈弧形展布。矿体主要呈脉状赋存于闪长岩构造破碎带中，与围岩接触界线清晰，为构造破碎蚀变岩型矿体，蚀变以硅化、高岭土化、绿泥石化为主，碳酸盐化次之。近地表部分矿化以褐铁矿化为主，深部以黄铁矿化为主。Ⅱ-5号脉可圈定两条矿体。

Ⅱ-5号矿体位于矿区Ⅱ号脉群西南侧，19～79号线间，地表由4个工程控制。矿体长度720m，矿体在19～39号线总体走向136°，倾向南西，倾角46°～56°，平均50°，39～79号线总体走向102°，倾向南东，倾角48°～58°。矿体品位3.64×10^{-6}～17.82×10^{-6}，平均品位为6.14×10^{-6}，品位变化系数35%。矿体厚度0.30～1.00m，平均厚度0.53m，厚度变化系数38%。

4.1.3.4 Ⅲ号脉

Ⅲ号矿体在地表由4条近南北向平行的薄脉型矿体组成，深部又出现多条产状与矿化类型相似的矿(化)体，产出于矿区中部的大型环状构造南部，与Ⅱ号脉群呈放射状产出，矿体赋存标高290～490m，埋深较浅，总体走向20°～30°，倾向南东，近直立，矿体厚度0.10～1.10m，产于细晶花岗岩中，矿体与围岩接触界线清晰，见较好的褐铁矿化、绿泥石化、黄铁矿化和少量方铅矿化等。

Ⅲ号矿体由地表向深部连续稳定，围岩也具有硅化、黄铁矿化现象。Ⅲ号矿体平均厚度0.51m，厚度变化系数35%，平均品位为11.31×10^{-6}，品位变化系数196%。

Ⅲ-3号矿体平均厚度0.30m，平均品位为23.91×10^{-6}，厚度变化系数21%，品位变化系数104%。

4.1.3.5 Ⅴ号矿体

Ⅴ号矿体位于小狍子沟，呈脉状产出于矿区中部的大型环状构造东南部，赋存于闪长岩细晶花岗岩构造破碎带中，地表控制长度180m，最大延深170m，为构造破碎蚀变岩型矿体，总体产状160°∠56°～64°，地表连续稳定，见较好的褐铁矿化、硅化、高岭土化、绿泥石化现象。

Ⅴ号矿体在15号线、7号线、0号线、8号线有钻孔控制。地表连续稳定，沿倾向延深小，在矿体中间部位矿体品位较稳定，厚度有变薄的趋势。矿体平均厚度0.95m，厚度变化系数84%，平均品位为13.89×10^{-6}，品位变化系数109%。

4.1.3.6 Ⅵ号矿体

Ⅵ号矿体位于小狍子沟东，赋存标高170～250m，赋存于闪长岩之中的构造破碎带中，受矿区中部的大型环状构造控制，地表控制长度380m，矿体总体产状195°∠48°～55°，矿体地表连续稳定，见较好的褐铁矿化、绿泥石化、高岭土化，蚀变强烈，矿体沿走向膨缩现象明显，宽度 0.20～1.00m，局部地段见明金，Ⅵ号矿体平均品位为 52.13×10^{-6}，品位变化系数 164%，平均厚度 0.53m，厚度变化系数 88%。

4.1.3.7 Ⅷ号矿体

Ⅷ号矿体位于半截沟河谷底，为花岗岩中破碎蚀变带含矿、构成矿区中部的大型环状构造的西端部分，矿体赋存标高 130～310m，控制长度 380m，总体产状 283°∠80°～85°，矿体见明显的黄铁矿化、硅化、绿泥石化，宽度 2.00～7.00m。矿体地表平均品位为 5.26×10^{-6}，平均厚度 3.40m。

Ⅷ号矿体深部由钻孔控制。矿体平均品位为 5.32×10^{-6}，品位变化系数 179%，平均厚度 2.82m，厚度变化系数 103%。

4.1.3.8 邢家沟Ⅸ号矿体

Ⅸ号矿体位于 5 号物探异常南部，矿体产出于闪长岩内，具较强烈硅化、黄铁矿化，另可见方铅矿化及闪锌矿化，少量黄铜矿化。该矿体由 2 个槽探、1 层坑道、3 个钻孔控制。矿体平均厚度 3.86m，平均品位为 3.31×10^{-6}，为椭圆柱状矿体。

4.1.3.9 Ⅺ号矿体(J－11、J－13、J－16)

Ⅺ号矿体位于大狍子沟，赋存标高 280～490m，为构造蚀变岩型矿体，矿体总体产状 230°∠83°，地表控制长度 290m，该矿体产于闪长岩中的蚀变破碎带内，总体沿走向上呈串珠状。黄铁矿化、褐铁矿化、绿泥石化比较强烈，矿体平均厚度 2.61m，厚度变化系数 86%，平均品位为 4.13×10^{-6}，品位变化系数 76%。

4.1.3.10 Ⅻ号矿体

Ⅻ号矿体位于松树砬子北坡，为大型环状构造的北西端放射状构造，矿体属构造蚀变岩型，赋存标高 0～510m，地表控制长度 790m，最大延深 500m，产状为 1°～5°∠80°，该矿体厚度比较稳定，矿化及蚀变程度不均匀。矿体品位为 1.52×10^{-6}～18.61×10^{-6}，平均品位为 10.75×10^{-6}，品位变化系数 59%，矿体厚度 0.20～1.78m，平均厚度 0.68m，厚度变化系数 29%。黄铁矿化强烈，同时见方铅矿化及闪锌矿化，少量黄铜矿化。

该矿体在 414m、374m 中段由坑道控制。在 374m 中段，矿体在 8～3 号线间产状及厚度变化不大，但在 3～25 号线间，矿体呈现舒缓波状变化，厚度及产状变化幅度较大，甚至局部地段出现反倾现象，深部由 6 个钻孔控制。

4.1.3.11 XIII号矿体

XIII号矿体位于半截沟，受矿区中部的大型环状构造控制，属构造蚀变岩型，控制长度 250m，产状为 300°～310°∠47°，305m 处中段由坑道(PD13)控制，深部由 2 个钻孔控制，矿体厚度比较稳定，矿化及蚀变均匀，黄铁矿化强烈，蚀变主要为硅化、绿泥石化。矿体平均厚度 0.84m，平均品位为 24.45×10^{-6}。

4.1.3.12 18号脉

18号脉位于矿区中部，为隐伏矿体，圈出18－1、18－2、18－3、18－4共4条矿(化)体(图4－1、图4－2)。受半截沟底部穹隆构造控制，为燕山期岩浆多期次底劈上侵形成，与Ⅱ号脉同源，赋存在构造破碎带中，呈层状产出，矿体中部上隆，四周向下缓倾，垂向上18－2号、18－3号矿体间距180m，18－3号、18－4号矿体间距70m。矿化比较均匀，黄铁矿化强烈，蚀变主要为钾长石化、硅化、绿泥石化。围岩主要是花岗岩、闪长岩。

18－1号矿体由10个钻孔控制，仅有3个钻孔见矿，矿体长度300m，赋存标高133～220m，矿体品位为1.00×10^{-6}～50.12×10^{-6}，平均品位15.79×10^{-6}，矿体厚度1.00～3.88m，平均厚度2.06m。

18－2号矿体由20个钻孔控制，矿体长度670m，赋存标高－48～150m，矿体品位为1.15×10^{-6}～27.24×10^{-6}，平均品位为4.19×10^{-6}，品位变化系数178.93%，矿体厚度0.60～7.92m，平均厚度2.00m，厚度变化系数119.34%。

18－3号矿体由11个钻孔控制，赋存标高－62～34m，矿体品位为1.29×10^{-6}～5.28×10^{-6}，平均品位为3.17×10^{-6}，品位变化系数83.66%，矿体厚度1.05m。

18－4号矿体由11个钻孔控制，长度380m，赋存标高－138～－58m，矿体品位为1.18×10^{-6}～10.12×10^{-6}，平均品位为3.46×10^{-6}，品位变化系数67.11%，矿体厚度0.85～3.10m，平均厚度1.18m，厚度变化系数54.14%。

4.1.3.13 J－8号矿体

八号硐J－8号角砾岩体位于八号硐南山腰，角砾岩体产于印支期黑云母花岗岩与花岗闪长岩接触带附近，围岩为粗粒黑云母花岗岩(图4－4)。其南部有近南北向及近东西向的燕山期花岗斑岩脉分布，东部有近南北向侵入于花岗岩中的闪长玢岩脉。平面上呈椭圆状，长轴方向为北东向，长轴长约65m，短轴长约20.99m。

J－8为一角砾岩筒型矿体，地表出露标高为225～290m，控制长度为100m，矿体产状46°∠80°，矿体向北东侧伏，矿体平均宽度为23.40m，平均品位为4.04×10^{-6}。

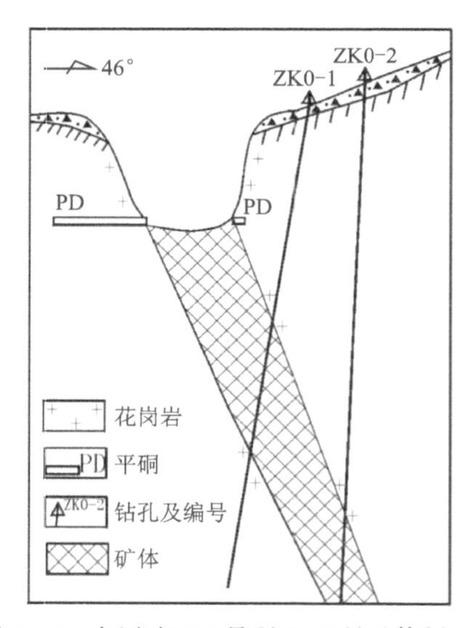

图4－4　金厂矿区八号硐J－8号矿体剖面图

角砾成分为花岗岩、花岗斑岩，斑晶为长石，基质为隐晶质石英，角砾形态不规则，磨圆较差，多数为尖棱角状—次棱角状，少数为次浑圆状，角砾一般小于20cm，大于20cm的角砾则少见，胶结物为弱蚀变花岗岩粉，蚀变以绿泥石化为主，发育细网脉状、浸染状黄铁矿化。

在采坑北壁，可以看到角砾岩体与黑云母花岗岩围岩以断层接触，断层产状为220°∠62°，断裂面平直，内部充填稠密浸染状黄铁矿化、绢云母化及绿泥石化蚀变岩；在采坑东壁，角砾岩体与黑云母花岗岩围岩也是以断层接触，且是两组断裂构造交会部位，两条断裂产状分别为310°∠26°和290°∠82°，因此可以确定八号硐J－8号角砾岩体是受北西向、北东向和近北东向3组断裂构造交会部位控制产出的。

4.1.3.14 邢家沟J-9号角砾岩体

邢家沟J-9号角砾岩体产于闪长玢岩与花岗岩接触带及北西向、近南北向、东西向断裂的交会部位。

矿体在地表尚未完全出露，平面上呈椭圆形，长轴长30m，短轴长11m左右，地表采样品位为1.27×10^{-6}，个别部位拣块品位达30×10^{-6}以上，并见有较好的褐铁矿化、绢云母化、高岭土化、泥化及硅化等，局部地段有黄铁矿化梳状石英细网脉穿插。深部在孔深91.80～93.80m和104.80～106.80m处见到矿体，厚度1～2m，品位为1.01×10^{-6}～2.56×10^{-6}，矿体的形态、产状大致呈筒柱状(图4-5)。

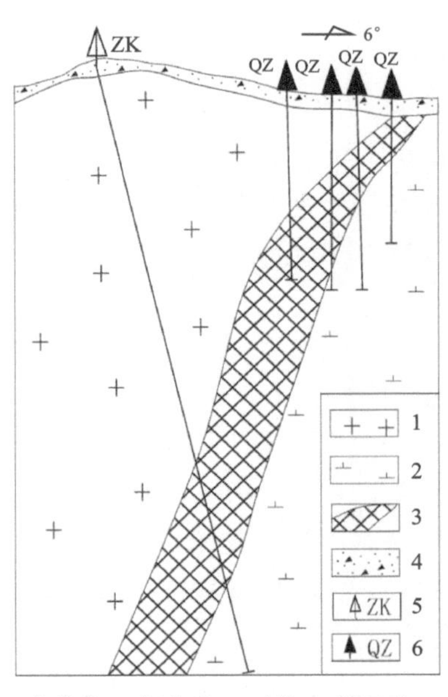

1.花岗岩；2.闪长岩；3.矿体；4.第四系堆积物；5.钻孔工程；6.浅钻工程

图4-5 邢家沟J-9号矿体剖面图

地表揭露了青磐岩化、高岭土化蚀变带，发育黄铁矿细脉，并多见有闪长玢岩及花岗岩的转石角砾，多数不规则状，少数次浑圆状，有裂隙状黄铁矿化。从岩芯观察，钻孔浅部角砾成分复杂，有花岗岩、闪长岩、黑云母花岗岩、花岗闪长岩及花岗斑岩，砾径较小，一般为几厘米，大于10cm的角砾少见，胶结物成分为暗色浸染状、团块状黄铁矿化、绿泥石化弱蚀变花岗斑岩。随钻孔深度的增加，在深部岩芯，暗色岩石角砾减少，以花岗岩或花岗斑岩角砾为主，胶结物成分为弱蚀变闪长玢岩。而且可以看到，在角砾中又有角砾被包裹的现象，即在弱蚀变闪长玢岩胶结的黑色浸染状黄铁矿化、绿泥石化蚀变角砾当中，又包裹了细粒闪长岩的角砾，说明该角砾岩体在燕山晚期闪长玢岩和花岗斑岩岩浆活动时，在地下一定深度爆炸，使岩石破碎形成角砾，岩浆期后热液蚀变并胶结了复成分角砾，具有多期爆破且有多期热液蚀变胶结的特点。

4.1.3.15 大狍子沟Ⅳ-1号、Ⅳ-2号、Ⅳ-3号矿化体

此类矿化体为闪长岩内构造蚀变薄脉型矿化体，均受同一方向构造控制，由一组相互平行的细脉组成，平均厚度为0.20m，总体产状120°∠60°，具褐铁矿化、高岭土化、绢云母化现象。Ⅳ-1号矿化体品位为14.12×10^{-6}，厚度为0.30m；Ⅳ-2号矿化体品位为19.40×10^{-6}，厚度为0.15m；Ⅳ-3号矿化体品位为15.80×10^{-6}，厚度为0.20m，深部无工程控制。

4.1.3.16 J-10号矿化体

J-10号矿化体位于八号硐，为蚀变花岗岩型，地表出露宽度11.0m，产状340°∠81°，具较强烈硅化、高岭土化，深部施工的JⅩZK0001孔在152.80～218.0m处见矿，矿化体水平厚度为9.69m，平均品位为1.74×10^{-6}。

4.1.3.17 14号矿化体(J-14)

J-14号矿化体位于邢家沟顶遥感解译出的环形影像中，地表由单工程控制，宽度为22.00m，两端未封闭，见较强烈的硅化、高岭土化及褐铁矿化。2002年施工的J14ZK0001孔自223.50m后见角砾

岩，矿化蚀变强烈，主要有黄铁矿化、高岭土化、绿泥石化，少量方铅矿化、闪锌矿化，局部见黄铜矿化，断续有13个样品品位大于0.5×10^{-6}，最高品位为1.89×10^{-6}。2004年施工的ZK1402号孔自306.00～331.00m为角砾岩，矿化蚀变强烈，最高品位为4.86×10^{-6}。ZK1403号孔自91.20～402.42m为角砾岩，矿化蚀变强烈，品位均小于0.50×10^{-6}。

4.1.3.18 15号矿化体

15号矿化体位于黑瞎子沟口，矿化体产于闪长岩构造破碎带中，产状变化较大，倾向北东、北西，在320～40号线之间，倾角较缓，在15～25号线之间，总体上向北东倾，遥感解译为一环状构造，产状变化与深部的次火山岩有关。矿化体长度为200m，宽度为0.40m，属薄脉型，连续稳定，最高品位为50.20×10^{-6}，最低品位为1.06×10^{-6}。

4.1.3.19 大狍子沟J-16号矿体

大狍子沟J-16号矿体（角砾岩体）位于大狍子沟中段3个角砾岩体最南东方向，从采坑中可以看出矿体形态在平面上呈椭圆状，长轴方向为162°，规模较小，长轴长20m，短轴长10m左右，在采坑内揭露的这部分矿体呈筒状。因深部无工程控制，矿体在垂向上的延深及形态尚不清楚（图4-6）。

角砾岩体产于花岗斑岩与闪长岩接触带附近闪长岩体中，产出受F_{35}断裂和F_{45}断裂的次级近南北向产状为272°∠79°断裂构造交会部位控制，角砾岩位于两组构造交会处东部，即两条断裂的下盘（图4-6）。

角砾岩中，角砾成分单一，多数为中细粒花岗斑岩，少量闪长岩角砾，形状不规则，分选性差，尖棱角状—次浑圆状，有弱高岭土化、绿泥石化蚀变。被蚀变花岗斑岩岩粉及细脉状、团块状黄铁矿胶结，胶结物蚀变类型以高岭土化、绢云母化及褐铁矿化为主，偶见有石英晶簇及晶洞，发育蜂窝状褐铁矿化。J-16号矿体的角砾、胶结物及矿化蚀变特征都与穷棒子沟J-1号（角砾岩型）矿体极其相似。

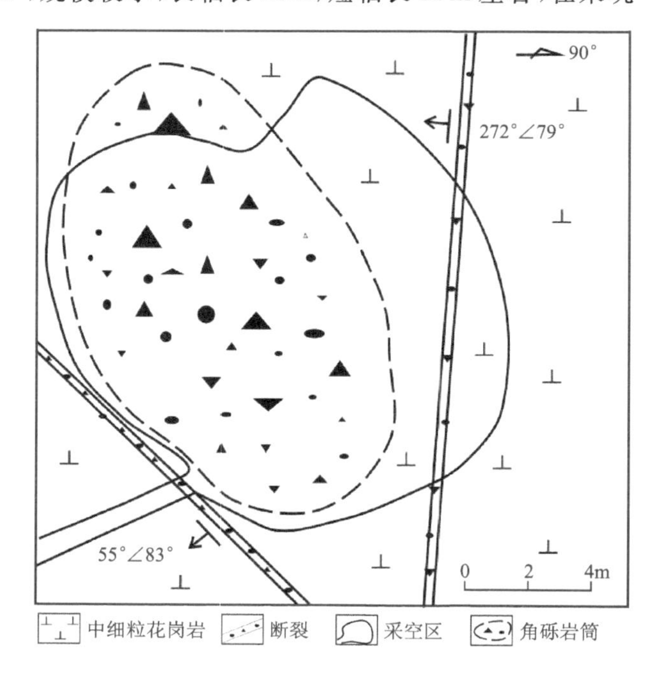

图4-6 大狍子沟J-16号矿体平面图

4.1.2.20 J-17号矿体

J-17号矿体位于邢家沟10号环形影像内，产于闪长玢岩与花岗岩接触带附近靠近闪长玢岩一侧。地表见较强硅化、高岭土化，矿化见强褐铁矿化。TJ1701中宽度1.70m，J17ZK0001孔中从61.50m开始，见灰白色蚀变花岗岩，蚀变见较强的硅化、绿泥石化、绿帘石化、绢云母化；矿化见较强的黄铁矿化，呈团块状、星点状产出，地表采坑采出矿石中见角砾成分主要有细粒花岗岩、粗粒文象花岗岩、闪长岩，角砾棱角状，次棱角状，大小不一，文象花岗岩中还包含有细粒闪长岩，可能为早期闪长岩包体，胶结物为闪长玢岩，蚀变不强，主要为细粒浸染状黄铁矿化。石英-黄铁矿细脉、黄铁矿细脉较发育，相互穿插，表明有多次热液活动但不强烈；在闪长玢岩中主要为黄铁矿细脉，但密度不大。总体而言，J-17号角砾岩型矿体特征与J-0号角砾岩型矿体相似，但矿化较弱。

J-17号矿体中的J14ZK1955号钻孔孔深500.00m，全孔矿化，主要为团块状、浸染状、细脉状黄铁矿化、绿泥石化、硅化、钾长石化、绿帘石化，局部见少量铅锌矿化、磁铁矿化、黄铜矿化。0～314.30m主要原岩为闪长岩、闪长玢岩，局部夹花岗岩，314.30～442.00m主要为角砾岩，角砾成分复杂，主要为钾长质花岗岩、少量闪长质角砾，角砾岩部分普遍矿化蚀变程度高，黄铁矿化多以团块状、网脉状产出于胶结物内，少量穿插于角砾内部。399.00～403.00m连续见矿，最高品位为71.40×10^{-6}，平均品位为21.13×10^{-6}。

4.1.3.21 大狍子沟J-13号矿体

该矿体位于大狍子沟中段3个角砾岩体中部，产于花岗斑岩、细粒花岗岩和花岗闪长岩接触带附近，受北西向F_{35}断裂控制，角砾岩体产于断裂的下盘。岩筒长宽及延深均未控制。

角砾岩体中角砾成分主要为细粒花岗岩，角砾棱角状、次圆状，大小不一，大者8cm，角砾中有裂隙发育，充填黄铁矿细脉，角砾本身也高岭土化，胶结物主要为岩粉、黄铁矿，主要蚀变为高岭土化、黄铁矿化、绿泥石化、硅化；角砾间的胶结物主要为石英、黄铁矿、方解石，粒度均较大表明它们在角砾间张性空间生长形成，胶结物中黄铁矿粒度较大，约3mm，最大者可达5mm，五角十二面体。

4.1.3.22 J-11号矿体

此矿体位于大狍子沟中段3个角砾岩体最北西方向，产于细粒花岗岩与闪长玢岩接触带附近的细粒花岗岩中，受北西向F_{35}断裂和东西向F_{22}断裂联合控制，岩体产于两断裂的下盘。从采坑中可以看出矿体形态在平面上呈椭圆状，长轴方向为310°，角砾岩体上部约15m为上覆碎裂状细粒花岗岩，花岗岩中发育众多各方向裂隙，地表采矿为各方向断裂裂隙交会部位的富集氧化矿。地表下约40m民采坑道中沿北西向拉穿40m未控制矿体边界；往北东向拉穿约40m，也未控制边界，角砾岩体规模较大，长轴长度大于40m，短轴长度大于40m(图4-7)。

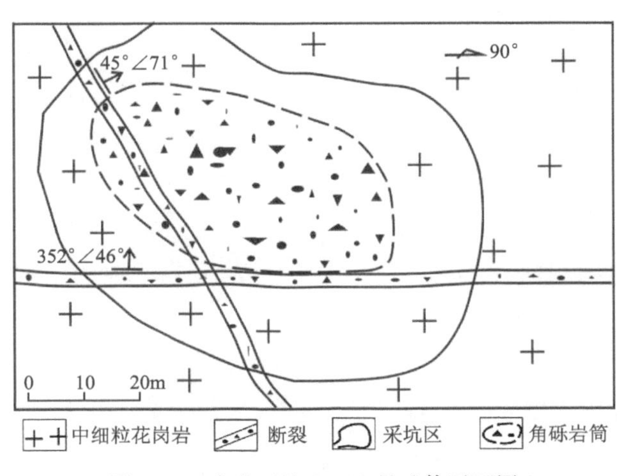

图4-7 大狍子沟J-11号矿体平面图

角砾岩体中角砾较单一，主要成分为细粒花岗岩，角砾大小不一，大者可达1.5m，一般大于50cm，角砾圆状、次圆状，发育有蚀变晕；胶结物主有花岗质岩石岩粉、岩屑、黄铁矿、石英。角砾岩体深部角砾变少，角砾大小有减小，但不明显，表明现出露的角砾岩体是角砾岩体的上部，在垂向上有一定延深。

4.1.3.23 大狍子沟J-13号角砾岩体

大狍子沟J-13号角砾岩体位于大狍子沟中段3个角砾岩体中部，产于花岗斑岩、细粒花岗岩和花岗闪长岩接触带附近，受北西向 F_{35} 断裂控制，角砾岩体产于断裂的下盘。岩筒长宽及延深均未控制。

角砾岩体中角砾成分主要为细粒花岗岩，角砾棱角状、次圆状，大小不一，大者 8cm，角砾中有裂隙发育，充填黄铁矿细脉，角砾本身也高岭土化，胶结物主要为岩粉、黄铁矿，主要蚀变为高岭土化、黄铁矿化、绿泥石化、硅化；胶结物中黄铁矿粒度较大，约 3mm，最大者可达 5mm，为五角十二面体，角砾间的胶结物主要为石英、黄铁矿、方解石，粒度均较大表明它们在角砾间张性空间生长形成。

此外，矿体能确定为角砾岩体，但未完全控制的角砾岩体还有 J－14、J－19、XJ－1 和 XJ－2 等角砾岩体，总体受北西向 F_{33} 断裂控制。

4.2　矿石特征

金厂金矿床的矿石按照其产状、矿物组合及结构构造可以分为 4 个类型：①石英-多金属硫化物脉型矿石（图 4－8a）；②角砾岩型矿石（图 4－8b、d）；③石英-黄铁矿脉型矿石（图 4－8b、c、e）；④构造蚀变岩型矿石（图 4－8d）。

图 4－8　金厂主要矿石类型

角砾岩型矿体中主要发育角砾岩型矿石，并发育少量石英-黄铁矿脉型矿石和石英-多金属硫化物脉型矿石，后两者多叠加于角砾岩型矿石之上，就成矿系统来看应属于岩浆穹隆成矿系统。岩浆穹隆裂控型矿体中主要发育石英-黄铁矿脉型矿石、石英-多金属硫化物脉型矿石，并发育少量的构造蚀变岩型矿石。在岩浆穹隆成矿系统中，剖面上从下往上、平面上从中心向周边矿石类型呈现出石英-黄铁矿脉型→石英-多金属硫化物脉型→构造蚀变岩型逐渐过渡的特征。

在4种矿石类型中，金的富集程度存在明显的差别。石英-多金属硫化物脉型矿石的Au品位最高，最高可达1000×10^{-6}；石英-黄铁矿脉型岩石的Au含量次之，一般为$10\times10^{-6}\sim30\times10^{-6}$；构造蚀变岩型矿石的Au品位最低，一般为$2\times10^{-6}\sim4\times10^{-6}$，有的甚至更低，仅构成矿化体。

4.3 矿石矿物组成

矿区内不同的矿体类型的矿石组合略有不同。

角砾岩型矿体的矿物组合：矿石矿物主要为黄铁矿，次要矿物为黄铜矿、方铅矿、闪锌矿、毒砂、磁黄铁矿、辉钼矿、辉锑矿等；脉石矿物主要为石英、绢云母、高岭石等，次要矿物为钾长石、绿泥石、方解石、黑云母、绿帘石、冰长石等；金银矿物主要为自然金、银金矿。

岩浆穹隆裂控型矿体的矿物组合：矿石矿物主要为黄铁矿、黄铜矿、方铅矿、闪锌矿，次要矿物为辉锑矿、辉钼矿、毒砂、磁黄铁矿、磁铁矿、褐铁矿、镜铁矿等；脉石矿物主要为石英、长石、绢云母，次要矿物为黑云母、方解石、高岭石、绿帘石、冰长石、角闪石等；金银矿物主要为自然金、银金矿、自然银、金银矿。

矿石结构主要为半自形粒状结构、自形粒状结构、他形粒状结构。矿石构造有致密块状构造、稀疏浸染状构造、砾状构造、星点浸染状构造及细脉网状构造。

4.4 矿石结构构造

4.4.1 矿石结构

区内金矿石结构类型较多，依据矿石中主要金属矿物的粒度，结晶程度及相互关系，矿石以结晶粒状结构为主，其次还有碎裂结构、交代结构、环带结构、胶状结构、骨架状结构、细脉穿插结构及固溶体分离结构等。

结晶粒状结构：是矿石的主要结构类型，在各种矿化类型中均可见，包括粒状结构和斑状结构，粒状结构为半自形—他形结构、中粒—中粗粒结构；斑状结构由早期颗粒粗大的黄铁矿及造岩矿物（石英、长石）构成斑晶状，后期的细粒—胶状黄铁矿及蚀变矿物构成基质。

碎裂结构：主要表现为早期黄铁矿在应力作用下被压碎，产生许多裂隙和带尖棱角的碎片，为后期矿物的充填提供了空间条件，构成碎裂结构或碎斑结构。

交代结构：以粒间或裂隙充填交代及交代残余结构为主，填隙矿物以黄铁矿为主，有少量的黄铜矿、方铅矿等。早期造岩矿物角闪石等被后期黄铁矿交代，呈孤岛状残留其中。

胶状结构：早世代黄铁矿常呈胶状结构，在胶状黄铁矿的周围常发育有重结晶的晕圈，外圈的黄铁矿由于重结晶而呈微细粒结构，内圈的黄铁矿则仍保留胶状。

骨架状结构：胶状黄铁矿重结晶形成长柱状颗粒，这些长柱状黄铁矿的排列杂乱，外观类似骨架。

细脉穿插结构：在显微镜下常可见到石英细脉穿插于黄铁矿中，有时还有自然金细脉穿插于黄铁矿中。

固溶体分离结构：黄铜矿与闪锌矿常呈固溶体分离结构，闪锌矿中的黄铜矿乳滴有时还比较大。

4.4.2 矿石构造

矿区矿石构造主要有角砾状、浸染状、脉状、团块状、蜂窝状、晶簇状、土状和粉末状等构造。

角砾状构造:是矿区内主要矿石构造类型,主要分布在隐爆角砾岩型矿化中。在空间上呈筒柱状产出,角砾成分主要是闪长岩、花岗闪长岩、花岗岩等,角砾有的已强烈蚀变,也有少数蚀变较弱(如高丽沟J-0),角砾呈半浑圆—团块状;胶结物为不同期次黄铁矿、硅质及蚀变矿物(高岭土、绢云母等)。

浸染状构造:主要分布于构造蚀变岩型矿化中,也在角砾岩型矿化中,角砾本身也常具浸染状构造,它是由黄铁矿等金属硫化物颗粒呈星点状嵌布在矿石中而形成。根据黄铁矿出现的多少,又可分为稀疏浸染状和稠密浸染状构造,矿区金矿石以前者为主,后者含金量并不高,往往形成黄铁矿体。按矿石中黄铁矿分布的均匀程度,还可分为浸染状和斑杂状构造,后者是由于黄铁矿在矿石中分布极不均匀,而是成群或以集合体形式分布而形成,在矿石中少见。

脉状构造:主要分布在裂隙充填型矿化中,金属硫化物及脉石矿物沿裂隙充填而形成矿脉,在蚀变岩型矿化中局部出现由黄铁矿沿多组微裂隙充填交织成网状,构成网脉-浸染状矿石;在角砾岩型矿化中,局部也可见由石英、黄铁矿构成的细脉状构造。在大多数情况下,含矿脉体旁侧或多或少都有浸染状矿化出现,这时由脉状构造与浸染状构造复合叠加形成细脉-浸染状矿化。

团块状构造:黄铁矿等金属硫化物集合体及少量石英有时呈致密团块状产出,团块直径5~30cm,团块状构造主要分布在裂隙充填型矿化中,角砾岩型矿化局部胶结物较多部位有时也可见团块状构造。团块状构造矿石往往产出在富矿部位。

蜂窝状构造:主要分布在裂隙充填型矿化和蚀变岩型矿化中,高岭土、绢云母等热液蚀变矿物发生淋滤流失,而残留的石英、黄铁矿(褐铁矿)等形成骨架,形成多孔蜂窝状构造。

晶簇状构造:石英等矿物沿裂隙生长,在中心部位发育成梳状矿物集合体或在张开的空间内,黄铁矿等金属硫化物形成晶形完好的矿物集合体形成晶簇构造,在裂隙充填型矿化中常见,在角砾岩型、蚀变岩型矿化中有时也可见到。

土状和粉末状构造:在裂隙充填型矿化中常见,细粒褐铁矿及高岭石、绢云母等黏土类矿物常呈松散的土状或粉末状。

4.5 矿石中金的赋存状态

金矿物主要以自然金或银金矿的形式赋存于黄铁矿、石英及褐铁矿中。从镜下观察和统计看,自然金绝大部分赋存于黄铁矿中,次生富集带中自然金赋存于褐铁矿中,仅少数赋存于石英或石英与黄铁矿之间的晶隙中。

金矿物的赋存状态以包裹金为主,其次为晶隙金和裂隙金。包裹金的主要载金矿物为黄铁矿,其次为石英和褐铁矿,金颗粒多为浑圆状、纺锤状及不规则状。晶隙金主要赋存于黄铁矿与黄铁矿之间的晶隙中,也有部分赋存于黄铁矿与石英之间的晶隙中,金颗粒多为不规则的多边形。裂隙金有两种:一种是整个自然金颗粒呈细脉穿插于黄铁矿中,金颗粒呈细长的脉状体或不规则树枝状;另一种是黄铁矿中裂隙充填一个或多个颗粒的自然金,金颗粒呈米粒状、浑圆状、纺锤状、瘤状及团块状等。

自然金呈显微粒状,粒度分布不均,多在0.01~0.1mm之间,属细粒—中粒金,个别呈细脉状产出的自然金,其长度可达2~3mm。不同成矿期次自然金的粒度具有明显的差别,角砾岩筒成矿阶段和石英-黄铁矿脉阶段的自然金颗粒稍小,一般在0.01~0.05mm;而多金属硫化物石英脉阶段的自然金颗粒较大,一般在0.04～0.09mm,在半截沟J-1号角砾岩筒矿体中有时可以见到明金,局部地段甚至有金线产出。自然金的反射率因糙面明显程度不同而有较大的差异,如果自然金的反射色偏褐红色时,由于其纯度较高,硬度小,不易抛光,表面呈"不干净",其反射率明显偏低;如果自然金的反射色为金黄色,其糙面不明显,表面除擦痕外显得比较干净,其反射率明显较高。自然金的反射色变化也比较大,主要有金黄色、褐红色及金黄带紫红色调,八号硐、半截沟及邢家沟带的自然金多呈纯正的金黄色、褐红色,高丽沟J-0号矿体的自然金呈金黄带紫红色调,这可能与自然金中含有较多的铜杂质有关。

4.6 围岩蚀变特征

赋矿围岩主要有斜长花岗岩、花岗闪长岩、花岗斑岩、闪长岩、闪长玢岩等。围岩蚀变发育,且与金矿化具有成因、时间、空间关系。蚀变类型主要为硅化、钾长石化、绿泥石化、次为绢云母化、高岭土化和碳酸盐化等。

硅化:是矿区发育比较广泛而且强烈的一种蚀变类型,无论何种矿化类型的赋矿围岩,均遭受不同程度的硅化,但以岩浆穹隆裂控型矿化体的围岩硅化作用更为强烈;角砾岩型矿体中,J-0号和J-1号矿体围岩的硅化也比较强烈。主要有3种产状:① 呈石英脉状充填或交代钾化的围岩(图4-9a);② 呈细小粒状集合体,石英小颗粒依斜长石边缘的成分环带交代斜长石;③石英与黄铁矿等矿物在角砾间或其他张性空间生长形成晶形较大的硅化作用(图4-9a、b)。

钾长石化:在矿区非常发育,角砾岩筒型和岩浆穹隆型矿体均发育,钾长石化岩浆岩岩石呈肉红色或褐红色,主要有两种产状:①钾化主要沿断裂及裂隙呈带状分布,在其两侧常形成一条比较宽的钾长石化带(图4-9a～d),在Ⅱ号和18号脉群钻孔岩芯中表现尤为突出;②沿石英晶隙充填,呈不规则树枝状;有的明显交代斜长石而生成,因而在钾长石晶体内常残余有未交代完全的不规则状、边缘干净的斜长石残余体,有的钾长石晶体中有揉皱的黑云母及斜长石晶体。

绿泥石化:较为普遍,尤其在花岗闪长岩中。绿泥石产状有3类:①热液交代型,即交代岩石中暗色矿物而成(图4-9d);②热液充填型;绿泥石呈微细层(脉)状集合体,填隙于岩石微裂隙或矿物晶体间(图4-9b、e);③与黄铁矿脉伴生,呈细网脉状或呈自形与黄铁矿共生。

绢云母化:该现象在矿区各类岩石中非常普遍,是最为广泛的一种蚀变现象。矿区内见早期的岩浆期后蚀变绢云母和成矿期热液蚀变绢云母两期绢云母化,通常热液蚀变绢云母在岩石受构造影响变得较破碎的地带较发育,在岩石中形成网格状的绢云母化带,在空间上呈带状产出。

高岭土化:J-1号、Ⅱ-4号(图4-9c)、Ⅱ-5号(图4-9d)矿体中最为典型的蚀变类型,为含矿流体交代原岩中的斜长石而成,高岭土沿斜长石的裂隙充填交代,或完全交代斜长石,分布范围广泛,但从矿体到围岩高岭土化有逐渐减弱的趋势,常与绢云母化、碳酸盐化等蚀变复合叠加在一起。

碳酸盐化:在蚀变岩矿化及裂隙充填型矿化围岩中碳酸盐化较发育,它们往往叠加在已硅化、绢云母化的岩石上,有的则呈细脉状充填岩石裂隙之中(图4-9f)。

此外,在花岗岩内外接触带附近局部地段还发育阳起石化、电气石化、绿帘石化。陈锦荣等(2000)镜下研究还发现J-8号、J-0号矿体矿石具冰长石化,岩浆穹隆型金矿体具较普遍的钾长石化。

综上所述,金厂金矿床的围岩蚀变以对称的面型或线型为主,蚀变范围较小,不具备典型斑岩型矿床的蚀变分带特征,所以不能将其厘定为斑岩型矿床;而J-8号、J-0号矿体矿石中发现的冰长石化可能是成矿后期叠加的低温热液蚀变,因为笔者在野外发现J-0号矿体存在后期叠加的石英-黄铁矿脉、石英-黄铁矿-碳酸盐脉和石英-碳酸盐脉,冰长石不属于主成矿期产物,故不能定义为浅成低温热液型矿床。金厂金矿围岩蚀变既不同于典型斑岩型矿床,也与典型浅成低温热液型矿床存在明显差别,结合其地质特征和区域上的成矿特征，认为其矿床应属于从浅成低温热液型到斑岩型矿床过渡的一个类型，属于广义的斑岩成矿系统。

图 4-9　金厂矿区围岩蚀变类型

4.7　成矿期次划分

金厂矿区植被发育，第四系覆盖较重，多数矿体隐伏于第四系之下，给野外系统研究带来了不便。因此，对矿体的实际观察主要借助于探槽、探采矿坑道及钻孔岩芯等工程揭露。由于观察范围及所观察到的地质现象的局限性，致使对该区金矿的成矿作用期次、阶段划分存在一定困难。前人对金厂金矿床成矿期次、成矿阶段的划分尚存在争议，矿区各成矿期次、阶段成矿、成矿作用、特点及矿物组合见表 4-3。

由表 4-3 可知，前人对该矿床成矿期的三分方案意见还是比较一致的，即：第一期与花岗斑岩有关的成矿作用，第二期与闪长玢岩有关的成矿作用，第三期为表生氧化次生富集作用。但前人对进一步的具体成矿阶段划分还存在一定的分歧。

总体来看，前人都主张将该区内生金成矿作用划分为斑岩成矿期及闪长玢岩成矿期两个期次，但在具体阶段划分上存在一定的差异（表 4-3）。本书通过研究，特别是结合成矿地质体（脉岩）同位素测年方面的研究（详见下章内容），提出了不同于上述观点的划分方案（表 4-3）。

第一，隐爆角砾岩型矿化从控矿构造、矿化特点等方面明显不同于岩浆穹隆型矿化，结合角砾岩筒形成机制相关理论成果，笔者认为，角砾岩筒的形成一般与富含挥发组分的富碱斑岩体关系密切，其形成于岩体侵位的早期阶段，在 J-1 号角砾岩筒中见到放射状和环形矿体切穿角砾岩筒型矿体（图 4-10），故角砾岩型矿体成矿处于闪长玢岩侵位的初始阶段。在 J-0 号和 J-17 号隐爆角砾岩筒中见到后期热液充填性质的角砾岩型矿体，而众所周知，坍塌角砾岩形成于岩体侵位的晚期阶段。故角砾岩型矿体可进一步细分为隐爆角砾岩型矿体成矿亚阶段、气液充填型角砾岩亚阶段、坍塌角砾岩型矿体成矿亚阶段。

第二，根据半截沟环形断裂和放射状断裂构造的分布规律和蚀变矿物组合特征，本书认为其是燕山晚期闪长玢岩岩体侵入时形成的。闪长玢岩侵位时，由于岩浆上拱上覆花岗岩受到垂直向上的压力，会形成一系列以侵位岩体为中心呈放射状分布的张性裂隙，同时岩浆热液导入、沉淀成矿。上覆围岩在岩浆上侵牵引力的带动下，围岩中产生层间滑脱或岩体中产生岩牵引力方向的剪切裂隙，裂隙面下盘岩体向

表 4-3 金厂金矿成矿期次划分一览表

<table>
<tr><th colspan="2">成矿阶段</th><th colspan="2">第一阶段</th><th colspan="2">第二阶段</th><th colspan="2">第三阶段</th><th>第四阶段</th><th>资料来源</th></tr>
<tr><td>第一期</td><td>花岗斑岩成矿期</td><td colspan="2">角砾岩筒蚀变矿化阶段</td><td colspan="2">黄铁矿化石英脉阶段</td><td colspan="2"></td><td></td><td rowspan="3">陈锦荣等，2000</td></tr>
<tr><td>第二期</td><td>闪长玢岩成矿期</td><td colspan="2">角砾岩筒蚀变矿化阶段</td><td colspan="2">石英-黄铁矿脉阶段</td><td colspan="2">多金属硫化物石英脉阶段</td><td>黄铁矿化方解石脉阶段</td></tr>
<tr><td>第三期</td><td>表生氧化富集期</td><td colspan="2"></td><td colspan="2"></td><td colspan="2"></td><td></td></tr>
<tr><td>第一期</td><td>花岗斑岩成矿期</td><td colspan="2">岩浆穹隆蚀变矿化</td><td colspan="2">角砾岩筒蚀变矿化</td><td colspan="2">黄铁矿-毒砂-石英矿化</td><td></td><td rowspan="3">贾国志等，2005</td></tr>
<tr><td>第二期</td><td>闪长玢岩成矿期</td><td colspan="2">叠加岩浆穹隆和角砾岩型矿（化）体</td><td colspan="2">石英-黄铁矿-毒砂矿化</td><td colspan="2">白铁矿-玉髓-黄铜矿矿化</td><td>黄铁矿-碳酸盐矿化</td></tr>
<tr><td>第三期</td><td>表生氧化次生富集</td><td colspan="2"></td><td colspan="2"></td><td colspan="2"></td><td></td></tr>
<tr><td>第一期</td><td>花岗斑岩成矿期</td><td colspan="2">隐爆角砾岩筒形成与熔-流过渡性流体胶结交代成矿作用阶段</td><td colspan="2">斑岩体穹隆部位微细脉浸染型成矿作用阶段</td><td colspan="2"></td><td></td><td rowspan="3">金巍和卿敏，2008</td></tr>
<tr><td>第二期</td><td>闪长玢岩成矿期</td><td colspan="2">石英-（毒砂）-黄铁矿阶段</td><td colspan="2">晶洞状石英-多金属硫化物阶段</td><td colspan="2">白铁矿-玉髓阶段</td><td>黄铁矿-碳酸盐阶段</td></tr>
<tr><td>第三期</td><td>表生氧化次生富集期</td><td colspan="2"></td><td colspan="2"></td><td colspan="2"></td><td></td></tr>
<tr><td>第一期</td><td>花岗斑岩成矿期</td><td colspan="2">角砾岩筒蚀变矿化阶段</td><td colspan="2">金矿化黄铁矿化石英脉阶段</td><td colspan="2"></td><td></td><td rowspan="3">张华峰，2007</td></tr>
<tr><td>第二期</td><td>闪长玢岩成矿期</td><td colspan="2">对前期角砾岩筒进一步矿化蚀变叠加</td><td colspan="2">石英-黄铁矿脉叠加矿化</td><td colspan="2">多金属硫化物石英脉叠加</td><td>黄铁矿-方解石脉叠加矿化</td></tr>
<tr><td>第三期</td><td>表生氧化富集期</td><td colspan="2"></td><td colspan="2"></td><td colspan="2"></td><td></td></tr>
<tr><td rowspan="6">第一期</td><td rowspan="6">闪长玢岩成矿期</td><td rowspan="6">角砾岩筒蚀变矿化阶段</td><td rowspan="2">隐爆角砾岩型矿体成矿亚阶段</td><td rowspan="6">放射状矿体成矿阶段</td><td rowspan="3">石英-黄铁矿亚阶段</td><td rowspan="6">环形矿体成矿阶段</td><td rowspan="3">石英-黄铁矿亚阶段</td><td rowspan="6">黄铁矿-石英-碳酸盐阶段</td><td rowspan="7">本书</td></tr>
<tr></tr>
<tr><td rowspan="2">气液充填型角砾岩亚阶段</td></tr>
<tr><td rowspan="3">石英-黄铁矿-毒砂亚阶段</td><td rowspan="3">石英-多金属硫化物亚阶段</td></tr>
<tr><td rowspan="2">坍塌角砾岩型矿体成矿亚阶段</td></tr>
<tr></tr>
<tr><td>第二期</td><td>表生氧化富集期</td><td colspan="2"></td><td colspan="2"></td><td colspan="2"></td><td></td></tr>
</table>

上运动，上盘由于受重力作用向下运动，形成压扭性逆冲(正)断层。岩浆后期，岩体侵位完成、结晶成岩时闪长玢岩体冷凝收缩，同时上覆岩体由于受自身的重力作用向下运动，因为断裂面两盘向下运动具有差异性，下盘运动幅度较大，产生具有张剪性质的逆断层，岩浆期后热液灌入成矿。这些岩体中具有张剪性质的断裂成矿后，在平面上看呈弧形或环形，剖面上看，则为岩浆穹隆性质的"背形"矿体(图4-1)。在野外工作中在J-1号隐爆角砾岩筒中见到了环形矿体切穿放射状矿体现象(图4-10)，故放射状矿体成矿阶段在前，环形矿体成矿居后。另据野外观察发现，Ⅲ号矿体又可以进一步细分为石英-黄铁矿亚阶段和石英-黄铁矿-毒砂亚阶段；环形矿体又可进一步细分为石英-黄铁矿亚阶段和石英-多金属亚阶段。

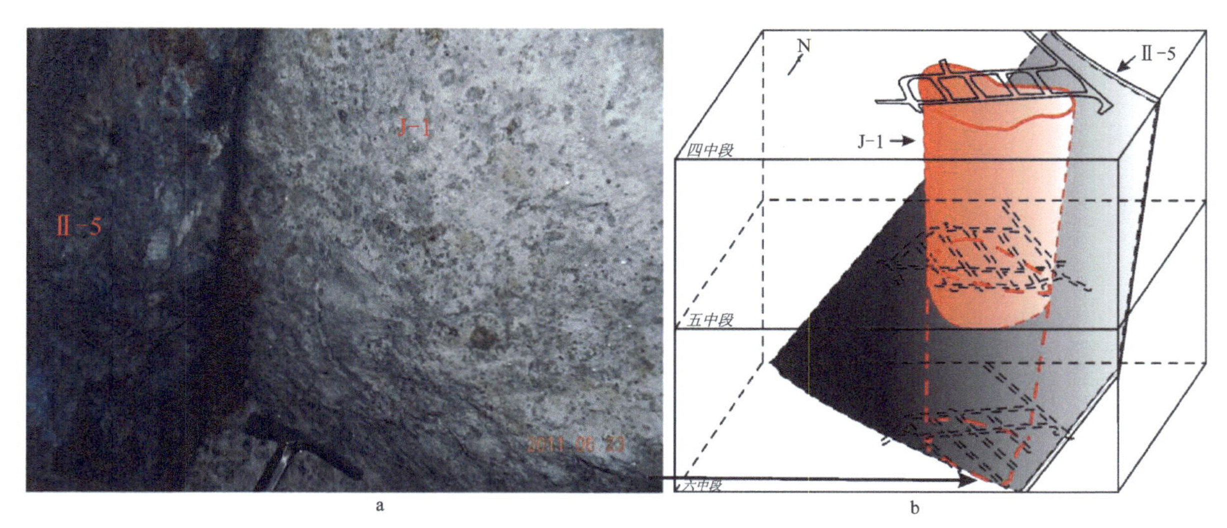

图4-10　金厂金矿角砾岩型矿体(a)与环形矿体穿插关系(b)图

在野外地质调研过程中，发现很多不同类型矿脉之间的穿切关系，为不同类型矿化体的成矿期次及成矿阶段提供了最直接的地质依据。最明显的穿插关系是Ⅱ-5号环形矿体在J-1号矿体的六中段切穿角砾岩筒型矿体，如图4-10a所示，其穿插关系如图4-10b所示。Ⅱ-5号环形矿体切穿J-1号角砾岩型矿体，表明其形成晚于角砾岩型矿体，而Ⅱ-5号环形矿体是一条比较典型的岩浆穹隆型裂控型矿体，故角砾岩型矿体的成矿作用要早于岩浆穹隆型矿体。在J-1号矿体六中段0号线穿脉坑道中见到Ⅲ号脉被Ⅱ-5号脉切穿(图4-11)。结合Ⅲ号脉、Ⅱ-5号和J-1号矿体的地质特征和切穿关系，认为其成矿顺序为J-1→Ⅲ→Ⅱ-5。

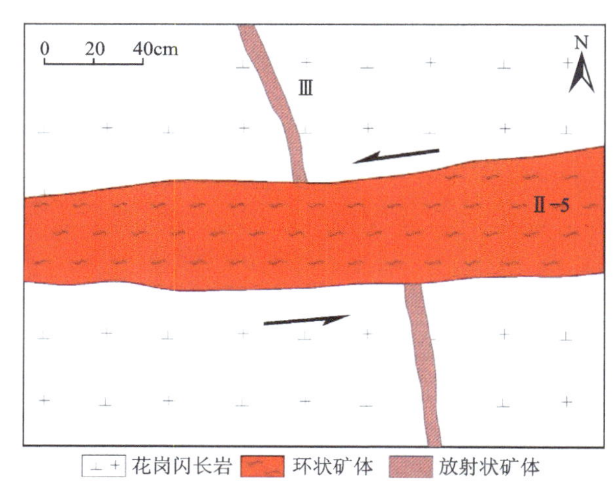

图4-11　金厂矿区环形矿脉切穿放射状矿脉示意图

第三，区内的石英-碳酸盐脉和黄铁矿-碳酸盐脉具有分布广，但发育零散的特点，可能为晚阶段矿化产物。

第四，本区矿石中原生硫化物矿物发育程度不同的表生氧化作用，是表生期成矿作用的产物。

结合与矿体关系密切的脉岩的成矿时代，本书认为矿区内的矿体成矿期次为同一期构造岩浆体系不同阶段的产物，即金厂金矿为两期成矿，即闪长玢岩期和表生氧化次生富集期(表4-3)。

5 岩浆活动及对成矿的制约

矿区岩石类型复杂,但目前尚无系统的高精度的同位素年代学资料。矿区被认为与成矿有关的燕山晚期岩浆活动一直被认为是与侏罗纪火山岩相对应的产物(贾国志等,2005),而目前尚无一个准确的高精度年代学资料支持。这是导致该矿区岩浆作用与成矿关系方面研究得极为薄弱的环节。从前人对吉黑东部区域上花岗质岩浆演化的同位素研究显示主要集中在早中生代晚三叠世到早侏罗世(210～190Ma)以及白垩纪(130～100Ma)两个阶段(见第一章区域地质相关内容)。

金厂金矿区及其外围的火山侵入活动非常发育。火山岩主要分布在矿区东部,为一套印支晚期的罗圈站组流纹质、英安质的火山碎屑岩。侵入岩主要分为两期:印支晚期的闪长岩、花岗闪长岩、粗粒文象花岗岩、花岗岩;燕山晚期的花岗斑岩、闪长玢岩脉。本次研究是在前人工作基础上,通过野外地质调查、岩石学、地球化学方面的研究,探讨岩浆演化特征及其对金成矿的制约机制。

5.1 岩浆岩的空间分布及基本特征

印支期侵入岩类遍布矿区,主要为闪长岩类和花岗岩类,二者侵入时代相近,为 210～190Ma,都为印支晚期。由于部分岩体缺乏年代学资料,同时已获取的年龄数据在误差范围内相近。因此,侵入期次的划分相对比较困难,初步认为花岗岩类侵入早于闪长岩类。

花岗岩类成分比较复杂,主要围绕半截沟闪长岩体的南、北两侧分布。其中,斜长花岗岩、粗粒文象花岗岩、钾长花岗岩及花岗闪长岩等分布于八号硐—金厂南山—松树砬子—小东沟一带,呈岩基、岩株产出,岩性比较复杂且有一定的相变关系,边缘相为中粒黑云母花岗岩,中心相为粗粒文象花岗岩,二者之间呈过渡关系,过渡相中岩性变化较大,主要有斜长花岗岩、钾长花岗岩及花岗闪长岩等。该期是鸡东县地区晚印支期花岗岩带的主体,在区域上取得了大量同位素年龄数据,分别为 213～193Ma(U－Pb 单颗粒锆石),(204±2)Ma、(204±3)Ma、(201±2)Ma(U－Pb 单颗粒锆石)。矿区内测定的 U－Pb 锆石法年龄为(204.4±3.9)Ma(文象花岗岩)、(195.1±8.4)Ma(花岗闪长岩),与区域上基本一致(张华锋,2007)。

黑云母花岗岩分布于矿区南部八号硐—小东沟一带,呈岩株产出,主要岩性为细粒斑状花岗岩和中粗粒黑云母花岗岩。花岗岩 U－Pb 锆石法年龄为(192.1±5.8)Ma(张华锋,2007)。

闪长岩类主要分布在矿区八号硐—邢家沟—半截沟一带及金厂村北部,主要岩性为石英闪长岩、黑云母闪长岩、辉长闪长岩、辉石闪长岩等,呈岩株或小岩体产出。本期缺少同位素年龄资料,矿区内在印支晚期花岗闪长岩中呈捕虏体产出。

5.2 岩浆岩的岩石学特征

5.2.1 花岗岩类

印支晚期花岗岩类别较多，岩性复杂，主要岩石类型有斜长花岗岩、花岗闪长岩、钾长花岗岩及黑云母花岗岩，局部发生相变。

斜长花岗岩为粗中粒花岗结构，由5%黑云母、50%斜长石和45%石英组成。黑云母为片状，棕色，多不完整，波状消光。斜长石半自形板状，有聚片双晶、弱环带构造发育，成分为中长石和更长石。石英为熔蚀浑圆粒状、聚片状，波状消光，气液包体普遍。副矿物为磁铁矿及锆石。

花岗闪长岩为中细粒花岗结构，由5%暗色矿物、45%斜长石、20%钾长石和30%石英组成。暗色矿物呈假象，以黑云母为主，角闪石次之，均为绿泥石交代。斜长石半自形板状、粒状，聚片双晶、弱环带构造发育，成分为中长石。条纹长石为他形粒状，条纹呈脉状，卡氏双晶发育，与石英呈不规则文象结构交生，少数沿斜长石边缘交代。石英为他形粒状，半自形粒状，波状消光。副矿物为磁铁矿及锆石、磷灰石、褐帘石。

钾长花岗岩(正长花岗岩)为中细粒花岗结构，由3%黑云母、15%斜长石、50%钾长石和32%石英组成。黑云母片状，褐色，多被绿泥石交代。斜长石半自形板状、粒状，聚片双晶参差不齐，复合双晶发育，成分为更长石，有弱泥化和绢云母星散交代。条纹长石为他形粒状，卡氏双晶发育。石英半自形粒状，波状消光，边缘部分与条纹长石呈文象结构交生不规则。文象花岗岩为文象结构，由5%暗色矿物、40%斜长石、20%钾长石和35%石英组成。暗色矿物黑云母多为次生黑云母呈鳞片状聚集分布。斜长石为板状、半自77形板状，环带构造发育，成分为中长石，常被碳酸盐、绢云母及黏土矿物交代。钾长石为条纹长石，少数他形板状，多与石英呈文象结构交生，普遍泥化。石英半自形粒状，他形粒状，波状消光，多与条纹长石呈文象结构交生，少数与斜长石呈文象结构交生。

黑云母花岗岩为粗—中细粒花岗结构、局部为似斑状结构。岩石由15%黑云母、25%斜长石、40%钾长石和20%石英组成。黑云母不规则填隙片状，褐色，部分已绿泥石化。斜长石多呈半自形板状，聚片双晶、环带构造部分发育，成分为中长石。钾长石呈他形粒状，为微斜长石和微斜条纹长石，可见卡氏双晶，少数边缘交代斜长石。石英为他形粒状，分布不均。

5.2.2 闪长岩类

岩石类型包括闪长岩及少量辉长岩。闪长岩类之间呈相变关系，微晶闪长岩为边缘相，岩石呈灰黑色—黑色，微细粒结构、不等粒结构及似斑状结构；中粒闪长岩为过渡相至中心相的产物，靠近边缘的粒度较小，越靠近中心，其粒度越大，有时可达中粗粒结构，甚至粗粒结构。主要岩性为角闪闪长岩、辉长闪长岩及石英闪长岩等。

角闪辉长岩为细粒辉长-含长结构，块状构造。岩石由40%辉石，10%角闪石和50%斜长石组成，矿物粒度0.3～2.5mm，辉石与斜长石均呈半自形，粒度大小相近。单斜辉石(普通辉石)为半自形粒状，沿边缘或全部为纤闪石交代。角闪石为褐色，不规则状包含斜长石和辉石，与辉石形成反应边结构普遍。斜长石为半自形板状、粒状，聚片双晶发育，属于拉长石(An60)弱环带构造普遍，沿裂纹有纤闪石交代。

辉长闪长岩为细粒不等粒辉长辉绿结构，块状构造及条带状构造。在Ⅺ号矿体附近呈层状产出。岩石由20%暗色矿物(辉石、角闪石)、75%斜长石和3%石英及2%副矿物组成。岩石显示流动构造，斜长石大都长轴定向平行排列，并且大小呈连续不等粒状自形晶，暗色矿物半自形、他形晶充填其间。暗色矿物紫苏辉石，粒状，短柱状，少数具不完整角闪石反应边，含量10%。另有少量单斜辉石、角闪石、黑云母，含量共10%。斜长石为自形板状、柱状，聚片双晶、环带构造发育，属于拉长石(An55)和中长石(An40)，粒度一般小于1mm。石英为他形粒状填隙，不普遍。副矿物以磁铁矿为主。

石英闪长岩为细粒柱粒结构、含长结构，块状构造。岩石由20%暗色矿物(角闪石、黑云母)、73%斜长石、5%石英和2%磁铁矿组成。角闪石均为阳起石交代并保留柱状假象，个别中间有粒状辉石残留，粒径小于1mm。黑云母呈不规则状填隙或包裹斜长石。黑云母交代角闪石析出密集浸染状磁铁矿，粒径0.3～1.5mm。斜长石为中长石，呈板状，长轴大致定向排列，聚片双晶、环带构造发育，粒径一般为0.2～1mm。石英为他形粒状，分布均匀，粒径0.1～0.5mm。

5.3 岩石的地球化学特征

金厂金矿区岩浆岩比较复杂，为了研究各类岩浆演化特征及其对成矿的制约，本次采集了各类岩石样品并选取具有代表性的典型样品进行了主量元素、微量元素和稀土元素分析，此外还搜集了陈锦荣等(2000)和徐文喜(2009)文献中的部分数据作为讨论的对象，分别详述如下。

5.3.1 主量元素特征

岩石主量元素不仅是岩浆岩分类的标准，也是岩浆起源、演化的判别标志。图5-1为研究区印支晚期的岩浆源的TAS图解和 K_2O-SiO_2 图。

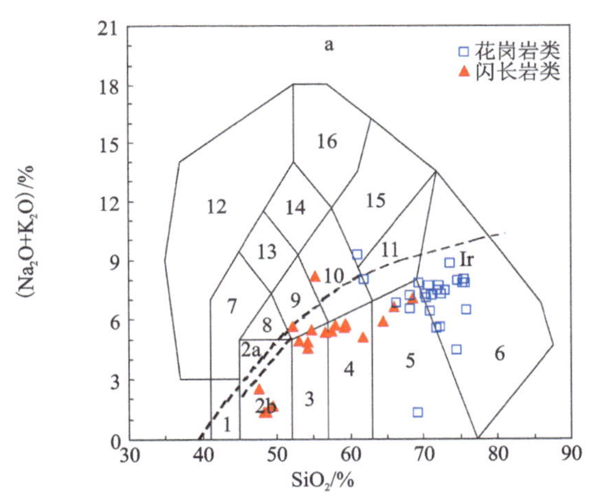

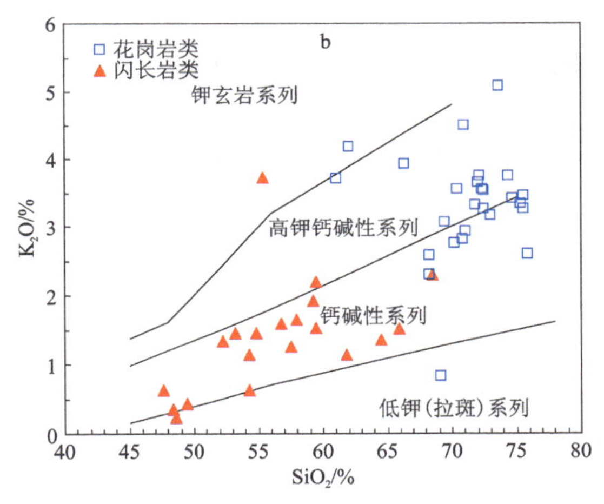

1. 橄榄辉长岩；2. 辉长岩(2a. 碱性辉长岩、2b. 亚碱性辉长岩)；3. 辉长闪长岩；4. 闪长岩；5. 花岗闪长岩；6. 花岗岩；7. 副长石辉长岩；8. 二长辉长岩；9. 二长闪长岩；10. 二长岩；11. 石英二长岩；12. 副长石岩；13. 副长石二长闪长岩；14. 副长石二长正长岩；15. 正长岩；16. 副长石正长岩；Ir. 碱性与亚碱性划分界线

图5-1 金厂金矿区印支晚期TAS图解(a)和 K_2O-SiO_2 图(b)

从TAS图解和 K_2O-SiO_2 图中可以看出，花岗岩类的投点主体集中在花岗岩区域，有部分落在花岗闪长岩区域；而闪长岩类则投在了辉长岩、辉长闪长岩和闪长岩中，甚至有部分落在了花岗闪长岩区域，投点相对比较分散。两类侵入岩主要为亚碱性岩浆岩类，不同的是花岗岩类具高钾钙碱性演化趋势，而闪长岩类则具钙碱性演化趋势。

两类侵入岩的里特曼指数 δ 为0.06～5.44，大多落在1.8～3.3，以钙碱性系列为主，仅个别样品为偏碱性。岩石以富钠为特征，Na/K多大于1，尤其是闪长岩类富钠更为明显。

5.3.2 微量元素特征

微量元素蛛网图是判断岩浆起源和演化的重要手段，矿区微量元素蛛网图如图 5-2 所示。其中，花岗岩类微量元素以 K、Rb、Th 等大离子亲石元素（LILE）富集，高场强元素（HFS）Nb、Ta、P、Ti 亏损为特征；闪长岩类微量元素以 K、Rb、Th 等大离子亲石元素（LILE）富集，K、Sr 出现正异常，Zr 负异常微弱，高场强元素（HFS）Nb、Ta、P、Ti 亏损为特征；辉长闪长岩微量元素以 K、Rb、Th 等大离子亲石元素（LILE）较富集，K、Sr 出现正异常，Nb、Ta、Zr、Hf 亏损，Ti 负异常不明显，无 P 异常。

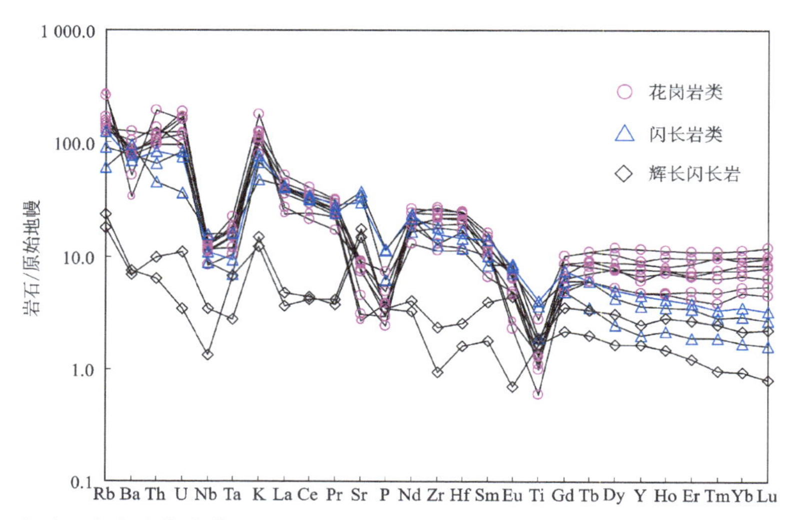

图 5-2　金厂金矿区印支晚期岩浆岩微量元素蛛网图（原始地幔标准化数据引自 Sun and McDonough，1989）

比较印支晚期侵入的岩浆岩微量元素变化表明，花岗岩类和闪长岩类具有相似的特征，不同的是闪长岩类具有较微弱的 Sr 正异常，而 Eu 异常在花岗岩类中变得更为明显；而辉长闪长岩和花岗岩类以及闪长岩类具有明显不同的特征，相比而言分异较弱，且出现较为明显的 Zr、Hf 负异常，Ti 和 P 负异常不明显。此外，Nb/Ta 为 9.96～22.87，其中闪长岩类及辉长闪长岩的比值都大于 17。

5.3.3 稀土元素特征

矿区印支晚期岩浆岩的稀土配分模式图如图 5-3 所示。其中，花岗岩类的稀土配分曲线形态基本一致，均为右倾。负铕异常中等且变化较大；轻重稀土分馏明显，但轻稀土分馏中等，重稀土配分曲线较为平坦，表明分馏较弱。稀土配分曲线属轻稀土富集型，重稀土曲线相对平缓，Eu 负异常“V”形谷明显。

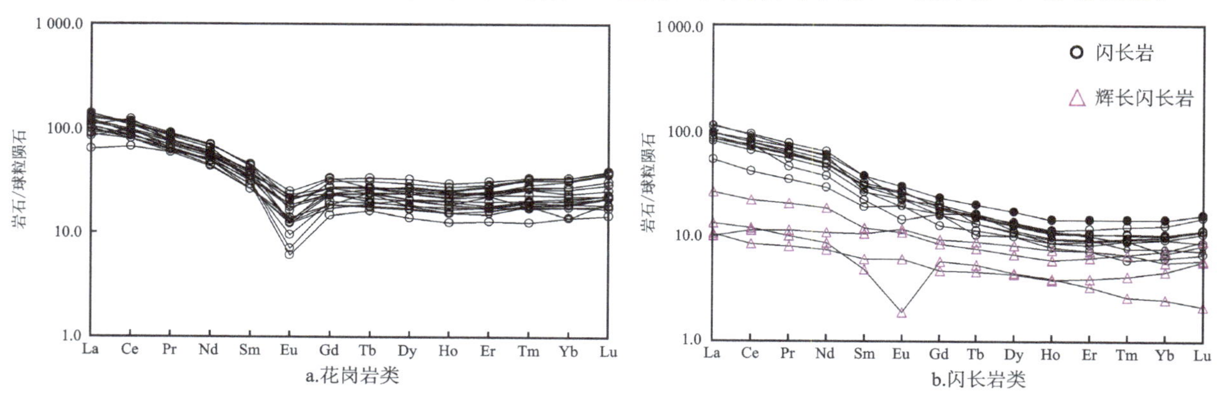

图 5-3　金厂金矿区印支晚期稀土配分模式图（球粒陨石标准化数据引自 Sun and McDonough，1989，C1 球粒陨石）

闪长岩类中稀土曲线形态与花岗岩类相似，所不同的是，闪长岩类稀土配分区域的重稀土分馏比花岗岩类明显，且闪长岩类不具Eu异常或者具十分微弱的Eu正异常。对于辉长闪长岩，其稀土总量较低，ΣREE为22.42×10^{-6}，轻、重稀土元素分馏弱，稀土曲线呈现平缓型，表明辉长闪长岩主要来源于未亏损的地幔原生玄武质岩浆。

5.4 岩浆岩成岩地球动力学背景

5.4.1 成岩时代

要划分岩浆活动期次，首先必须划分本区的岩浆活动序次，再根据年龄数据来判断各次岩浆活动的时期，从而最终确定岩浆活动期次。矿区内燕山晚期脉岩发育，岩性主要有闪长玢岩和花岗斑岩两种，本次对闪长玢岩和花岗斑岩进行了锆石LA-ICP-MS U-Pb同位素测年，并对其与成矿的关系进行了讨论。

在高丽沟的345中段可看到粗粒文象花岗岩、细粒斑状花岗岩与闪长玢岩的相互穿插关系，粗粒文象花岗岩与细粒斑状花岗岩接触，局部地段细粒斑状花岗岩呈细脉插入粗粒文象花岗岩中，细粒斑状花岗岩的一侧含有粗粒文象花岗岩和另一早期闪长岩的捕虏体，闪长玢岩呈脉状横穿上述二者的接触界线，其在粗粒文象花岗岩的一侧含有捕虏体，所有这些岩性的接触界线都非常清楚。从其穿插关系可判断其先后顺序为闪长岩→粗粒文象花岗岩→细粒斑状花岗岩→闪长玢岩。

在高丽沟的345中段主巷距硐口25m处，可见到闪长岩与粗粒文象花岗岩的接触界线，两者的界线截然，在粗粒文象花岗岩的一侧有闪长岩的捕虏体。从其关系可判断其先后顺序为闪长岩→粗粒文象花岗岩。

在高丽沟的309中段主巷距硐口150m处，灰黑色闪长玢岩中有较大的粗粒文象花岗岩的角砾，角砾中的粗粒文象花岗岩被不规则脉状的花岗斑岩穿插，不规则脉状的花岗斑岩与粗粒文象花岗岩角砾一起被闪长玢岩截断，粗粒文象花岗岩与花岗斑岩的界线总体比较清楚，局部地段由于后期闪长玢岩的影响变得模糊（图5-4）。从其关系可判断其先后顺序为粗粒文象花岗岩→花岗斑岩→闪长玢岩。从矿区地质图可以看到，在矿区八号硐—高丽沟南部地区大面积的细粒斑状花岗岩中，有一系列的花岗斑岩呈小岩株或岩脉的形式产于其中。因此，它们的先后顺序为粗粒文象花岗岩→细粒斑状花岗岩→花岗斑岩→闪长玢岩。

在松树砬子的冲沟里，闪长岩与花岗岩接触，花岗岩有时呈小岩枝插入闪长岩中，花岗岩中有时还可见到闪长岩的捕虏体，两者接触带又被褐铁矿化破碎蚀变带横穿（图5-5），该破碎蚀变带的宽度30～50cm，长度尚未控制，产状为30°∠30°，拣块样的Au品位为5.87×10^{-6}。从此确定其顺序为闪长岩→花岗岩→金矿化破碎蚀变带。

不同岩性侵入岩之间的相互穿插关系在松树砬子、半截沟、金厂南山及小东沟等地都十分普遍，总体上可以总结出全区岩浆活动序次为闪长岩→中粒黑云母花岗岩、粗粒文象花岗岩→细粒斑状花岗岩和中粗粒黑云母花岗岩→花岗斑岩→闪长玢岩。在这个岩浆活动序次中，花岗岩与粗粒文象花岗岩是同一次岩浆活动的产物，两种岩性呈相变关系，中粒黑云母花岗岩是边缘相的产物，粗粒文象花岗岩是中心相的产物，它们之间呈过渡关系。同样地，细粒斑状花岗岩和中粗粒黑云母花岗岩也是同一次岩浆活动的相变关系，细粒斑状花岗岩为边缘相，中粗粒黑云母花岗岩为中心相。

锆石的挑选经过手工破碎大约10kg重的样品，经淘洗、电磁选、重液分选，之后在双目镜下挑选，得到含包裹体少、无明显裂隙且晶形完好的锆石。在双目镜下将锆石样品粘在双面胶上，制成靶备用。

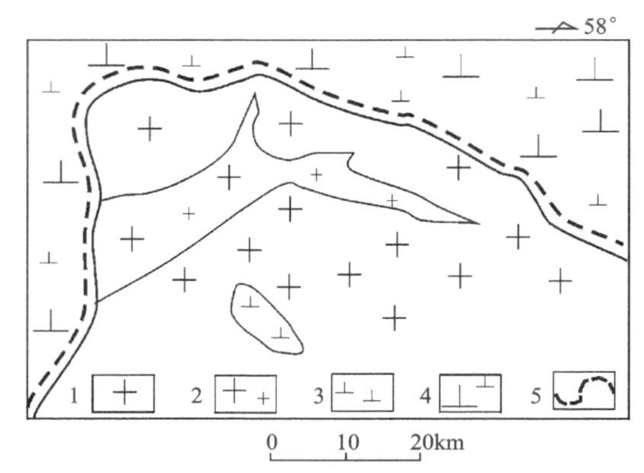

1.粗粒文象花岗岩；2.花岗斑岩；3.闪长岩；4.闪长玢岩；5.冷凝边

图5-4 高丽沟岩浆岩相互穿插关系

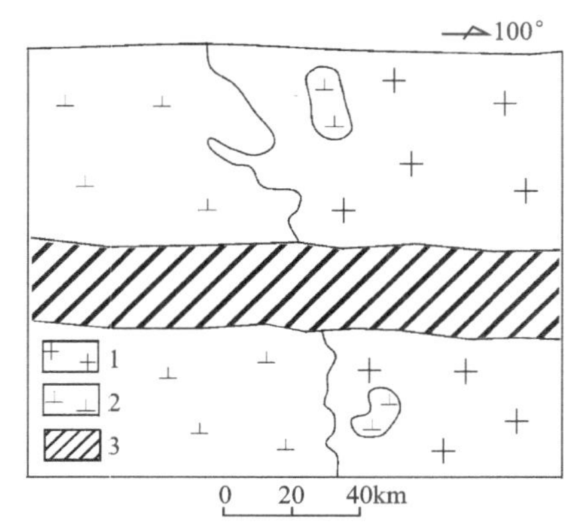

1.花岗岩；2.闪长岩；3.金矿化破碎蚀变带

图5-5 松树砬子岩浆岩相互穿插关系

依据样品的反射光和透射光照片，排除多裂纹和抛光面不清晰的锆石；再根据锆石阴极发光(CL)图像，进一步完成锆石内部结构的分析。

锆石阴极发光(CL)图像是在北京大学完成，锆石的制靶、光学显微镜照相及LA-ICP-MS锆石U-Th-Pb同位素年代学测试在中国地质大学(北京)教育部大陆动力学重点实验室完成。

所用ICP-MS为ELAN 6100 DRC，剥蚀系统为德国Microlas公司生产Geolas 200M深紫外(DUV)193nm ArF准分子激光。分析所用的光斑直径为30μm，并采用29Si作为外标，所用标准锆石为91500，锆石U-Th-Pb年代学测试数据处理采用Isoplot软件进行。

5.4.1.1 印支晚期闪长玢岩脉成岩时代

1.样品采集及分析流程

在西松树砬子附近发现一条闪长玢岩脉穿插于印支期二长花岗岩中，对其进行了锆石LA-ICP-MS U-Pb同位素测年。

TY12样品采自西松树砬子闪长玢岩脉，为蚀变闪长玢岩，由斑晶、基质组成。

斑晶：由斜长石、暗色矿物假象构成，杂乱分布，粒度一般0.4～2.0mm；斜长石呈半自形板状，具轻绢云母化、绿泥石化、绿帘石化、褐铁矿化等；暗色矿物被黑云母、绿泥石等不均匀交代主为角闪石假象产出。斜长石含量为25%～30%；角闪石为主含量为10%±。

基质：由斜长石、暗色矿物假象构成，粒度一般小于0.15mm；斜长石呈半自形板条状，杂乱分布，具轻微绢云母化、帘石化等；暗色矿物被绿泥石等不均匀交代主要从角闪石假象产出，杂乱或填隙状分布。斜长石含量为50%～55%；角闪石假象为主含量小于10%。

2.测试结果及年龄解释

锆石粒径为100～350μm，多为长柱状和短柱状，自形程度较高，为自形到半自形。在锆石CL图像上，本次测试的锆石多具有振荡环带，具典型的岩浆成因锆石特征。部分锆石内部结构不均，可见内核及外边，但其发育振荡环带的主体部分岩浆成因特征明显，振荡环带部分从内到外具有一致的表面年龄。锆石U-Th-Pb年龄测试结果见表5-1、图5-6。

在TY12样品测试的27个锆石数据中，所有测试点Th/U值都大于0.4，最高达到0.88，表明TY12的锆石为典型的岩浆成因锆石。经分析认为，有8个锆石测试数据的谐和率较低，其余15个锆石的年龄较为一致。

表 5-1 金厂矿区 TY12 样品单颗粒锆石 U-Th-Pb 同位素测试结果

测试点号	元素含量/10^{-10}			Th/U	同位素比值								年龄/Ma					
	Pb^{206}	Th^{232}	U^{238}		$^{207}Pb/^{206}Pb$	1σ	$^{207}Pb/^{235}U$	1σ	$^{206}Pb/^{238}U$	1σ	$^{208}Pb/^{232}Th$	1σ	$^{207}Pb/^{206}Pb$	1σ	$^{207}Pb/^{235}U$	1σ	$^{206}Pb/^{238}U$	1σ
TY12-01	69.40	296.89	553.85	0.54	0.055 01	0.001 95	0.251 95	0.009 07	0.033 21	0.000 51	0.010 56	0.000 22	413	53	228	7	211	3
TY12-02	72.25	437.51	595.39	0.73	0.070 75	0.003 85	0.309 91	0.016 10	0.031 77	0.000 52	0.009 63	0.000 13	950	114	274	12	202	3
TY12-03	53.11	223.17	425.83	0.52	0.051 89	0.003 18	0.233 39	0.013 79	0.032 62	0.000 52	0.010 25	0.000 13	281	142	213	11	207	3
TY12-04	54.18	240.41	431.87	0.56	0.050 58	0.001 75	0.231 91	0.008 11	0.033 25	0.000 51	0.009 65	0.000 21	222	53	212	7	211	3
TY12-05	93.40	661.34	748.86	0.88	0.052 10	0.001 48	0.237 44	0.006 96	0.033 05	0.000 49	0.009 59	0.000 18	290	40	216	6	210	3
TY12-06	66.99	317.17	536.42	0.59	0.050 56	0.001 58	0.230 71	0.007 37	0.033 09	0.000 50	0.009 65	0.000 20	221	46	211	6	210	3
TY12-07	58.94	241.37	470.63	0.51	0.051 32	0.001 83	0.234 76	0.008 47	0.033 17	0.000 51	0.009 67	0.000 22	255	55	214	7	210	3
TY12-08	68.14	390.68	543.33	0.72	0.051 72	0.001 84	0.236 92	0.008 54	0.033 22	0.000 52	0.009 45	0.000 21	273	54	216	7	211	3
TY12-09	55.85	260.24	447.14	0.58	0.057 20	0.002 29	0.260 94	0.010 52	0.033 08	0.000 52	0.010 72	0.000 24	499	61	235	8	210	3
TY12-10	45.18	239.73	360.09	0.67	0.052 99	0.002 21	0.242 83	0.010 17	0.033 23	0.000 52	0.009 88	0.000 23	328	66	221	8	211	3
TY12-11	69.33	334.00	558.64	0.60	0.051 11	0.003 64	0.231 61	0.016 36	0.032 86	0.000 62	0.009 42	0.000 34	246	126	212	13	208	4
TY12-12	115.32	583.59	917.36	0.64	0.051 17	0.001 45	0.234 86	0.006 84	0.033 28	0.000 49	0.009 93	0.000 19	248	40	214	6	211	3
TY12-13	70.74	267.35	565.52	0.47	0.048 46	0.001 54	0.221 32	0.007 16	0.033 12	0.000 50	0.009 71	0.000 21	122	48	203	6	210	3
TY12-14	35.23	125.41	280.91	0.45	0.051 51	0.003 30	0.234 38	0.014 52	0.033 00	0.000 54	0.010 38	0.000 13	264	148	214	12	209	3
TY12-15	123.47	854.57	985.80	0.87	0.056 14	0.001 64	0.256 67	0.007 69	0.033 15	0.000 49	0.009 08	0.000 17	458	41	232	6	210	3
TY12-16	57.65	332.49	469.92	0.71	0.051 09	0.003 23	0.233 65	0.014 72	0.033 16	0.000 58	0.008 01	0.000 26	245	113	213	12	210	4
TY12-17	59.84	258.11	477.71	0.54	0.050 51	0.004 15	0.216 88	0.017 43	0.031 14	0.000 52	0.009 82	0.000 15	219	187	199	15	198	3
TY12-18	52.91	261.06	423.25	0.62	0.050 47	0.001 82	0.230 23	0.008 38	0.033 08	0.000 52	0.009 47	0.000 21	217	55	210	7	210	3
TY12-19	56.88	313.99	457.17	0.69	0.056 61	0.002 34	0.257 73	0.010 68	0.033 01	0.000 53	0.007 87	0.000 20	476	63	233	9	209	3
TY12-20	71.80	338.18	588.14	0.57	0.048 97	0.003 31	0.218 15	0.014 61	0.032 30	0.000 61	0.009 36	0.000 32	146	115	200	12	205	4
TY12-21	98.88	631.58	788.40	0.80	0.065 07	0.002 17	0.297 74	0.010 09	0.033 18	0.000 51	0.008 01	0.000 17	777	46	265	8	210	3
TY12-22	95.77	562.00	781.25	0.72	0.060 19	0.001 84	0.269 18	0.008 39	0.032 43	0.000 49	0.010 08	0.000 21	610	41	242	7	206	3
TY12-23	59.50	275.78	473.74	0.58	0.060 60	0.003 71	0.275 43	0.016 24	0.032 97	0.000 55	0.010 17	0.000 13	625	136	247	13	209	3

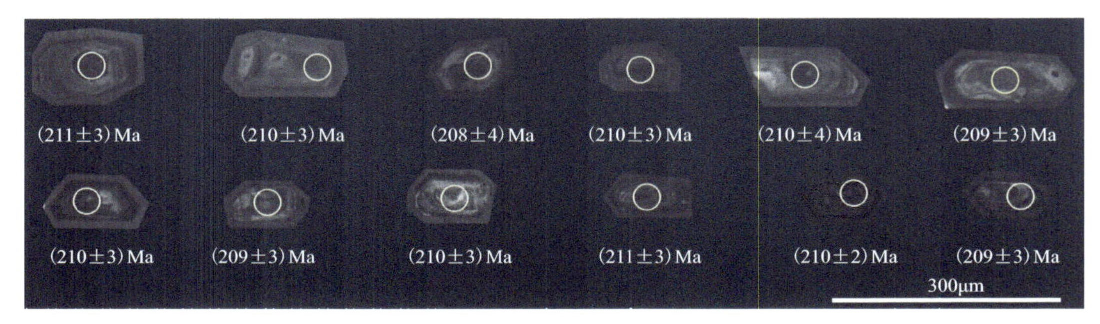

图 5-6 金厂金矿 TY12 样品锆石 CL 图

前人研究表明，采用激光探针进行 U-Pb 同位素定年时，需要进行普通铅的校正，对大于 1Ga 年龄的锆石采用 $^{207}Pb/^{206}Pb$ 年龄合适，而对于年轻的锆石样品采用 $^{206}Pb/^{238}U$ 年龄较为合适。由于矿区岩浆岩成岩年龄小于 250Ma，故采用 $^{206}Pb/^{238}U$ 的年龄。$^{206}Pb/^{238}U$ 表面年龄加权平均值为(209.8±1.6)Ma(MSWD=0.24)(图 5-7)，15 个样品点的表面年龄相关性较好，符合正态分布规律(图 5-8)。15 个样品点在 $^{206}Pb/^{238}U-^{207}Pb/^{235}U$ 谐和图上表现为较好的谐和性(图 5-9)，年龄值较为集中，谐和年龄为(209.8±1.6)Ma(MSWD=0.24)。故认为，(209.8±1.6)Ma 能够代表闪长玢岩脉的成岩时代。

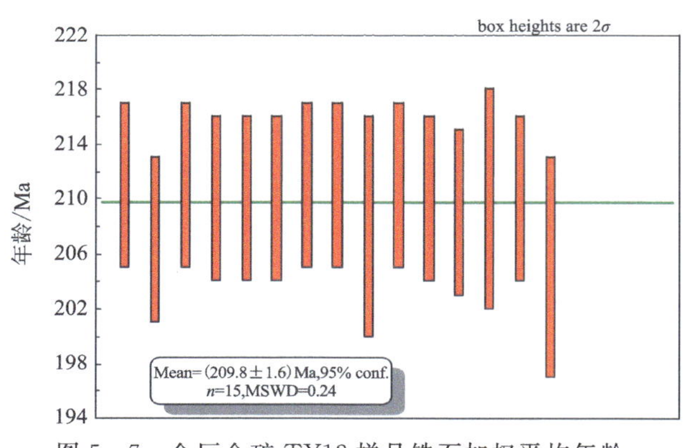

图 5-7 金厂金矿 TY12 样品锆石加权平均年龄

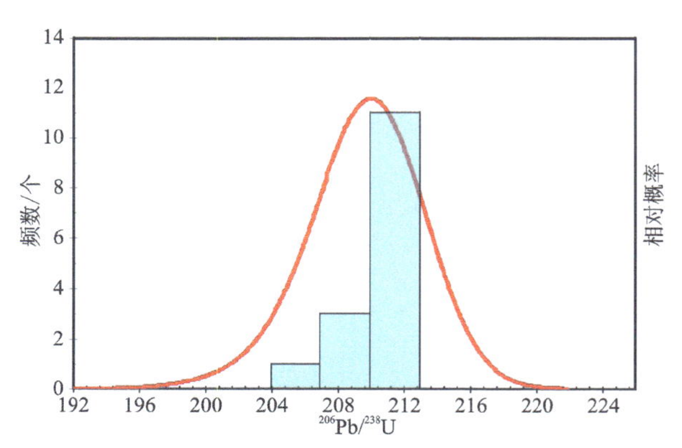

图 5-8 金厂金矿 TY12 样品锆石年龄相关性

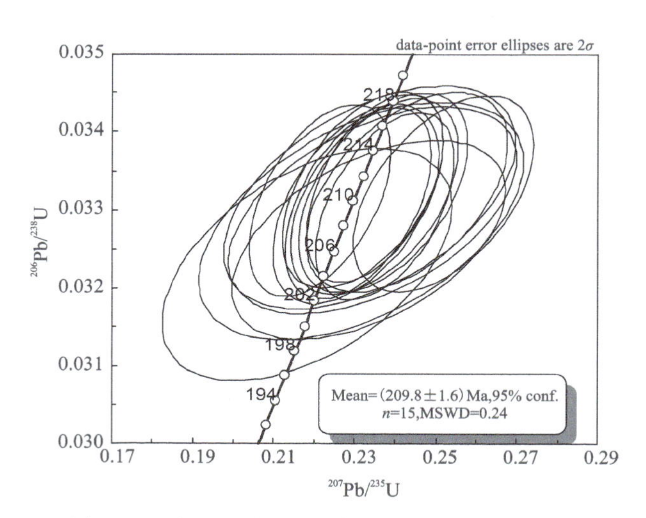

图 5-9 金厂金矿 TY12 样品锆石 U-Pb 谐和图

5.4.1.2 燕山晚期闪长玢岩枝成岩时代

1. 样品采集及分析流程

TY13 样品采自 ZK05 钻孔深部小闪长玢岩枝，由斑晶、基质组成。

斑晶：由斜长石、角闪石构成，杂乱分布，粒度一般 0.6～3.0mm；斜长石呈半自形板状，具绢云母、不均匀碳酸盐化、绿泥石化、少硅化等明显，呈假象产出；角闪石呈半自形柱状，被碳酸盐、绿泥石等不均匀交代呈假象产出。斜长石含量为 15%±，角闪石假象含量为 10%～15%。

基质：由斜长石、石英、角闪石构成，粒度一般小于 0.2mm；斜长石呈半自形板条状，杂乱分布，具不均匀绢云母化、碳酸盐化等；石英呈他形粒状，不均匀分布；角闪石被碳酸盐、绿泥石等不均匀交代呈假象产出，杂乱或填隙状分布。斜长石含量为60%～65%，石英含量低于5%，角闪石假象含量低于5%。

2. 测试结果及年龄解释

锆石粒径为100～350μm，多为长柱状和短柱状，自形程度较高，为自形到半自形。在锆石CL图像上(图5-10)，本次测试的锆石多具有振荡环带，具典型的岩浆成因锆石特征。部分锆石内部结构不均，可见内核及外边，但其发育振荡环带的主体部分岩浆成因特征明显，振荡环带部分从内到外具有一致的表面年龄。锆石U-Th-Pb年龄测试结果见表5-2。

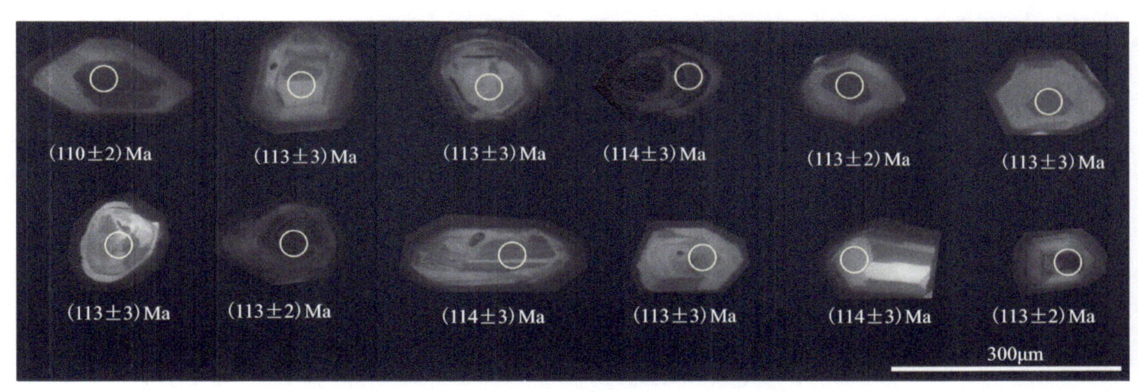

图5-10　金厂金矿TY13样品锆石CL图

在TY13样品测试的27个锆石数据中，除一个点(0.38)外其他所有测试点的Th/U值都大于0.4，最高达到0.87，表明TY13的锆石为典型的岩浆成因锆石。经分析认为，有2个锆石测试数据的谐和率较低，其余29个锆石的年龄较为一致。

前人研究表明，采用激光探针进行U-Pb同位素定年时，需要进行普通铅的校正，对大于1Ga年龄的锆石采用$^{207}Pb/^{206}Pb$年龄合适，而对于年轻的锆石样品采用$^{206}Pb/^{238}U$年龄较为合适。由于矿区岩浆岩成岩年龄小于250Ma，故采用$^{206}Pb/^{238}U$的年龄。$^{206}Pb/^{238}U$表面年龄加权平均值为(112.79±0.96)Ma(MSWD=0.17)(图5-11)，29个样品点的表面年龄相关性较好，符合正态分布规律(图5-12)。29个样品点在$^{206}Pb/^{238}U-^{207}Pb/^{235}U$谐和图上表现为较好的谐和性(图5-13)，年龄值较为集中，谐和年龄为(112.79±0.96)Ma(MSWD=0.17)。加权平均年龄与谐和年龄一致，故认为(112.79±0.96)Ma能够代表闪长玢岩脉的成岩时代。

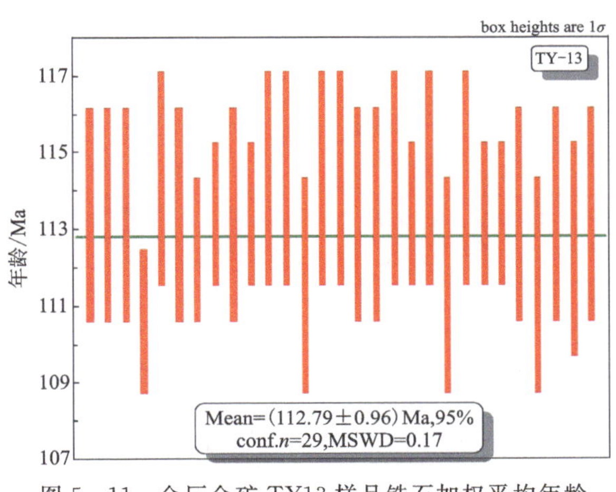

图5-11　金厂金矿TY13样品锆石加权平均年龄

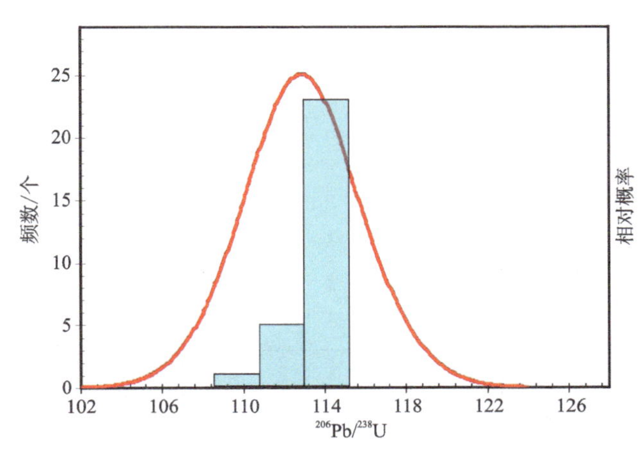

图5-12　金厂金矿TY13样品锆石年龄相关性

表 5-2 金厂矿区 TY13 样品单颗粒锆石 U-Th-Pb 同位素测试结果

测试点号	元素含量/10^{-10}			Th/U	同位素比值								年龄/Ma					
	Pb^{206}	Th^{232}	U^{238}		$^{207}Pb/^{206}Pb$	1σ	$^{207}Pb/^{235}U$	1σ	$^{206}Pb/^{238}U$	1σ	$^{208}Pb/^{232}Th$	1σ	$^{207}Pb/^{206}Pb$	1σ	$^{207}Pb/^{235}U$	1σ	$^{206}Pb/^{238}U$	1σ
TY13-01	5.53	45.44	81.38	0.56	0.048 25	0.006 20	0.118 20	0.015 06	0.017 76	0.000 41	0.005 48	0.000 30	112	236	113	14	113	3
TY13-02	5.33	38.90	79.08	0.49	0.048 75	0.008 31	0.118 47	0.020 06	0.017 62	0.000 45	0.005 39	0.000 42	136	295	114	18	113	3
TY13-03	5.63	48.96	83.44	0.59	0.051 63	0.010 54	0.125 71	0.025 56	0.017 65	0.000 44	0.005 07	0.000 41	269	355	120	23	113	3
TY13-04	11.68	134.41	177.45	0.76	0.048 47	0.003 77	0.115 08	0.008 87	0.017 22	0.000 33	0.005 19	0.000 19	122	136	111	8	110	2
TY13-05	4.15	29.82	61.09	0.49	0.048 28	0.007 36	0.118 31	0.017 89	0.017 77	0.000 45	0.005 75	0.000 39	113	262	114	16	114	3
TY13-06	5.53	39.34	82.12	0.48	0.048 50	0.006 93	0.117 76	0.016 67	0.017 61	0.000 45	0.005 21	0.000 37	124	252	113	15	113	3
TY13-07	10.91	61.17	162.91	0.38	0.048 39	0.004 70	0.116 85	0.011 29	0.017 51	0.000 33	0.005 45	0.000 30	118	181	112	10	112	2
TY13-08	10.35	105.48	152.55	0.69	0.048 37	0.004 47	0.118 37	0.010 82	0.017 74	0.000 37	0.005 08	0.000 22	117	164	114	10	113	2
TY13-09	4.59	59.29	67.93	0.87	0.048 22	0.007 16	0.117 58	0.017 34	0.017 68	0.000 43	0.005 35	0.000 28	110	256	113	16	113	3
TY13-10	23.74	221.69	349.65	0.63	0.048 34	0.002 95	0.118 33	0.007 15	0.017 75	0.000 32	0.004 95	0.000 17	116	102	114	6	113	2
TY13-11	7.64	87.09	112.85	0.77	0.048 58	0.007 79	0.119 11	0.018 90	0.017 78	0.000 50	0.004 35	0.000 32	128	270	114	17	114	3
TY13-12	4.67	41.34	68.50	0.60	0.048 20	0.006 78	0.118 41	0.016 52	0.017 81	0.000 43	0.005 42	0.000 32	109	250	114	15	114	3
TY13-13	4.68	34.64	70.24	0.49	0.048 48	0.007 50	0.116 51	0.017 90	0.017 43	0.000 44	0.005 18	0.000 39	123	268	112	16	111	3
TY13-14	6.16	46.73	90.42	0.52	0.048 33	0.005 86	0.118 55	0.014 26	0.017 79	0.000 40	0.004 99	0.000 29	115	224	114	13	114	3
TY13-15	8.95	100.08	131.48	0.76	0.048 59	0.005 41	0.119 14	0.013 11	0.017 78	0.000 41	0.005 82	0.000 26	128	203	114	12	114	3
TY13-16	4.82	41.33	71.32	0.58	0.049 63	0.011 85	0.120 65	0.028 67	0.017 63	0.000 51	0.005 76	0.000 47	178	381	116	26	113	3
TY13-17	5.51	39.43	81.15	0.49	0.048 66	0.007 39	0.119 10	0.017 94	0.017 75	0.000 45	0.005 68	0.000 38	131	264	114	16	113	3
TY13-18	5.90	47.25	86.80	0.54	0.048 61	0.005 82	0.119 13	0.014 14	0.017 77	0.000 40	0.004 63	0.000 30	129	221	114	13	114	3
TY13-19	9.29	72.48	137.34	0.53	0.049 20	0.004 29	0.119 90	0.010 34	0.017 67	0.000 36	0.005 18	0.000 25	157	156	115	9	113	2
TY13-20	4.72	42.35	69.23	0.61	0.048 64	0.007 66	0.119 38	0.018 63	0.017 80	0.000 48	0.005 51	0.000 37	131	269	115	17	114	3
TY13-21	8.11	101.52	121.84	0.83	0.048 50	0.006 68	0.116 21	0.015 85	0.017 38	0.000 45	0.005 23	0.000 28	124	243	112	14	111	3
TY13-22	5.42	39.84	79.43	0.50	0.048 15	0.006 38	0.118 36	0.015 55	0.017 82	0.000 42	0.005 99	0.000 35	107	239	114	14	114	3

续表 5-2

测试点号	元素含量/10^{-10}			Th/U	同位素比值								年龄/Ma					
	Pb^{206}	Th^{232}	U^{238}		$^{207}Pb/^{206}Pb$	1σ	$^{207}Pb/^{235}U$	1σ	$^{206}Pb/^{238}U$	1σ	$^{208}Pb/^{232}Th$	1σ	$^{207}Pb/^{206}Pb$	1σ	$^{207}Pb/^{235}U$	1σ	$^{206}Pb/^{238}U$	1σ
TY13-23	16.83	101.33	247.74	0.41	0.048 17	0.004 26	0.117 83	0.010 36	0.017 74	0.000 33	0.005 72	0.000 28	108	161	113	9	113	2
TY13-24	30.16	284.81	442.01	0.64	0.059 83	0.006 39	0.142 29	0.014 95	0.017 25	0.000 33	0.005 33	0.000 07	597	241	135	13	110	2
TY13-25	20.75	142.23	306.82	0.46	0.051 15	0.003 23	0.124 58	0.007 79	0.017 66	0.000 32	0.005 58	0.000 22	248	110	119	7	113	2
TY13-26	5.44	41.95	64.74	0.65	0.055 02	0.040 18	0.166 49	0.120 60	0.021 94	0.002 09	0.011 07	0.002 05	413	1064	156	105	140	13
TY13-27	5.00	30.94	73.51	0.42	0.048 57	0.006 35	0.118 84	0.015 35	0.017 74	0.000 45	0.005 75	0.000 41	127	236	114	14	113	3
TY13-28	7.02	74.01	106.00	0.70	0.048 82	0.006 35	0.116 40	0.015 01	0.017 29	0.000 41	0.005 19	0.000 28	139	239	112	14	111	3
TY13-29	5.41	38.66	80.09	0.48	0.048 57	0.008 04	0.118 12	0.019 33	0.017 64	0.000 52	0.005 22	0.000 46	127	276	113	18	113	3
TY13-30	5.38	39.60	79.91	0.50	0.048 87	0.007 72	0.118 38	0.018 53	0.017 57	0.000 47	0.005 30	0.000 41	142	271	114	17	112	3
TY13-31	9.04	70.85	133.50	0.53	0.048 43	0.005 14	0.118 08	0.012 39	0.017 68	0.000 40	0.005 16	0.000 30	120	192	113	11	113	3

5.4.1.3 燕山晚期花岗斑岩脉成岩时代

1. 样品采集及分析流程

花岗斑岩脉样品 TY4，采于 ZK04－1 钻孔 1070～1072m 处。

石英花岗斑岩：宽 2m，灰白色，似斑状结构，块状构造，斑晶为石英和蚀变钾长石，石英呈他形，直径约 2cm，蚀变钾长石呈板状，宽约 2cm，长约 4cm，蚀变较强；显微镜下观察：主要由钾长石、石英组成，少见斜长石及暗色矿物；钾长石发生严重绢云母化；粒径 0.5～1mm；他形等粒结构。

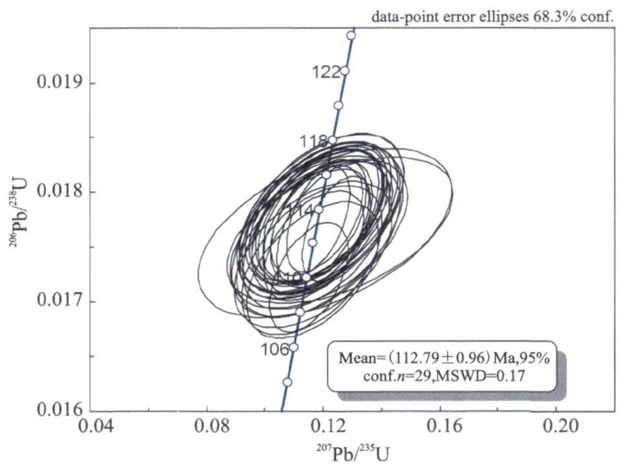

图 5－13 金厂金矿 TY13 样品锆石 U－Pb 谐和图

2. 测试结果及年龄解释

锆石粒径为 100～350μm，多为长柱状和短柱状，自形程度较高，为自形到半自形。在锆石 CL 图像上(图 5－14)，本次测试的锆石多具有振荡环带，具典型的岩浆成因锆石特征。部分锆石内部结构不均，可见内核及外边，但其发育振荡环带的主体部分岩浆成因特征明显，振荡环带部分从内到外具有一致的表面年龄。锆石 U－Th－Pb 年龄测试结果见表 5－3。

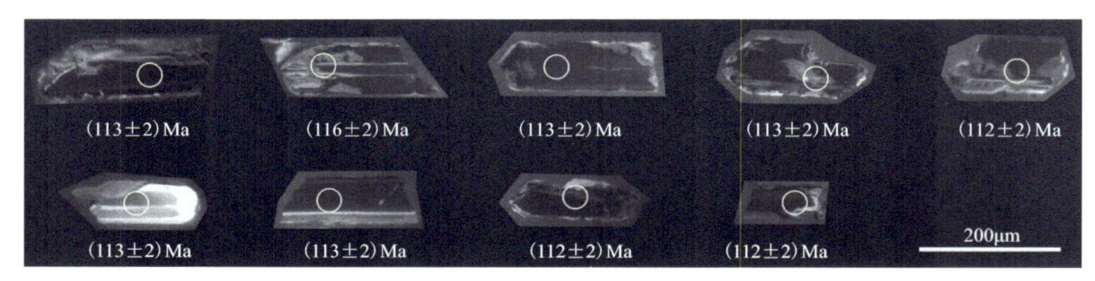

图 5－14 金厂金矿 TY4 样品锆石 CL 图

在 TY 号样品测试的 27 个锆石数据中，除去 4 个点外(Th/U 值为 1.1～0.31)，其他测试点 Th/U 值都大于 0.4，最高达到 1.25，表明 TY4 的锆石为典型的岩浆成因锆石。经分析认为，有 4 个锆石测试数据的谐和率较低，其余 23 个锆石的年龄较为一致。

前人研究表明，采用激光探针进行 U－Pb 同位素定年时，需要进行普通铅的校正，对大于 1Ga 年龄的锆石采用 $^{207}Pb/^{206}Pb$ 年龄合适，而对于年轻的锆石样品采用 $^{206}Pb/^{238}U$ 年龄较为合适。由于矿区火山岩成岩年龄小于 250Ma，故采用 $^{206}Pb/^{238}U$ 的年龄。$^{206}Pb/^{238}U$ 表面年龄加权平均值为(112.62±0.85)Ma(MSWD＝0.60)(图 5－15)，26 个样品点的表面年龄相关性较好，符合正态分布规律(图 5－16)。26 个样品点在 $^{206}Pb/^{238}U-^{207}Pb/^{235}U$ 谐和图上表现为较好的谐和性(图 5－17)，年龄值较为集中，谐和年龄为(112.62±0.85)Ma(MSWD＝0.60)。

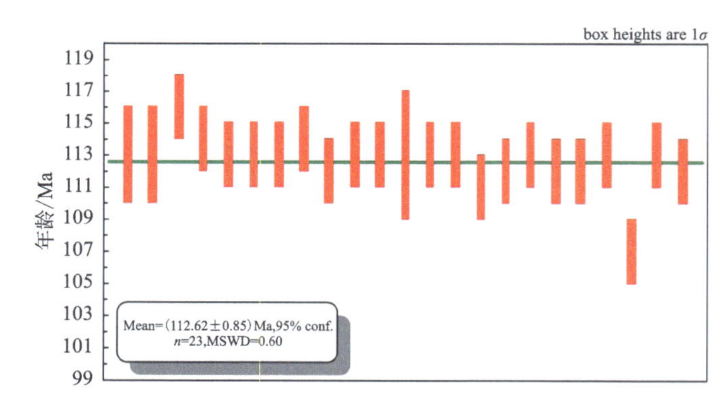

图 5－15 金厂金矿 TY4 样品锆石加权平均年龄

表 5-3 金厂矿区 TY4 样品单颗粒锆石 U-Th-Pb 同位素测试结果

测试点号	元素含量/10^{-10}			Th/U	同位素比值								年龄/Ma					
	Pb^{206}	Th^{232}	U^{238}		$^{207}Pb/^{206}Pb$	1σ	$^{207}Pb/^{235}U$	1σ	$^{206}Pb/^{238}U$	1σ	$^{208}Pb/^{232}Th$	1σ	$^{207}Pb/^{206}Pb$	1σ	$^{207}Pb/^{235}U$	1σ	$^{206}Pb/^{238}U$	1σ
TY4-01	6.71	93.84	99.55	0.94	0.048 49	0.007 20	0.118 14	0.017 46	0.017 67	0.000 40	0.005 13	0.000 24	123	260	113	16	113	3
TY4-02	7.74	125.21	114.98	1.09	0.048 53	0.007 74	0.118 13	0.018 74	0.017 65	0.000 42	0.005 55	0.000 22	125	275	113	17	113	3
TY4-03	76.29	1 293.50	1 131.17	1.14	0.058 19	0.002 04	0.141 84	0.005 03	0.017 68	0.000 27	0.005 69	0.000 11	537	51	135	4	113	2
TY4-04	68.49	721.47	984.62	0.73	0.049 28	0.002 16	0.123 89	0.005 45	0.018 23	0.000 28	0.005 65	0.000 13	161	74	119	5	116	2
TY4-05	73.35	1 275.18	1 085.96	1.17	0.059 31	0.004 51	0.143 64	0.010 65	0.017 56	0.000 30	0.005 43	0.000 07	579	171	136	9	112	2
TY4-06	54.84	649.78	807.98	0.80	0.048 57	0.002 55	0.119 12	0.006 24	0.017 78	0.000 29	0.005 23	0.000 13	127	89	114	6	114	2
TY4-07	74.04	1 029.10	1 094.51	0.94	0.049 57	0.002 19	0.121 16	0.005 38	0.017 72	0.000 27	0.005 47	0.000 11	175	75	116	5	113	2
TY4-08	56.99	866.86	844.74	1.03	0.048 22	0.002 18	0.117 52	0.005 36	0.017 67	0.000 27	0.005 41	0.000 11	110	76	113	5	113	2
TY4-09	20.14	52.01	297.96	0.17	0.048 57	0.003 71	0.118 60	0.009 03	0.017 71	0.000 31	0.005 71	0.000 43	127	137	114	8	113	2
TY4-10	51.37	786.70	754.12	1.04	0.055 99	0.003 14	0.137 78	0.007 71	0.017 85	0.000 30	0.005 79	0.000 14	452	94	131	7	114	2
TY4-11	97.88	1 313.99	1 448.61	0.91	0.051 77	0.003 58	0.125 05	0.008 40	0.017 52	0.000 29	0.005 51	0.000 07	275	159	120	8	112	2
TY4-12	78.33	1 452.77	1 159.19	1.25	0.049 79	0.002 04	0.121 52	0.005 05	0.017 70	0.000 26	0.005 50	0.000 11	185	69	116	5	113	2
TY4-13	19.65	90.61	290.84	0.31	0.048 39	0.005 83	0.118 06	0.014 20	0.017 69	0.000 33	0.005 28	0.000 42	118	232	113	13	113	2
TY4-14	6.73	81.27	99.24	0.82	0.050 01	0.011 82	0.122 46	0.028 64	0.017 76	0.000 67	0.005 17	0.000 45	195	372	117	26	113	4
TY4-15	48.94	376.73	722.33	0.52	0.052 89	0.001 93	0.129 41	0.004 76	0.017 74	0.000 27	0.005 85	0.000 14	324	56	124	4	113	2
TY4-16	33.72	302.81	498.46	0.61	0.048 56	0.002 19	0.118 62	0.005 35	0.017 71	0.000 28	0.005 42	0.000 14	127	74	114	5	113	2
TY4-17	89.24	1 434.31	1 327.07	1.08	0.052 77	0.003 80	0.126 56	0.008 87	0.017 39	0.000 28	0.005 45	0.000 06	319	166	121	8	111	2
TY4-18	42.54	406.33	631.36	0.64	0.051 89	0.003 98	0.125 45	0.009 39	0.017 53	0.000 29	0.005 51	0.000 06	281	176	120	8	112	2
TY4-19	105.67	1 217.73	1 560.97	0.78	0.051 06	0.002 02	0.124 79	0.004 95	0.017 72	0.000 28	0.005 61	0.000 13	244	62	119	4	113	2
TY4-20	70.76	1 067.28	1 047.97	1.02	0.050 05	0.003 56	0.121 05	0.008 39	0.017 54	0.000 28	0.005 54	0.000 06	198	163	116	8	112	2
TY4-21	75.86	691.68	1 120.95	0.62	0.053 53	0.003 36	0.129 36	0.007 84	0.017 53	0.000 28	0.005 49	0.000 07	351	145	124	7	112	2

续表 5-3

测试点号	元素含量/10^{-10}			Th/U	同位素比值								年龄/Ma					
	Pb^{206}	Th^{232}	U^{238}		$^{207}Pb/^{206}Pb$	1σ	$^{207}Pb/^{235}U$	1σ	$^{206}Pb/^{238}U$	1σ	$^{208}Pb/^{232}Th$	1σ	$^{207}Pb/^{206}Pb$	1σ	$^{207}Pb/^{235}U$	1σ	$^{206}Pb/^{238}U$	1σ
TY4-22	95.66	1 415.76	1 414.86	1.00	0.061 42	0.004 16	0.147 40	0.009 70	0.017 40	0.000 28	0.005 36	0.000 07	654	150	140	9	111	2
TY4-23	57.38	580.27	847.99	0.68	0.050 45	0.003 60	0.123 22	0.008 73	0.017 71	0.000 33	0.006 64	0.000 20	216	127	118	8	113	2
TY4-24	114.25	1 323.81	1 689.26	0.78	0.049 98	0.004 15	0.115 25	0.009 38	0.016 72	0.000 28	0.005 28	0.000 07	194	189	111	9	107	2
TY4-25	24.34	41.38	361.18	0.11	0.049 27	0.003 56	0.119 80	0.008 57	0.017 63	0.000 34	0.004 49	0.000 55	161	125	115	8	113	2
TY4-26	54.91	496.88	781.22	0.64	0.053 80	0.004 51	0.129 58	0.010 63	0.017 47	0.000 30	0.005 46	0.000 07	363	192	124	10	112	2
TY4-27	27.47	108.26	386.77	0.28	0.070 52	0.007 25	0.171 86	0.017 29	0.017 67	0.000 38	0.005 36	0.000 11	944	219	161	15	113	2

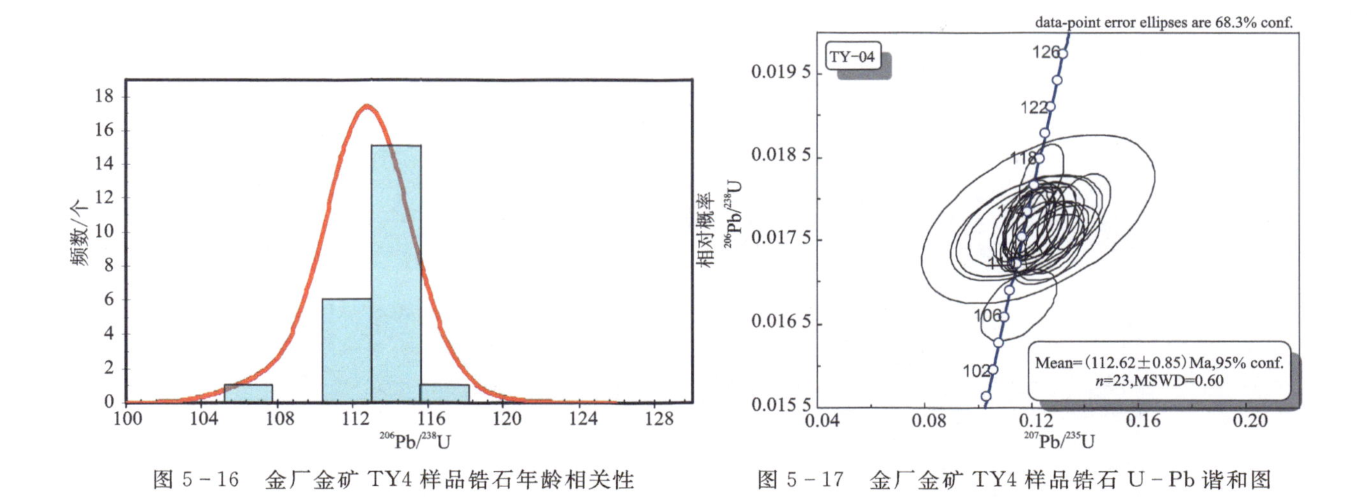

图 5－16　金厂金矿 TY4 样品锆石年龄相关性

图 5－17　金厂金矿 TY4 样品锆石 U－Pb 谐和图

5.4.1.4　燕山晚期闪长玢岩脉成岩时代

1.样品采集及分析流程

闪长玢岩脉样品 TY1、TY3 分别采于 ZK04－1 钻孔 1037～1045m、1063～1080m。

(1)TY1:角岩化闪长玢岩。

岩石由斑晶、基质、变质矿物组成。斑晶:斜长石 60%±,角闪石 15%±。基质:斜长石 15%±,石英低于 5%,角闪石低于 5%。

斑晶:由斜长石、角闪石构成,杂乱分布,粒度一般 0.3～2.5mm;斜长石呈半自形板状,具轻绢云母化等,可见环带构造;角闪石呈半自形柱状,被黑云母等不均匀交代,局部呈假象产出。

基质:由斜长石、石英、角闪石构成,填隙状分布,粒度一般小于 0.1mm;斜长石呈半自形细小短板状、少板条状,具轻绢云母化等,可见环带构造;石英呈他形粒状,粒内可见轻波状消光;角闪石被黑云母等不均匀交代。变质矿物:为鳞片状黑云母,不均匀、似堆状分布。

(2)TY3:细粒黑云石英闪长岩。

岩石由斜长石、石英、黑云母、白云母、角闪石组成。斜长石:65%～70%;石英:5%～10%;黑云母为主、白云母次之:25%±;角闪石:少。

斜长石:呈半自形板条状,少半自形板状,杂乱分布,粒度一般 0.3～2.5mm;具轻微绢云母化、少碳酸盐化、硅化、帘石化等,可见环带构造发育。

石英:呈他形粒状,填隙状分布,粒度一般 0.1～0.5mm;粒内可见轻波状消光。

黑云母、白云母:呈叶片状,不均匀分布,直径一般 0.1～1.0mm;黑云母少绿泥石化等。

角闪石:呈半自形柱状,星散状分布,粒度一般 0.1～0.6mm;局部被黑云母交代。

2.测试结果及年龄解释

锆石粒径为 100～350μm,多为长柱状和短柱状,自形程度较高,为自形到半自形。在锆石 CL 图像上(图 5－18),本次测试的锆石多具有振荡环带,具典型的岩浆成因锆石特征。部分锆石内部结构不均,可见内核及外边,但其发育振荡环带的主体部分岩浆成因特征明显,振荡环带部分从内到外具有一致的表面年龄。锆石 U－Th－Pb 年龄测试结果见表 5－4。

在 TY1 号样品测试的 38 个锆石数据中,除去 1 个点外(0.39),其他测试点 Th/U 值都大于 0.4,最高达到 1.45,表明 TY1 的锆石为典型的岩浆成因锆石。经分析认为,有 8 个锆石测试数据的谐和率较低,其余 30 个锆石的年龄较为一致。在 TY3 样品测试的 33 个锆石数据中,所有测试点 Th/U 值都大

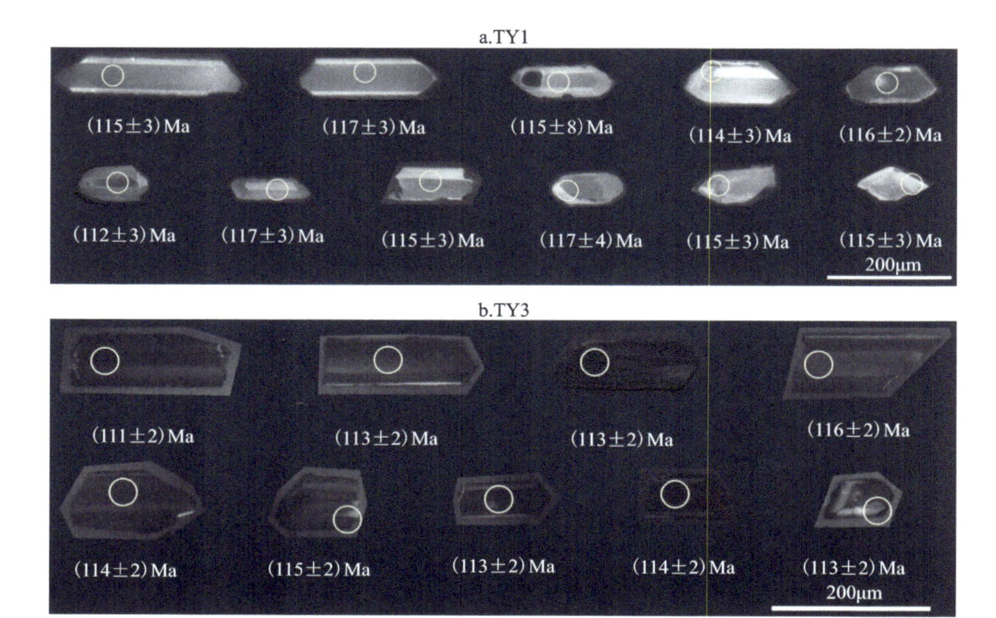

图 5-18　金厂金矿 TY1、TY3 锆石 CL 图像

于 0.4，最高达到 1.72，表明 TY3 的锆石为典型的岩浆成因锆石。经分析认为，有 5 个锆石测试数据的谐和率较低，其余 28 个锆石的年龄较为一致。

前人研究表明，采用激光探针进行 U-Pb 同位素定年时，需要进行普通铅的校正，对大于 1Ga 年龄的锆石采用 $^{207}Pb/^{206}Pb$ 年龄合适，而对于年轻的锆石样品采用 $^{206}Pb/^{238}U$ 年龄较为合适。由于矿区岩浆岩成岩年龄小于 250Ma，故采用 $^{206}Pb/^{238}U$ 的年龄。TY1 样品的 $^{206}Pb/^{238}U$ 表面年龄加权平均值为 (115.7±1.2)Ma(MSWD=0.14，概率为 0.95)(图 5-19a)，TY3 样品的 $^{206}Pb/^{238}U$ 表面年龄加权平均值为(113.74±0.74)Ma(MSWD=0.14，概率为 0.95)(图 5-19b)；TY1 样品 30 个样品点和 TY3 样品 28 个样品点的表面年龄相关性较好，符合正态分布规律(图 5-20)。TY1、TY3 的样品点在 $^{206}Pb/^{238}U$ - $^{207}Pb/^{235}U$ 谐和图上表现为较好的谐和性(图 5-21)，年龄值较为集中，谐和年龄分别为(115.7±1.2) Ma(MSWD=0.60)、(113.74±0.74)Ma(MSWD=0.27)。由于样品的加权平均年龄与谐和年龄一致，故认为，(115.7±1.2)Ma、(113.74±0.74)Ma 可以分别代表不同闪长玢岩脉样品的成岩时代。TY3 样品的 $^{206}Pb/^{238}U$ 表面年龄加权平均值为(113.74±0.74)Ma(MSWD=0.27)；28 个样品点的表面年龄相关性较好，符合正态分布规律。28 个样品点在 $^{206}Pb/^{238}U$ - $^{207}Pb/^{235}U$ 谐和图上表现为较好的谐和性，年龄值较为集中，谐和年龄为(113.74±0.74)Ma(MSWD=0.27)。由于加权平均年龄等于谐和年龄，故认为(113.74±0.74)Ma 可以代表闪长岩的成岩时代。

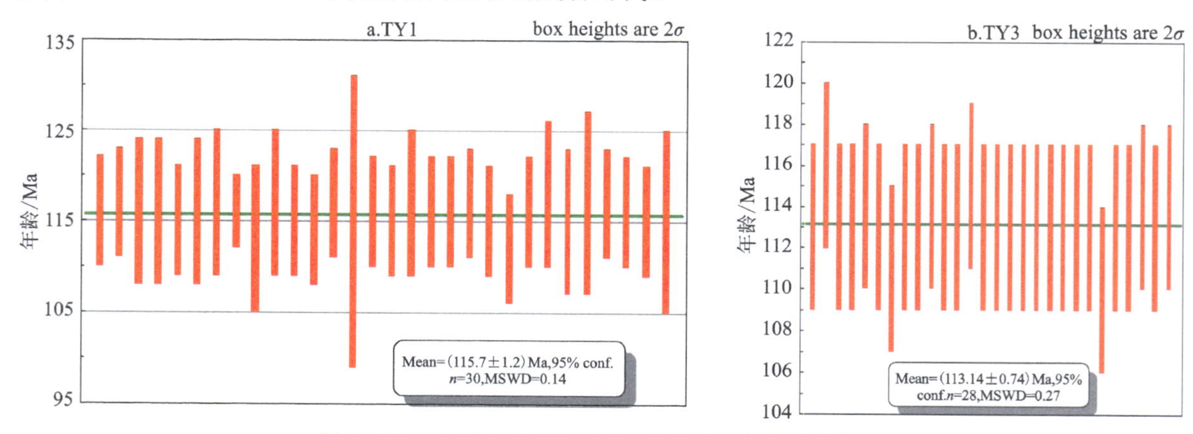

图 5-19　金厂金矿 TY1、TY3 样品锆石加权平均年龄

表 5-4 金厂矿区 TY1 样品单颗粒锆石 U-Th-Pb 同位素测试结果

测试点号	元素含量/10^{-10}			Th/U	同位素比值								年龄/Ma					
	Pb^{206}	Th^{232}	U^{238}		$^{207}Pb/^{206}Pb$	1σ	$^{207}Pb/^{235}U$	1σ	$^{206}Pb/^{238}U$	1σ	$^{208}Pb/^{232}Th$	1σ	$^{207}Pb/^{206}Pb$	1σ	$^{207}Pb/^{235}U$	1σ	$^{206}Pb/^{238}U$	1σ
TY1-01	15.74	255.32	201.38	1.27	0.057 02	0.011 16	0.133 56	0.025 92	0.016 99	0.000 42	0.005 28	0.000 12	492	406	127	23	109	3
TY1-02	5.23	18.89	44.36	0.43	0.050 14	0.005 66	0.216 91	0.024 21	0.031 36	0.000 76	0.010 84	0.000 63	201	206	199	20	199	5
TY1-03	3.81	33.46	55.87	0.60	0.048 25	0.006 58	0.121 00	0.016 33	0.018 18	0.000 47	0.005 93	0.000 34	112	240	116	15	116	3
TY1-04	4.88	65.31	71.22	0.92	0.047 90	0.005 36	0.120 57	0.013 35	0.018 25	0.000 42	0.005 08	0.000 22	94	201	116	12	117	3
TY1-05	2.46	25.82	36.09	0.72	0.048 59	0.012 23	0.121 50	0.030 33	0.018 13	0.000 66	0.005 67	0.000 47	128	384	116	27	116	4
TY1-06	4.58	59.96	67.06	0.89	0.048 82	0.009 68	0.122 44	0.024 05	0.018 19	0.000 58	0.005 11	0.000 34	139	314	117	22	116	4
TY1-07	4.21	48.56	62.79	0.77	0.048 45	0.007 16	0.120 32	0.017 61	0.018 01	0.000 47	0.005 45	0.000 30	121	256	115	16	115	3
TY1-08	3.21	32.74	47.15	0.69	0.048 44	0.016 09	0.121 03	0.040 05	0.018 12	0.000 61	0.004 99	0.000 61	121	507	116	36	116	4
TY1-09	4.21	54.34	62.39	0.87	0.048 11	0.011 18	0.121 39	0.028 00	0.018 29	0.000 61	0.004 71	0.000 41	105	356	116	25	117	4
TY1-10	7.33	113.82	107.13	1.06	0.048 35	0.004 58	0.121 57	0.011 40	0.018 23	0.000 39	0.005 11	0.000 19	116	169	116	10	116	2
TY1-11	5.78	96.42	89.03	1.08	0.048 29	0.010 42	0.117 28	0.025 08	0.017 61	0.000 59	0.004 41	0.000 32	114	334	113	23	113	4
TY1-12	12.95	68.26	103.53	0.66	0.050 60	0.003 42	0.232 65	0.015 57	0.033 34	0.000 63	0.009 52	0.000 34	223	118	212	13	211	4
TY1-13	2.83	33.43	41.13	0.81	0.049 15	0.014 44	0.124 09	0.036 24	0.018 31	0.000 67	0.006 05	0.000 49	155	447	119	33	117	4
TY1-14	7.44	111.56	109.76	1.02	0.048 61	0.009 43	0.121 14	0.023 40	0.018 07	0.000 43	0.005 06	0.000 26	129	317	116	21	115	3
TY1-15	3.92	30.70	58.29	0.53	0.048 37	0.008 79	0.119 17	0.021 49	0.017 87	0.000 50	0.005 55	0.000 41	117	294	114	19	114	3
TY1-16	51.65	296.14	429.73	0.69	0.050 47	0.001 94	0.222 95	0.008 60	0.032 03	0.000 52	0.009 82	0.000 25	217	59	204	7	203	3
TY1-17	3.43	42.17	49.94	0.84	0.048 60	0.010 64	0.122 79	0.026 76	0.018 32	0.000 5	0.005 75	0.000 36	129	349	118	24	117	3
TY1-18	3.48	41.81	51.68	0.81	0.048 94	0.025 85	0.121 18	0.063 54	0.017 96	0.001 19	0.003 69	0.000 98	145	813	116	58	115	8
TY1-19	3.83	49.38	56.45	0.87	0.049 59	0.049 61	0.123 74	0.122 97	0.018 09	0.002 12	−0.002 34	0.001 83	176	1173	118	111	116	13
TY1-20	4.85	67.95	71.04	0.96	0.049 69	0.008 31	0.124 89	0.020 71	0.018 23	0.000 50	0.004 75	0.000 29	181	290	119	19	116	3
TY1-21	3.57	47.10	53.24	0.88	0.048 36	0.009 77	0.120 28	0.024 12	0.018 04	0.000 53	0.004 97	0.000 32	117	322	115	22	115	3
TY1-22	4.52	55.23	65.80	0.84	0.048 27	0.009 03	0.121 76	0.022 57	0.018 29	0.000 57	0.006 30	0.000 37	113	296	117	20	117	4
TY1-23	5.29	78.39	78.00	1.01	0.048 42	0.010 25	0.121 03	0.025 46	0.018 12	0.000 53	0.005 27	0.000 31	120	339	116	23	116	3

续表 5-4

测试点号	元素含量/10^{-10}			Th/U	同位素比值								年龄/Ma					
	Pb^{206}	Th^{232}	U^{238}		$^{207}Pb/^{206}Pb$	1σ	$^{207}Pb/^{235}U$	1σ	$^{206}Pb/^{238}U$	1σ	$^{208}Pb/^{232}Th$	1σ	$^{207}Pb/^{206}Pb$	1σ	$^{207}Pb/^{235}U$	1σ	$^{206}Pb/^{238}U$	1σ
TY1-24	5.57	63.32	81.77	0.77	0.048 96	0.007 13	0.122 75	0.017 76	0.018 18	0.000 44	0.005 13	0.000 32	146	261	118	16	116	3
TY1-25	5.62	73.95	82.14	0.90	0.047 69	0.016 67	0.120 09	0.041 90	0.018 26	0.000 48	0.006 32	0.000 35	84	540	115	38	117	3
TY1-26	6.03	85.78	89.18	0.96	0.048 28	0.005 76	0.120 15	0.014 18	0.018 05	0.000 44	0.005 29	0.000 24	113	215	115	13	115	3
TY1-27	3.87	56.06	58.73	0.95	0.048 33	0.009 24	0.117 31	0.022 25	0.017 60	0.000 53	0.006 21	0.000 34	115	304	113	20	112	3
TY1-28	5.54	117.84	81.51	1.45	0.048 48	0.006 92	0.121 27	0.017 20	0.018 14	0.000 43	0.005 27	0.000 20	123	253	116	16	116	3
TY1-29	6.15	80.39	89.04	0.90	0.048 56	0.012 84	0.123 39	0.032 39	0.018 43	0.000 66	0.004 09	0.000 44	127	402	118	29	118	4
TY1-30	2.33	30.52	34.53	0.88	0.049 39	0.013 50	0.122 79	0.033 37	0.018 03	0.000 62	0.005 40	0.000 40	166	423	118	30	115	4
TY1-31	2.32	24.15	33.9	0.71	0.048 60	0.016 42	0.122 34	0.041 09	0.018 26	0.000 75	0.004 58	0.000 63	129	504	117	37	117	5
TY1-32	4.53	50.13	66.17	0.76	0.048 35	0.007 31	0.121 77	0.018 23	0.018 26	0.000 50	0.005 28	0.000 31	116	258	117	17	117	3
TY1-33	2.33	17.28	36.85	0.47	0.049 04	0.027 06	0.114 06	0.062 59	0.016 87	0.001 01	0.003 87	0.001 46	150	854	110	57	108	6
TY1-34	4.27	40.15	62.58	0.64	0.049 09	0.009 92	0.123 36	0.024 81	0.018 22	0.000 49	0.006 24	0.000 39	152	327	118	22	116	3
TY1-35	3.75	38.73	55.46	0.70	0.048 06	0.013 95	0.119 65	0.034 63	0.018 05	0.000 50	0.006 87	0.000 43	102	446	115	31	115	3
TY1-36	6.97	95.77	103.29	0.93	0.049 04	0.011 76	0.121 74	0.028 87	0.018 00	0.000 72	0.003 33	0.000 49	150	363	117	26	115	5
TY1-37	15.54	49.10	124.65	0.39	0.050 50	0.003 04	0.231 73	0.013 86	0.033 28	0.000 62	0.009 94	0.000 40	218	104	212	11	211	4
TY1-38	13.26	63.76	95.81	0.67	0.050 71	0.003 53	0.258 23	0.017 82	0.036 93	0.000 73	0.010 01	0.000 40	228	121	233	14	234	5
TY3-01	48.62	761.62	727.82	1.05	0.048 09	0.001 61	0.117 80	0.004 02	0.017 76	0.000 27	0.005 36	0.000 10	104	52	113	4	113	2
TY3-02	47.93	733.25	703.14	1.04	0.048 25	0.001 59	0.120 61	0.004 04	0.018 12	0.000 27	0.005 37	0.000 10	112	51	116	4	116	2
TY3-03	64.72	910.74	970.87	0.94	0.050 74	0.001 64	0.124 04	0.004 09	0.017 72	0.000 27	0.005 45	0.000 10	229	48	119	4	113	2
TY3-04	57.61	701.14	861.89	0.81	0.050 18	0.003 22	0.121 84	0.007 57	0.017 61	0.000 28	0.005 56	0.000 07	203	147	117	7	113	2
TY3-05	58.54	709.69	875.35	0.81	0.048 25	0.001 65	0.118 30	0.004 11	0.017 78	0.000 27	0.005 57	0.000 11	112	53	114	4	114	2
TY3-06	42.95	782.27	646.03	1.21	0.048 60	0.002 06	0.118 45	0.005 05	0.017 67	0.000 27	0.005 39	0.000 10	129	71	114	5	113	2
TY3-07	59.47	1 062.25	891.03	1.19	0.051 77	0.004 00	0.124 14	0.009 35	0.017 39	0.000 30	0.005 47	0.000 06	275	177	119	8	111	2
TY3-08	65.29	628.54	980.67	0.64	0.054 64	0.003 27	0.130 92	0.007 55	0.017 38	0.000 28	0.005 43	0.000 07	397	138	125	7	111	2
TY3-09	47.75	749.18	712.52	1.05	0.057 34	0.005 31	0.135 59	0.012 30	0.017 15	0.000 32	0.005 32	0.000 07	504	211	129	11	110	2

续表 5－4

测试点号	元素含量/10^{-10}			Th/U	同位素比值								年龄/Ma					
	Pb^{206}	Th^{232}	U^{238}		$^{207}Pb/^{206}Pb$	1σ	$^{207}Pb/^{235}U$	1σ	$^{206}Pb/^{238}U$	1σ	$^{208}Pb/^{232}Th$	1σ	$^{207}Pb/^{206}Pb$	1σ	$^{207}Pb/^{235}U$	1σ	$^{206}Pb/^{238}U$	1σ
TY3－10	74.29	1 450.63	1 113.26	1.30	0.048 22	0.001 45	0.117 92	0.003 63	0.017 73	0.000 27	0.005 54	0.000 09	110	44	113	3	113	2
TY3－11	65.16	1 241.66	974.95	1.27	0.048 22	0.001 45	0.118 08	0.003 64	0.017 76	0.000 27	0.005 35	0.000 09	110	44	113	3	113	2
TY3－12	79.43	1 075.92	1 185.54	0.91	0.048 30	0.001 52	0.118 56	0.003 79	0.017 80	0.000 27	0.005 46	0.000 10	114	47	114	3	114	2
TY3－13	58.70	1 057.26	879.31	1.20	0.048 54	0.001 76	0.118 70	0.004 37	0.017 73	0.000 27	0.005 46	0.000 10	126	58	114	4	113	2
TY3－14	44.39	770.73	664.71	1.16	0.047 97	0.001 79	0.117 34	0.004 41	0.017 74	0.000 28	0.005 41	0.000 10	98	58	113	4	113	2
TY3－15	51.01	983.49	763.61	1.29	0.053 52	0.001 91	0.130 94	0.004 71	0.017 74	0.000 28	0.005 15	0.000 10	351	53	125	4	113	2
TY3－16	66.57	823.62	980.32	0.84	0.048 37	0.001 72	0.120 29	0.004 32	0.018 03	0.000 28	0.005 50	0.000 11	117	55	115	4	115	2
TY3－17	79.10	1 635.05	1 182.47	1.38	0.047 82	0.001 51	0.117 14	0.003 77	0.017 76	0.000 27	0.005 33	0.000 09	90	48	112	3	113	2
TY3－18	104.68	1 685.83	1 568.11	1.08	0.051 26	0.001 56	0.125 28	0.003 89	0.017 72	0.000 27	0.004 98	0.000 09	253	44	120	4	113	2
TY3－19	60.09	1 026.17	897.49	1.14	0.054 17	0.001 66	0.132 77	0.004 16	0.017 77	0.000 27	0.005 62	0.000 10	378	43	127	4	114	2
TY3－20	70.12	1 322.80	1 050.09	1.26	0.055 21	0.003 14	0.134 96	0.007 60	0.017 72	0.000 32	0.005 37	0.000 13	421	93	129	7	113	2
TY3－21	60.93	1 328.97	913.58	1.45	0.051 72	0.001 59	0.126 23	0.003 95	0.017 70	0.000 27	0.005 31	0.000 09	273	44	121	4	113	2
TY3－22	81.66	978.91	1 222.31	0.80	0.049 56	0.001 50	0.121 16	0.003 75	0.017 73	0.000 27	0.005 32	0.000 10	174	44	116	3	113	2
TY3－23	89.36	1 404.46	1 340.20	1.05	0.049 06	0.001 46	0.119 70	0.003 64	0.017 69	0.000 26	0.005 37	0.000 10	151	44	115	3	113	2
TY3－24	51.95	999.96	778.92	1.28	0.049 36	0.002 28	0.120 44	0.005 60	0.017 69	0.000 28	0.005 17	0.000 10	165	79	115	5	113	2
TY3－25	87.61	2 261.23	1 315.02	1.72	0.048 71	0.001 39	0.118 74	0.003 47	0.017 68	0.000 26	0.005 39	0.000 09	134	41	114	3	113	2
TY3－26	70.16	1 108.01	1 048.12	1.06	0.048 39	0.001 71	0.118 48	0.004 25	0.017 75	0.000 27	0.004 95	0.000 09	118	56	114	4	113	2
TY3－27	83.83	1 738.89	1 256.07	1.38	0.051 02	0.001 70	0.124 55	0.004 22	0.017 70	0.000 27	0.005 46	0.000 10	242	50	119	4	113	2
TY3－28	95.98	1 579.68	1 422.31	1.11	0.052 46	0.004 25	0.124 92	0.009 90	0.017 27	0.000 29	0.005 42	0.000 06	306	187	120	9	110	2
TY3－29	52.51	932.01	784.26	1.19	0.048 96	0.001 59	0.119 90	0.003 96	0.017 76	0.000 27	0.005 44	0.000 10	146	49	115	4	113	2
TY3－30	59.76	1 177.75	894.45	1.32	0.047 85	0.001 64	0.116 92	0.004 06	0.017 72	0.000 27	0.005 29	0.000 10	92	53	112	4	113	2
TY3－31	59.62	816.74	889.77	0.92	0.048 30	0.001 73	0.118 35	0.004 30	0.017 77	0.000 27	0.005 61	0.000 11	114	57	114	4	114	2
TY3－32	60.39	1 094.94	903.06	1.21	0.048 59	0.001 88	0.118 81	0.004 64	0.017 73	0.000 27	0.005 47	0.000 10	128	63	114	4	113	2
TY3－33	132.35	1 714.05	1 973.27	0.87	0.050 86	0.002 47	0.124 70	0.006 04	0.017 78	0.000 30	0.005 42	0.000 13	234	80	119	5	114	2

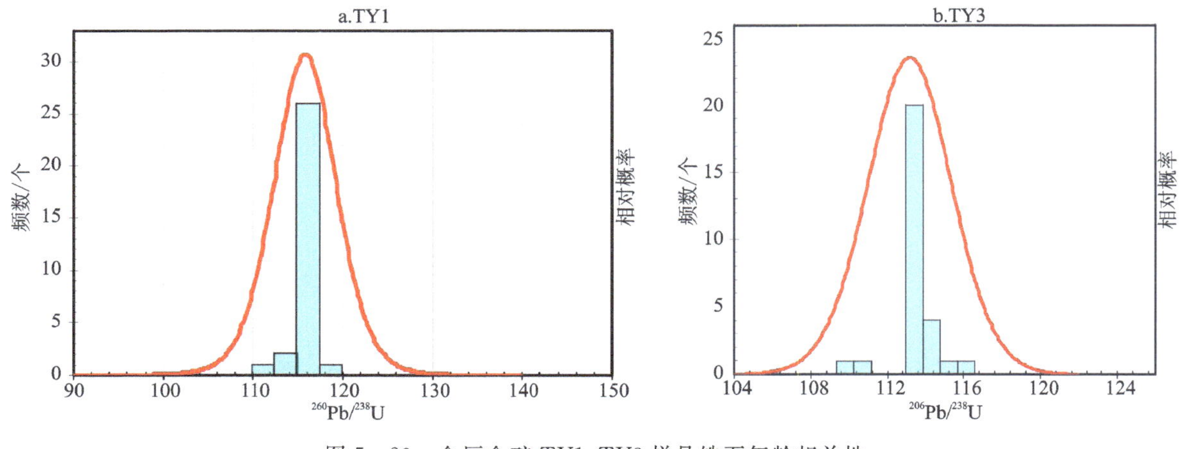

图 5-20 金厂金矿 TY1、TY3 样品锆石年龄相关性

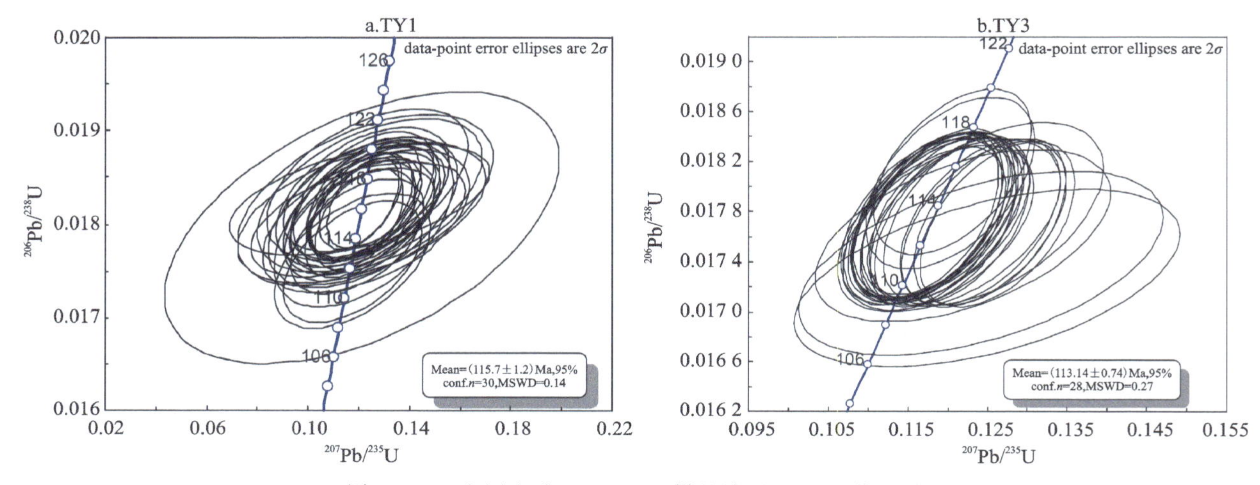

图 5-21 金厂金矿 TY1、TY3 样品锆石 U-Pb 谐和图

5.4.2 成岩期次划分

矿区岩浆岩主要有两期岩浆活动:印支晚期到燕山早期岩浆活动,燕山晚期岩浆活动。从表 5-5 中可以看出,金厂矿区的成矿围岩及火山岩均为印支晚期到燕山早期岩浆活动产物,成岩时代集中于 210～190Ma。区域大地构造背景显示,吉黑东北的延边—东宁地区在古生代末期(250Ma)兴蒙造山运动结束(Wu et al., 2010),黑龙江群形成并进入构造间歇期(张兴洲等,1999);印支晚期(210Ma)受太平洋板块俯冲影响,进入环太平洋构造域阶段,在碰撞早期(印支晚期 210～190Ma)构造环境为挤压造山运动,岩浆活动主要为板块俯冲造成的上地壳花岗岩的重融岩浆,即 I 型花岗岩。这一时期为太平洋板块俯冲的初始阶段,为主要成岩期,延边—东宁地区广泛出露这一时期的岩体和火山岩。

在太平洋板块俯冲碰撞造山的中晚期(120～110Ma),为弧后(陆缘弧)伸展期(Wu et al.,2011),据地震方面的资料证实(高立新,2011;Zhao et al.,2011;黄金莉,2010),此时俯冲带到达壳幔边界并越过壳幔边界达到下地幔,从而引起壳幔物质熔融。板块的进一步俯冲引起岩石圈拆沉或俯冲板片折返,有利于壳幔熔融物和成矿物质沿深大断裂侵位,并在张性容矿空间成矿,延边-东宁成矿带的金矿床集中形成于这一时期。

表 5-5 金厂矿区成岩成矿时代表

样号	取样位置	样品名	测定矿物	测定方法	年龄/Ma	资料来源
JC-1-4	1号矿体	角闪闪长玢岩	锆石	U-Pb	210～190	门兰静,2008
JC-1-6	1号矿体	花岗斑岩			212～196	
ZK04-333	ZK04	花岗岩			190	张华锋,2007
ZK04-91	ZK04	文象花岗岩			200	
ZK14-180	ZK14	花岗闪长岩			(197±6)	
Zk14-143	ZK14	花岗斑岩			(113±2)	
06-04-35	J-1	花岗岩			(202.1±3.0)	鲁颖淮等,2009
J2-06-1	半截沟北环	蚀变花岗岩			(198.0±3.9)	
J2-10-3	半截沟南环	闪长岩脉			(111.5±1.2)	
TY-1	ZK04-1	闪长玢岩			(115.76 ±0.63)	本书
TY-3	ZK04-1	闪长玢岩			(113.15±0.77)	
TY-6	奋斗北坡	凝灰岩			(209.5 ±1.1)	
TY-7	奋斗北坡	凝灰岩			(209.3 ±1.2)	
TY-12	西松树砬子	闪长玢岩			(209.5±1.4)	
TY-13	ZK05	闪长玢岩			(112.70 ±0.54)	
09JB400	高丽沟	闪长玢岩			(118.17 ±0.83)	
09JB401	高丽沟	闪长玢岩			(117.9±1.8)	

矿区脉岩发育,本文采用激光剥蚀法测年,得出脉岩的成岩年龄为(115.76±0.63)Ma、(113.15±0.77)Ma、(112.70±0.54)Ma、(118.17±0.83)Ma、(117.9±1.8)Ma,结合前人对矿区内脉岩的测岩年龄,矿区内的脉岩时代集中于120～110Ma之间,与金厂金矿的成矿时代相对应,且与区域上成岩成矿时代对应性非常好。

本书第4章和第8章分别对J-0号矿体的地质特征及成矿时代进行了论述与讨论,认为J-0号矿体为斑岩型矿体,矿体上部为角砾岩筒型矿体,下部为斑岩型矿体。斑岩型矿体产于闪长玢岩岩体的内接触带中,闪长玢岩的成岩时代即为矿体的成矿时代,即(118.17±0.83)Ma。从上文可知,从闪长玢岩的地质特征及成岩时代均为矿区晚期的岩浆活动产物,且与成矿关系密切。

经研究认为,矿区内岩浆活动主要存在两期:印支期—燕山早期和燕山晚期,每期岩浆活动可以分为多个阶段。燕山晚期的闪长玢岩、闪长岩、花岗斑岩可能为同源岩浆的不同演化阶段的产物。矿区成矿作用主要与燕山晚期闪长玢岩关系密切。

5.4.3 燕山晚期岩浆活动地质动力学背景

古生代,本区处于古亚洲构造域的东缘,兴蒙造山运动结束后,即中生代以来,本区进入了滨太平洋构造域地质构造发展演化阶段,区内构造发展演化及岩浆-火山活动明显受太平洋板块与欧亚板块相互作用的制约和影响。侏罗纪太平洋俯冲或者俯冲板片折返和弧后地区延伸引起的岩石圈拆沉,从而使规模巨大的白垩纪花岗岩侵位。地幔岩石圈的加积增厚及随后的拆沉引起了壳-幔结合部位岩石的局部熔融作用,形成了区内广泛发育的中酸性浅成—超浅成岩浆侵入活动,在火山沉积盆地边缘及构造隆起带部位,中酸性岩浆沿构造薄弱部位侵位,形成一系列小的花岗质、闪长质侵入体等(图5-22)。

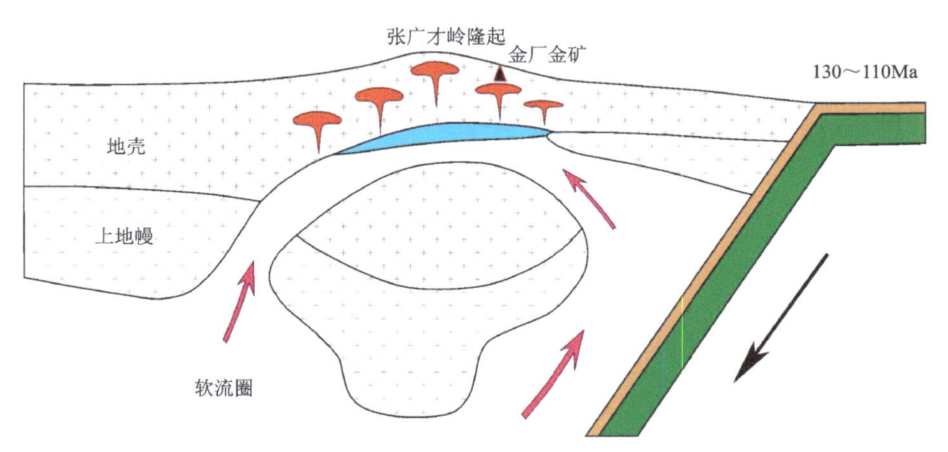

图 5-22 太平洋俯冲碰撞-岩石圈拆沉复合造山作用及金厂金矿床成因模式图

110Ma 左右，岩浆沿北西向张性断裂侵入，随着斑岩体的不断侵位，岩体内部压力的急剧增加，致CO_2等挥发分逐渐从熔体中分离出来并不断向岩体顶部聚集，分异出的含矿热液集中于岩浆顶部，受上覆岩层的巨大压力影响，在岩浆顶部运移，至岩层薄弱部位（构造交会部位），上覆压力突然减小，发生隐爆作用，之后富含挥发分的气液再次聚集、再次隐爆，多次的隐爆作用导致了隐爆角砾岩筒的形成。残余熔浆与挥发性组分组成的“熔浆-溶液”过渡态流体进入隐爆角砾岩筒构造，以胶结、交代角砾岩方式成矿，形成角砾岩筒型矿体雏形。之后岩浆由南西往北东方向沿北东向次级断裂侵入，在上覆岩层中产生呈放射状分布的压主应力，形成弧形或环形挤压正断裂和张性放射状断裂。含矿的热液充填张性空间形成裂隙充填放射状脉。随着上部热液运移成矿和岩浆结晶冷凝，在其上部形成虚脱空间，导致上覆岩层产生向内的张性主压力，形成弧形和环状张性逆断裂，含矿热液充填于张性空间中成矿。放射状断裂与弧形和环形断裂共同构成了岩浆穹隆构造系统，构造带中的矿体为岩浆穹隆型矿体。在岩浆穹隆影响范围内的早期形成角砾岩型矿体受环状、放射状断裂叠加富集。

5.5 岩浆起源与构造转换对成矿的制约

5.5.1 岩浆起源及演化

岩相学和岩石化学特征表明，印支晚期侵入岩演化过程中经历了结晶分异和地壳混染作用，而辉长岩（辉长闪长岩）可能是岩浆演化起源的端元组分。

微量元素表明，印支晚期岩浆岩以 Rb、Th 等大离子亲石元素（LILE）富集，Ba、P、Ti 亏损，K、Sr 出现正异常为特征，反映了印支晚期岩浆岩具可能相同的物源，且主要来自富集大离子亲石元素的陆壳第三层辉长岩相。印支晚期岩浆岩类是由于太平洋板块俯冲引起的岩石圈拆沉作用，幔源岩浆底侵导致先存辉长质地壳熔融形成岩浆并受俯冲流体交代作用，随后经过结晶分异演化而来。

印支晚期岩浆岩是成矿的围岩，对成矿作用的影响主要存在两个方面。

（1）沟通深部岩浆源，提供了后期岩浆及流体上升的通道和成矿物质在大陆地壳的生长过程中，几乎所有成矿元素都从地幔分异出来进入地壳 Au、Cu 等亲硫元素分配进入下地壳（张德会等，2001）。印支晚期辉长闪长岩、闪长岩类及花岗岩类的源区为壳幔过渡带，在其上侵过程中形成了岩浆和流体通道，为后期继承性活动的岩浆提供了深部物质。

（2）对成矿元素的预富集有一定作用，根据细脉浸染型矿床（J-18 号矿体）微量元素统计，印支晚期岩浆岩 Au 含量为 $5.6\times10^{-6}\sim180.01\times10^{-6}$，平均含量为 50.4×10^{-6}，并且岩石中流体包裹体十分发育，有利于成矿。印支晚期岩浆岩对成矿有一定预富集作用。

5.5.2　构造转换对成矿的制约

大量的研究揭示，中生代—新生代大陆边缘、岛弧体系金铜成矿和浅成侵入岩的形成与俯冲大洋板块的部分熔融岩浆作用有关。就富金斑岩铜矿成矿而言，普遍认为是洋壳俯冲作用停止和汇聚边缘转换、转化引起的地幔楔发生部分熔融生成的高氧化岩浆以及不稳定地幔硫化物上涌而成矿（Sillitoe，1997，2000）；且岩浆弧背景下高硫化型矿床形成的构造背景为“板块垂直俯冲，俯冲板块的倾角中等，区域应力场为弱挤压或扭压性质，板块聚合速度快（>100mm/a）”，而低硫化型矿床形成的构造背景为“板块斜向俯冲，俯冲板块的倾角较陡，区域应力场为中性，板块聚合速度较快”。从研究区的区域构造和控（容）矿构造角度分析，小西南岔富金铜矿床产在烟筒砬子-小西南岔近南北向走滑断裂体系内，控（容）矿构造为近南北向断裂，该断裂为左行张扭性性质（孟庆丽等，2001），与东侧中生代东锡霍特-阿林褶皱带形成的应力场基本一致。因此，该矿床的就位构造环境应是燕山晚期伊泽奈崎板块向古亚洲大陆边缘俯冲，大陆边缘造山期末的走滑、伸展转换期。若认为 200～160Ma、140Ma 和 120Ma 左右为中国北方三大成矿期次（翟明国等，2003；毛景文等，2003，2005），那么小西南岔富金铜矿床成矿的 104.6～102.1Ma 最有可能代表中国北方第四大成矿期或吉黑东部晚中生代内生热液金铜的成矿期，同时也反映了延边地区金铜成矿的特殊性。

可以看出，矿区内岩浆岩发育，主要有两期岩浆活动：①印支晚期到燕山早期岩浆活动，主要集中于 210～160Ma，其形成地质背景为太平洋板块向欧亚板块的俯冲，这与前人对区域上的大地构造背景研究结果是一致的；②燕山晚期岩浆活动，集中于 130～97Ma，其形成地质背景为太平洋板块的俯冲，或是俯冲板片折返和弧后地区延伸引起的岩石圈拆沉，从而使巨大的白垩纪花岗岩侵位。

吴福元、张兴洲等对中国东北部地区的大地构造演化进行了深入研究，并取得了深刻认识（Wu et al.，2002，2007；张兴洲等，1999，2006）。综合前人的研究成果，并结合合金厂矿区的同位素测年和地质特征，得出两点结论：①金厂矿区的区域地质构造演化可以分为 5 个阶段（图 5-23），兴蒙造山后期→构造转换期→太平洋板块俯冲期→构造间歇期→岩石圈拆沉与花岗岩侵位期；②金厂的成岩时代主要集中于太平洋板块俯冲期和岩石圈拆沉期。

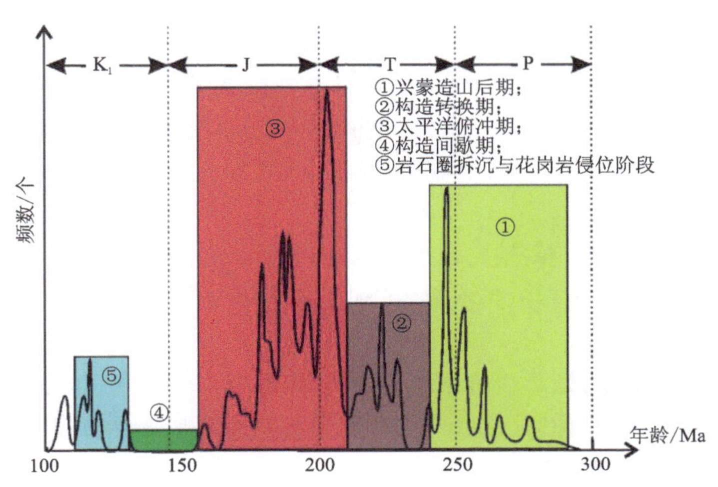

图 5-23　延边-东宁成矿带花岗岩锆石 U-Pb 年龄

注：94 个样品。

6　矿区构造演化及其控岩控矿作用

6.1　矿区构造类型及基本特征

该区构造运动和岩浆活动的频繁，区域上构造系统主要为断裂构造系统和褶皱构造系统，褶皱构造形态及断裂构造复杂。在区域上，矿区位于张广才岭-太平岭边缘隆起带中太平岭隆起与老黑山断陷结合部位的老黑山断陷带一侧，北东向的绥阳深大断裂及北东—北北东向褶皱奠定了本区构造的基本格局。褶皱主要发育有太平岭复背斜，其轴向为北东向，贯穿整个区域，长达上百千米。由于受南北向和北西向断裂影响，其被分成3段。南西段的轴部地层为新元古界黄松群杨木组；北东段的轴部地层为黄松群阎王殿组，系南西段抬起、北东段倾没的复背斜，其中发育有一系列的次级褶皱，主要包括双桥子向斜、南天山向斜、黄松背斜、黑瞎子沟向斜、杨木二段向斜及大猪圈背斜等。

双桥子向斜：位于本区的北东部，由于受后期构造运动的影响，轴向向东偏移，为NE60°左右。核部地层为中石炭统—下二叠统双桥子组，两翼为阎王殿组。北西翼地层倾向165°，倾角38°；南东翼地层倾向330°，倾角36°～44°。

南天山向斜：位于本区的南东部，轴向北东，走向长约13km。地层为双桥子组，两翼为阎王殿组。南天山一带为褶皱转折端，地层倾向南西，倾角40°左右。由于断层的影响，地层产状代表性较差，但总体趋势为两翼向核部倾斜。

黄松背斜：位于本区的南部，轴向北东，走向长大于16km，轴部被燕山期白岗质花岗岩侵入，两翼为杨木组上部地层。北西翼倾向315°，倾角40°；南东翼倾向130°，倾角30°。

黑瞎子沟向斜：位于本区的东南部，与黄松背斜毗邻，居其东侧，轴长10km。核部地层为阎王殿组，两翼为杨木组。北西翼倾向170°，倾角40°；南东翼倾向325°，倾角46°。

杨木二段向斜：位于本区的南部，轴向北东，走向长13km。轴部为杨木组上部地层，两翼为杨木组下部地层。由于花岗岩的侵入破坏，北西翼出露不全，其倾向115°，倾角40°；南东翼倾向300°，倾角50°。

大猪圈背斜：位于本区的西南部，轴向北东，走向长约20km。轴部为杨木组地层，两翼为阎王殿组。由于花岗岩的侵入破坏，南东翼地层出露不全，其倾向140°～150°，倾角45°；北西翼倾向320°～330°，倾角40°～45°。

金厂矿区及外围构造系统有断裂构造系统、岩浆岩接触带构造系统、角砾岩构造系统、岩浆穹隆构造系统（包括环状、放射状断裂裂隙）。这些构造系统中断裂构造是主要的控岩、控矿构造；岩浆接触带构造是控矿构造；角砾岩构造和岩浆穹隆裂隙、断裂构造是主要的容矿构造系统。北东向绥阳深大断裂是区域性深大断裂，断裂演化时间长，具多期次活动，构造性质复杂，是矿区及外围主要控岩、控矿断裂构造，矿区及外围发育的各方向断裂及侵入的岩浆岩受其控制；同时岩浆活动产生形成的裂隙、断裂、接触带等构造是容矿主要构造。

6.1.1 断裂构造系统基本特征

矿区及外围断裂构造系统是由北东向绥阳断裂发展演化形成的各个方向次级断裂组成，北东向绥阳深大断裂控制了矿区及外围的构造格架(图 6－1)。按断裂走向可划分 4 组：①北东向断裂；②北西向断裂；③近南北向断裂；④近东西向断裂。

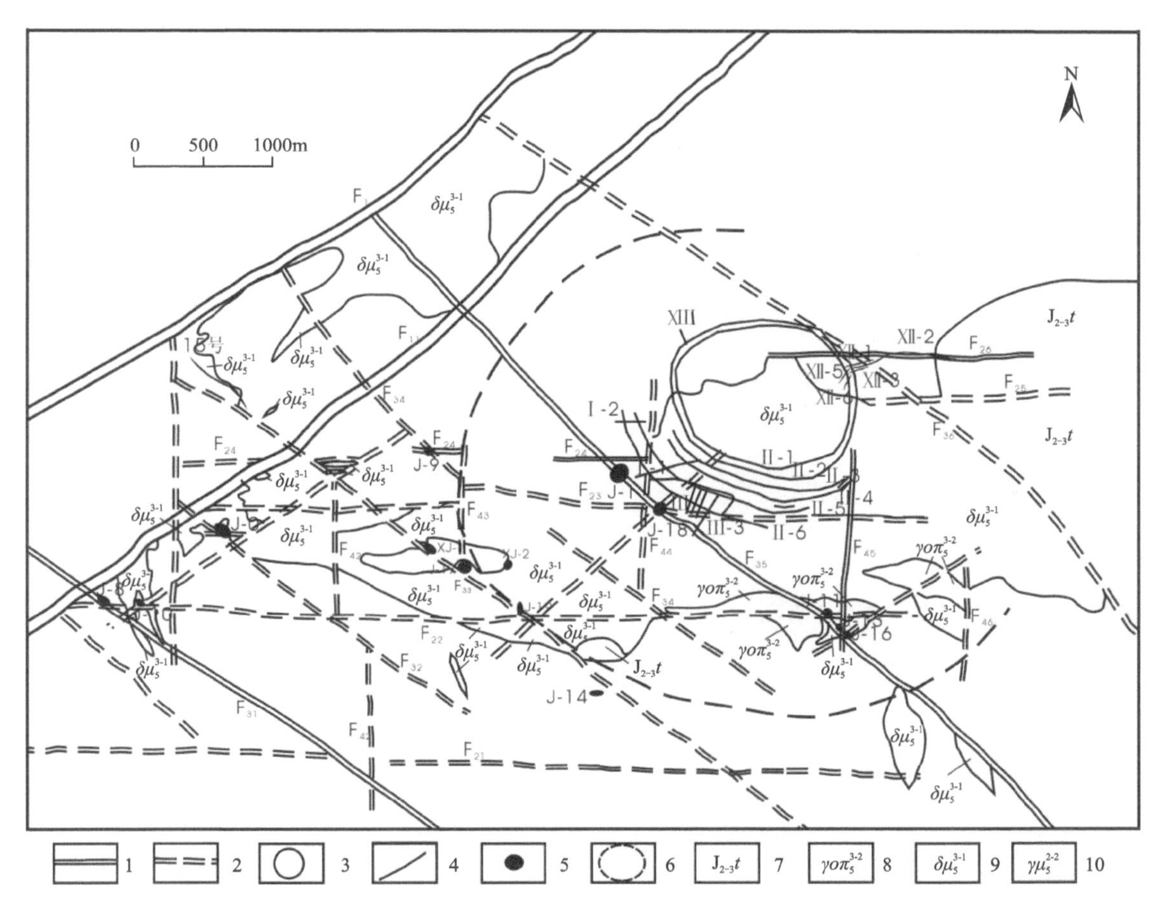

1. 实测断裂；2. 遥感、地球物理解译、推测断裂；3. 环状矿体；4. 放射状矿体；5. 角砾岩型矿体；6. 环状构造；7. 侏罗纪火山岩；8. 燕山晚期花岗斑岩；9. 燕山晚期闪长玢岩；10. 印支晚期—燕山早期花岗岩

图 6－1 金厂矿区构造格架图

6.1.1.1 北东向断裂

绥阳断裂(F_1)：绥阳断裂是矿区及外围主要控岩控矿断裂，断裂断续沿北东方向延续超过 150km，遥感图像影像上比较连续，其北端经绥芬河延伸至俄罗斯境内，南端延伸到吉林省内汪清县东侧，构造成太平岭隆起带与老黑山断陷褶皱带两个三级构造单元的分界线。该断裂构造具有多期活动特点，沿走向呈波状延伸，经历了扭性、压扭性、走滑、张性等复杂性质的演化。

沿绥阳断裂，侵入有许多印支晚期和燕山早期岩浆岩，总体呈北东展布。在绥阳断裂构造北西一侧，出露的主要是以元古宙为主的浅变质岩系和海西期花岗岩类、闪长岩类以及少量印支期的侵入岩体，明显地指示出其西北部为隆起区(太平岭隆起带)，而在南西一侧，影像上表现为大面积出露的中生代及其以后的花岗岩、花岗闪长岩等中酸性侵入岩体和中生代沉积的火山岩地层，表明南东一侧为坳陷带(老黑山断陷)。

矿区内西侧北东向断裂是绥阳深大断裂的部分，在矿区西部小绥芬河经过，由一系列的北东向断裂组成断裂带，构成矿区西部古生代浅变质岩和东部中生代岩浆岩及侏罗纪火山岩的分界线。

在金厂村西部小绥芬河西岸，见断裂带走向 210°，产状较陡（图 6－2），断裂带中角砾发育，角砾成分有粗粒花岗岩、石炭纪变质岩、硅质岩；角砾大小不一，大者 10cm，小者 1cm，角砾形状主要为棱角状、次棱角状，显示张性构造性质特征。断裂北西盘地层为石炭纪变质岩，北西盘变质岩中侵入有灰白色中细粒花岗岩。

在金厂村西部小绥芬河东岸，受绥阳深大断裂的影响，石炭纪石英云母片岩形成背斜，背斜枢纽近北东展布（图 6－3），沿背斜核部侵入有灰白色中粒花岗闪长岩，花岗闪长岩与变质岩接触带的变质岩一侧发育烘烤边，表明岩体沿核部后期侵入。矿区内断裂向绥阳断裂上盘矿区内发育的与之近平行产出的次级断裂。

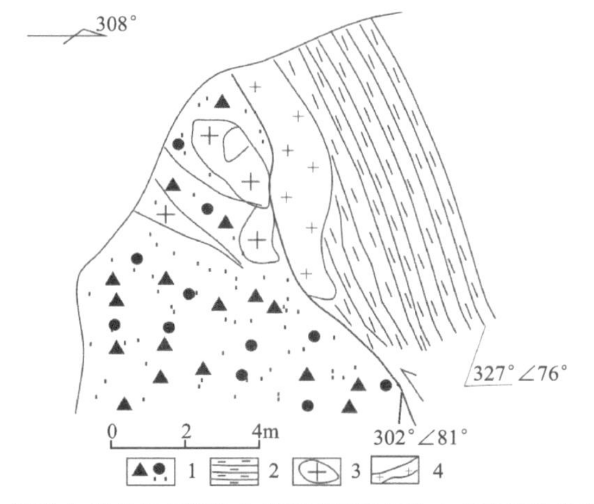

1. 断裂；2. 石炭纪变质岩；3. 粗粒花岗岩角砾；4. 中细粒花岗岩

图 6－2　绥阳断裂素描图

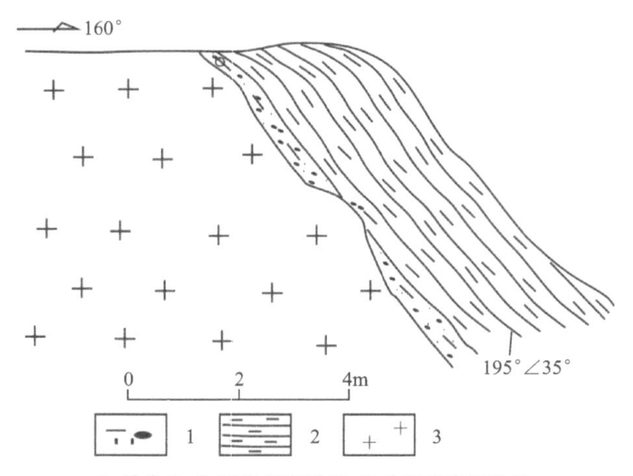

1. 烘烤边；2. 石炭纪变质岩；3. 中粒花岗闪长岩

图 6－3　绥阳断裂旁侧褶皱素描图

F_{11}断裂：在矿区主要集中在八号硐—高丽沟口—黑瞎子沟一带，走向北东，在遥感图像上，影像清楚，为一系列沿北东向展布的亮线，延伸较远；断裂面光滑平直，多数陡倾，在八号硐、高丽沟口一带发育断层三角面，断裂往北东延续方向构成燕山晚期花岗斑岩（$\gamma o \pi_5^{3-1}$）与印支晚期文象花岗岩、花岗岩（γo_5^{2-2}）分界线。

F_{12}断裂、F_{13}断裂和 F_{14}断裂是由电法异常解译的推断断裂，可能为北东向绥阳深大断裂东盘的次级断裂。

6.1.1.2　东西向断裂

矿区内东西向断裂相对较发育，主要发育于半截沟南部。在遥感图像上东西向线性构造密集发育，断续延伸，表现为高亮线性色调。规模最大者发育于矿区中部，但主断裂线不明，其两侧平行密集的次级断裂线极其发育。由北而南表现最为明显的断裂构造有 5 条，分别为 F_{21}、F_{22}、F_{23}、F_{24}、F_{25}断裂（图 6－1）。

F_{21}断裂：在矿区最南部出露，发育于燕山中期中细粒花岗岩中，由西往东，遥感图像上断续延伸，在八号硐沟上游沿断裂侵入燕山早期花岗闪长岩，在穷棒子沟山顶花岗闪长岩沿断裂呈东西向呈岩枝产出。

F_{22}断裂：由八号硐 J－8 号矿体往西断续延伸至大狗子沟一带，在八号硐西壁上见有近东西走向断裂，略向南倾；往东在大狍子沟燕山晚期花岗斑岩沿断裂侵入；大狍子沟民采硐中均见东西向断裂出露，采坑中，东西向构造破碎带强度较大（图 6－4），发育于中细粒花岗岩中，断裂面波状，宽窄不一，最宽处约 12m，断裂层上盘面产状较缓，舒缓波状，产状 352°∠46°，下盘面较陡，略向北倾，岩石强烈破碎，在上盘面有挤压劈理发育。此断裂构造成角砾岩筒分界面，在此断裂下盘往下，岩石角砾为圆状、次圆状，往上围岩碎裂状。

F_{23}断裂：是矿区中部在遥感图像上最为清楚的一条东西向断裂，由高丽沟口平直往东延伸，经过邢家沟以后，断裂被往北错动约100m，在邢家沟往东经大矿尾矿坝上游一直延伸至大狍子沟口。断裂在邢家沟以西构成闪长岩与北侧文象花岗岩、花岗岩的分界线，在高丽沟东侧至穷棒子沟构造南侧闪长岩与北侧文象花岗岩、中粗粒花岗闪长岩界线，穷棒子沟东侧构成闪长岩与花岗斑岩分界线，在邢家沟闪长岩与花岗岩接触带的东西向断裂中产出16号脉。

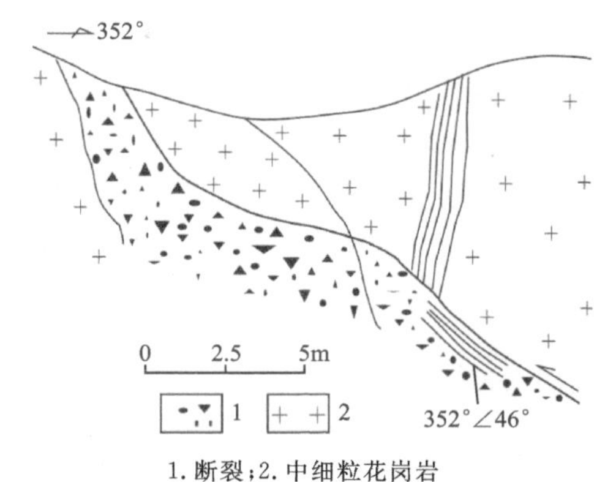

1. 断裂；2. 中细粒花岗岩

图6-4　F_{22}东西向断裂素描图

F_{24}断裂：由高丽沟口北约300m往东断续分布，在遥感图像上为不连续的线性影像，在穷棒子沟西侧构造成中粗粒花岗闪长岩与北部文象花岗岩、花岗岩界线；在黑瞎子沟两侧，沿断裂侵入燕山晚期闪长玢岩，呈近东西展布。

F_{26}断裂：在石门一带发育，断续通过石门子沟往东延伸较短。断裂被岩浆穹隆型构造的放射状断裂利用，断裂宽2～3.5m（图6－5），两侧围岩为中粗粒花岗闪长岩，断裂面舒缓波状，分支复合，上断层面产状345°∠54°，下盘面产状343°∠76°。断裂中角砾岩发育，角砾成分主要为中粗粒花岗闪长岩，角砾大小不均，大者15cm，小者0.5cm，角砾形状有棱角状、透镜状、次圆状。断裂内大透镜包含有小透镜或棱角状角砾，小透镜中也包含有更小的棱角状角砾，表明断裂经过了复杂的演化过程。

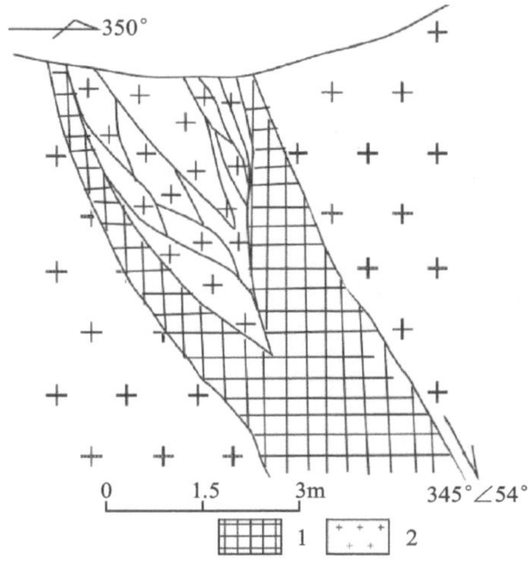

1. 矿体；2. 中粗粒花岗岩

图6－5　F_{26}断裂素描图

另外，在矿区还发育有规模更小的次级东西向断裂，如半截沟J－1号矿体坑道内也见到东西向的断裂，断层内充填有不规则角砾或蚀变岩型及黄铁矿细脉型矿化（体）。断层面呈锯齿状，参差不齐，显示断裂为张性断裂。邢家沟J－10号矿体在粗粒花岗岩中发育宽约50cm的断裂（图6－6）。

6.1.1.3　北西向断裂

矿区内北西向断裂发育，是主要的控岩、控矿断裂；在遥感影像上表现为北西向线性构造；在地形地貌上表现为北西向线性负地形，负地形北东侧地形陡峭，岩石破碎；南西侧地形相对较平缓。规模相对较大者有6条，由南西往北东编号分别为F_{31}、F_{32}、F_{33}、F_{34}、F_{35}、F_{36}。其中，在地质上能确定者为3条，分别为F_{31}、F_{33}、F_{35}断裂。

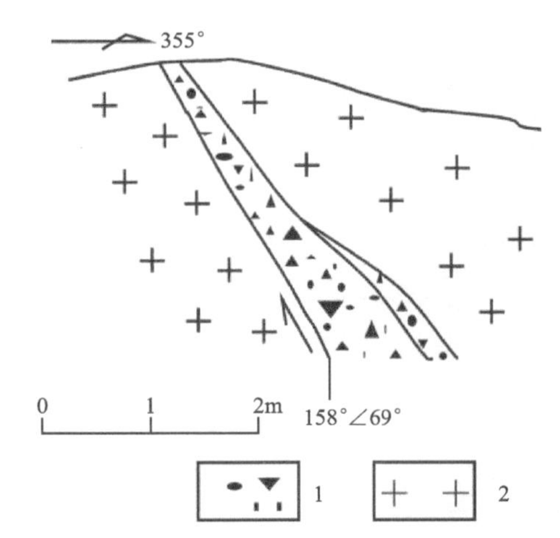

1. 断裂；2. 粗粒花岗岩

图6－6　邢家沟东西向张性断裂素描

F_{31}断裂：在八号硐附近发育，走向近北西，在八号硐沟口发育有北西向断层三角面，在八号硐J－8号矿体，断裂在矿体的北东侧通过；角砾岩筒往南东方向约100m，断裂出露，产状较陡，略向南倾，宽约12m（图6－7），两侧围岩为中粗粒花岗岩，断裂中岩石破碎，发育角砾，角砾大小不一，大者约5cm，小者约1cm，角砾成分为围岩中粗粒花岗岩，角砾棱角状，同时靠近上盘见有透镜和挤压劈理，表明断裂性质较复杂。断裂往南东方向延伸，在山顶沿断裂侵入花岗闪长岩，呈北西展布。

F_{33}断裂：由黑瞎子沟开始往南东延续，直到J－14号矿体东部，在黑瞎子沟表现为15号脉，断裂走向135°，产状变化大，向北东或南西倾，总体倾向北东，倾角变化大约20°，往南东方向倾角变陡，断裂宽度较小，为0.5～1m，断裂在北西向呈舒缓波状，而往南东向变为锯齿状（图6－8），表明断裂性质具有变化过程。在高丽沟西新发现的角砾岩型矿体采坑中，断裂出露，断裂长约100m，宽1.5m，产于中细粒花岗岩中，产状走向北西，倾角较陡，略向北东倾，断裂两侧岩石碎裂状。

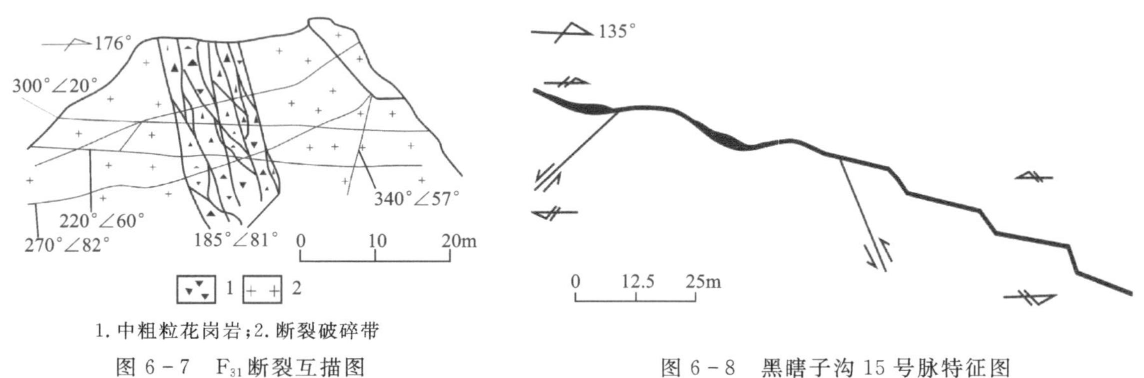

图6－7 F_{31}断裂互描图

图6－8 黑瞎子沟15号脉特征图

F_{33}断裂：由半截沟沟口开始，一直延伸至J－16号矿体，再往南东延伸，断裂规模较大，由半截沟口至J－1号矿体在遥感图上主要表现为一系列线性色调。在J－1号矿体地表采坑346°方位壁上，可见北西向断裂，断裂表现为一系列的片理化带，宽约20m，产状47°∠78°。在Ⅲ号脉群南西方位出露的断裂，走向110°，宽窄不一，最窄处约10cm，总体产状210°∠76°，两侧围岩为条带状、斑杂状闪长玢岩，断裂中岩石破碎、褐铁矿化、同时发育有磁铁矿矿化；在J－13号矿体采坑中出露完全，断裂产于闪长岩中，宽约5m，产状较陡，下盘面产状55°∠83°，沿断裂侵入青灰色细粒花岗斑岩脉（图6－9），靠近上盘岩石较破碎，卷入断裂中的闪长玢岩和花岗斑岩破碎形成角砾，角砾大小不一，大者8cm，小者0.5cm，角砾棱角状；断裂上盘面附近同时发育构造透镜，构造透镜包含了棱角状断裂（图6－10），在上盘面中有一水平擦痕发育；在J－16号矿体中断裂出露也较完全，产于闪长岩中，断裂宽约10m，上盘面产状44°∠72°沿断裂侵入青灰色花岗斑岩，花岗斑岩和闪长岩均卷入了断裂中，发育构造角砾（图6－11），角砾主要成分为花岗斑岩和闪长岩，大小不均匀，最大者约10cm，小者1cm，一般3～6cm，角砾棱角状、次棱角状；断裂上盘岩石碎裂状，靠近断裂闪长岩挤压形成与断裂平行的劈理，同时发育构造透镜（图6－12）。在J－11号矿体采坑中北西向断裂规模和强度相对较小，发育于中细粒的花岗闪长岩中，宽约2.5m，下盘面舒缓波状，产状44°∠71°，靠近下盘面发育约15cm的蚀变岩，灰白色，断裂中岩石碎裂状，发育弱的构造透镜（图6－13），断裂面上发育了水平、斜向及垂直擦痕。

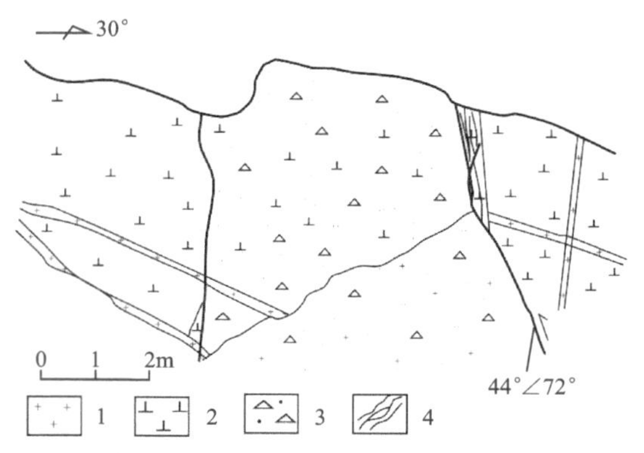

1.细粒花岗斑岩；2.闪长玢岩；3.断裂破碎带；4.挤压透镜

图6－9 金厂金矿J－13号矿体采坑中F_{35}北西向断裂素描图

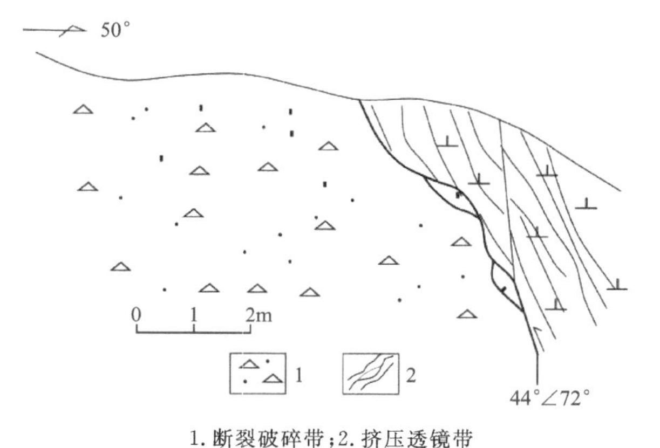

1.断裂破碎带；2.挤压透镜带

图6－10 金厂金矿J－13号矿体采坑中F_{35}北西向断裂上盘素描图

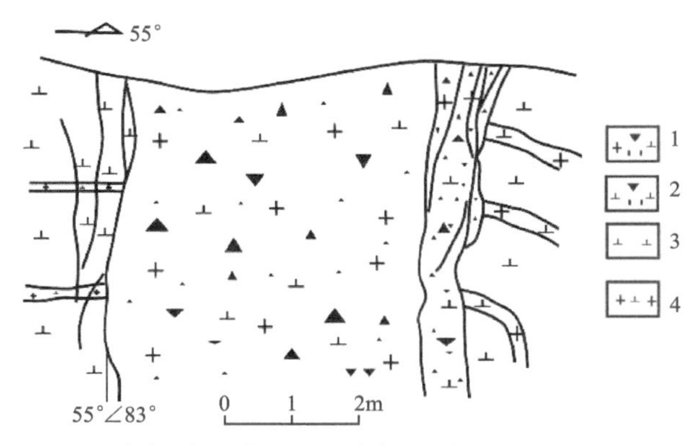

1.破碎细粒花岗斑岩；2.破碎闪长玢岩；3.闪长玢岩；4.花岗斑岩

图 6-11 金厂金矿 J-16 号矿体 F_{35} 北西向断裂素描图

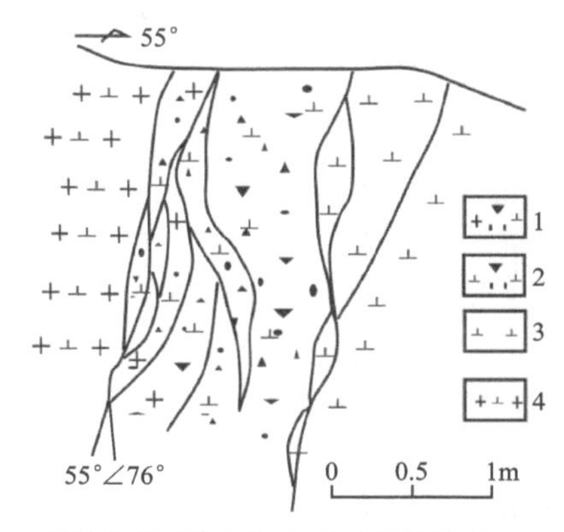

1.破碎细粒花岗斑岩；2.破碎闪长玢岩；3.闪长玢岩；4.花岗斑岩

图 6-12 金厂金矿 J-16 号矿体采坑中 F_{35} 北西向断裂上盘素描图

6.1.1.4 南北向断裂

矿区内南北构造，矿区内自西向东近等间距分布 6 条南北向断裂：高丽沟南北向断裂、黑瞎子沟南北向断裂、邢家沟南北向断裂、穷棒子沟南北向断裂、大狍子沟南北向断裂、大狍子沟东南北向断裂，编号分别为 F_{41}、F_{42}、F_{43}、F_{44}、F_{45}、F_{46}。断裂主要以负地形形式表现，在遥感图像上也发育线性影像，断层三角面清楚，沟谷平直，两侧岩石破坏较强，南北向断裂最明显的特征是发育于矿区内半截沟以南，而在半截沟以北不发育。

F_{45} 断裂：由大狍子沟口延至 J-13 号矿体，在 J-13 号矿体民采坑内出露，产于北西向断裂上盘，呈舒缓波状，断裂宽 30～80cm，总体产状 272°∠82°，断裂产于闪长岩中（图 6-14），断裂中岩石破碎及泥化、褐铁矿化，呈褐黄色，蚀变强烈。靠近断裂下盘岩石泥化强烈，与侵入闪长岩中灰白色二长细粒岩呈渐变过渡关系，表明灰白色二长花岗岩在断裂前期已侵入闪长岩中。断裂下盘面有一擦痕显示断裂有一期右行走滑运动。断裂中卷入破碎的岩石挤压形成构造透镜体，透镜体指向显示断裂有挤压性质，为逆断层。同时沿断裂侵入有花岗斑岩脉，花岗斑岩脉也挤压破碎形成透镜状，表明断裂活动的多期性。

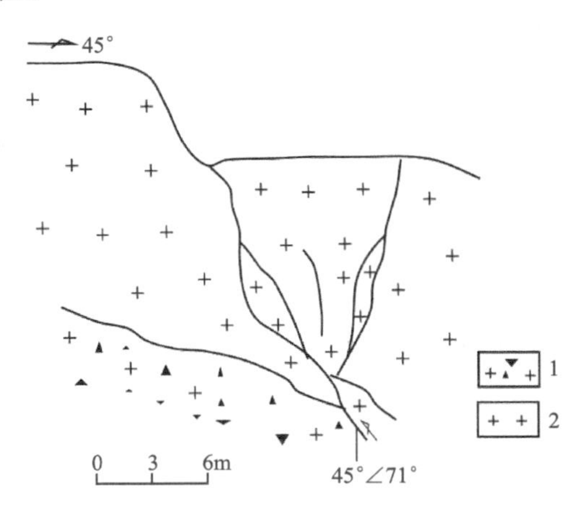

1.破碎细粒花岗斑岩；2.细粒花岗岩

图 6-13 金厂金矿 J-11 号矿体采坑中 F_{35} 北西向断裂素描图

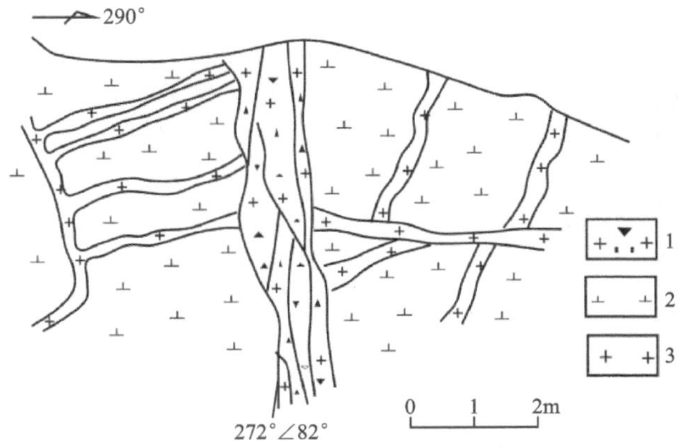

1.断裂破碎带；2.闪长玢岩；3.细粒花岗斑岩

图 6-14 金厂金矿 J-13 号矿体采坑中 F_{46} 南北向断裂素描图

6.1.2 角砾岩筒构造系统基本特征

角砾岩筒构造系统是金厂矿区重要的容矿构造，据陈锦荣等(2000)研究，区内有40多个角砾岩筒，这些角砾岩筒中有的整个蚀变矿化(穷棒子沟J-1号角砾岩筒和八号硐J-8号角砾岩筒)，有的部分蚀变矿化(高丽沟J-0号角砾岩筒)，也有的被后期岩浆充填而未发生矿化蚀变(狍子沟一带)。

从空间平面上看，角砾岩筒(包括含矿与不含矿)的分布具有如下特征：①角砾岩筒的分布受环形影像的控制，在大环套小环及大环与小环的交叉部位发育，如半截沟一带；②常成串成群出现，如高丽沟一带；③沿着断裂带分布，如松树砬子及八号硐一带。

在所有角砾岩筒中，目前已经发现的含金角砾岩筒有13个，由西往东有八号硐J-8号、八号硐J-10号，高丽沟J-0号、邢家沟J-9号、邢家沟J-14号、邢家沟J-17号、邢家沟J-19号、邢家沟XJ-1号、邢家沟XJ-2号、半截沟J-1号、大狍子沟J-11号、大狍子沟J-13号和大狍子沟J-16号角砾岩筒。目前J-8号角砾岩筒已采空，J-1号、J-8号角砾岩筒和J-11号角砾岩筒正在进行开采。从平面上看，这些金矿化角砾岩筒主要受北西、近南北及近东西向断裂的联合控制，产于这3组断裂的交会部位或附近；同时角砾岩筒产于闪长玢岩与花岗岩接触带上部的花岗岩中或接触带中。

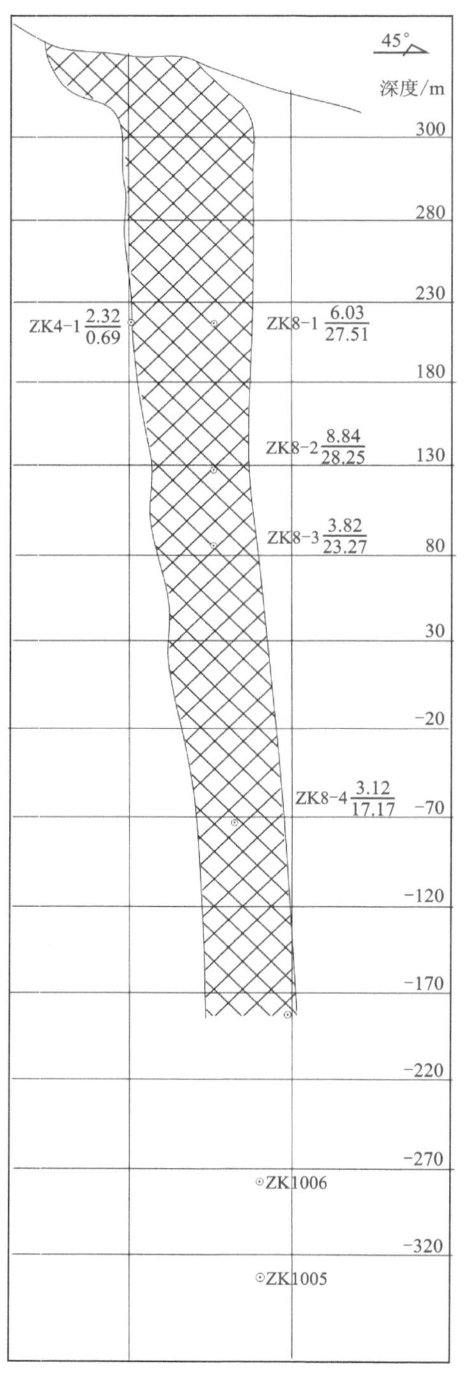

图6-15 金厂金矿J-1号矿体剖面图

6.1.2.1 穷棒子沟J-1号角砾岩筒

穷棒子沟J-1号角砾岩筒产出于穷棒子沟西侧，地表出露标高380m，其地表地貌形态上宽下窄，为典型的漏斗状地貌。

岩体产于岩浆穹隆构造西南闪长玢岩上部印支期花岗岩、花岗闪长岩(γ_5^{2-2})中，位于由隐伏的燕山晚期闪长玢岩($\delta\mu_5^{3-2}$)形成的环状构造上部，明显是环状构造和断裂构造联合控制的环状隐伏的浅成侵入岩体的中心部位，也是南北向、近东西向和北西向断裂构造交会部位。岩筒在上部有5～15m的中粗粒花岗闪长岩盖层，盖层中发育各个方向的裂隙。

目前有钻孔工程控制最大延深近控制深度540m，角砾岩筒尚未尖灭(图6-15)。岩筒与围岩界线清楚(图6-16)，是典型的角砾岩筒。在4中段(180m)以上，岩筒平面上呈椭圆形，长轴方向为北东-南西向，长轴长近50m，短轴长30m左右；在剖面上呈筒状，倾向160°，倾角82°左右，形态规则，变化不大，在4中段(180m)以下，岩筒椭圆长轴方向发生转变，在5中段(130m)岩筒近圆形，至6中段岩筒长轴走向近北西向。

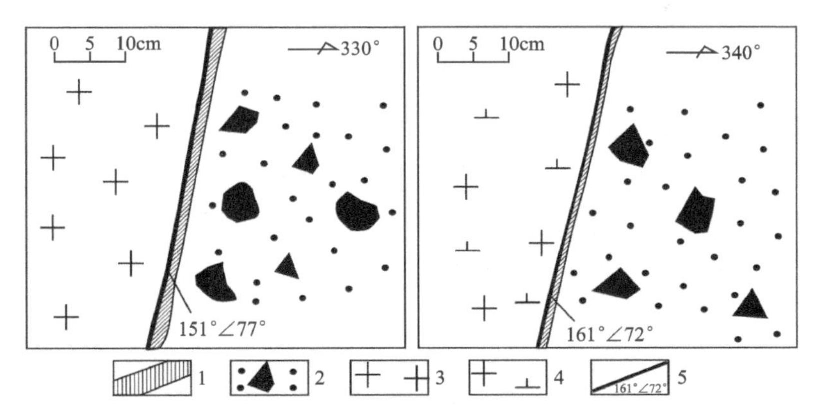

1. 黄铁矿细脉；2. 角砾岩型矿体；3. 花岗岩；4. 花岗闪长岩；5. 角砾岩筒与围岩界线及产状；左图为230中段穿脉5坑道中素描，右图为230中段穿脉4坑道中素描

图6-16　半截沟J-1号角砾岩筒与花岗岩围岩接触关系

角砾岩筒中的角砾大小不一，直径一般在10～25cm之间，最大在50cm，在采场偶尔见到直径在1m以上的，无分选性，角砾呈次棱角状—浑圆状，磨圆较好。角砾间胶结物比较松散，胶结不强，黄铁矿、石英晶形较大；局部胶结较强时形成不规则团块状，胶结物成分为黄铁矿化蚀变花岗岩岩粉，蚀变以高岭土化、硅化、绢云母化为主，含少量黏土矿物。角砾成分多以花岗闪长岩为主，另有少量闪长玢和细粒花岗岩角砾。

花岗岩角砾强烈蚀变，从切面上可以清楚地看到蚀变围绕角砾中心呈环带状，黄铁矿呈环带生长，表明角砾岩发育晕圈为蚀变晕圈。从地表采坑观察，角砾岩筒无明显的构造分带现象，角砾岩筒与围岩界线清楚，呈突变式“侵入状”接触关系，筒壁光滑平整，发育少量节理或裂隙。围岩为中粗粒花岗闪长岩，有弱蚀变。

部分角砾的蚀变晕圈中发育有同心环状黄铁矿细脉，局部的角砾被黄铁矿细脉切穿；有的黄铁矿细脉只切穿了花岗岩角砾，但并未切穿与之相邻的胶结物；而有的则连续切穿几个角砾和它们之间的胶结物，胶结物中的黄铁矿则以团块状为主。这说明J-1号角砾岩筒至少经历了2～3期热液蚀变活动。

6.1.2.2　高丽沟J-0号角砾岩筒

高丽沟J-0号角砾岩筒位于高丽沟东侧山顶，岩筒比较复杂且形态不规则；产于钾长花岗岩与闪长玢岩接触带中受接触带构造和北西向F_{32}断裂与近东西向次级构造交会部位联合控制。345m中段可以看到花岗斑岩脉呈岩株或岩枝穿插于钾长花岗岩中。

岩体平面上呈半个椭圆形，该角砾岩筒受北西向断裂限制，在断裂下盘西南侧呈半个椭圆形岩筒（图6-17），角砾岩筒产状总体走向为近北西，倾向北西，长轴长30m，短轴长20m左右，延深已控制270m，还未完全控制；垂向上呈不规则筒状，是一非典型的角砾岩筒。闪长玢岩分布于北东部，往南西部为钾长花岗岩，岩筒与围岩闪长岩界线不清，但沿岩筒与闪长岩围岩间在275中段和110m中段，有一产状为220°～230°∠67°的碳酸盐-黄铁矿-高岭土细脉。

角砾岩筒中角砾成分复杂，常见闪长岩、粗粒花岗岩、细粒斑状花岗岩和花岗闪长岩角砾，无分选性，磨圆较差，多数呈尖棱角状—次棱角状，少数次浑圆状，角砾砾度差异性较大，小角砾直径只有几厘米，大角砾直径达几十厘米或1m以上，在采场中，见厚达4m的特大角砾，形成夹石。角砾之间为蚀变的岩粉和岩屑胶结，胶结物蚀变类型有硅化（石英化）、绿泥石化、黄铁矿化和黄铜矿化等。在角砾岩筒内，受角砾分布的影响。

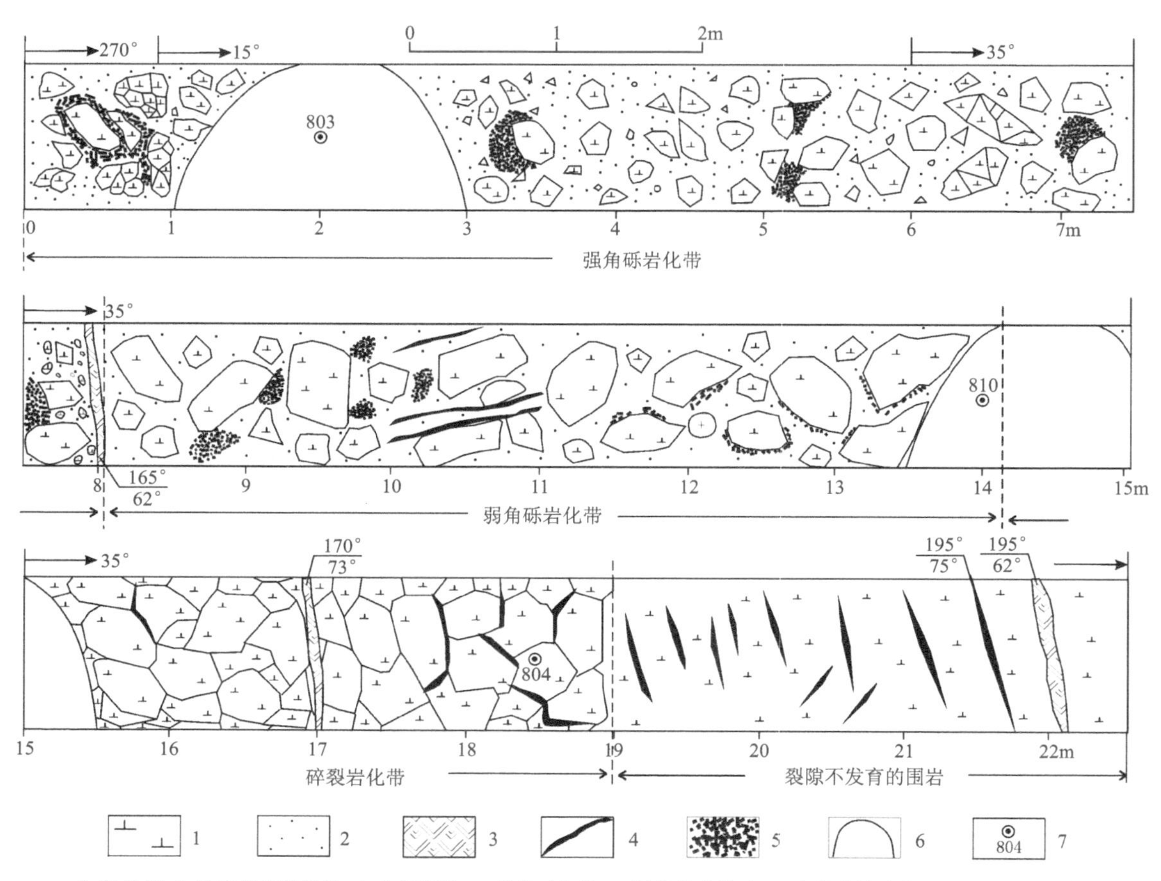

1. 闪长岩；2. 蚀变岩型胶结物；3. 方解石脉；4. 黄铁矿细脉；5. 团块状黄铁矿；6. 穿脉或沿脉巷道；7. 地质测量点

图 6-17　高丽沟 J-0 号矿体 345m 中段地质编录

高丽沟 J-0 号角砾岩筒的围岩为钾长花岗岩和闪长玢岩，从角砾岩岩体中心到围岩为渐变过渡关系。通过在 345m 中段对矿体进行编录，发现角砾岩筒具明显的构造分带现象（陈锦荣等，2000），从岩体中心向外依次为强角砾岩化带→弱角砾岩化带→裂隙化岩石带→裂隙不发育的围岩。在角砾岩筒中心，为强角砾岩化带，角砾多为岩屑和小角砾，砾径从几毫米到十几厘米，偶尔有砾径超过 1m 的大角砾或特大角砾，造成矿体局部品位不稳定。角砾被岩屑及蚀变岩粉胶结，胶结物含量 10%～15%，为团块状石英-黄铁矿化、黄铜矿化及硅化、绿泥石化蚀变岩胶结，黄铁矿、黄铜矿常和石英在角砾边部形成“窝状”矿化；在弱角砾岩化带，较岩体中心角砾变大，单位体积内数量减少，砾径几厘米到几十厘米，但通常小于 50cm，属小—中等角砾，小于 1cm 的岩屑少见，基本为蚀变岩粉胶结、胶结物含量减少，小于 10%，为浸染状黄铁矿化、黄铜矿化、弱硅化、绿泥石化蚀变岩，局部出现团块状黄铁矿化和黄铜矿化；在裂隙化岩石带内，角砾多为中等，小角砾少见，砾径 50～80cm，尖棱角状，位移较小，可拼接性很强，在角砾之间的裂隙中充填细脉状黄铁矿化及弱绿泥石化蚀变岩，裂隙化岩石带表现为隐爆角砾岩筒的震碎带；裂隙化岩石带外带为新鲜的花岗闪长岩，即裂隙不发育的围岩，发育一系列不规则的裂隙，充填有晚期方解石脉或黄铁矿细脉；角砾岩筒到花岗闪长岩围岩，没有清楚的界线，为渐变过渡关系。

陈锦荣等（2000）编录 345m 中段时对角砾的大小、数量和胶结物的含量进行了初步统计（表 6-1），可以看出从角砾岩筒中心到闪长玢岩围岩具有明显的规律性，表现为从角砾岩筒中心到围岩，角砾砾径逐渐变大，单位面积内角砾个数逐渐减少，磨圆度越来越差，以至于角砾之间可以拼接；胶结物含量也呈现由多到少、由少到无的趋势，反映了角砾岩筒→角砾岩筒边部震碎带→裂隙发育的围岩的相变关系。

表 6-1 高丽沟 J-0 号角砾岩筒特征统计(据陈锦荣等,2000)

统计范围(距岩体中心)	胶结物含量/%	角砾成分	角砾砾级	角砾密度/个·m^{-2}	总体变化规律
0~1m	10	闪长岩	小角砾	52	闪长岩小角砾或岩屑,砾径从不足一厘米到十几厘米,胶结物类型为石英-多金属硫化物型,含量大于10%
1~2m	10	闪长岩	小角砾	54	
2~3m	10	闪长岩	小角砾	50	
3~4m	15	闪长岩	小角砾	45	
4~5m	10	闪长岩	小角砾	40	
5~6m	10	闪长岩	小角砾	40	
6~7m	10	闪长岩	小角砾	40	
7~8m	15	闪长岩	小角砾	50	
8~9m	8	闪长岩	小角砾	37	
9~10m	8	闪长岩	中、小角砾	38	中、小角砾混杂分布,由以小角砾为主渐变为以中等角砾为主,胶结物含量和角砾数量减少
10~11m	7	闪长岩	中、小角砾	37	
11~12m	5	闪长岩	中、小角砾	35	
12~13m	5	闪长岩	中、小角砾	35	
13~14m	5	闪长岩	中、小角砾	33	
14~15m	5	闪长岩	中、小角砾	33	
15~16m	3	闪长岩	中、小角砾	28	
16~17m	2	闪长岩	中等角砾	29	角砾中等,小角砾少见,角砾可拼接,胶结物含量极少
17~18m	1	闪长岩	中等角砾	24	
18~19m	1	闪长岩	中等角砾	26	
19~20m	闪长岩围岩,发育黄铁矿-方解石细脉				

但根据275m中段、225m中段、175m中段及110m中段采矿坑道的观察,在100°方位,从闪长玢岩围岩通过岩筒至钾长花岗岩,岩体总体变化趋势为未蚀变(弱蚀变)闪长玢岩→裂隙状闪长玢岩带→闪长玢岩角砾岩带→混合角砾岩带→钾长花岗岩角砾岩带→钾长花岗岩。裂隙状闪长玢岩带主要特征是闪长玢岩中发育细小、方向不定、延长较短的裂隙,属原生裂隙,裂隙中充填黄铁矿细脉或石英-黄铁矿细脉。闪长玢岩角砾岩带主要特征是角砾成分80%是闪长玢岩,角砾大者40cm,小者才5cm,角砾圆状、次圆状,胶结物为黄铜矿、黄铁矿;混合角砾岩带主要特征是角砾成分闪长玢岩和钾长花岗岩基本含量相同或相差不大,角砾大小不一,大者约15cm,小者1cm,次圆状、次棱角砾,胶结物为黄铁矿、石英少量黄铜矿;钾长花岗岩角砾岩带,角砾主要成分为钾长花岗岩,棱角状、次棱角状,大者20cm,小者5cm;胶结物为闪长玢岩、黄铁矿、石英、少量磁铁矿。

J-0号角砾岩筒在275~309m标高以上角砾岩筒特征明显,而在275m标高以下逐渐过渡到闪长玢岩体内,岩体边部钾长花岗岩捕虏体(坍塌角砾)较发育。

由此可知,J-0号角砾岩筒的形成与闪长玢岩存在成因上的联系。

6.1.2.3 八号硐J-8号角砾岩筒

八号硐J-8号角砾岩筒位于八号硐南山腰,角砾岩筒产于印支期黑云母花岗岩与花岗闪长岩接触带附近，围岩为粗粒黑云母花岗岩。其南部有近南北向及近东西向的燕山期花岗斑岩脉分布，东部有近南北向侵入于花岗岩中的闪长玢岩脉。平面上呈椭圆状，长轴方向为北东向，长轴长约65m，短轴长约20.99m。

角砾成分为花岗岩、花岗斑岩，斑晶为长石，基质为隐晶质石英，角砾形态不规则，磨圆较差，多数为尖棱角状—次棱角状，少数为次浑圆状，粒径一般小于20cm，粒径大于20cm的角砾则少见，胶结物为弱蚀变花岗岩粉，蚀变以绿泥石化为主，发育细网脉状、浸染状黄铁矿化。

在采坑北壁，可以看到角砾岩筒与黑云母花岗岩围岩以断层接触，断层产状为220°∠62°，断裂面平直，内部充填稠密浸染状黄铁矿化、绢云母化及绿泥石化蚀变岩；在采坑东壁，角砾岩筒与黑云母花岗岩围岩也是以断层接触，且是两组断裂构造交会部位，两条断裂产状分别为310°∠26°和290°∠82°，因此可以确定八号硐J-8号角砾岩筒是受北西向、北东向和近北东向3组断裂构造交会部位控制产出的。

6.1.2.4 邢家沟J-9号角砾岩筒

邢家沟J-9号角砾岩筒产于闪长玢岩与花岗岩接触带及北西向、近南北向、东西向断裂的交会部位。

矿体在地表尚未完全出露，平面上呈椭圆形，长轴长30m，短轴长11m左右，地表采样品位为1.27×10^{-6}，个别部位拣块品位达30×10^{-6}以上，并见有较好的褐铁矿化、绢云母化、高岭土化、泥化及硅化等，局部地段有黄铁矿化梳状石英细网脉穿插。深部在孔深91.80～93.80m和104.80～106.80m处见到矿体，厚度1～2m，品位为1.01×10^{-6}～2.56×10^{-6}，矿体的形态、产状大致呈筒柱状。

地表揭露了青磐岩化、高岭土化蚀变带，发育黄铁矿细脉，并多见有闪长玢岩及花岗岩的转石角砾，多数不规则状，少数次浑圆状，有裂隙状黄铁矿化。从岩芯观察，钻孔浅部角砾成分复杂，有花岗岩、闪长岩、黑云母花岗岩、花岗闪长岩及花岗斑岩，砾径较小，一般为几厘米，大于10cm的角砾少见，胶结物成分为暗色浸染状、团块状黄铁矿化、绿泥石化弱蚀变花岗斑岩。随钻孔深度的增加，在深部岩芯中的暗色角砾减少，暗色角砾以花岗岩或花岗斑岩角砾为主，胶结物成分为弱蚀变闪长玢岩。而且可以看到，在角砾中又有角砾被包裹的现象，即在弱蚀变闪长玢岩胶结的黑色浸染状黄铁矿化、绿泥石化蚀变角砾当中，又包裹了细粒闪长岩的角砾，说明该角砾岩筒在燕山晚期闪长玢岩和花岗斑岩岩浆活动时，在地下一定深度爆炸，使岩石破碎形成角砾，岩浆期后热液蚀变并胶结了复成分角砾，具有多期爆破且有多期热液蚀变胶结的特点。

6.1.2.5 大狍子沟J-16号角砾岩筒

大狍子沟J-16号角砾岩筒位于大狍子沟中段3个角砾岩筒最南东方向，从采坑中可以看出矿体形态在平面上呈椭圆状，长轴方向为162°，规模较小，长轴长20m，短轴长10m左右，在采坑内揭露的这部分矿体呈筒状。因深部无工程控制，矿体在垂向上的延深及形态尚不清楚。

角砾岩筒产于花岗斑岩与闪长岩接触带附近闪长岩体中，产出受F_{35}断裂和F_{45}断裂的次级近南北向产状为272°∠79°断裂构造交会部位控制，角砾岩位于两组构造交会处东部，即两条断裂的下盘。

在角砾岩中，角砾成分单一，多数为中细粒花岗斑岩，少量闪长岩角砾，形状不规则，分选性差，尖棱角状—次浑圆状，有弱高岭土化、绿泥石化蚀变。被蚀变花岗斑岩岩粉及细脉状、团块状黄铁矿胶结，胶结物蚀变类型以高岭土化、绢云母化及褐铁矿化为主，偶见有石英晶簇及晶洞，发育蜂窝状褐铁矿化。J-16号角砾岩筒的角砾、胶结物及矿化蚀变特征都与穷棒子沟J-1号角砾岩型矿体极其相似。

6.1.2.6 大狍子沟J－11号角砾岩筒

大狍子沟J－11号角砾岩位于大狍子沟中段3个角砾岩筒的北西方向，产于细粒花岗岩与闪长玢岩接触带附近的细粒花岗岩中，受北西向F_{35}断裂和东西向F_{22}断裂联合控制，岩体产于两断裂的下盘。从采坑中可以看出矿体形态在平面上呈椭圆状，长轴方向为310°，角砾岩筒上部约15m为上覆碎裂状细粒花岗岩，花岗岩中发育众多各方向裂隙，地表采矿为各方向断裂裂隙交会部位的富集氧化矿。地表下约40m民采坑道中沿北西向拉穿40m未控制矿体边界；往北东向拉穿约40m，也未控制边界，角砾岩筒规模较大，长轴长大于40m，短轴长大于40m，因深部无工程控制，矿体在垂向上的延深及形态尚不清楚。

角砾岩筒中角砾较单一，主要成分为细粒花岗岩，角砾大小不一大者可达1.5m，一般大于50cm，角砾圆状、次圆状，发育有蚀变晕；胶结物主要有花岗质岩石岩粉、岩屑、黄铁矿、石英。往角砾岩筒深部角砾变少、角砾大小有减小，但不明显，表明现出露的角砾岩筒是角砾岩筒的上部，有一定延深。

6.1.2.7 大狍子沟J－13号角砾岩筒

大狍子沟J－13号角砾岩筒位于大狍子沟中段3个角砾岩筒中部，产于花岗斑岩、细粒花岗岩和花岗闪长岩接触带附近，受北西向F_{35}断裂控制，角砾岩筒产于断裂的下盘。岩筒长宽及延深均未控制。

角砾岩筒中角砾成分主要为细粒花岗岩，角砾棱角状、次圆状，大小不一，大者8cm，角砾中有裂隙发育，充填黄铁矿细脉，角砾本身也高岭土化，胶结物主要为岩粉、黄铁矿，主要蚀变为高岭土化、黄铁矿化、绿泥石化、硅化；胶结物中黄铁矿粒度较大，约3mm，最大者可达5mm，五角十二面体，在角砾间的胶结物主要为石英、黄铁矿、方解石，粒度均较大，表明在角砾间张性空间生长形成。

此外，矿区矿体能确定为角砾岩筒，但未完全控制的角砾岩筒还有J－14号、J－17号、J－19号、XJ－1号和XJ－2号等角砾岩筒，总体受北西向F_{33}断裂控制。

J－14号角砾岩筒位于邢家沟沟顶遥感解译出的环形影像中，地表由单工程控制，宽度为22.00m，两端未封闭，见较强烈的硅化、高岭土化及褐铁矿化。J14ZK0001孔自223.50m后见角砾岩，矿化蚀变强烈，主要有黄铁矿化、高岭土化、绿泥石化，少量方铅矿化、闪锌矿化，局部见黄铜矿化，ZK1402号孔自306.00～331.00m为角砾岩，矿化蚀变强烈。ZK1403号孔自91.20～402.42m为角砾岩，矿化蚀变强烈。

J－19号角砾岩筒位于邢家沟内，TC89－3中发现矿化蚀变闪长岩带，工程控制宽度17m，蚀变见较强的高岭土化、绿泥石化、绿帘石化、绢云母化，矿化有褐铁矿化。

J－17号角砾岩筒，位于邢家沟10号环形影像内，产于闪长玢岩与花岗岩接触带附近靠近闪长玢岩一侧。地表见较强硅化、高岭土化，矿化见强褐铁矿化。TJ1701中宽度1.70m，J17ZK0001孔中从61.50m开始，见灰白色蚀变花岗岩，蚀变见较强的硅化、绿泥石化、绿帘石化、绢云母化；矿化见较强的黄铁矿化，呈团块状、星点状产出，地表采坑采出矿石中见角砾成分主要有细粒花岗岩、粗粒文象花岗岩、闪长岩，呈角砾棱角状、次棱角状，大小不一，文象花岗岩中还包含有细粒闪长岩，可能为早期闪长岩包体，胶结物为闪长玢岩，蚀变不强，主要为细粒浸染状黄铁矿化。石英-黄铁矿细脉、黄铁矿细脉较发育，相互穿插，表明多次热液活动，但不强烈；在闪长玢岩中主要为黄铁矿细脉，但密度不大。总体而言，J－17号角砾岩筒特征与J－0号角砾岩筒相似，但矿化较弱。

XJ－1号角砾岩筒为新发现角砾岩筒，位于邢家沟西侧，产于闪长玢岩与花岗岩接触带靠近花岗岩一侧，角砾岩筒长轴走向300°；角砾成分主要有细粒花岗岩、闪长玢岩、粗粒花岗闪长岩，同时见有煌斑岩、辉绿岩的角砾，表明角砾岩中岩性复杂，角砾形状有圆状、棱角状、次棱角状，大小不一，大者20cm，小者 2cm;角砾相互关系复杂,角砾中有角砾现象明显,如细粒花岗岩中有花岗闪长岩包体和细粒花岗岩包体,花岗闪长岩包体次圆状,细粒花岗岩包体棱角状、可拼接。胶结物较少,主要为岩粉,矿化主要为褐铁矿化、孔雀石化,孔雀石化呈脉状充填于角砾中的裂隙或胶结角砾,角砾中发育的蚀变晕圈与 J-1 号角砾岩筒和 J-11 号角砾岩筒中角砾蚀变晕圈十分类似,表明此为一典型角砾岩型矿体。

XJ-2 号角砾岩筒也为新发现的角砾岩筒,位于邢家沟东侧,据民采斜井采出矿石看,岩筒产于闪长玢岩中,矿化矿石为细脉浸染状闪长玢岩,与 J-0 号角砾岩型矿体中细脉浸染状矿石类似,角砾岩筒可能处于闪长玢岩与花岗岩界线中的闪长玢岩一侧。

6.1.3 岩浆穹隆构造系统基本特征

岩浆穹隆构造是指矿区内控制环状 18 号脉群、Ⅱ号脉群以及呈放射状分布的Ⅲ号脉群、Ⅻ号脉群和ⅩⅢ脉群所构成断裂、裂隙构造系统。总体而言,半截沟以南,即岩浆穹隆中心往南西方向,环状、放射状构造较发育,而放射状断裂在岩浆穹隆东北部较发育。

6.1.3.1 环状断裂构造特征

岩浆穹隆系统中,环状断裂相对比放射状断裂发育,环状断裂近平行产出,相互间隔宽度不等,间隔 50～100m 不等。

Ⅱ-1 号、Ⅱ-2 号断裂发育完整,近平行产出,构造呈近圆形环,在半截沟以南发育于闪长玢岩中,以北发育于花岗岩中;断裂宽度变化较大,一般 0.1～1.0m,在穷棒子沟口附近,总体走向为 345°～355°,倾向西,倾角 46°～50°;往南总体走向 130°～135°,倾向南西,倾角 46°～50°;在半截沟南侧小狍子沟附近,产状为总体走向 109°,倾向南,倾角 46°～50°,往东总体走向 60°,倾向南西,倾角 46°～50°;在半截沟东部,总体走向 150°～180°,倾向东,倾角 38°～46°;穷棒子沟口以北,断裂总体走向 193°～220°,倾向北,倾角 80°～85°,略呈弧形,赋矿围岩为粗粒花岗岩;两条环状断裂中充填黄铁矿化、硅化、绿泥石化、高岭土化构造蚀变岩夹黄铁矿细脉,近矿围岩有弱黄铁矿化和绿泥石化;断层面平直,略具舒缓波状,断层内充填有构造透镜体。

Ⅱ-3 号、Ⅱ-4 号断裂主要在半截沟以南发育,断裂产于闪长玢岩中,宽度为 0.80～1.00m,地表倾角较陡 60°～70°。断裂中为构造蚀变岩夹黄铁矿细脉型,蚀变有褐铁矿化、硅化、绿泥石化、高岭土化和强黄铁矿化。

Ⅱ-5 号断裂主要在半截沟以南发育,穷棒子沟以西产于中粗粒花岗闪长岩中,往沿花岗斑岩与闪长玢岩接触带产出,ZK1131 钻孔中 40m 处产出,宽度约 1.5m;J-1 号矿体 6 中段(80m),断裂宽度 0.7m,产状 240°∠48°,围岩为中粗粒花岗闪长岩,断裂与围岩界线清楚(图 6-18),上、下盘面舒缓波状,断裂中蚀变岩黑色,泥化、黄铁矿化,角砾岩性为中粗粒闪长岩,呈构造透镜状、眼球状,断裂错动北东向黄铁矿脉;在 4 中段,沿脉控制长约 300m,断裂呈弧形,宽 0.8～1.2m,在东产于断裂宽 0.8～1.5m;往东通过穷棒子沟,断裂地表出露于闪长玢岩与花岗斑岩接触部位(图 6-19),断裂上盘为花岗斑岩,下盘为闪长玢岩;断裂面舒缓波状,总体产状,断裂中构造岩呈黑色,泥化、黄铁矿化,构造蚀变岩中发

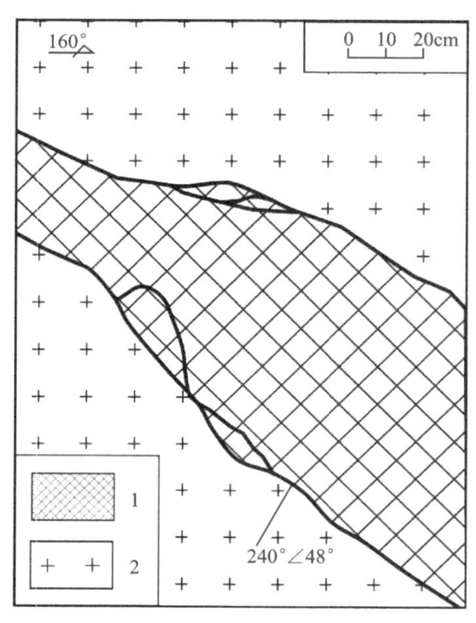

1.矿体;2.中粒花岗闪长岩

图 6-18 J-1 号矿体 6 中段Ⅱ-5 号矿脉素描

育许多角砾，角砾大小不一，大者12cm，小者0.5cm，主要成分为闪长玢岩，角砾呈小透镜状、眼球状、次圆状。

总体而言，构成环形的各条断裂构造，围绕环的中心成弧形展布，并且都向环的外侧倾，环的西南半部分断裂倾角较陡，一般为50°左右，越远离环的中心，倾角越大，离环中心越近，倾角越小，如18-1号脉；在环的东半部分，断裂倾角则比较缓，一般为38°，在空间上形成一个东边缓，西边陡"倒扣的锅"的形状；在平面上由环中心往环外，断裂倾角变陡，剖面上由上而下环状断裂倾角由缓变陡。

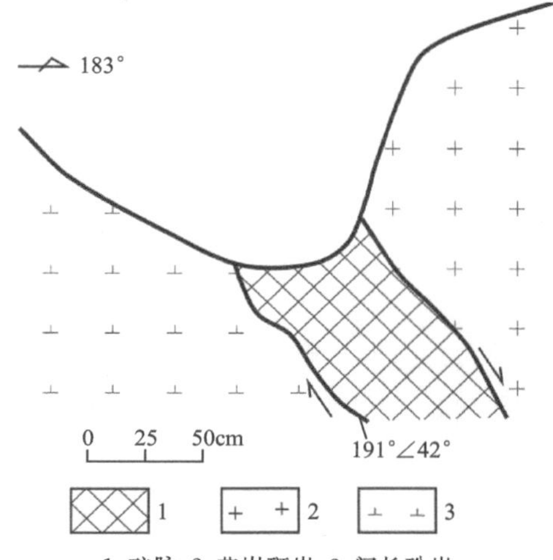

1.矿脉；2.花岗斑岩；3.闪长玢岩

图6-19　闪长玢岩和花岗斑岩接触处Ⅱ-5号矿脉素描

6.1.3.2　放射状断裂构造特征

目前岩浆穹隆中放射状构造主要在穹隆的西南部、东北部和西北部发现；放射状断裂构造是与环形断裂构造相伴产出的，均围绕环形脉群中心呈放射状分布。其中，西南部和北东部放射状断裂构造发育，放射状断裂规模一般较小，延长长度和宽度均较小。矿化类型是以充填黄铁矿细脉为主体的黄铁矿细脉及石英-黄铁矿细脉为主的矿体。蚀变带宽度十几厘米至几十厘米不等，而黄铁矿细脉的宽度却只有几厘米。容矿断裂倾角较陡，都在80°以上或近于直立。

岩浆穹隆西南部放射状断裂：断裂产于岩浆穹隆西南，包括Ⅲ号、Ⅲ-1号、Ⅲ-2号、Ⅲ-3号、Ⅰ-1号、Ⅰ-2号断裂。

Ⅲ号、Ⅲ-1号、Ⅲ-2号、Ⅲ-3号断裂：4条断裂近乎平行，等间距分布于环形脉群的南侧。总体走向20°～30°，近于直立，略南东倾，断裂宽0.1～1m，其中Ⅲ-3号断裂延长较大，长约300m，其他延长100m左右；断裂面总体平直，构造面参差不齐，呈锯齿状。断裂中为构造蚀变岩夹黄铁矿细脉型矿体，黄铁矿细脉厚度不足10cm，强褐铁矿化、硅化及少量的方铅矿化；充填于断裂中的石英矿物结晶较好，呈柱状，由脉壁往里生长。

Ⅰ-1号、Ⅰ-2号断裂：Ⅰ-1号断裂位于穷棒子沟东侧，走向80°，近于直立，略南倾。矿体延长130m，脉宽度只有几厘米厚，不具有工业规模。在附近产出一系列的平行细脉，有民采痕迹。矿化类型以黄铁矿细脉为主，两侧是蚀变岩型，蚀变有高岭土化和褐铁矿化，蚀变带宽度近1m，赋矿围岩为闪长岩玢岩及粗粒花岗岩。

Ⅰ-2号断裂体位于穷棒子沟西，走向近东西，倾角直立，民采揭露矿化类型与半截沟Ⅰ-1号矿体相同，产于粗粒花岗岩与闪长玢岩体接触带附近，围岩为粗粒花岗岩。

另外J-1号矿体中发现一系列近于平行产出的黄铁矿细脉，厚度一般不超过3cm，总体走向为北东向，倾角近于直立。测得其中几条脉的产状分别为：走向46°，南东倾，倾角85°；走向43°，北西倾，倾角85°；走向48°，北西倾，倾角88°；走向60°，北西倾，倾角78°，属于放射状容矿断裂构造。矿化类型为黄铁矿细脉充填型，品位极高，品位高达300×10^{-6}。

岩浆穹隆北西部放射状断裂：断裂产于岩浆穹隆北西侧，包括Ⅷ-1号断裂和Ⅷ-2号断裂。

Ⅷ-1号、Ⅷ-2号断裂：产于岩浆穹隆北西侧，Ⅷ-1号断裂位于松树砬子南侧路边，环形脉群的北西，走向为320°；Ⅷ-2号断裂位于Ⅷ-1号矿体北100m处，走向近南北，两条矿体均陡倾，近于直立，从断裂面分析，其参差不齐，具张性断裂(裂隙)特点。

岩浆穹隆北东部放射状断裂：产于岩浆穹隆北东侧，包括Ⅻ-1号、Ⅻ-2号、Ⅻ-3号断裂和Ⅻ-5号、Ⅻ-6号断裂。

Ⅻ-1号、Ⅻ-2号及Ⅻ-3号断裂位于松树砬子山顶，平行产出，断裂续延伸，走向70°，倾角直立，规模较小；Ⅻ-2号断裂往东延伸时产状发生变化，追踪了近东西向的F_{26}断裂。

Ⅻ-5号、Ⅻ-6号断裂在民采硐内出露，产于Ⅻ-1号断裂南侧，与之不平行，两断裂基本平行产出，间距约50m，Ⅻ-5号断裂产于中粒二长花岗闪长岩中，宽约1.8m，产状330°∠85°。整体而言，断裂两盘平直，产状稳定；断裂中构造透镜体发育，透镜指示断裂为挤压正断层，发育4条石英-黄铁矿脉，最宽为靠近下盘面，宽约12cm，最窄为靠近上盘面，宽约2cm，石英-黄铁矿脉脉体充填于透镜体边部，呈舒缓波状，主要矿化为黄铁矿化。黄铁矿有两种：一种粒度较大，大者1cm，一般2～3mm，呈五角十二面体、立方体；另一种细粒呈脉状充填于裂隙中或浸染状，主要蚀变为硅化、高岭土化、绿泥石化。Ⅻ-6号断裂在Ⅻ-5号断裂东约50m处产出，坑道控制约120m，断裂宽度较小，宽约50cm，断裂倾向变化较大，往东产状147°∠74°，往南倾向相反，产状变为330°∠70°，黄铁矿-石英脉宽约10cm，充填于断裂中黄铁矿、石英颗粒较大，主要矿化黄铁矿化、方铅矿化；主要蚀变为硅化、高岭土化、绿泥石化，矿化显示分带，中间为石英-黄铁矿化，两侧为石英-方铅矿化。

放射状断裂倾角较陡，都在80°以上或近于直立，矿化体是以充填黄铁矿细脉为主体的黄铁矿细脉及构造蚀变岩型矿体；蚀变带宽度十几厘米至几十厘米不等，最大180cm，而黄铁矿脉的宽度却只有几厘米，最大十多厘米。

6.2 构造格架和时空演化

6.2.1 区域构造应力场转换变化

金厂矿区处于我国东北部，华北板块、西伯利亚板块、太平洋板结合部位黑龙江东部兴凯地体中的太平岭隆起与老黑山断陷接合部位的老黑山断陷一侧，区域应力与华北板块、西伯利亚板块、法拉龙板块、库拉板块、太平洋板块的运动相关；据彭玉鲸等(2002)研究，吉黑地区早三叠世(245～225Ma)完成了古亚洲洋向古特提斯洋海的转换，宣告了古吉黑造山作用的结束，进入滨太平洋新吉黑造山作用的历史。

晚印支期以来构造演化受华北板块、西伯利亚板块、法拉龙板块、库拉板块、太平洋板的影响，区域应力均发生了转换变化；影响区域构造岩浆演化的主要因素是法拉龙板块、库拉板块、太平洋板块的运动在不同时期运动方向和运动性质的变化(图6-20)，法拉龙板块(180Ma前为俯冲阶段，180～154Ma为横推运动阶段)，伊泽奈崎-库拉板块(150～70Ma，向北西、北北西、北方向俯冲阶段)，太平洋板块(70～37Ma，向北西、北方向俯冲阶段)在N35°、E135°方位上存在于亚洲大陆东缘。

滨太平洋构造域中的法拉龙板块位于日本弧附近(180Ma前为俯冲阶段，180～154Ma为横推运动阶段)，并相对欧亚大陆板块以10.7cm/a的速率向北东向运动，这也证明亚洲大陆东缘此时具有转换断层性质。150Ma之后，法拉龙板块与伊泽奈崎板块间的扩张脊已越过本区，扩张脊北侧的法拉龙板块连续向北东向运动，而南侧的伊泽奈崎板块向北西向运动，这一方面使法拉龙板块向北东向的运移速率减小(5.3cm/a)，同时在东亚大陆边缘产生斜向俯冲作用。127Ma之前冲速率最大，达30.0 cm/a，此时正是中国东北部大规模火山岩发育时期，也是区内火山-岩浆作用最主要的时期，127～119Ma期间，伊泽奈崎板块仍向本区斜向俯冲，但速率有所减慢，为21.1cm/a，吉黑地区早白垩世晚期发育的火山岩(125～114Ma，K-Ar法)应与此事件有关，本区早白垩世晚期火山岩和花岗斑岩可能与之有关。而后该板块越过本区改为向北运移。

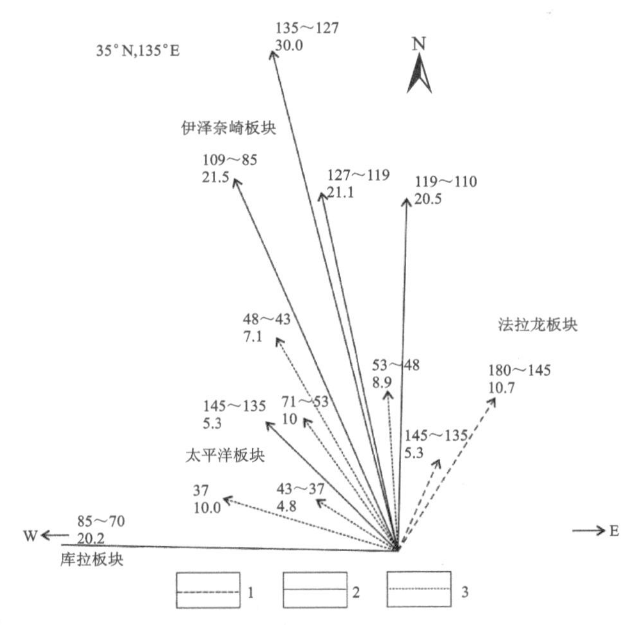

1.法拉龙板块；2.库拉板块、伊泽奈崎板块；3.太平洋板块

图 6－20　金厂矿区区域应力场转换变化

由印支晚期一燕山晚期开始主体构造应力场具体变化为(图 6－21)：①晚印支期(220～180Ma)，受西伯利亚构造域影响，区域应力场主要为南北向挤压；②燕山早中期(180～135Ma)，受法拉龙板块和伊泽奈崎-库拉板块影响，区域应力场为北东-南西向挤压；③燕山中晚期(135～120Ma)，受伊泽奈崎-库拉板块影响，区域应力场表现为北西-南东向挤压；④燕山晚期(120～110Ma)，受伊泽奈崎-库拉板块影响，区域应力场表现为近南北向挤压；⑤燕山晚期(110～85Ma)，受伊泽奈崎-库拉板块影响，区域应力场表现为北西-南东向挤压；⑥燕山晚期(85Ma)以后，区域主要受太平洋板块影响，与成矿关系不大。

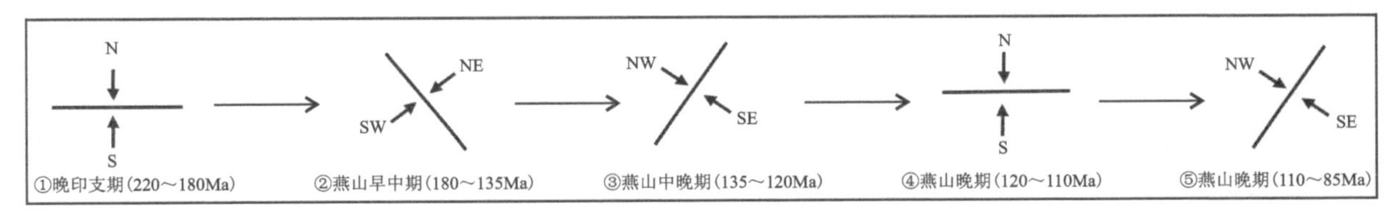

图 6－21　金厂矿区及外围应力变化示意图

6.2.2　矿区内构造力学性质

6.2.2.1　断裂构造力学性质

1.北东向断裂

矿区内最主要控岩控矿构造为北东向绥阳深大断裂，绥阳深大断裂是夹持于敦化-密山断裂和图们-东宁断裂两深大断裂间的一条深大断裂，断裂力学性质演化与敦化-密山断裂相同。绥阳深大断裂的演化发展与西伯利亚板块、法拉龙-库拉板块、伊泽奈崎板块、太平洋板块活动是分不开的，该断裂带是区内古老的构造活动带和重要的控岩构造，具有形成时间早、长期多期活动的特征，控制了黄松群地层和印支期—燕山期侵入岩的分布，构成三级构造单元分界线。该断裂带由数条平行的压性或扭性走

向断裂构成，断裂经历了多次活动具有左行、张性、逆冲、左行和挤压特征。矿区范围内的北东向断裂是绥阳断裂上盘次级断裂，裂面光滑平直，多数陡倾，说明北东向这组断裂性质为剪应力作用的压性—压扭性走向断裂性质。

2. 近南北向断裂

近南北向断裂略呈舒缓波状，断层三角面清楚，沟谷平直，两侧岩石破坏较强，并且在断层中常发育有挤压片理(图 6-22)，说明其具有压性断裂性质。大狍子沟中出露的 F_{45} 断裂，产状较陡，近直立，结构面舒缓波状，显示压性性质，断裂中构造透镜显示具正断层性质，下盘面一水平擦痕显示断裂具右行走滑，沿断裂侵入了花岗斑岩，花岗斑岩脉也挤压破碎形成透镜状，表显断裂多次活动，即断裂经历了左行、张性、左行的演化。

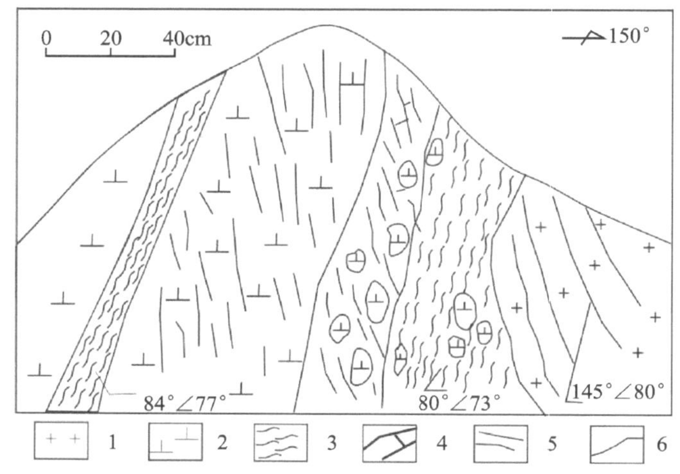

1. 花岗岩；2. 闪长岩；3. 片理化带；4. 黄铁矿细脉；5. 裂隙化带；6. 岩性界线

图 6-22　南北向断裂中挤压片理素描图

3. 东西向断裂

在大狍子沟 J-13 号矿体采坑中出露的东西向断裂上盘面较平直，下盘面被角砾岩体破坏而不明显，断裂中角砾有次圆状和棱角状，表明断裂具有张性质。F_{26} 断裂面平直，略具波状，角砾形状有棱角状、透镜状、次圆状。断裂内大透镜包含有小透镜或棱角状角砾，小透镜中也包含更小的棱角状角砾，透镜显示断裂为正断层，表明断裂经过了张性到压性的转变。J-9 号矿体附近的东西向断裂，断裂面平直，棱角状断裂发育，同时见断裂中发育马牙状石英，表明断裂张性性质。J-1 号矿体的石门等坑道中见东西向断层内充填有不规则角砾或蚀变岩型及黄铁矿细脉型矿化(体)；断层面呈锯齿状，参差不齐，显示断裂为张性断裂。

4. 北西向断裂

在 J-13 号矿体采坑中出露的北西向断裂中，断裂面呈舒缓波状，显示断裂有压性特征。断裂面中发育多组擦痕，第一组擦痕走向 125°，侧伏角 30°，显示上盘斜向下运动；第二组擦痕水平与阶步同时显示水平左行走滑特征；第三组擦痕显示上盘下降，断裂有正断裂性质。断裂中能见有第三组擦痕与第二组擦痕相交并覆盖其上，表明张性性质在走滑性质之后。J-11 号矿体采坑中出露的北西向断裂，断裂面平直，沿断裂侵入花岗斑岩，破碎带上盘附近岩石破裂，角砾呈棱角状，表明断裂具张性性质，花岗斑岩和闪长岩均卷入了断裂形成张性角砾；同时也见有构造透镜包含张性角砾，表明张性断裂后还有一期挤压作用；构造透镜指示断裂为逆冲断裂。

通过以上分析，判定北西向断裂经历了压性→右行走滑→张性→挤压的演化过程。

6.2.2.2 岩浆穹隆构造力学性质

1. 环状、放射状断裂力学性质

区内环状断裂性质主要为Ⅱ-2号、Ⅱ-1号断裂。Ⅱ-2号断裂在半截沟与穷棒子沟接合部位，断层面平直，略呈舒缓波状，断层内充填构造透镜体(图6-23)，指示断裂性质为以压性逆冲为主，略带右行走滑。

Ⅱ-2号断裂在小狍子沟岩脉中，断层面光滑平整，略具舒缓波状，充填物中发育弱蚀变的闪长岩构造透镜体，指示断层性质为压性正断层。同时，在断层充填物中在发育黄铁矿充填的裂隙以及主脉旁发育的羽列裂隙，指示断层运动方向为上盘向上、下盘向下，为逆断层，即成矿期以逆冲断裂为主(图6-24)。

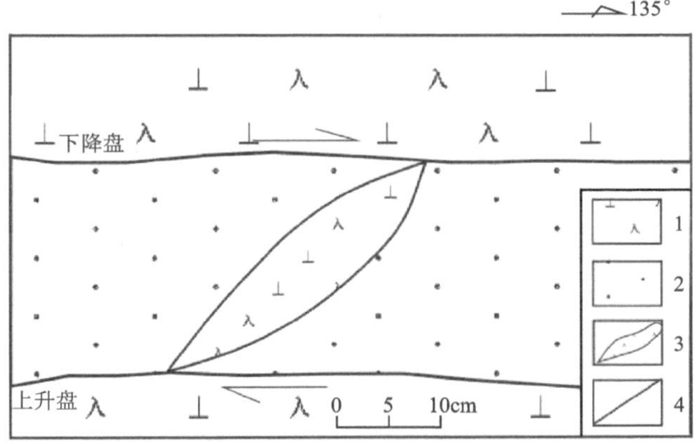

1. 构造透镜体；2. 构造透镜体；3. 断层面；4. 闪长岩

图6-23 Ⅱ-2号断裂构造透镜体指示断层两盘运移方向

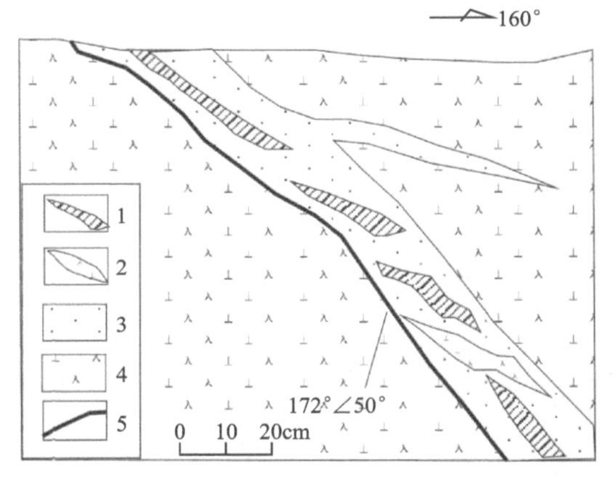

1. 黄铁矿细脉；2. 构造透镜体；3. 构造蚀变岩；4. 闪长岩；5. 断层面

图6-24 半截沟Ⅱ-2号断裂构造透镜体及羽状支脉

Ⅱ-1号断裂层面平整光滑，略具波状起伏，内部充填构造蚀变岩型矿体。在断裂充填物中发育构造透镜体，说明该断裂性质为压性。构造透镜体与断裂面所夹锐角指示断层运动方向为上盘向东小角度斜向下、下盘向西斜向上。断层性质是以拉张为主，略带左行旋扭(图6-25)。

Ⅱ-1号断裂在半截沟北部，略呈弧形，断裂性质为压性逆冲断层。Ⅱ-1号断裂在松树砬子民采平巷中(图6-26)，断层面平整光滑，充填物中弱蚀变花岗岩的构造透镜体发育，指示断层运动方向为上盘向下、下盘向上，为压性逆冲断层；同时断裂中发育的棱角状张性角砾和盘面上擦痕和阶步显示断裂具张性正断裂性质；石英-黄铁矿细脉沿构造透镜体边部分布，石英晶形完好，呈六方柱形断裂有向上变窄，向下膨大的趋势。

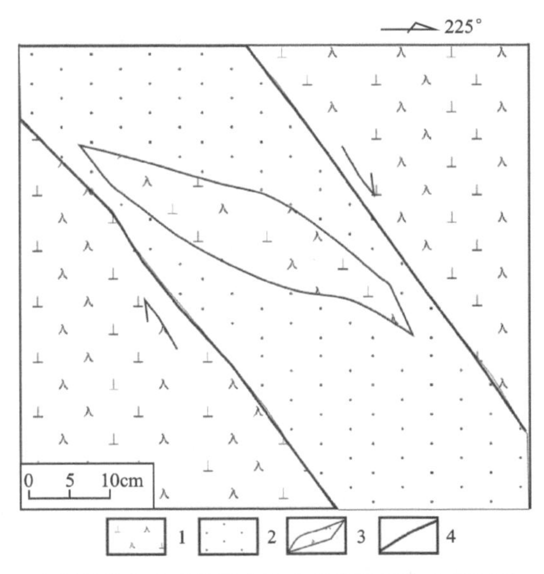

1. 闪长玢岩；2. 构造蚀变岩；3. 构造透镜体；4. 断层面

图6-25 半截沟Ⅱ-1号断裂构造透镜体指示两盘运动方向

区内放射状断裂主要出露于北东、北西、南西和南东4个部位，围绕岩浆穹隆断裂呈放射状排列。它们的共同特点是：断裂倾角较大，都在80°以上，或近于直立；断裂面参差不齐，略呈锯齿状，显示容矿断裂具有张性特征（图6-27）。其中，北东部放射状断裂断裂面平直，略具波状断裂，地表出露的断裂发育构造透镜，构造透镜和擦痕显示断裂具左行走滑性质。民采坑中Ⅱ-5号放射状断裂构造透镜及下盘面擦痕和阶步显示，断裂性质为压性正断裂，同时在下盘面发育水平擦痕和阶步显示断裂水平左行走滑，坑道顶板一产状为111°∠44°断裂变放射状断裂明显错动，显示右行，实为左行；垂直擦痕明显叠加于水平擦痕之上，表明断裂经历了左行走滑向正断裂的转变。Ⅱ-6号放射状断裂，断裂面平直，但产状变化较大，断裂中发育各种擦痕和阶步及错动其他石英-黄铁矿脉或断裂，显示断裂力学性质复杂。综合分析认为，断裂经历了右行正断层→逆冲→左行正断层的演化。南西部放射状断裂中石英结晶良好，呈马牙状，显示张性特征，盘面擦痕和被错动的断裂均显示断裂具有左行走滑性质。

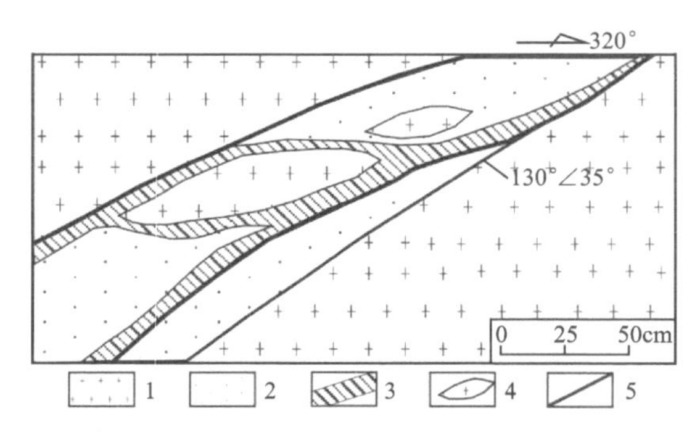

1.花岗岩；2.构造蚀变岩；3.黄铁矿细脉；4.构造透镜体；5.断层面

图6-26　半截沟Ⅱ-1号含黄铁矿细脉断裂构造透镜体指示断层两盘运移方向

在J-1号矿330中段，两条反倾的黄铁矿细脉近平行产出，产状分别为313°∠85°和154°∠78°，属于放射状容矿断裂。两条脉向下部有膨大和复合的趋势，向上则均呈树枝状尖灭（图6-28），也说明容矿断裂具有张性断裂的特点。

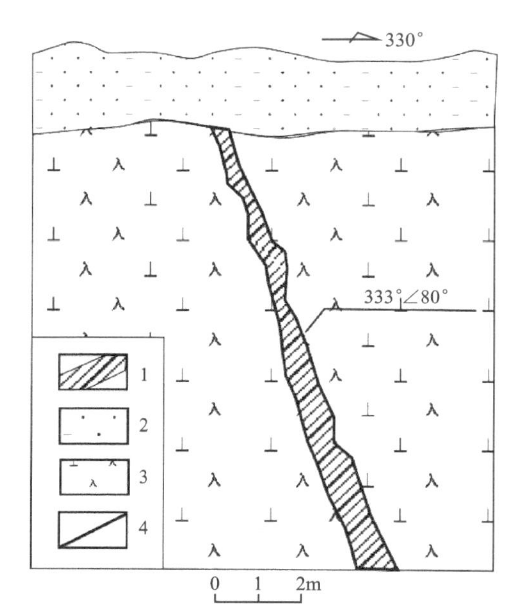

1.黄铁矿细脉；2.第四纪堆积物；3.闪长岩；4.断层面

图6-27　半截沟黄铁矿细脉充填的张性断裂

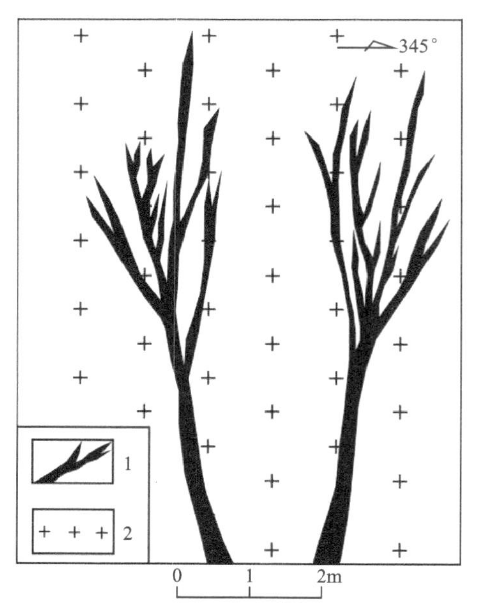

1.黄铁矿细脉；2.花岗岩

图6-28　黄铁矿细脉向上呈树枝状尖灭

2. 节理测量统计

为确定岩浆穹隆形成时的应力特征对（主要为方向）及变化，对环形断裂及外部岩石节理进行了统计，为区分区域性节理对由岩浆侵入形成时的节理分析的影响，又对矿区外围岩石中节理进行了测量统计，因矿区内岩石露头少，观察位置分布不均匀，本次节理测量统计工作只能作为分析时的参考。

矿区范围内节理发育程度不相同，在岩浆穹隆涉及的范围内岩石节理发育，且不集中；而在此范围外岩石中节理相对较少且集中，如09J13、09J14点节理。本次节理测量统计工作主要对于岩浆穹隆影响范围内，测量点分布于环形断裂构造的东北部、西北部、南部靠西和南部靠东4个位置（图6-29）。考虑所统计节理只在地表，且野外节理中未见成矿期充填物，难以确定节理是否为成矿期节理以及是否为共轭节理，通过节理测量统计工作，可得到以下认识。

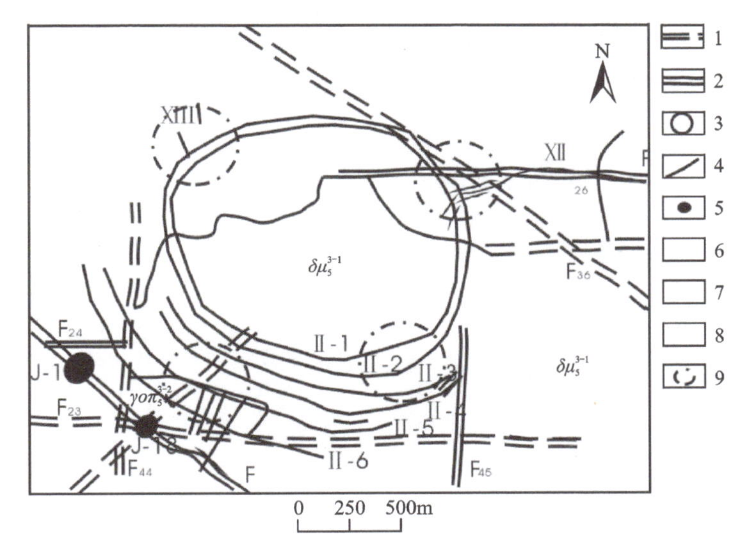

1.实测断裂；2.推测断裂；3.环状矿体；4.放射状矿体；5.角砾岩型矿体；6.花岗斑岩；7.闪长玢岩；8.印支晚期—燕山早期花岗岩；9.节理测量分布区

图6-29　金厂矿区岩浆穹隆节理测量分布图

（1）岩浆穹隆外节理相对不发育，在金在村东约100m处，闪长岩统计的节理主要为集中的几组，在节理倾向、倾角玫瑰花图上（图6-30），倾向主要集中于3个方向，节点等密图上主要集中于4个区域，表明闪长岩形成后构造影响较小，未受岩浆穹隆影响。

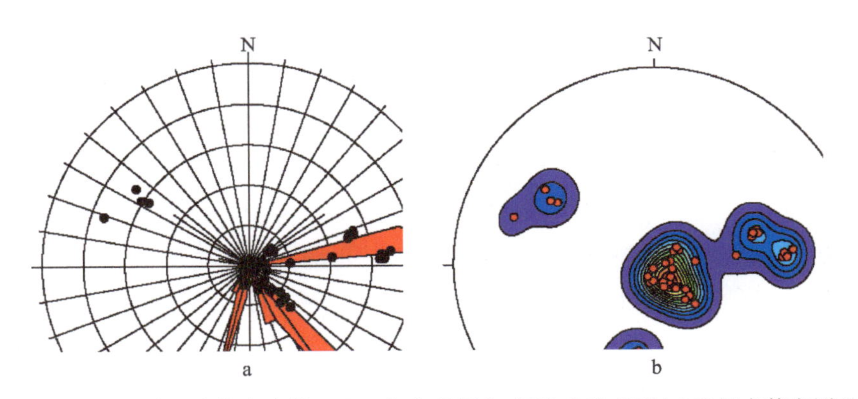

图6-30　金厂矿区岩浆穹隆外09J13点节理倾向、倾角玫瑰花图（a）和极点等密图（b）

（2）岩浆穹隆北东部节理测量统计表明主要倾向北西、西、南南西和南东；南西部节理主要倾向北东、南东、北北西和北西。

（3）北西部节理主要倾向北东、北北东、北西、南西西、南南西和南南东；南东部节理主要倾向北东、北西、南西西、南西、南东和南东东（图6-31）。北西部节理玫瑰花图和节理极点等密图与南东部节理玫瑰花图和节理极点等密图有旋转180°的对称性；北东部节理玫瑰花图和节理极点等密图与南西部节理玫瑰花图和节理极点等密图有旋转180°的对称性。

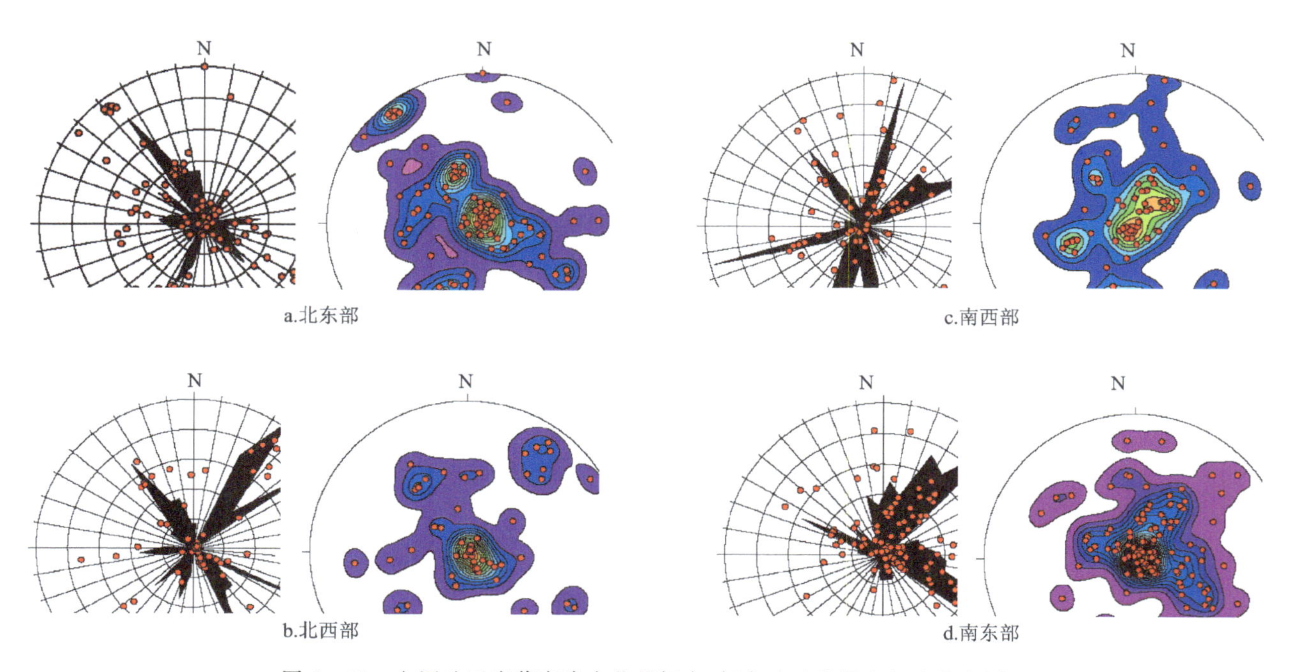

图 6-31　金厂矿区岩浆穹隆内节理倾向、倾角玫瑰花图和极点等密图

注:左图为节理倾向、倾角玫瑰花图;右图为极点等密图。

(4)北西部节理与南东部节理、北东部节理与南西部节理旋转 180°的对称性是非完全对称,主要原因有两个:一是测量位置非完全对称;二是节理所处岩石岩性不同。

(5)北西部节理与南东部节理、北东部节理与南西部节理旋转 180°的对称性反映了北东部节理形成时应力状态与南东部节理形成时应力状态相反,北西部节理形成时应力状态与南西部节理形成时应力状态相反,最终反映半截沟深部存在一个地质体能形成岩浆穹隆构造。

6.2.3　构造应力场演化

根据前述区域断裂、褶皱的特征与性质,矿区内断裂构造在不同方向上断裂发生的复杂力学性质转变如下。

北东向断裂:力学性质变化经历了左行走滑→张性→压性→左行走滑→压性。

近南北向断裂:力学性质变化经历了左行走滑→张性→左行走滑。

北西向断裂:力学性质变化经历了压性→张性→右行走滑→左行走滑。

近东西向断裂:力学性质经历了压性→右行走滑→压性→右行走滑。

结合区域应力场转换变化,建立金厂矿区构造体系,构造体系成生发展顺序为①东西向构造带→②北西向构造带→③北东向构造带→④近东西向构造带→⑤北东向构造带,σ_1方向变化为 0°→45°→130°→140°→0°→130°。

岩浆穹隆构造系统力学性质演变是与燕山晚期花岗斑岩由南西往北东方向的侵入活动有关,岩浆侵入时在穹隆所影响范围内上覆岩层中产生呈放射状分布的挤压主应力,挤压主应力是由深部往浅部向外,形成环形正断裂和具左行走滑或右行走滑的张性放射状断裂。岩浆侵入晚期,岩浆结晶冷凝或岩浆上部热液运移至其他区域后,形成虚脱空间,上覆岩层产生往内的张性主压力,形成挤压正断裂;而对放射状断裂影响不大,但造成放射状断裂形成与前期方向相反的力学性质。

6.3 构造控岩特征

6.3.1 区域性断裂对岩浆演化的控制

矿区内岩浆活动强烈，岩性复杂，主要有印支晚期—燕山早期和燕山晚期两期岩浆活动，岩性从中基性至酸性均有发育。区域性断裂构造是地壳和岩石圈最基本的构造形式，巨大的断裂控制着地壳岩石圈的发展和演化。断裂常常是岩浆及成矿物质活动通道与赋存场所，因而成为最重要的控矿因素。在本区绥阳深大断裂是太平岭隆起和老黑山断陷的分界性断裂，控制了成矿地质环境，同时是主要控矿断裂，控制了区域性岩浆岩的分布和次级断裂的发展演化，同时是区内沟通深部岩浆侵入和成矿热液的通道。绥阳断裂东侧近东西向次级断裂是主要的控制燕山期岩浆活动的断裂。

6.3.2 矿区断裂控岩作用

（1）断裂对接触带的控制：矿区内北西向、东西向、北东向和近南北向次级断裂，控制了矿区内岩体的侵入和矿体的分布。近东西向断裂控制了闪长玢岩的侵入活动，使闪长玢岩在矿区范围内呈近东西展布，形成南、北两条接触带。

（2）断裂对角砾岩筒的控制：不同方向断裂交会部位是构造薄弱部位，是角砾岩筒形成有利部位，控制的角砾岩筒的分布，穷棒子沟J－1号角砾岩筒矿体产于南北向、北西向及东西向断裂的交会部位，八号硐J－8号角砾岩型矿体产于北西向与近东西向断裂的交会部位。邢家沟J－14号、J－9号、J－17号、XJ－1号、J－19号矿体产于北西向与东西向断裂的交会部位，矿体呈近北西向串珠状展布。大狍子沟J－11号矿体受北西、东西向断裂构造向的交会部位，J－13号矿体受近南北向和北西向断裂交会部位控制。J－1号、J－11号、J－13号矿体总体呈北西向串珠产出。

（3）断裂对岩浆穹隆的控制：矿区内岩浆穹隆初步确定一个，但矿区范围内分布大的环状构造和许多小型环，电法异常呈近北东向斜列展布。例如电－2异常分布于邢家沟至穷棒子沟一带，呈北东向展布，形态哑铃状；电－3、电－4、电－22和电－23，呈北东向展布；电－7异常和电－8异常呈近北东向展布。这些电法异常的北东向斜列展布，可能反映了深部岩体向南西向侧伏，受北东向次级断裂控制。

6.4 控矿构造系统

6.4.1 岩浆穹隆构造系统的控矿作用

岩浆穹隆构造系统控矿作用主要是指燕山期闪长玢岩侵入时在上覆岩层中形成了放射状和环状断裂系统及各种裂隙系统，致使在半截沟一带形成环状和放射状裂隙。通过18号和2号脉群矿化特征及控矿构造特征观察对比，认为其为同一构造系统。主要依据如下：①矿脉近平行产出；②矿脉浅部倾角较小，往深部倾角变陡；③矿化特征相近；④控矿断裂性质相同，断面特征以角砾压性逆冲为主，略带右行走滑，同时又有正断层性质；⑤18号深部ZK04－1在1060～1062m处还有Au含量为0.61×10^{-6}及0.41×10^{-6}的矿化。

对这些环状和放射状裂隙进行产状统计，环状裂隙的产状全部外倾，西半环的倾角较缓，大致为20°，东半环的倾角较陡，大致为62°，且环状断裂均由环内往环外产状由缓变陡，由地表往深部产状由缓变陡。这个上拱方向还可以从遥感影像上得以证明，在邢家沟—穷棒子沟一带为一系列环形影像，这些环形影像在西边规模较大，向东有逐渐收缩的趋势，它是隐伏岩体的外在表现，同时表明本次岩浆侵入具有向南西向侧伏特征。岩浆侵入向南西向侧伏有其他证据：①闪长玢岩体有呈环分布趋势；②Ⅱ-4号脉群有往南西向侧伏趋势；③总体而言Ⅱ号脉群往南西向厚度相对变厚，品位相对变高；④在南西侧，环状脉体变多，有新发现Ⅱ-5号脉及在J-1号矿体4中段可能有一条与Ⅱ-5号脉平行的Ⅱ-6号脉；⑤J-1号角砾岩筒附近各方向脉体石墨化强烈，显示高温特征；⑥由高丽沟穷棒子沟往松树砬子，蚀变矿物由高温往中高温往低温变化趋势，元素也有由高温变低温趋势，同时金品质降低，其中半截沟J-1号矿体有高温蚀变存在，同时Ag、Sb等低温元素的含量稍高，往东到松树砬子东段的石门一带成矿温度进一步降低，在石门附近的Ⅻ号脉以方铅矿化、闪锌矿化、黄铁矿化、绢英岩化及高岭土化的矿化蚀变组合为主，金矿化伴随着强烈的银矿化，Ag品位高达1000×10^{-6}以上，自然金的成色较低，主要为银金矿和金银矿；⑦电-2异常呈北东向哑铃状展布；有可能反映深部岩体向南西向侧伏；⑧通过节理测量及与成矿有关的环状断裂、放射状断裂构造特征应力分析显示主应力方向为南西向深部。通过以上分析，矿区内矿源有可能由南西向深部往北东向浅部运移。

岩体上侵时形成放射状主压应力，在上覆岩层中形成环状、放射状断裂和各种裂隙，岩浆冷凝收缩过程中和侵入岩浆上部汽液成分往其他部位运移后，形成向内的放射状主张应力，环状、放射状断裂再次活动和形成新的裂隙，环状、放射状断裂的性质已反映了岩浆侵入的放射状主挤压应力和向内的主张应力；岩浆上侵时放射断裂为张性性质，具有容矿空间，岩浆收缩时环状断裂为张性性质；岩浆分异形成的含矿热液两次在岩体上部岩层断裂、裂隙中充填；早期形成金矿化石英-黄铁矿脉，再次脉动形成金矿化多金属硫化物石英脉和黄铁矿-方解石脉。放射状脉主要成矿期在岩浆侵入时，断裂规模较小，但金含量高；环状脉在岩浆侵入时和岩浆收缩时均有发生，后者对前者有改造富集作用，如18号脉主要为断裂破碎蚀变型，矿脉破碎强烈高岭土化和黄铁绢云岩化；而上覆岩层的裂隙可以在两个过程中均可形成，含矿热液充填，形成石英-黄铁矿脉和多金属硫化物脉及后期碳酸盐脉。因此，岩浆穹隆控制的矿化类型有两种：一种是放射状裂隙充填脉型；另一种是环状构造蚀变岩型。

6.4.2 角砾岩筒构造系统控矿作用

金厂矿区内最主要的矿体同时也是最易采矿体为角砾岩型矿体，有的角砾岩筒全岩矿化，即角砾岩筒就是矿体，如J-1号角砾岩筒内的矿体和J-8号角砾岩筒内的矿体；有的角砾岩筒部分蚀变矿化，即矿体规模小于角砾岩筒的规模，如J-0号角砾岩型矿体所控的矿体；有的角砾岩筒矿化蚀变很弱，未形成工业矿体。根据角砾岩筒特征，矿区角砾岩型矿体有两种类型，分别为侵入隐爆角砾岩型矿体和塌陷角砾岩矿体。

侵入式角砾岩型矿体在矿区分布较多，如J-1号、J-8号、J-11号、J-13号、J-9号、J-16号、J-14号、J-17号及J-19号和XJ-1号角砾岩型矿体，主要特征如下。

(1)角砾岩筒主要分布在浅成岩体的顶部或附近的上覆围岩中，受断裂控制产断裂交会部位。

(2)角砾岩筒与围岩呈"侵入"接触关系，角砾岩筒与围岩呈截然关系，平面上呈椭圆形，剖面上常呈筒状。

(3)角砾大小不一，一般几毫米到几十厘米，大的可达几米，无分选性，有明显位移；有时也可见有半浑圆状到浑圆状，显示流动特征。"侵入角砾岩筒"多以平浑圆到浑圆状的流动角砾为主，角砾中常见蚀变晕圈。

(4)组成角砾岩筒的角砾主要是附近围岩的角砾，也有少量来自深部岩石的角砾。胶结物主要是同源熔浆物质，也有同成分的碎屑物。

(5)常具明显的构造分带。一般从中心向外为强角砾岩化带→弱角砾岩化带→裂隙化岩石带→裂隙不发育的围岩，角砾岩筒上部岩石因受岩筒影响形成各个方向裂隙，含矿热液充填形成矿脉。

(6)隐爆角砾岩筒通常都具有较强烈的热液蚀变，如绿泥石化、硅化、钾长石化、黄铁矿化、碳酸盐化等；黄铁矿、硅化常呈胶结物胶结角砾；角砾间的张性空间中黄铁矿和石英结晶良好，晶体粒度较大，形成团块状石英-黄铁矿化；角砾和胶结物中高岭土化强烈。

塌陷角砾岩型矿体在矿区分布较少，如J-0号矿体，角砾岩筒是聚集在岩体冷却壳下的气泡出溶而引起的塌陷作用，当深成岩体与富水的围岩接触时，其表面迅速凝结成一个不透水的固体壳，岩浆水不断从当时仍处于半熔融状态的岩体中出溶，并向上运移聚集在冷却壳下，形成气泡。随着蒸汽压力的增大，发生穿透作用，使气体逸散、蒸汽压力降低，导致气泡顶部及边部的岩石坍塌，形成塌陷角砾岩筒。塌陷角砾岩筒主要特征如下。

(1)角砾岩筒主要分布在浅成岩体的顶部岩体内外接触带，包括浅成岩外部壳和围岩，受断裂控制产于断裂交会部位。

(2)角砾岩筒与围岩呈“渐变”接触关系，岩筒与围岩界线不清，平面上呈椭圆形，剖面上常呈不规则筒状。

(3)角砾大小不一，一般几毫米到几十厘米，其形态为棱角状、板状，无分选性，无明显位移。

(4)组成角砾岩筒的角砾主要是浅成岩本身和附近围岩破碎而成的角砾，胶结物主要是浅成岩同源熔浆物质，也有同成分的碎屑物。

(5)常具明显的构造分带。从浅成岩往外围岩一般分带为裂隙状浅成岩带→闪长玢岩角砾状岩带→混合角砾岩带→钾长花岗岩角砾岩带→裂隙不发育的围岩。含矿热液可沿闪长玢岩上部岩石中的裂隙充填形成矿脉。

(6)角砾岩筒靠近浅成岩，在浅成岩外壳中形成细脉浸染状矿化，黄铁矿、黄铜矿常呈胶结物胶结角砾；角砾岩筒中黄铁矿和石英带结晶良好，形成晶体粒度较大的脉状石英-黄铁矿脉。

6.5 构造控矿模式

6.5.1 角砾岩筒成因探讨

隐爆角砾岩型矿体是矿区内具有较大工业意义，是非常重要的矿体类型，资源量占总资源量的1/3，也是矿区目前唯一进行开采的矿体类型。因而查明角砾岩体构造的成因，对指导区内及外围找矿，都具有深远的意义。

燕山早期区域上地质应力由古亚洲构造域转换为古太平构造域，在古太平洋板块向古亚洲板块俯冲的过程中(燕山晚期)，深部地幔岩浆物质沿碰撞带的薄弱部位上涌，同时高温高压的岩浆使得下地壳部分熔融形成中基性岩浆房，岩浆房顶部聚集了越来越多的高温高压富含挥发组分的热液流体，流体会沿着绥阳深大断裂上升，会在上覆地层的薄弱地带(北西向、东西向和南北向构造交会部位)聚集，当热液流体的温度和压力聚集达到一定程度后，发生爆破-隐爆作用，形成角砾岩体，爆破作用发生后热液流体的温度和压力下降，流体会结晶出早期高温矿物(电气石、阳起石等)，岩浆在地下隐爆之后，活动还没有停止，继续出熔的挥发组分所盈余的能量还很强，在隐爆角砾岩体这种较为开放的环境里形成一种高速上升的气流，带动爆炸作用形成的角砾向上迁移，形成侵入角砾岩体。由挥发组分形成的气流一般具有间歇性特点，角砾在气流带动下向上运移的同时，由于自身的重力作用又下落，形成了在角砾岩筒内这种如此往复的运动使得角砾磨圆较好，呈浑圆状。邢家沟、半截沟和高丽沟一带由于远离岩浆源，次火山岩浆在地下一定深度引起爆破之后能量已经消耗殆尽，爆炸之后形成的角砾在空间上的位移很小，磨圆差，而多呈尖棱角状。

之后，中基性岩浆热气液在该部位重新聚集→爆破→冷凝，重新形成角砾岩体，如此反复，就会沿地层薄弱带形成一个角砾岩筒。部分地段因岩浆冷凝，岩体边部发育裂隙，而上覆岩层因下部应力释放而在岩浆岩接触带附近塌陷形成塌陷角砾岩。岩筒形成后，热液就地胶结岩筒中的角砾，并形成热液蚀变物充填于角砾之间成为含矿胶结物，同时形成少量的金属硫化物。例如热液中富含成矿元素，就会形成矿体，如不含成矿元素，则只有矿化蚀变而没有矿体。闪长玢岩期后含矿热液蚀变并胶结了角砾，形成隐爆角砾岩型矿体。

闪长玢岩岩浆活动的范围广，其活动强度较大，从穷棒子沟 J－1 号、邢家沟 J－9 号和高丽沟 J－0 号角砾岩体的胶结物及矿化特征上也可以证明这一点。高丽沟 J－0 号角砾岩体是以蚀变的闪长玢岩胶结角砾，下部为闪长玢岩成因的角砾岩的一个复合型矿体，又在后期漫长的演化过程中，遭受风化剥蚀，切割较深，残留了下部闪长玢岩成因的角砾岩矿体。上部一部分矿体被剥蚀也是形成矿区广泛分布的砂金矿点的一个重要原因。

本文认为，J－0 号角砾岩筒与 J－1 号、J－8 号等角砾岩筒的形成模式不完全相同，这不仅体现在矿化类型上，还表现在角砾岩筒的空间组成上。J－0 号角砾岩筒具有王照波(2001)提出的理想的隐爆角砾岩筒的空间组成特征-角砾岩筒和围岩震碎带，而 J－1 号和 J－8 号等角砾岩筒与围岩呈“侵入式”接触，与围岩的界线清楚明显，且围岩不具备震碎带的特征，只有少量后期节理和裂隙。这说明闪长玢岩的侵位作用结束后又发生多次热液脉动，主要对已形成的隐爆角砾岩筒进行胶结、充填。由于岩浆热液中带有大量成矿物质，所以热液的胶结作用对矿区内岩筒的成矿与否很关键，热液充分、胶结作用强的使全筒矿化(J－1 号)；热液不足、胶结作用较弱，则只能沿筒内构造裂隙充填、矿化(J－0 号)。岩浆热液的活动期次和能量的多少直接导致角砾岩筒的矿化蚀变程度不同。岩浆热液的富集程度可能与闪长玢岩的侵位深度和上覆岩层的地质结构有关。

6.5.2 岩浆穹隆构造系统成因探讨

在半截沟环状断裂系统和放射状断裂系统相伴产出，环状和放射状断裂系统属于岩浆穹隆构造系统，其成因与闪长玢岩的侵位有关。

燕山晚期，区域应力场发生变化，矿区内主要表现为绥阳断裂东盘的北东向次级左行断裂。

在高丽沟—邢家沟一带，闪长玢岩岩浆活动沿近东西向断裂构造向东、西两个方向斜向上运移。岩浆挤压上覆岩体，岩浆侵位时在穹隆所影响范围内的上覆岩层中(斑岩岩浆岩上接触带一定范围内)产生呈放射状分布的挤压主应力，挤压主应力是由深部往浅部向外，形成环形挤压正断裂和具左行走滑或右行走滑的张性放射状断裂，在岩浆柱顶部岩体产生倾角直立的张性裂隙，在岩浆柱四周岩体中产生环状裂隙，含矿的热液充填张性空间形成裂隙充填脉型放射状矿脉。

闪长玢岩岩浆侵入晚期，岩浆结晶冷凝或岩浆上部热液运移至其他区域后形成虚脱空间，上覆岩层由于受自身的重力产生往内的张性主压力，形成张性逆断裂，断裂中张性空间较大，含矿热液充填于张性空间中成矿，并叠加了前期放射状裂隙中充填的矿脉而形成富矿，此时对放射状断裂影响不大，闪长玢岩岩浆活动后期主要是形成环形或弧形矿体(图 6－32a、b)。

岩浆穹隆形成过程中南西部岩层处于穹隆的垂直方向上部，与其他部位相比，是应力作用更集中地区，环状、放射状断裂更发育，断裂规模更大，因此成矿作用更强。在岩浆穹隆所影响范围内的前期形成角砾岩型矿体受环状、放射状断裂叠加，使角砾岩型矿体更富集。

根据半截沟矿段环状断裂和放射状断裂构造的分布规律和蚀变矿物组合特征，陈锦荣等(2000，

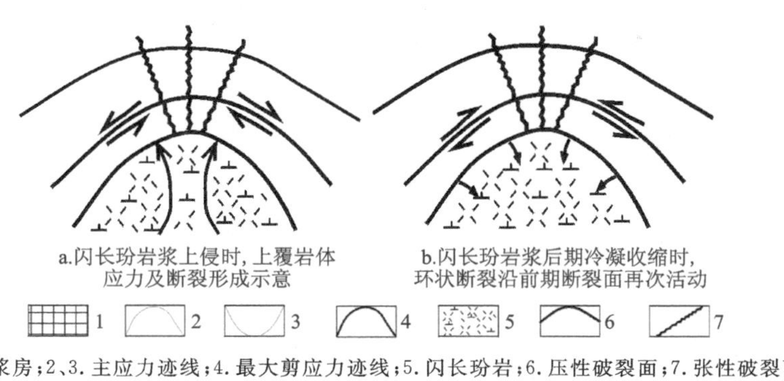

1. 岩浆房;2、3. 主应力迹线;4. 最大剪应力迹线;5. 闪长玢岩;6. 压性破裂面;7. 张性破裂面

图 6-32　金厂矿区环状、放射状断裂构造成因机制示意图

2002)认为它们是同一期次火山岩体侵入时形成的。从半截沟J-1号角砾岩筒中看到的北东向黄铁矿细脉切穿角砾,可以判断它的形成晚于半截沟J-1号角砾岩筒;断层内部充填的矿化类型为石英-黄铁矿脉、石英-多金属硫化物脉和蚀变岩型。在成矿期次划分上,石英-黄铁矿脉、石英-多金属硫化物脉应划归闪长玢岩成矿期的不同成矿阶段。所以,可以确定半截沟矿段环状断裂和放射状断裂构造是在闪长玢岩岩浆侵入时形成。

6.5.3　构造控矿模式

根据上述矿区及外围断裂构造、岩浆穹隆构造演化和各种构造对于矿脉体的控制作用的分述,结合大地构造演化,总结出本区构造控矿模式如图3-1所示。

本区大地构造演化至燕山晚期130～110Ma,区域应力场表现近北西-南东向挤压;矿区内构造受绥阳深大断裂影响,在其东盘发育北西向张性断裂,闪长玢岩沿断裂侵入,闪长玢岩侵入分异出的含矿热液集中于岩浆顶部,受上覆岩层的巨大压力影响,此时上覆岩层处于挤压应力状态;热液在岩浆顶部运移,至两组构造(北西、东西向)交会部位,上覆压力相对减小,内压远大于外压,热液在上覆岩层中隐爆形成角砾岩型矿体(侵入角砾岩型矿体);或是因岩浆冷凝,岩体边部发育原生裂隙,而上覆岩层因下部应力释放而在岩浆岩接触带附近塌陷形成塌陷角砾岩型矿体。

由南西往北东方向的闪长玢岩岩浆侵入活动,在穹隆所影响范围内上覆岩层中产生呈放射状分布的挤压主应力,挤压主应力是由深部往浅部向外,形成环形挤压正断裂和具左行走滑或右行走滑的张性放射状断裂,含矿的热液充填张性空间,形成裂隙充填脉型环状、放射状断裂张性空间从而形成矿脉;岩浆侵入晚期,岩浆结晶冷凝或岩浆上部热液运移至其他区域后,形成虚脱空间,上覆岩层产生往内的张性主压力,形成张性逆断裂,断裂中张性空间较大,含矿热液充填于张性空间中成矿,并叠加了前期放射状裂隙中充填的矿脉,而形成富矿;此时对放射状断裂影响不大,但造成放射状断裂形成与前期方向相反的力学性质。岩浆穹隆形成过程中南西部岩层处于穹隆的铅直上部,与其他部位相比,是应力作用更集中地区,环状、放射状断裂更发育,断裂规模更大,因此成矿作用更强。在岩浆穹隆影响范围前期形成的角砾岩型矿体受环状、放射状断裂叠加,使角砾岩型矿体更富集。

7　矿床地球化学特征

7.1　流体包裹体地球化学特征

成矿流体来源与性质研究是分析和探讨矿床成因及成矿作用机制等问题的关键因素之一。赋存于矿石矿物中的流体包裹体作为成矿流体的直接样品，其研究是查明成矿流体来源、地球化学性质、成矿作用机制及矿床形成物理化学条件等问题的主要手段。本书对角砾岩型矿体、岩浆穹隆型矿体中发育的流体包裹体进行了综合研究，在此基础上对各类型矿化成矿流体来源及性质进行了分析和讨论。

前人对金厂矿区的流体包裹体研究成果较多，慕涛等(1999)对J-1号矿体、环状脉和松树砬子岩浆穹隆东北部放射状脉中石英进行了研究；陈锦荣等(2000)分矿化阶段对J-1号矿体和J-0号矿体石英包裹体进行了研究；王永(2006)对18号脉群中石英包裹体进行了研究；秦江艳(2008)对18号脉群石英包裹体进行了研究；门兰静(2008)对J-1号矿体和J-0号矿体中石英包裹体进行了研究；金巍和卿敏(2008)、王可勇等(2010)对角砾岩型矿体、Ⅱ号脉群、18号脉群及放射状脉进行了石英包裹体研究；肖力等(2010)对J-1号、J-0号、J-9号矿体进行了包裹体测温、成分等分析，并对各类样品的流体包裹体进行了显微观察；许佳琪(2017)对J-1号矿体和J-0号矿体、角砾岩型矿体等进行了包裹体测温、成分等分析。本书主要对前人的工作进行综合归纳。

7.1.1　流体包裹体岩相学特征

7.1.1.1　角砾岩型矿体流体包裹体

J-0号矿体流体包裹体样品取自蚀变角砾岩黄铜矿化钾长花岗岩，流体包裹体特征如图7-1所示；J-1号矿体流体包裹体样品取自6中段的浸染状黄铁矿化石英绢云蚀变岩，流体包裹体的特征如图7-2所示；J-9号矿体流体包裹体样品取自黄铁矿化绢云母蚀变岩，流体包裹体特征如图7-3所示。

(1)纯气相流体包裹体：J-0号矿体中该类型的流体包裹体为灰黑色，分布不均匀，多为原生包裹体，以各种椭圆形或圆形孤立产出，平面个体大小在4～14μm，约占总量的15%，门兰静(2008)经激光拉曼成分确定纯气相流体包裹体室温下为CO_2气态单相(图7-1a～d)；J-1号矿体中该类型流体包裹体多为无色、灰色，圆形或椭圆形，大小在4～9μm，占总量的5%(图7-2a～c)；J-9号矿体中该类型流体包裹体为灰色，圆形或椭圆形，大小在4～8μm，占总量的10%左右。

(2)纯液相流体包裹体：J-0号矿体中该类型的流体包裹体无色为主，少量为灰色，形态多为长条形、椭圆形，少数不规则状，大小在4～10μm，占总量的5%左右；J-1号矿体中该类型流体包裹体为无色，形状为圆形或不规则状，大小在2～8μm，占总量的2%～3%(图7-2d～f)；J-9号矿体中该类型流体包裹体为浅灰色或无色，圆形、椭圆形或不规则状，大小一般为4～10μm，约占总量的20%(图7-3a～c)。

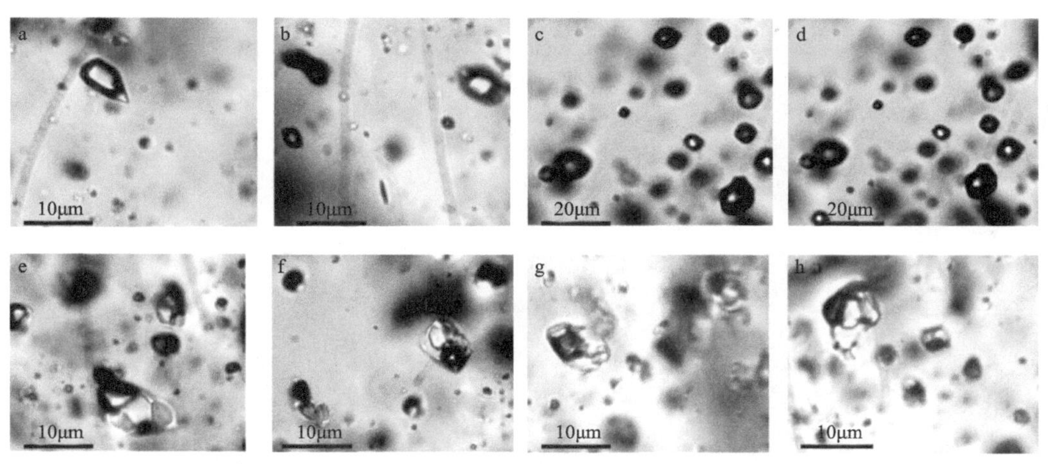

a～d. 纯气相流体包裹体；e～h. 含子矿物流体包裹体

图 7－1 J－0 号矿体石英中流体包裹体显微照片

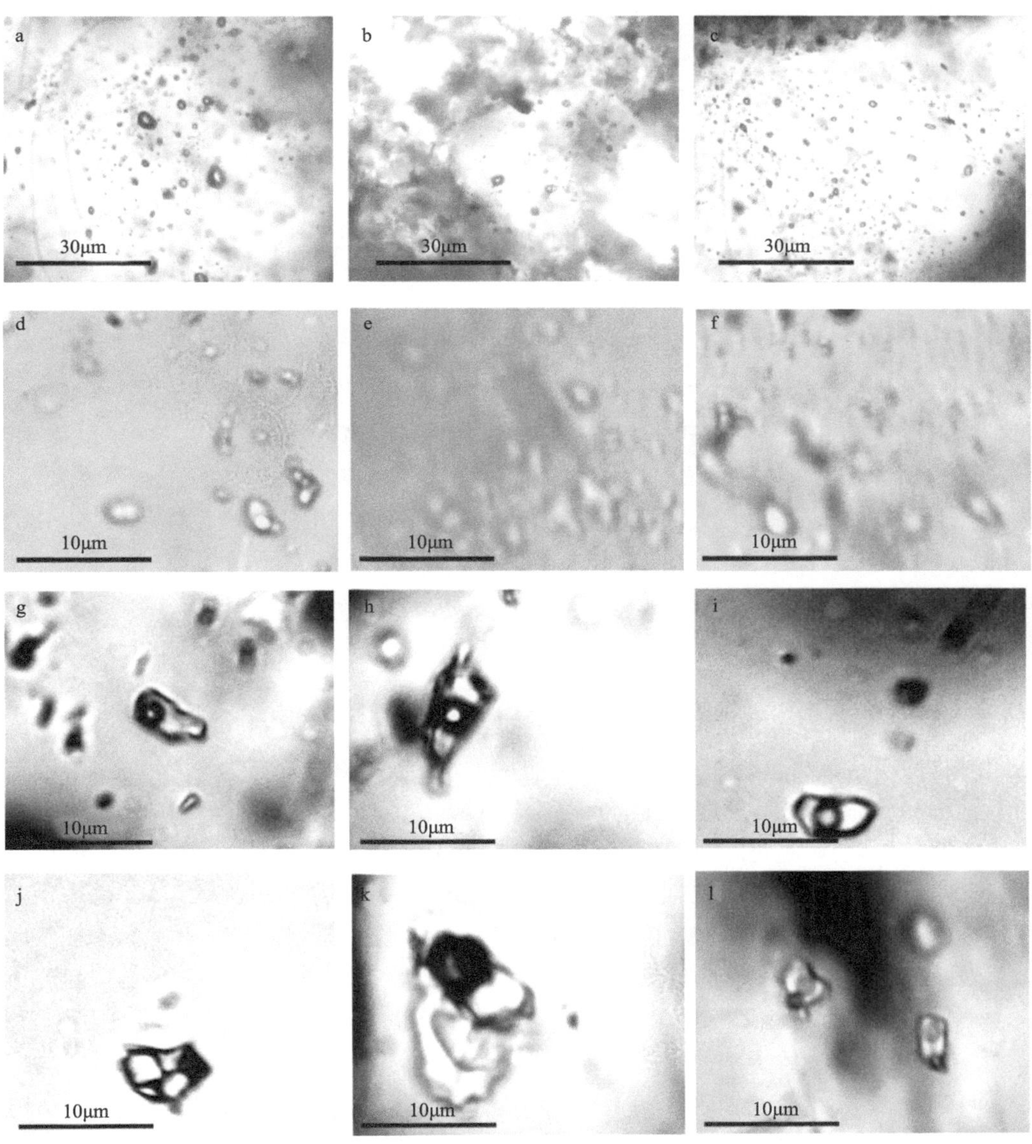

a～c. 纯气相包裹体；d～f. 纯液相包裹体；g～i. 气液两相包裹体；j～l. 含子矿物多相包裹体

图 7－2 J－1 号矿体石英中流体包裹体显微照片

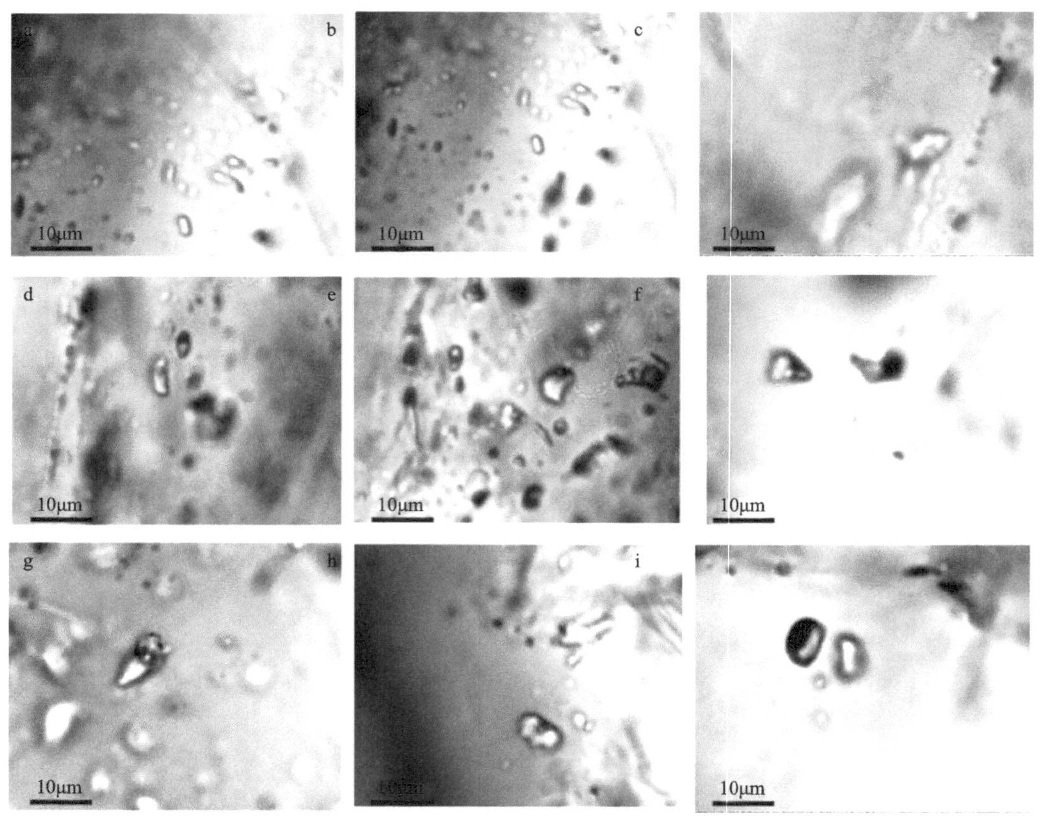

a～c.纯液相流体包裹体；d～i.气液两相流体包裹体

图 7-3　J-9 号矿体石英中流体包裹体显微照片

(3)气液两相流体包裹体:J-0 号矿体中该类型的流体包裹体为灰黑色—无色，呈椭圆形、负晶形和不规则形状，既有孤立产出的原生包裹体，也有沿裂隙定向排列且穿过相邻晶体的次生包裹体。大小在 5～30μm，以 10～14μm 为主，占总量的 30%左右。门兰静(2008)对气液两相流体包裹体进行了进一步研究，认为常温下可分为以液相为主(气液比小于 40%)和富气相为主的两相流体包裹体。富气相流体包裹体的气液比大于 60%，占气液两相包裹体总数的 40%，加热时气泡不断缩小，均一为液相；J-1 号矿体中该类型流体包裹体为无色、灰色，形状多为不规则状，大小在 4～10μm，气液比 8%～40%，为富液相流体包裹体，加热时气泡逐渐缩小，均一为液相。其中，有少量的富气相流体包裹体，多为次生的流体包裹体。占总量的 80%，为 J-1 号矿体主要的流体包裹体类型(图 7-2g～i)；J-9 号矿体中该类型流体包裹体为灰色—无色，不规则的长条形，大小在 6～12μm，占总量的 40%～50%(图 7-3d～i)。

(4)含子矿物的多相流体包裹体:J-0 号矿体中该类型的流体包裹体十分发育，椭圆或半椭圆形，室温下含液相、气相和子晶矿物，流体包裹体大小一般为 8～16μm，个别的大于 20μm，气液比为 10%左右。门兰静(2008)对其子矿物进行了鉴定，认为其内部子晶矿物有透明子晶矿物石盐、钾盐、石膏以及重晶石等。其中，石盐为淡绿色的立方体、颗粒在 2～5μm 之间，钾盐多呈圆状，石膏呈片状浑圆形、略带绿色(气泡在冷热台升温 600℃未达均一)；不透明子晶矿物除黄铜矿(峰值 288.37cm)外，可能还含有磁铁矿、黄铁矿以及硅酸盐等矿物，它们呈不规则状、浑圆状以及三角形，粒度很小，个别可达 2μm；此外，存在一个流体包裹体含有 2～3 个大小为 2～4μm 子晶矿物，另有流体包裹体存在一个子晶矿物和两个气泡。流体包裹体加热后子矿物先于气泡消失，少量流体包裹体中气泡先于子矿物消失。含量占包裹体总量的 35～45%(图 7-1e～h)；J-1 号矿体中该类型流体包裹体形状多边形的不规则状，大小在 6～14μm，占总量的 10%(图 7-2j～l)；J-9 号矿体中该类型流体包裹体数量较少，多为不规则状，大小在 4～12μm，含量小于 10%。

7.1.1.2 18号矿体流体包裹体

18号脉矿石石英中主要发育含固体子矿物多相、气相-富气相及含NaCl子矿物三相3种类型的流体包裹体，与角砾岩型矿石相比，含NaCl子矿物三相包裹体发育数量明显增多。各类型流体包裹体的岩相学特征如下。

(1)气相-富气相包裹体：在室温下，该类包裹体呈单一气相或大气液比的两相形式存在，后者气液比一般为55%～95%，多数集中于80%～95%，此时仅在包裹体的尖角处出现少量的液相；该类包裹体大小一般为8～15μm，形态一般呈椭圆形、次圆形，少量为不规则状，在石英颗粒中分布较为广泛，多随机或成群产出(图7-4a～c)。

(2)含固体子矿物多相包裹体：在室温下，该类型包裹体由气泡、液相及两个以上不同固体子矿物构成，固体子矿物个数一般3～4个，少则两个，多则可达5～6个，它们形状、颜色、突起等特征不同，反映了子矿物成分的复杂性及多样性；在该类包裹体中，气相所占体积比一般为10%～45%，多数气液比集中于10%～20%；固体子矿物所占体积比一般为30%～70%；相当部分此类包裹体中含有一个立方体晶形且无色—白色的子矿物，其特点同NaCl子晶的镜下特点，推测其为NaCl子矿物；该类包裹体在石英颗粒中较普遍发育，多随机或成群分布，大小一般为10～40μm，形态多呈椭圆形、不规则四边形及长条形等(图7-4d～h)。

(3)含NaCl子矿物三相流体包裹体：在室温下，该类包裹体主要由气泡、液相及一个固体子矿物三相构成，气液比一般为10%～25%，多数集中于15%～20%；固体子矿物所占体积比一般为20%～25%，少量可达35%～40%；固体子矿物一般无色，但立方体晶形完好，表明它们主要为NaCl子晶；该类包裹体在石英颗粒中分布较为广泛，多随机或成群产出，其大小一般为6～20μm，形态较规则，主要为菱形、椭圆形、次圆状等(图7-4i～l)。

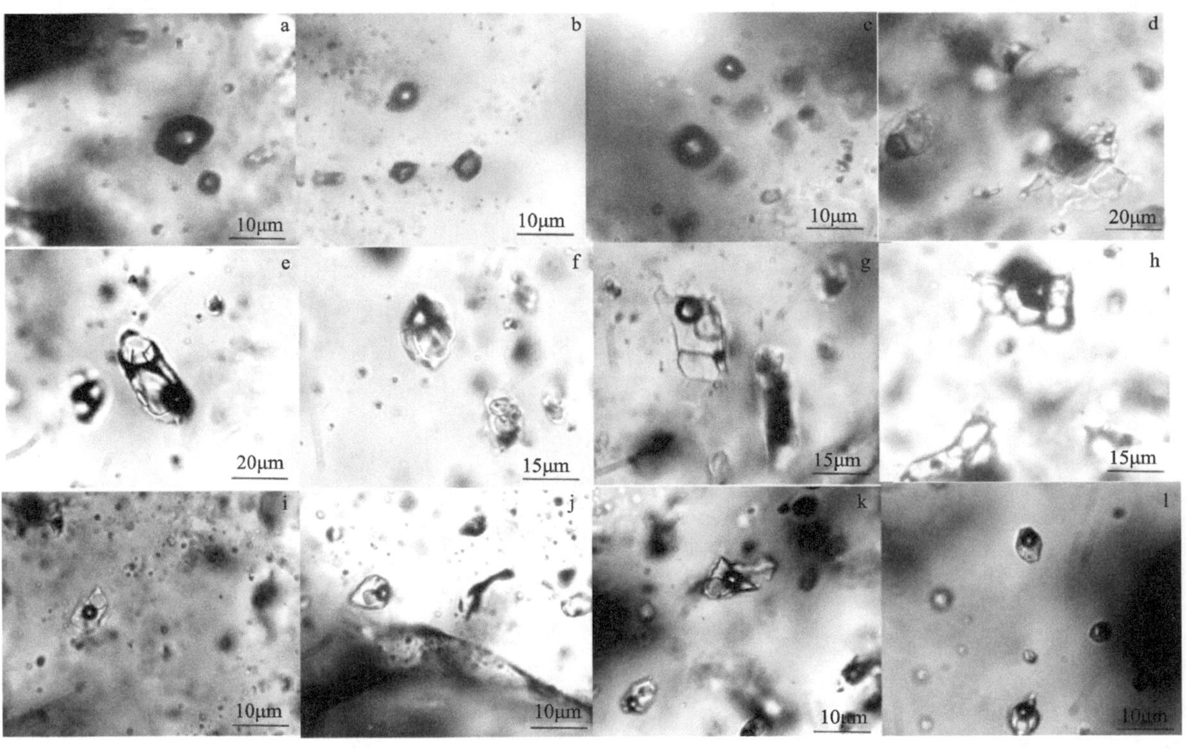

a～c.气相流体包裹体；d～h.含子矿物多相流体包裹体；i～l.含NaCl子矿物三相流体包裹体

图7-4 18号脉石英中流体包裹体显微照片

在石英颗粒中，上述3种类型的流体包裹体常共生发育于一群包裹体中，它们大多具原生成因特点，少量气相-富气相包体及含NaCl子矿物三相包体有时成定向发育特点，表明部分此类包裹体可能属次生包裹体。与前类矿石相似，本类矿石石英中发育的3种类型包裹体中，也有少量包裹体内发育不透明固体子矿物，推测主要为金属硫化物。

7.1.1.3 环状裂控型矿体流体包裹体

环状裂控型矿脉主要矿石类型为石英-(方解石)-黄铁矿脉型，矿物以黄铁矿为主，内含一定数量的石英和方解石。镜下观察表明，矿物石英中流体包裹体较为发育，主要流体包裹体类型有两种，即含NaCl子矿物三相流体包裹体及气液两相流体包裹体，各类型包裹体岩相学特征如下。

(1)含NaCl子矿物三相流体包裹体：在矿物石英中发育较为普遍。在室温下，该类包裹体主要由气泡、液相及NaCl固体子矿物三相构成，气液比一般为15%～20%，NaCl子矿物体积占比为10%～25%，多数为20%左右；NaCl子矿物一般无色或略带浅绿色，立方体形态完好；该类包裹体在石英颗粒中多随机分布，其形态一般较为规则，主要呈椭圆形、长条形，少量为四边形状，大小一般为10～20μm，个别较大者可达35～45μm(图7-5)。

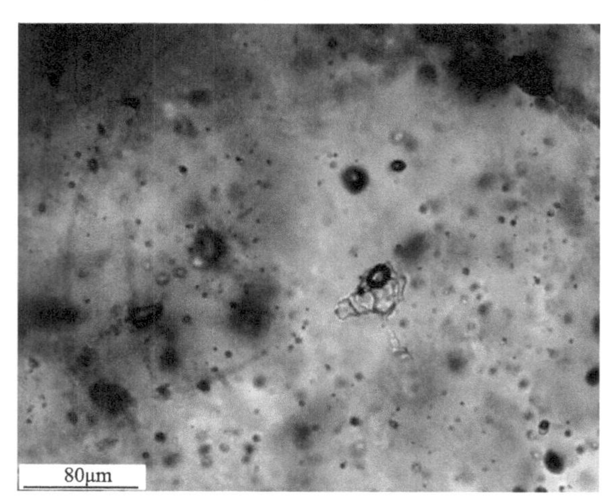

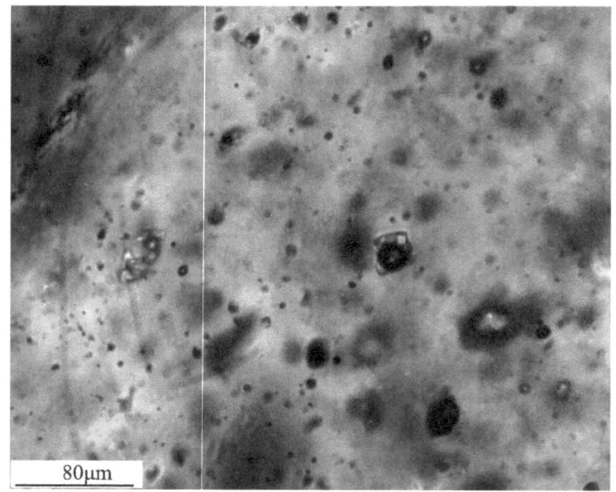

图7-5 金厂金矿环状裂控型矿脉中含NaCl子矿物三相流体包裹体显微照片

(2)气液两相包裹体：在矿物石英中较普遍发育。在室温下，该类包裹体主要由气泡及液相两相构成，大多数包裹体气液比比较接近，主要为35%～40%，少量包裹体气液比稍低，为25%～30%，另有极少量包裹体气液比为50%～55%；该类包裹体在石英颗粒中随机或成群分布，也见晚期次生的沿裂隙定向分布的此类包裹体；包裹体形态一般较为规则，以长条形、椭圆形等形态为主，大小一般为7～25μm，多数大小在10～15μm之间(图7-6)。

7.1.1.4 放射状矿体流体包裹体

该类矿石石英中主要发育含NaCl子矿物三相流体包裹体和气相-富气相两种类型的流体包裹体，其他类型流体包裹体发育极少。这两种类型流体包裹体岩相学特征如下。

(1)含NaCl子矿物三相流体包裹体：在矿物石英中发育较为普遍。在室温下，该类型包裹体主要由气相、液相及NaCl固体子矿物三相构成，气液比一般为15%～30%，少量包裹体气液比稍低，为10%～15%，也有少量包裹体气液比较高，为55%～70%；NaCl固体子矿物体积占比一般为20%～30%，仅个别个体较大的包裹体其体积占比为10%～15%；该类包裹体在石英颗粒中多随机或成群分布，其形态一般较为规则，主要呈椭圆形或长条状，大小一般为8～25μm(图7-7)。

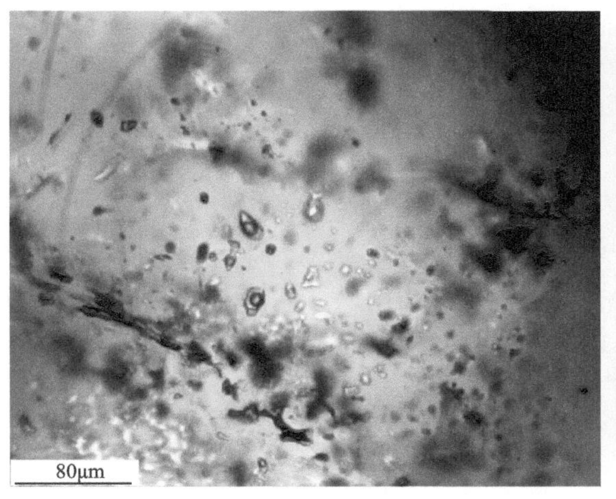

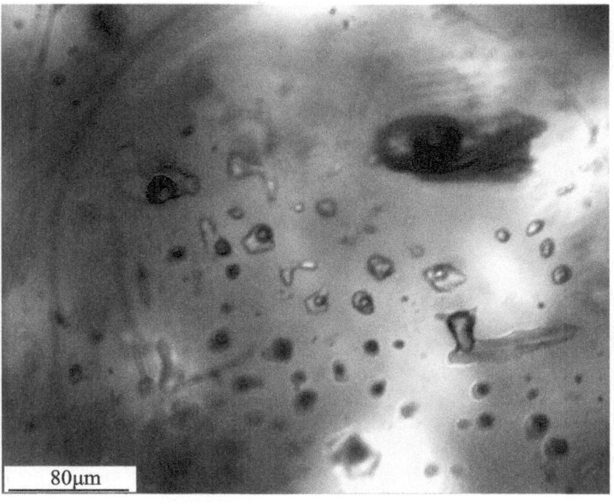

图 7-6 金厂金矿环状裂控型矿脉中气液两相包裹体显微照片

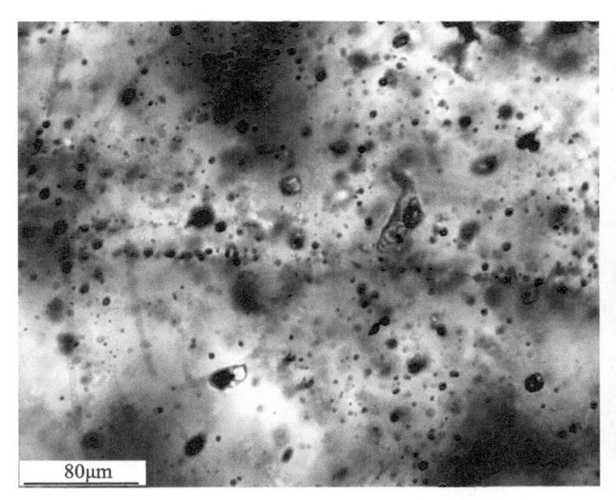

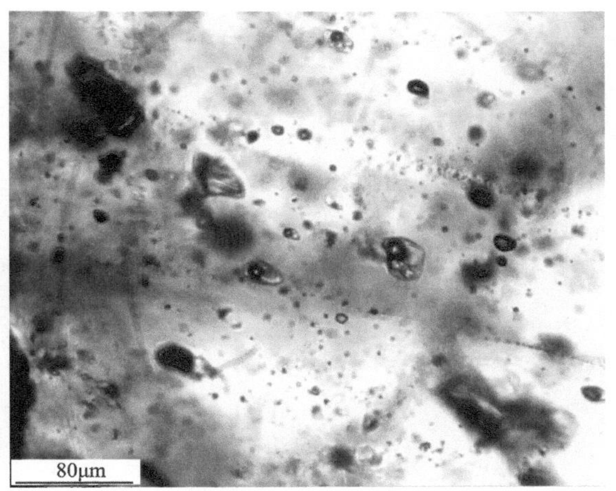

图 7-7 金厂金矿放射状裂控型矿脉中含 NaCl 子矿物三相流体包裹体显微照片

(2)气相-富气相包裹体：该类型包裹体在矿物石英中较发育。在室温下，该类包裹体主要呈单一气相形式或气液比较大的两相形式产出，后者气液比一般为 70%～95%，多数集中在 80%～95%之间；镜下该类包裹体颜色一般发暗，其形态较为规则，多呈浑圆形、长条形等形态产出，大小一般为 8～30μm，多数在 12～20μm 之间；在石英颗粒中，该类包裹体多成群分布，显示原生成因特点(图 7-8)。

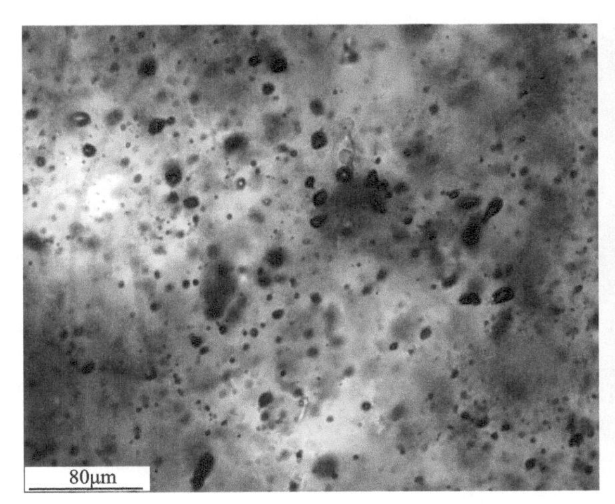

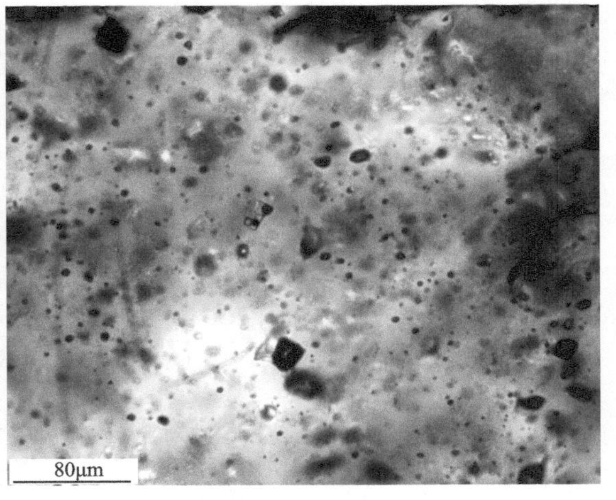

图 7-8 金厂金矿放射状裂控型矿脉中气相-富气相包裹体显微照片

7.1.1.5 小结

1. 角砾岩型矿体流体包裹体特征

隐爆角砾岩筒型矿化由爆破火山角砾及胶结物构成，胶结物主要有金属硫化物如黄铁矿、黄铜矿等及少量石英、绢云母、长石及其他蚀变矿物。王可勇等(2010)对J-0号、J-1号爆破角砾岩筒型矿石中石英矿物中发育的流体包裹体进行了系统的包裹体岩相学研究。总体来看，该类矿石石英矿物中流体包裹体均极为发育，主要包裹体有3种类型：①含固体子矿物多相流体包裹体；②气相-富气相包裹体；③含盐类(NaCl)子矿物三相包裹体。3种类型包裹体岩相学特征如下。

(1)含固体子矿物多相流体包裹体：在矿物石英中分布较为广泛。在室温下，该类型包裹体主要由气泡、水溶液相及数量不等的固体子矿物相构成，其中包裹体中气相体积占比一般为15%～45%，也见少量气液比为70%～80%的多相包裹体；子矿物体积占比为35%～80%，子矿物发育数量不等，一般为4～5个，数量较多的可达6～7个，这些子矿物个体大小不一，形态各异，大多数无色或(灰)白色，相当多的此类包体中含一个立方体形的子矿物，与NaCl子矿物镜下特征相同。该类包裹体大小一般在8～45μm之间，多数集中在12～25μm，形态多样，如椭圆形、矩形、菱形、长条形及不规则状等；它们在石英颗粒中随机或成群分布，显示原生包裹体成因特点。

(2)气相-富气相包裹体：在矿物石英中分布较为广泛。在室温下，该类包裹体呈单相形式产出，或为两相形式产出，但气液比一般在70%以上，多数在90%左右。该类包裹体镜下颜色一般发暗，大小一般为10～16μm，形态较为规则，多数呈椭圆形、次圆形或长条状；该类包裹体在石英颗粒中随机或成群分布，也见少量包裹体沿微裂隙分布，由此该类包裹体多数属原生成因类型，少量属次生成因性质。

(3)含NaCl子矿物三相流体包裹体：在矿物石英中发育数量远少于前两类，属次要包裹体类型。在室温下，该类型包裹体主要由气相、液相及NaCl子矿物构成，气液比一般为10%～35%，多数集中于10%～20%；固体子矿物以立方体晶形，无色或白色，推测其主要为NaCl子矿物，包裹体中NaCl子矿物体积占比一般为10%～35%，多数为15%～25%；该类包裹体大小一般为5～20μm，形态一般呈椭圆形、四边形及长条状等；在矿物石英颗粒中，此类包裹体多随机分布或沿微裂隙发育，因此该类包裹体原生、次生成因均有发育。

需要指出的是，上述3种类型的包裹体在石英矿物颗粒中常成群发育，在随机分布的一群包裹体中，经常见到含固体子矿物多相包裹体与富气相包裹体共生产出，表明它们近于同时捕获的特点。含NaCl子矿物三相流体包裹体由于发育数量较少，故有时在部分上述两类包体组成的包裹体群中仅偶尔可见到此类型包裹体；另外，在3种类型的部分包裹体中均发现了一些不透明子矿物，推测其为硫化物子矿物。

角砾岩型矿体石英中包裹体主要为气相-富气相包裹体、含子矿物多相包裹体和含NaCl子晶三相包裹体，J-9号矿体石英中包裹体以气液相为主，与J-9号矿体主要为后期叠加富集的地质事实相符。

2. 岩浆穹隆型流体包裹体特征

岩浆穹隆型矿化产出于半截沟环状断裂深部隐伏花岗斑岩体穹隆构造部位，特征上与斑岩型矿化极为相近。该类型矿化矿石中发育密集的石英-硫化物细脉，金属硫化物以黄铁矿为主，黄铜矿等其他硫化物发育较少。

总体来看，该类型矿石矿物石英中主要发育含固体子矿物多相、气相-富气相及含NaCl子矿物三相3种类型的流体包裹体，与角砾岩型矿石相比，含NaCl子矿物三相包裹体发育数量明显增多。

(1)含固体子矿物多相包裹体：在18号矿体中常见，而在环形(Ⅱ号脉群)和放射状(Ⅲ号脉群)中则较少，可能与流体的深度及与斑岩体的远近有关。该类型包裹体由气泡、液相及两个以上不同固体子矿物构成，固体子矿物一般为3～4个，少则两个，它们形状、颜色、突起等特征不同，反映了子矿物成分的复杂性及多样性；在该类包裹体中固体子矿物体积占比一般为30%～70%；该类包裹体在石英颗粒中较普遍发育，多随机或成群分布。

(2)含NaCl子矿物三相流体包裹体：该类包裹体主要由气泡、液相及一个固体子矿物三相构成，气液比一般为10%～30%；固体子矿物体积占比一般为10%～30%，少量可达40%；固体子矿物一般无色，但立方体晶形完好，表明它们主要为NaCl子晶；该类包裹体在石英颗粒中分布较为广泛，多随机或成群产出，其大小一般为6～20μm，形态较规则，主要为菱形、椭圆形、次圆状等。

(3)气相-富气相包裹体，该类包裹体主要呈单一气相形式或气液比较大的两相形式产出，气液比变化较大，多数集中在30%～90%；镜下该类包裹体颜色一般发暗，其形态较为规则，多呈浑圆形、长条形等形态产出，大小一般为8～30μm，多数在12～20μm之间；在石英颗粒中，该类包裹体多成群分布，显示原生成因特点。

岩浆穹隆裂控型18号脉主要包裹体类型为含子矿物气液相包裹体和富气相包裹体，出现熔融包裹体，且含NaCl子晶三相包裹体增多；岩浆穹隆裂控型Ⅱ号脉主要为含NaCl子晶三相包裹体和气液两相包裹体；岩浆穹隆裂控型放射状脉主要为含NaCl子晶三相包裹体和气相包裹体，反映了流体包裹体从深到浅的分布规律。

总体来看，矿区中岩浆穹隆裂控型环状、放射状脉矿石和角砾岩型矿体矿石石英矿物中流体包裹体极为发育，石英内部的流体包裹体最清楚，既有沿晶带生长或孤立分布的原生包裹体，还有沿裂隙分布的次生包裹体。包裹体类型较多主要有气相-富气相包裹体、气液两相包裹体、含子晶矿物气相包裹体、含NaCl子晶三相包裹体、含子矿物气液相包裹体、纯液相包裹体、熔融包裹体7种。

7.1.2 包裹体成分

慕涛等(1999)、陈锦荣等(2000)对J-1号矿体、J-0号矿体和Ⅱ-1号脉(表7-1)进行了包裹体气液成分的测定，秦江艳(2008)对18号脉金属硫化物脉中石英包裹体进行了测定(表7-2)。从包裹体成分来看，角砾岩型矿体和环状脉型石英包裹体均以H_2O为主，其次为CO_2，少量的CO、N_2、CH_4；角砾岩型矿体成矿流体中液相成分K^+、Na^+、Ca^{2+}、Mg^{2+}、F^-、Cl^-、SO_4^{2-}等离子的含量均比较高，属于高离子浓度的流体，18号脉和Ⅱ号脉液相成分K^+、Na^+、F^-、SO_4^{2-}等离子的含量均比较高，而Ca^{2+}、Mg^{2+}、Cl^-等离子的含量均比较低；气相成分中含有较多的CO_2，CO_2气相的存在会促进岩浆上升和喷发，还能够引起岩浆挥发分相和热液体系不混溶作用的发生。特大型、大型金矿床的形成过程中地幔流体往往扮演着重要角色。

角砾岩型矿体成矿流体K^+/Na^+值中除一个值(7.254 499)比较大外，主要集中0.697 158～2.076 705之间，平均值为1.559 754；18号脉成矿流体K^+/Na^+比值为0.161 355～2.202 073，平均值为0.935 426；角砾岩型矿体成矿流体$K^+/(Ca^{2+}+Mg^{2+})$值除一个值(301)较大，一般范围为0.012 411～2.748 58，平均值为0.885 724；18号脉成矿流体$Na^+/(Ca^{2+}+Mg^{2+})$值范围为2.383 838～120.466 3，平均值为31.591 31，在K^+、Na^+、$K^+/(Ca^{2+}+Mg^{2+})$成分三角图解中(图7-9)，18号脉流体包裹体成分投点明显集中于K^+、Na^+线附近区域，而角砾岩型矿体包裹体成分投点较分散；角砾岩型矿体成矿流体F^-/Cl^-值范围为0.039 666～4.773 723，平均值为1.003 323；18号脉成矿流体F^-/Cl^-值范围为0.000 421～0.025，平均为0.014 82；角砾岩筒成矿流体SO_4^{2-}/Cl^-值范围为0.413 52～1.449 987，平均值为0.818 948；18号脉成矿流体SO_4^{2-}/Cl^-值范围为0.604 099～112.121 2，平均值为22.774 51，在F^-、Cl^-、SO_4^{2-}阴离子成分三角图解中，角砾岩筒型包裹体成分与17号脉包裹体成分明显分为两个集中区，17号脉包裹体集中于SO_4^{2-}附近区域(图7-10)；角砾岩筒型包裹体中SO_4^{2-}、Cl^-、F^-基本相近，流体属$SO_4^{2-}+Cl^-+F^-$型，17号包裹体成分中$SO_4^{2-}>Cl^->F^-$，流体即属于富硫型溶液。

表 7-1 金厂矿区角砾岩筒及Ⅱ-1号脉矿体石英流体包裹体成分

样号	采样位置	H_2	O_2	N_2	CH_4	C_2H_6	CO	CO_2	H_2O	F^-	Cl^-	NO_3^-	SO_4^{2-}	K^+	Na^+	Ca^{2+}	Mg^{2+}	资料来源
IXT-30	J-1矿体	0.23	0	1.71	4.16	0	0	3.54	392.16	5.19	9.73	0	6.16	28.22	3.89	3.24	0.32	陈锦荣等，2000
XT-2	J-0矿体	0.04	0	1.96	5.28	0	0	4.05	448.43	12.03	41.44	0	50.13	26.74	10.70	6.68	1.33	
B-90	J-1矿体	0.23	0	2.67	4.55	0	0	4.81	575.35	18.18	27.57	0	14.66	13.49	19.35	5.87	1.17	
B-91	J-1矿体	0.05	0	1.89	4.08	0	0	4.84	449.63	18.60	38.49	0	55.81	6.41	4.49	38.49	2.56	
B-97	J-1矿体	0.23	0	1.71	4.16	0	0	3.54	392.16	150.42	31.51	0	13.03	36.55	23.11	1 470.60	25.21	
B-44	J-0矿体	0.50	0	3.06	4.02	0	0	8.18	503.60	2.44	10.02	0	6.77	7.31	3.52	281.72	1.89	
9701	Ⅱ-1矿体			0.011	—		0.039	0.856	52.655	0.32	59.28		13.02	25.10	32.85	0.05	0.10	慕涛等，1999
98Q1	J-1矿体			0.015	0.014		0.103	1.27	37.911	1.76	44.37		22.06	32.40	30.10	0.05	0.05	

表 7-2 金厂矿区18号脉石英流体包裹体成分特征(秦江艳，2008)

样号	采样深度/m	样品描述	气相成分(摩尔百分数)/%						液相成分(摩尔百分数)/10^{-6}						
			H_2O	CO_2	CH_4	Ar	H_2S	C_2H_6	Na^+	K^+	Ca^{2+}	Mg^{2+}	F^-	Cl^-	SO_4^{2-}
J18-01-Q19	329	花岗闪长岩黄铁矿石英脉	97.508	0.974	0.878	0.297	0.023	0.319	26.8	4.63	0.31	0.511	0.323	7.26	64.9
J18-04-Q01	7.5	绢英岩化、高岭土化黄铁矿石英脉	97.804	1.273	0.788			0.135	46.5	28.1	0.386			10.4	200
J18-04-Q4	85	钾化花岗岩中黄铁矿石英脉	98.124	1.112	0.441	0.066	0.017	0.24	52.7	30.3	0.508			15.8	222
J18-04-Q9	125	钾化花岗岩文象花岗岩中石英块	98.463	0.895	0.424	0.058	0.007	0.153	50.2	8.1			0.039	92.7	56
J18-04-Q20	329	钾化花岗岩中晶洞石英	97.497	1.799	0.416		0.041	0.247	11.8	9.46	4.95		0.077	8.32	53.1
J18-04-Q21	335	钾化花岗岩中晶洞石英	96.842	2.018	0.703		0.040	0.397	39.6	55.5	7.83	0.741	0.027	20.8	336
J18-04-Q24	398	钾化花岗岩中黄铁矿石英脉	97.888	1.153	0.691	0.045	0.031	0.191	35.1	6.18			0.101	5.15	30.2
J18-05-Q2	47	花岗闪长岩中石英脉	98.128	0.911	0.531	0.144	0.005	0.282	19.8	33.7	2.02	0.197		6.78	166
J18-06-Q6	152	花岗岩中黄铁矿石英脉	97.763	1.193	0.559	0.265	0.021	0.199	19.3	42.5	5.74	1.67	0.066	2.64	296
J18-06-Q13	264	钾化花岗岩石英脉	97.099	1.724	0.726	0.116	0.027	0.309	22.6	35.2	6.22	0.98	0.214	15.8	221
J18-06-Q26	493	钾化花岗岩石英黄铁矿脉	99.04	0.181	0.473			0.307	21.9	24.9	3.78		0.082	16.6	115

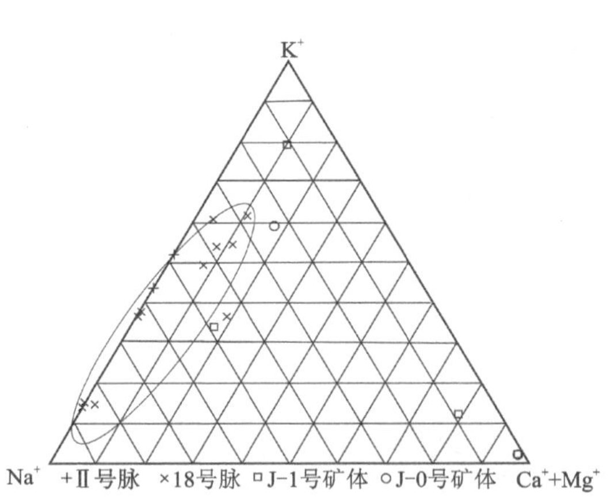

图 7-9 金厂矿区矿石石英包裹体阳离子成分三角图

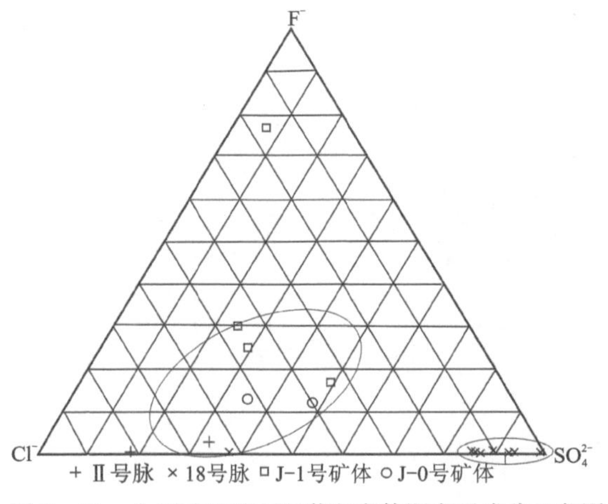

图 7-10 金厂矿区矿石石英包裹体阴离子成分三角图

CO_2和CH_4一般在含金石英脉包裹体中的含量高于不含金石英脉。在成矿过程中，一般富集在矿体上部和前缘的包裹体中，可认为是成矿流体在遭遇裂隙等减压构造时发生二次沸腾，释放大量的挥发组分，同时也导致了金的沉淀，形成矿体。根据金矿床包裹体叠加晕模型规律，当含金石英脉有 3 个以上中段控制时，按不同中段采样，发现CO_2和CH_4从上到下有 3 个中段连续下降，第四个中段又突然上升时，指示该矿深部延伸较大或深部有盲矿体。而在 ZK04 中，CO_2和CH_4的含量变化如图 7-11、图 7-12 所示，前 3 个样品中随深度的加深而连续降低，后面突然又升高，说明在 ZK04 下面还有隐伏矿床(秦江艳，2008)(图 7-10～图 7-12)。

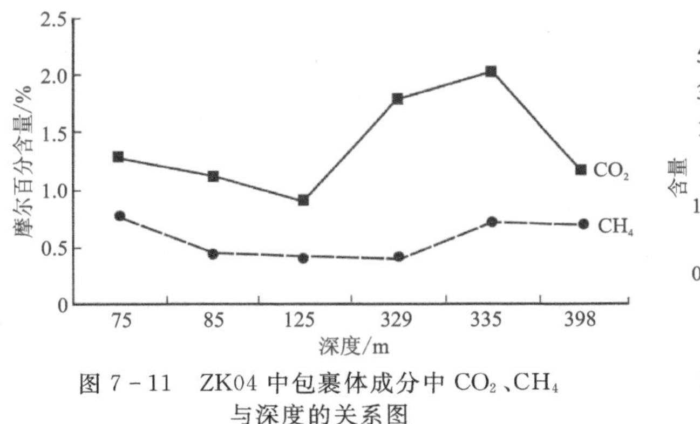

图 7-11 ZK04 中包裹体成分中 CO_2、CH_4 与深度的关系图

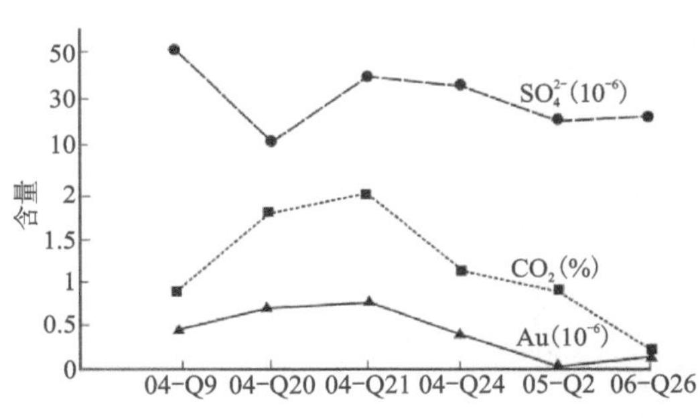

图 7-12 ZK04 中包裹体成分中 CO_2、SO_4^{2-} 与 Au 品位关系图

7.1.3 包裹体中子矿物的鉴别

金厂矿区不同矿化类型矿石石英发现了较多含硫化物子矿物的流体包裹体，为成矿物质来自岩浆侵入体提供了直接证据。

7.1.3.1 流体包裹体中硫化物子矿物的岩相学特征

在矿区角砾岩筒型矿体、似层状微细脉浸染型矿体及裂控型矿体矿物石英中，均发育较多含有硫化物子矿物的包裹体(图 7-13)。包裹体中的硫化物子矿物大小一般在 2～5μm 之间，颜色呈黑色，形态多以不规则状为主，少量呈较完好的立方体形态。它们在包裹体中多分布于其他类型透明子矿物之间，有时也表现为紧贴气泡或包裹体壁发育；大多数包裹体中仅发育一个硫化物子矿物，也有少量包裹体中见有两个硫化物子矿物(图 7-13)。

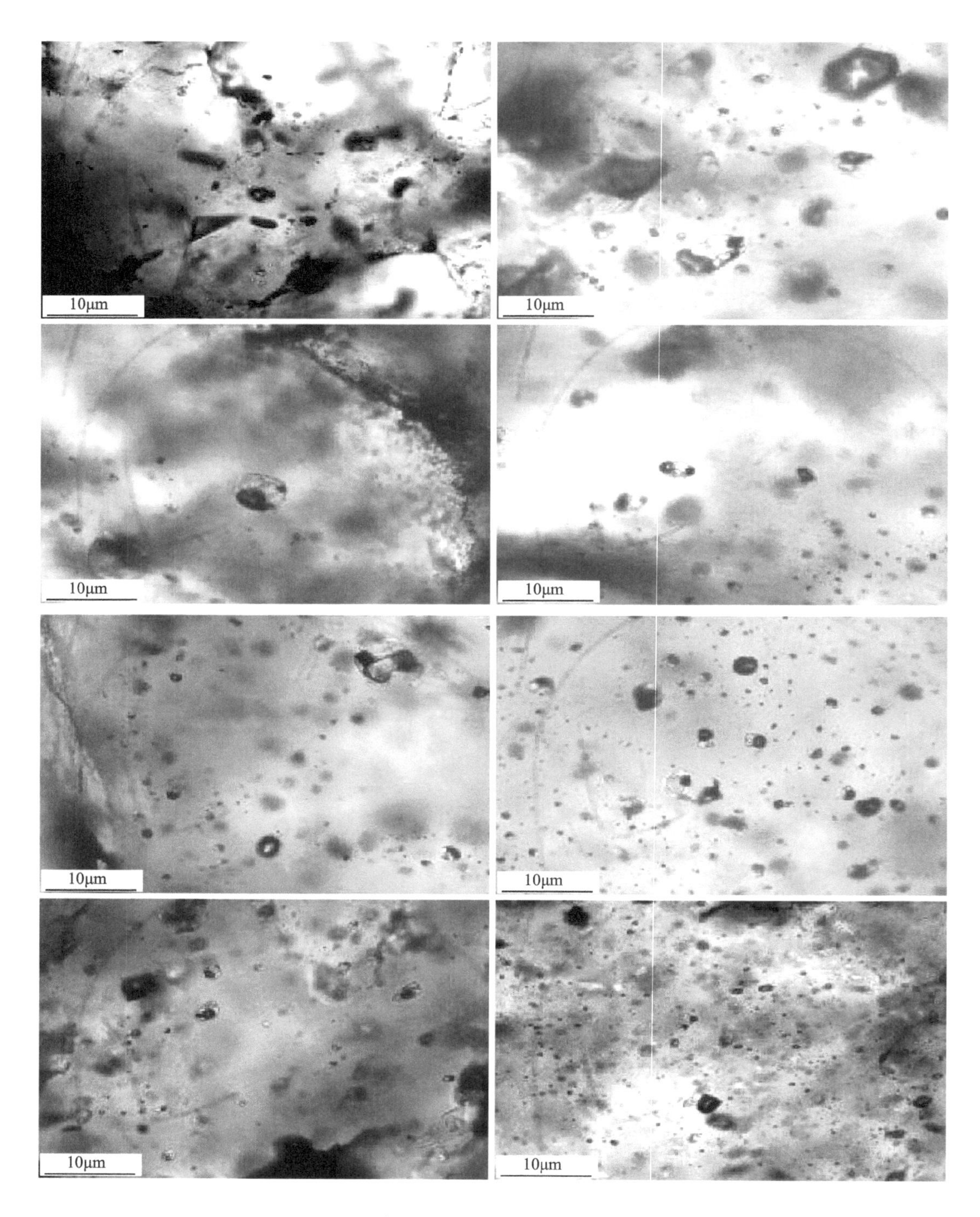

图 7-13　含硫化物子矿物流体包裹体显微照片

7.1.3.2　包裹体中硫化物子矿物成分

为了确定包裹体中发育的不透明子矿物(硫化物)类型,本次研究挑选了 10 个典型样品,对其包裹体内发育的不透明子矿物进行了扫描电镜和能谱分析。结果表明,包裹体中发育的硫化物子矿物主要包括黄铁矿(图 7-14)、黄铜矿(图 7-15)和闪锌矿(图 7-16)等。由于很多包裹体中都存在着硫化物子矿物，而且这类包裹体在石英中的产状、分布特点说明了其原生成因属性，由此可以得出重要结论——形成各类型矿化的流体本身富含金属成矿物质。

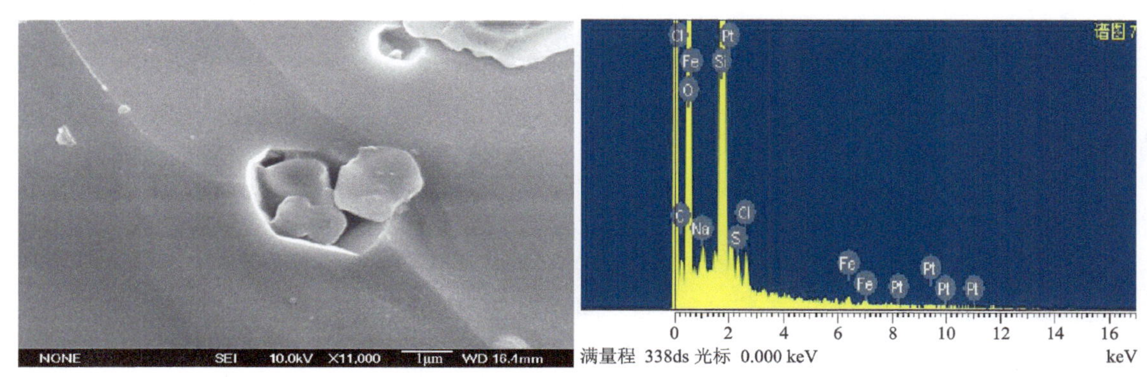

图 7-14 包裹体中子矿物的扫描电镜能谱分析

注：S/Fe 显示为黄铁矿。

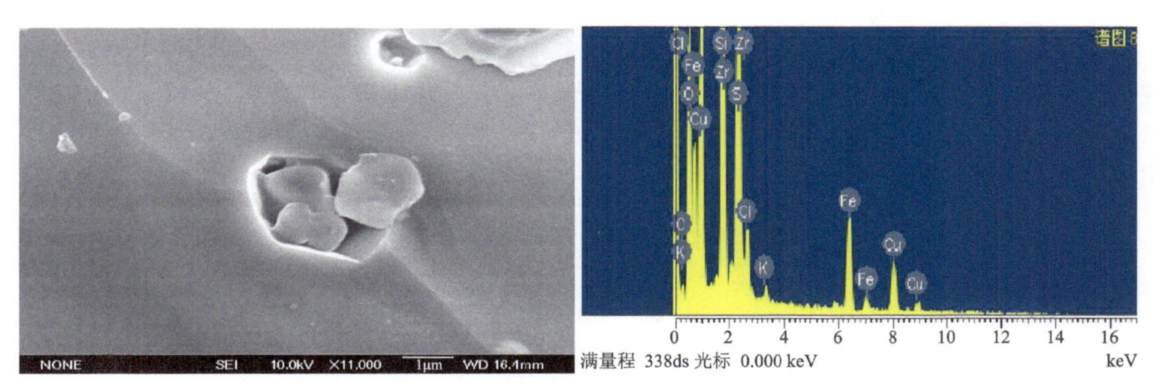

图 7-15 包裹体中子矿物的扫描电镜能谱分析

注：S/Fe、Cu 显示为黄铜矿。

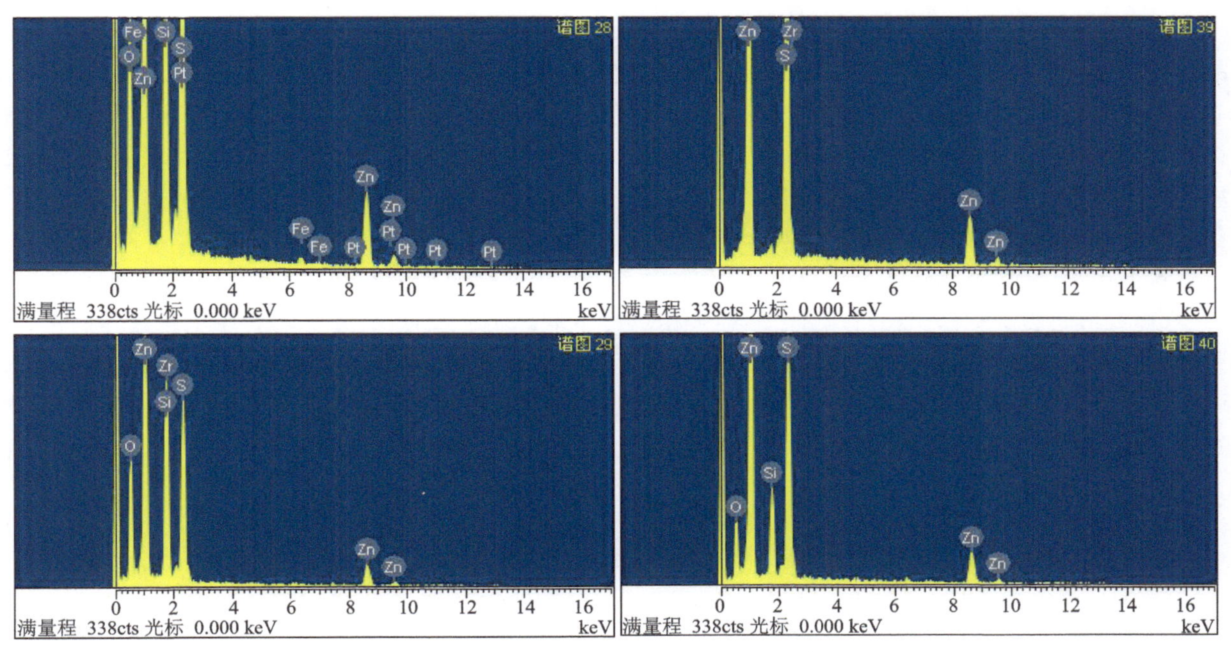

图 7-16 包裹体中子矿物的扫描电镜能谱分析

注：S/Zn、Fe 显示为闪锌矿。

7.1.3.3 成矿物质直接来自岩浆侵入体

含有硫化物子矿物的包裹体在室温下绝大多数都属于富含各种子矿物的多相包裹体(图 7-13),它们在寄主矿物石英中多随机分布或成群产出,一般无明显的定向性或线性分布特点,表明它们成因上多具原生包裹体属性。这样类型的包裹体一般在与浅成侵入体有关的矿床中及岩浆岩体中常见,如斑岩型矿床,而在其他类型矿床中则不发育。它们多直接捕获和形成于岩浆演化过程中以及结晶作用晚期,代表岩浆结晶分异作用的直接产物。金厂矿区角砾岩筒型矿体、似层状微细脉浸染型矿体及裂控型矿体矿物石英中均发育含有黄铁矿、黄铜矿及闪锌矿等子矿物的多相包裹体,而且这些硫化物矿物又构成矿石中主要矿石矿物和载金矿物,其含量与金品位具直接的正相关关系,据此推断该矿床成矿物质直接来自岩浆侵入体。

7.1.4 成矿流体来源分析

根据矿石矿物中发育的流体包裹体类型及其组合特点,结合流体包裹体氢-氧同位素及其他地球化学分析结果,可以对成矿流体的来源及其地球化学性质进行分析和判断。研究表明,金厂矿区角砾岩型、岩浆穹隆裂控型矿体矿物石英中发育的流体包裹体类型及其组合特征均有所区别,反映了形成不同类型金矿化的成矿流体地球化学特征与性质存在一定差异。

7.1.4.1 角砾岩型流体特征

流体包裹体岩相学研究表明,金厂矿区隐爆角砾岩筒型矿体矿石石英中主要发育有含固体子矿物多相、气相-富气相及含 NaCl 子矿物三相 3 种类型的原生流体包裹体,其他类型流体包裹体少见,尤其含固体子矿物多相包裹体发育数量最多,其相变过程复杂,均一温度高,反映了成矿流体为一类成分复杂的高温流体体系。

对多相包裹体开展的子矿物扫描电镜及能谱分析结果表明,包裹体中透明子矿物成分复杂,鉴别出的盐类矿物有 NaCl、KCl、钾钠的碳酸盐类、溴化物类、方解石等多种。除上述矿物类型外,能谱分析结果亦表明包裹体中存在着硅酸盐类子矿物。由于这类多相包裹体发育数量多,显然这些子矿物,无论是盐类矿物、方解石,还是硅酸盐矿物不是包裹体形成过程中偶然捕获的机械混入物,而是包裹体捕获之后在封闭体系中流体随物化条件变化而形成的产物。因此,形成矿区隐爆角砾岩筒型矿化的流体含有易溶盐类、方解石、硅酸盐类等复杂的成分体系。

除上述特点外,该类矿体石英中还发育较多的气相-富气相包裹体,在富气相包裹体中也存在数量不等、种类不同的子矿物。它们与含子矿物多相包裹体常常成群发育,成因上均具原生包裹体属性,显示近于同时捕获的特点。这就说明该类矿化石英中发育的 3 种类型流体包裹体可能为不均匀体系状态下捕获的结果,即石英结晶时既存在着挥发分相、高盐度溶液,也存在着熔浆。成矿流体属一种熔浆-挥发分-少量高盐度的溶液共存的熔浆-溶液过渡态复杂不混溶流体体系。

7.1.4.2 岩浆穹隆型矿体流体特征

18 号矿体石英中同样也主要发育含固体子矿物多相包裹体、气相-富气相及含 NaCl 子矿物三相 3 种类型的原生流体包裹体。与隐爆角砾岩筒型矿体相比,前者石英中含 NaCl 子矿物三相包裹体发育数量明显增多,而含子矿物多相包裹体相对数量有所减少,且单个包裹体内子矿物发育数量总体有所减少，一般在3～4个。经扫描电镜及能谱分析，含子矿物多相包裹体其子矿物主要为钾、钠的氯化物、碳酸盐类和方解石等，未发现含硅、铝的硅酸盐类矿物，表明成矿流体为一类高盐度热水溶液。3种类型包裹体共存的事实说明成矿时含矿热液体系也非均匀体系，而是一种处于沸腾状态下的不混溶体系。

在环状、放射状裂控型矿体所发育的石英中，含子矿物多相包裹体已极为少见，前者大量发育的是含NaCl子矿物三相包裹体及气液两相包裹体，后者大量发育的是含NaCl子矿物三相、气相-富气相及气液两相包裹体，成矿流体从性质上而言均属于一种不均一的高盐度溶液体系。

7.1.4.3 成矿流体来源分析

系统的流体包裹体研究表明，金厂矿区角砾岩筒型、岩浆穹隆型矿体矿物石英中均发育较多的原生流体包裹体。其中，角砾岩型矿体石英中主要发育含子矿物多相、气相-富气相及含NaCl子矿物三相3种类型的原生流体包裹体，多相包裹体中存在有硅酸盐矿物成分，而且包裹体岩相学特征表明它们不是包裹体形成过程中随机捕获的固体颗粒，无疑表明其成矿流体直接来自岩浆岩侵入体。而18号脉及环状、放射状3种类型矿体矿物石英中主要发育多相含子矿物包裹体、含NaCl子矿物三相包裹体、气相-富气相包裹体及气液两相包裹体，其类型及组合与斑岩型矿床极为相近，这也间接说明了金厂矿区18号及环状、放射状裂控型矿化成矿流体主要来自岩浆热液。

包裹体岩相学特征从一侧面反映了成矿流体可能主要来自岩浆侵入体，而且从氢-氧同位素分析结果也表明金厂矿区不同类型矿化成矿流体主要来自岩浆热液。

7.1.5 成矿流体物理化学条件

7.1.5.1 包裹体均一温度、盐度、压力特征

矿区内的包裹体测温方面的资料较为丰富：王可勇等(2010)对角砾岩型J-0号和J-1号矿体，岩浆穹隆型18号矿体、Ⅱ号脉群和Ⅲ号脉群进行了包裹体测温方面的研究；肖力等(2010)对J-0号矿体、J-1号矿体、J-9号矿体和18号脉石英中包裹体进行了研究；王永(2006)、张文淮等(2008)对矿区内的流体包裹体进行了研究。

王可勇等(2010)在吉林大学地球科学学院地质流体实验室，运用英国Linkam TS-1500型热台对该类矿石石英中发育的角砾岩型矿石中的3种流体包裹体进行了均一温度测试，结果如下。

1. 角砾岩型流体包裹体均一温度

(1)含固体子矿物多相流体包裹体：在升温过程中，该类包裹体相变过程较为复杂，特别是其中的子矿物，熔化/溶解温度变化范围大，反映了子矿物类型多样、成分复杂的特点。总体来讲，该类包裹体主要通过最后气泡消失实现包裹体完全均一。在加热升温过程中，包裹体子矿物自258℃开始熔化/溶解，一直到550～560℃最后一个固体子矿物熔化/溶解，气泡消失温度一般高于600℃。11个包裹体样品中多个包裹体测温结果显示，矿石中该类包裹体均一温度变化范围为430～890℃，多数集中于570～890℃温度范围区间(图7-17)，有少量包裹体在900℃仍未完全均一。

(2)富气相包裹体：该类包裹体升温过程中以均一至气相方式为主，包裹体均一温度变化范围为340～450℃，多数包裹体在440～450℃均一(图7-17)。

(3)含NaCl子矿物三相流体包裹体：该类包裹体加热升温过程中，部分包裹体表现为子矿物先于气泡消失而后通过气相消失达到包裹体完全均一；另有部分包裹体气相先于子矿物消失，而后通过子矿

物溶解实现包裹体完全均一；极少数的包裹体气相与子矿物相近于同时消失。该类包裹体均一温度总体变化范围为250～420℃区间，并出现两个均一温度高峰区间，一个为260～270℃，另一个为360～420℃(图7-17)；根据包裹体中NaCl子矿物的消失温度，依相关公式估算此类包裹体盐度为28%～36%(图7-18)。

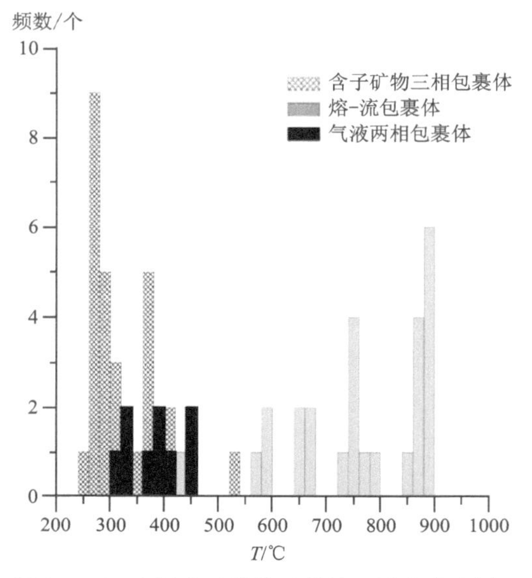

图7-17　金厂金矿筒状矿体均一温度直方图

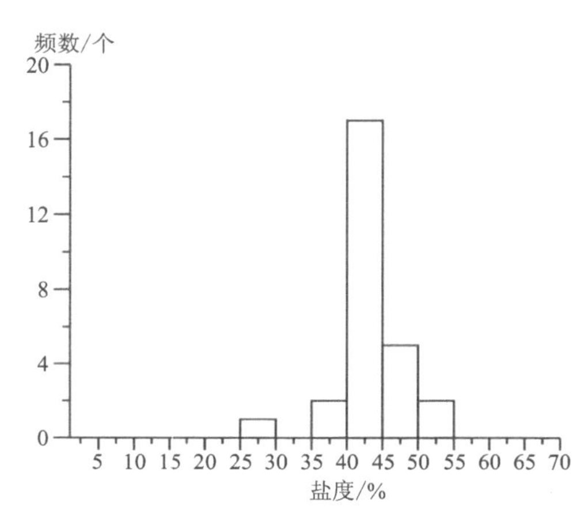

图7-18　金厂金矿筒状矿体盐度直方图

需要指出的是，3种包裹体中均有部分含有不透明硫化物矿物的子晶，这些子晶在升温过程中没有发生相的变化，直至包裹体其他相完全均一后，它们依然残留于包裹体内。

2. 18号矿体流体包裹体显微测温研究

(1)含固体子矿物多相包裹体：该类包裹体升温过程中相变行为较为复杂，多数包裹体在150℃之前就开始有子矿物熔化/溶解，到了150～200℃时，大部分包裹体仅剩下气泡、水溶液相及1～2个主要固体子矿物。此后，部分包裹体气相在212～450℃之间消失，最后通过子矿物熔化/溶解而完全均一；另一部分包裹体则在240～500℃区间子矿物全部熔化/溶解，最后通过气相消失包裹体完全均一；这种复杂的相变行为反映出流体成分的复杂性。总体来看，该类包裹体均一温度变化范围为380～560℃，以420～560℃为主(图7-19)。

(2)富气相包裹体：该类包裹体升温过程中以均一至气相方式为主，少量包裹体测温数据显示该类包裹体均一温度变化范围为340～450℃(图7-19)。

(3)含NaCl子矿物三相流体包裹体：该类包裹体升温过程中表现出3种均一行为。一类包裹体气相先于子矿物消失，而后通过子矿物消失包裹体最后均一；另一类包裹体子矿物先于气相消失，而后通过气液均一包裹体最后均一；最后一类包裹体气相与子矿物近于同时消失；几乎所有包裹体最后均均一至液相，包裹体均一温度变化范围为280～480℃，多数集中于320～420℃温度区间(图7-19)；根据此类包裹体中NaCl子矿物溶解温度，依相关公式估算包裹体盐度为32%～42%(图7-20)。

3. 环形流体包裹体显微测温研究

(1)含NaCl子矿物三相流体包裹体：该类包裹体升温过程中也表现出3种均一方式，均一温度变化范围为270～340℃(图7-21)；包裹体中NaCl子矿物溶解温度为165.3～314.7℃，多数集中于290～320℃之间，根据NaCl子矿物溶解温度，依相关公式得到流体盐度值为30.3%～39.01%(图7-22)。

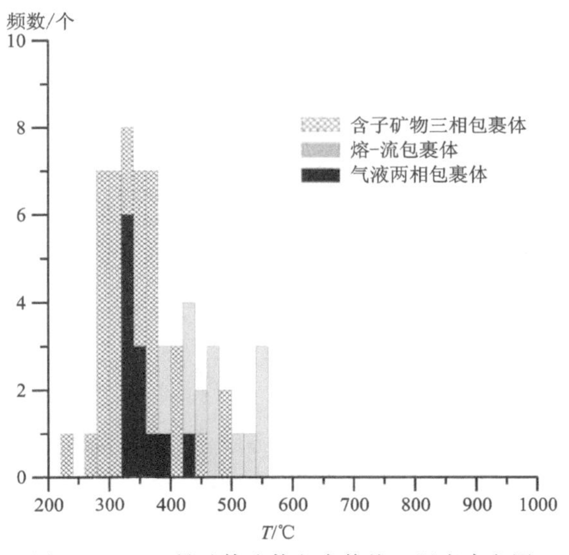

图 7-19 18 号矿体流体包裹体均一温度直方图

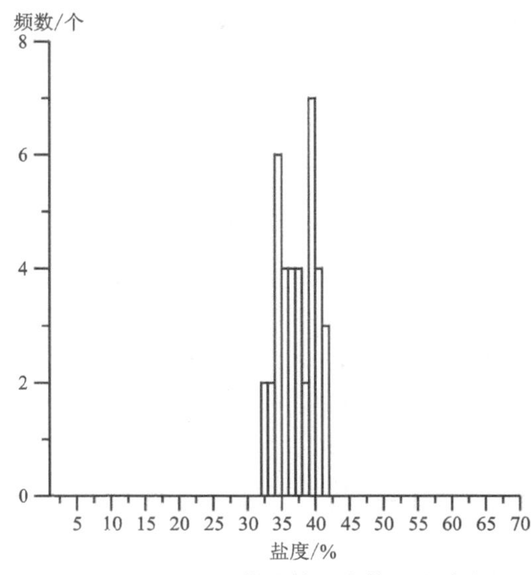

图 7-20 18 号矿体流体包裹体盐度直方图

(2)气液两相包裹体：首先将该类包裹体过冷却至－150℃，在升温过程中，测得该类包裹体冰点温度为－5～－19.3℃，根据冰点温度，依相关公式，计算得到该类包裹体盐度为 8.67%～22.52%，分别集中于 7%～12%及 15%～17%两个盐度区间(图 7-22)；包裹体以均一至液相方式为主，均一温度变化范围为 282.5～371.5℃区间(图 7-21)。

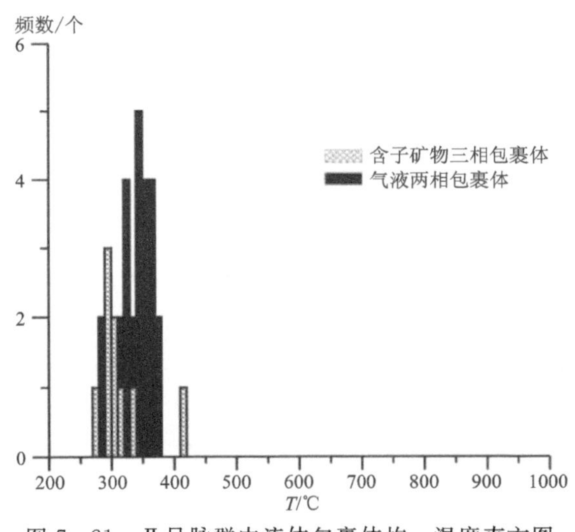

图 7-21 Ⅱ号脉群中流体包裹体均一温度直方图

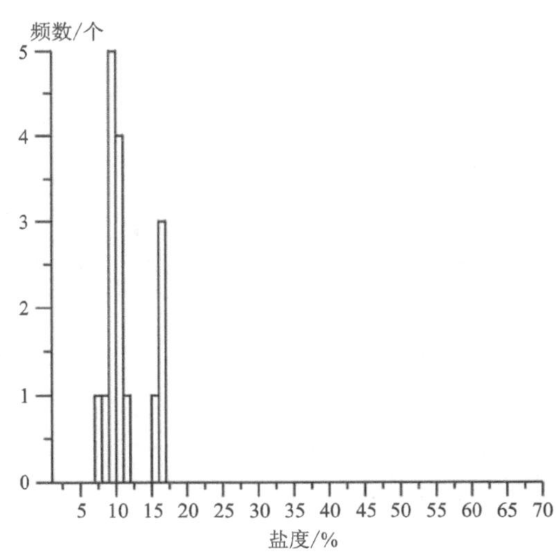

图 7-22 Ⅱ号脉群中流体包裹体盐度直方图

4. 放射状流体包裹体显微测温研究

(1)含 NaCl 子矿物三相流体包裹体：该类包裹体升温过程中也表现出 3 种均一方式，其完全均一温度变化 303.5～422.6℃，多数集中于 320～390℃区间(图 7-23)；包裹体中 NaCl 子矿物溶解温度 271.4～422.6℃，多集中于 340～380℃。根据包裹体中 NaCl 子矿物溶解温度，估算流体盐度为 35.96%～47.84%，主要盐度变化区间为 40%～45%(图 7-24)。

(2)富气相包裹体：该类包裹体升温过程中以均一至气相方式为主，均一温度变化范围为 323～500℃，个别包裹体在 500℃时仍未能均一，大多数包裹体均一温度在 420～450℃区间(图 7-23)。

结合前人资料，将角砾岩型和岩浆穹隆型矿体流体包裹体的均一温度(图 7-25)和盐度(图 7-26)直方图，总结出矿体石英脉流体包裹体温度、盐度有如下特征。

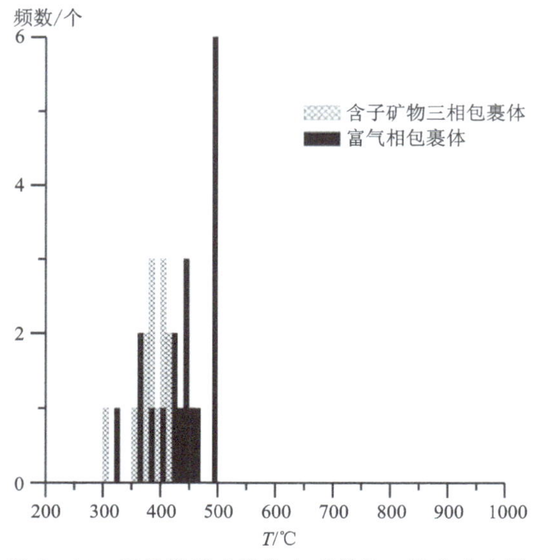

图 7-23　Ⅲ号脉群中流体包裹体均一温度直方图

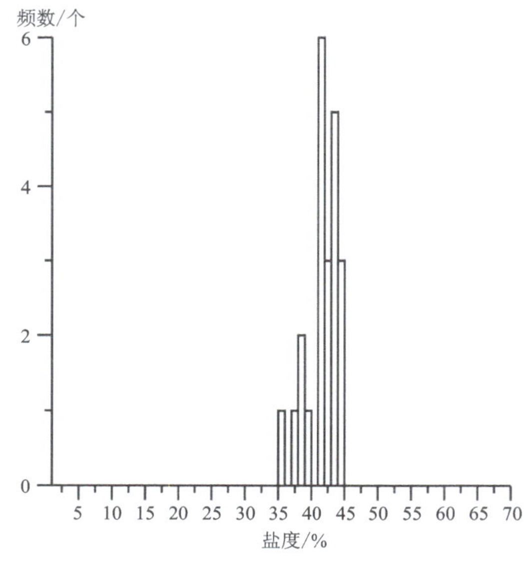

图 7-24　Ⅲ号脉群中流体包裹体盐度直方图

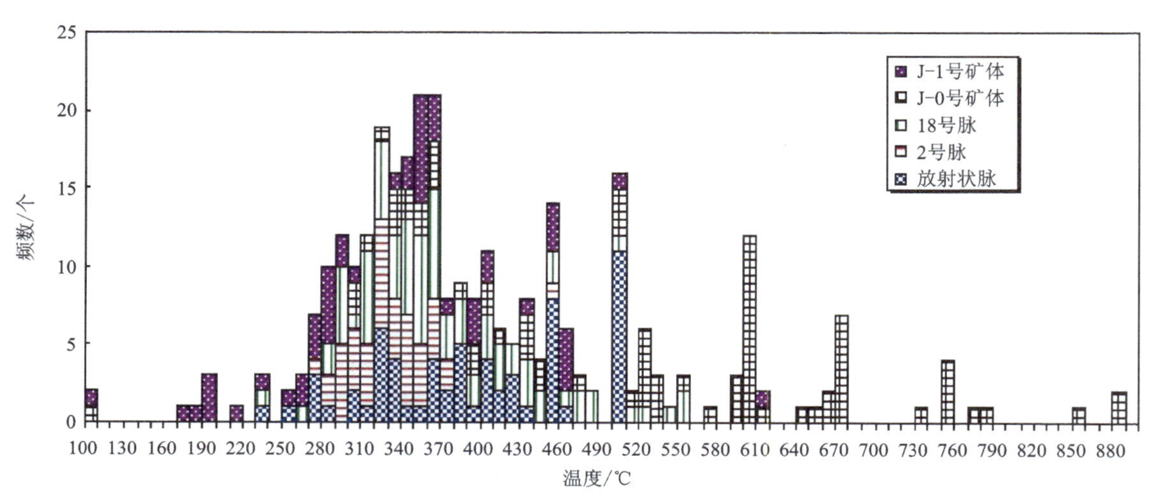

图 7-25　金厂矿区矿体石英流体包裹体温度直方图

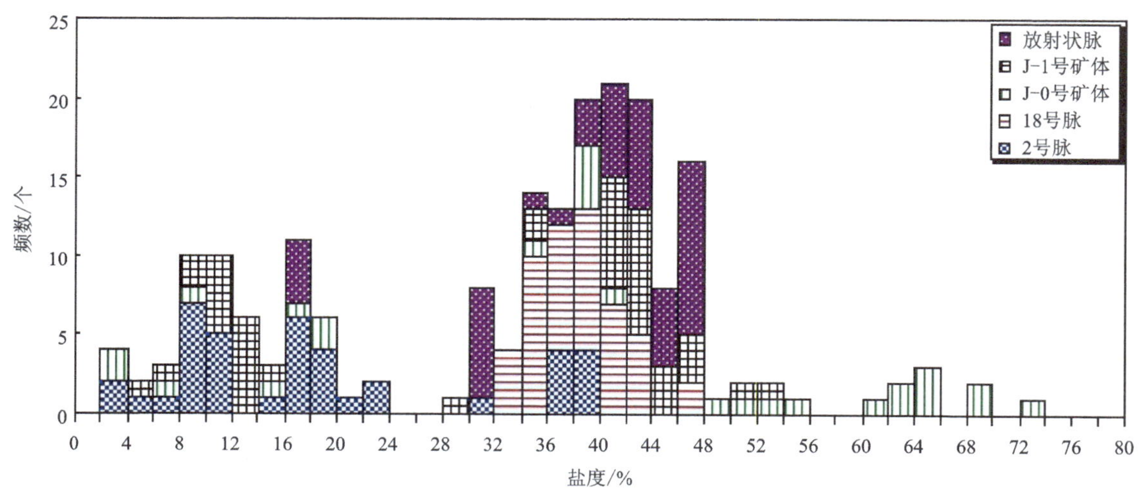

图 7-26　金厂矿区矿体石英包裹体盐度直方图

(1)J-0号(角砾岩型)矿体石英流体包裹体均一温度范围较分散,但主要集中于310~610℃;均一温度出现高值和低值,并出现熔融包裹体;盐度也较分散,但主要有低值和高值两个区,并出现众多大于60%的值。

(2)J-1号(角砾岩型)矿体均一温度出现在170~310℃,330~470℃两个范围内;盐度集中于两个区域出现,范围为4%~16%(平均值为11%)和34%~54%(平均值为44.36%)。

(3)J-9号角砾岩型矿体出现在140℃~270℃,300℃~370℃两个范围内;盐度较低,集中分布于2%~10%,平均值为4.61%。

(4)18号脉均一温度集中呈正态分布,分布范围为260~560℃,平均值为373℃;盐度集中于32%~48%范围内。

(5)Ⅱ号脉均一温度集中呈正态分布,分布范围270~380℃,均值为331℃;盐度集中于2%~25%,并出现30%~40%的盐度值。

(6)Ⅲ号脉温度主要集中出现于300~440℃;盐度集中于34%~48%范围内。

把矿区内角砾岩型和岩浆穹隆型矿体作为一个成矿系统来看,成矿系统的均一温度和盐度总体符合正态分布:均一温度集中于250~490℃之间,均一温度大于500℃的多为J-0号矿体包裹体,这与J-0号矿体为斑岩型矿体有关;盐度可以分为两个区间,2%~24%和28%~56%,大于60%的为J-0号矿体。综合分析前人的测试成果,可以得出如下结果。

(1)J-0号矿体成矿温度最高,J-1号矿体温度相对集中,并叠加低温,J-9号矿体叠加低温最明显,18号脉与Ⅱ号脉及放射状脉温度相对集中于同一区域,18号脉、放射状脉温度略比Ⅱ号脉高;18号脉并出现几个高温数据。

(2)J-1号矿体出现低盐度和较高盐度两个区,J-0号矿体盐度分散出现高盐度值;J-9号矿体盐度集中于低盐度区,总体上角砾岩型矿体矿石J-0号矿体盐度最高,其次为J-1号矿体,最低为J-9号矿体,原因为J-0号矿体成矿深度深,接近成矿岩浆,出现铜矿化;而J-9号矿体接近地表,为开放体系;18号与放射状脉盐度相似,但18号脉集中出现于较高盐度区,Ⅱ号脉出现于低盐度区和较高盐度区,这与18号脉、Ⅱ号脉和放射状脉受同一岩浆穹隆型构造体系控制有关,但18号脉成矿深度比Ⅱ号脉大。

芮琮瑶(1995)对吉黑东部铜金矿提出的3套成矿流体体系,A系统的特点为温度与盐度呈正比关系温度变化范围为160~395℃,盐度变化范围为3%~21%。由于随着温度的增高,成矿流体中溶解的盐类随之增高,因此为A系统为加热的天水系统。B系统的特点为温度与盐度呈反比关系,温度变化范围为105~350℃,盐度变化范围为3.5%~16%。由于随着温度的降低,成矿流体中溶解的盐类反而增高,因此B系统为排放系统。当成矿流体排放时,流体中溶解的气体逸出,使流体的盐度增高了。C系统的特点为温度和盐度均较高,尤其是盐度可高达30%~42%。该系统是由浅成岩浆房排放出来的酸性挥发性组分,如HCl、HF、CO_2等,与硅酸盐矿物反应,在生成片状硅酸盐矿物(水云母和水白云母等)和石英的同时,有大量的NaCl、KCl等盐类溶于成矿流体,最终导致形成高盐度成矿流体,有时这种高盐卤水的盐度可达70%。

金厂矿区包裹体在矿体盐度-均一温度双曲线图上(图7-27),矿区内矿体石英流体包裹体分布于两个集中区B和C,B区特点为温度与盐度呈反比关系,温度变化范围为150~370℃,盐度变化范围为2%~24%,C区特点为温度和盐度均较高,尤其是盐度可高达30%~70%。矿区有两种演化趋势——往高温高盐度演化和往低温低盐度演化。这表明两种可能性:一种为从浅成岩浆房分离出来的酸性挥发相(HCl、HF、P_2O_5、CO_2等)逐渐减少,由于酸性挥发相不足,导致成矿流体中盐度降低;另一种为浅成岩浆的深度和围压依次增大,使$m \rightarrow m' + s + v$(m为硅酸盐熔融相,m'为残余硅酸盐熔融相,s为结晶出的硅酸盐矿物,v为挥发反应)难以进行,导致v相减少和高盐度流体相难以形成。

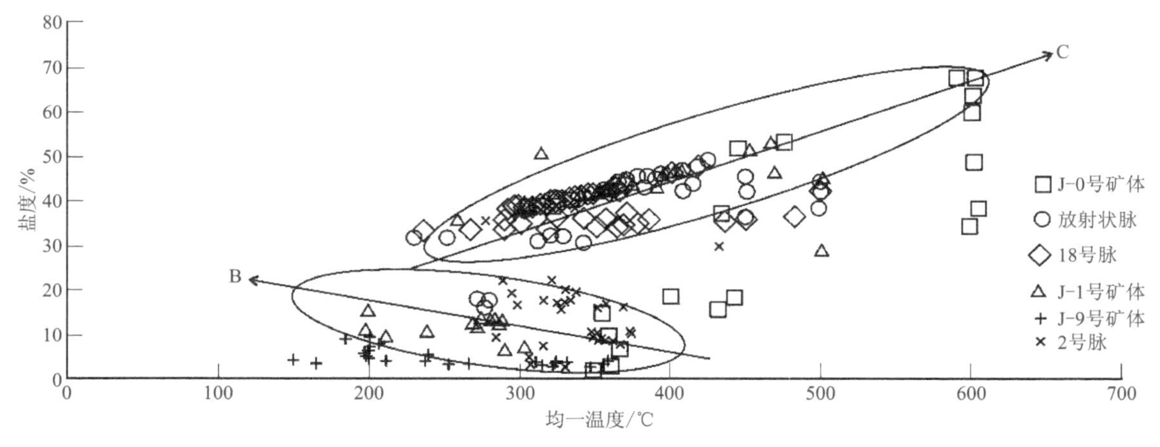

图 7-27　金厂矿区包裹体盐度-均一温度双曲线

7.1.5.2　压力计算

根据邵洁莲(1983)估算成矿压力及深度公式

$$T_0 = 374 + 92.0 \times N$$
$$P_0 = 219 + 26.20 \times N$$
$$P_1 = P_0 \times (T_1 / T_0)$$
$$H_1 = P_1 / (300 \times 10^5)$$

式中:N 为包裹体盐度;T_0 为初始温度;P 为初始压力;P_1 为成矿压力;T_1 为包裹体均一温度;H_1 为成矿深度。

计算出 J-0 号矿体成矿压力为 $3\ 779.5 \times 10^5$Pa,成矿深度为 12.6km,因只有一个样品,故认为结果不可信;J-1 号矿体成矿压力为 $403 \times 10^5 \sim 977 \times 10^5$Pa,成矿深度为 1.3~3.3km;J-9 号矿体成矿压力为 $252 \times 10^5 \sim 584 \times 10^5$Pa,成矿深度为 0.8~1.9km。

将均一法得到的包裹体的均一温度和利用冰点和子晶融化温度计算的包裹体的盐度数据直接投到均一温度-盐度-压力图中,成矿流体压力介于 $1 \times 10^5 \sim 100 \times 10^5$Pa 之间,结合王永(2006)、秦江艳(2008)对岩浆穹隆裂控型、陈锦荣等(2000)对 J-1 号矿体,门兰静(2008)对 J-0 号矿体和 J-1 号矿体进行压力及成矿深度分析,区内 J-0 号矿体、18 号脉成矿流体压力较大,深度较深,J-1 号矿体成矿流体压力比 J-0 号矿体和 18 号脉较小、深度较浅,J-9 号矿体成矿流体压力最小,成矿深度最浅。矿区内成矿深度小于3.5km,属浅成成矿环境。

7.1.5.3　流体包裹体物理化学环境

金厂矿区成矿流体包裹体都属于弱碱性流体,J-1 号矿体的成矿流体显示从早到晚有碱性逐渐增强的趋势;J-0 号矿体的成矿流体从早到晚,碱性有逐渐减弱的趋势(陈锦荣等,2000);18 号脉出成矿流体的 pH 值为 4.61~5.45,表明成矿环境为弱酸性(秦江艳,2008),但考虑该温压下中性值,成矿流体应力弱碱性;本区成矿流体呈弱还原的环境,J-1 号矿体从早阶段到晚阶段,其氧化还原电位呈逐渐降低的趋势,而 J-0 号矿体从早阶段到晚阶段的氧化还原电位有增高的趋势;18 号脉 Eh 为 $-0.42 \sim -0.33$,表明成矿环境为弱还原性;J-1 号矿体和 J-0 号矿体的成矿流体中 CH_4 和 CO_2 的逸度较大,CO 的逸度较小,H_2的逸度有的阶段较大,有的阶段较小。氧逸度总体变化较小,$\lg f_{O_2}$ 为 $-41.26 \sim -41.47$,属于低氧逸度的流体;18 号脉硫逸度 $\lg f_{S_2}$ 为 $-12.07 \sim -7.65$,硫逸度较高,表明成矿环境为弱还原性;氧逸度 $\lg f_{O_2}$ 为 $-33.93 \sim -25.41$,氧逸度较低,表明成矿环境为弱还原性。

7.1.6 成矿流体物演化

以上讨论表明角砾岩型和岩浆穹隆型矿体的成矿物质、成矿流体均主要来自岩浆侵入体，那么这两种矿是同时形成的，还是因控矿构造性质不同而表现出不同的矿化形式还是先后形成；如果是不同期形成，其先后顺序怎样。这也是研究该矿床成因及成矿作用模式需要查明的基本问题之一。确定矿化形成演化顺序的主要依据如下。

7.1.6.1 流体包裹体岩相学特点

通过系统的流体包裹体研究，发现金厂矿区隐爆角砾岩筒型、岩浆穹隆型石英-(方解石)-黄铁矿脉型矿化产物石英中普遍发育含子矿物包裹体，不同类型矿化石英中含子矿物包裹体子矿物数量、种类存在着明显且规律性的变化，表现为：角砾岩型金矿化石英中含子矿物包裹体子矿物数量最丰富，一般为4～7个，多数在5个左右，仅含NaCl子晶一个子矿物的包裹体数量很少；在岩浆穹隆型矿体，石英中含子矿物包裹体子矿物数量有所减少，一般为3～5个，多数3个或4个，少数2～3个。这说明角砾岩型→岩浆穹隆型成矿流体组分是复杂趋向于简单的演变规律。

7.1.6.2 成矿流体性质的演化

在矿区隐爆角砾岩筒型矿化(J－0号、J－1号)石英的含子矿物多相包裹体中，首次根据扫描电镜能谱分析结果，确定出了含硅、铝成分的硅酸盐子矿物的存在，证实了其成矿流体为一种由挥发分、高盐度溶液及熔浆组成的熔浆→溶液过渡态不均匀流体；岩浆穹隆裂控型矿化石英中虽然也发育含数量不等子矿物的包裹体，但扫描电镜能谱分析结果未发现硅酸盐子矿物的存在，显示成矿流体均为一种不混溶溶液体系。因此，矿区由角砾岩型矿化→岩浆穹隆裂控型矿化成矿流体性质有由熔浆→溶液过渡态不均匀流体向不均匀的溶液体系演变的趋势。

7.1.6.3 测温结果

在升温过程中，流体包裹体相变行为及均一化温度等物化参数均呈现出规律性的变化，表现为以下两点。

(1)相变行为：主要体现在不同矿化类型石英中发育的多相子矿物包裹体子矿物的熔化/溶解相变行为方面。研究表明，矿区角砾岩型矿化石英中含子矿物多相包裹体子矿物自258℃开始熔化/溶解，一直到550～560℃最后一个固体子矿物熔化/溶解，包裹体以气泡最后消失而实现均一，气泡消失温度一般高于600℃；而18号矿体石英中含子矿物多相包裹体自150℃之前就开始有子矿物熔化/溶解，到了150～200℃时大部分包裹体仅剩下气泡、水溶液相及1～2个主要固体子矿物。此后，部分包裹体气相在212～450℃之间消失，最后通过子矿物熔化/溶解而完全均一；另一部分包裹体则在240～500℃区间子矿物全部熔化/溶解，最后通过气相消失包裹体完全均一。子矿物开始熔化/溶解及最终熔化/溶解温度均较砾岩筒型矿化低；而环状、放射状裂控型矿化石英中含子矿物包裹体以仅含一个NaCl子矿物的包裹体占绝大多数，含两个以上子矿物的多相包裹体不仅数量少，而且子矿物熔化/溶解温度更低。这就反映了由角砾岩型→岩浆穹隆裂控型矿化，其石英中多相子矿物包裹体子矿物相形成温度逐渐降低的特点。

(2)测温结果：不同类型金矿化其流体包裹体均一温度存在着系统的规律性变化。角砾岩型矿化，流体包裹体均一温度范围为240～900℃，其中含子矿物多相包裹体温度范围为560～900℃；18号矿体，其流体包裹体均一温度变化范围为200～560℃，其中含子矿物多相包裹体均一温度范围380～

560℃；在环状-放射状裂控型矿化，含子矿物包裹体多为仅发育 NaCl、KCl 盐类子矿物的三相包裹体，其均一温度值多在 470℃以下。因此，矿区由角砾岩型矿化→岩浆穹隆裂控型矿化，流体包裹体均一温度存在一个明显的规律性降低变化趋势。

7.1.6.4 气相成分

近年来，国外对岩浆岩开展的熔融包裹体研究表明，不同成分的挥发分自岩浆中分离出来的时间有较大的区别，一般规律为：CO_2、CH_4等较早从熔浆中分离出来，而 H_2O 从熔浆中分离出来的时间较晚。CO_2、CH_4等挥发分可以在岩浆岩尚未完全固结之前就从熔浆中分离出来，最早可在 1/5 左右熔浆固结时就分离出来；而 H_2O 一般则在熔浆结晶晚期，甚至 90%以上固结的情况下才能从岩浆体系中分离出来，形成岩浆期后热液。金厂矿区角砾岩型、岩浆穹隆型矿化石英中均发育较为丰富的气相-富气相包裹体。王可勇等(2010)对不同类型矿化石英中的气相-富气相包裹体进行了单个包裹体成分分析，结果表明，角砾岩型矿化石英中发育的气相-富气相包裹体，其气相成分基本以 CO_2为主，未见其他成分峰的存在，H_2O 峰也不明显；到了 18 号矿体，石英中发育的气相-富气相包裹体中其气相成分除了 CO_2之外，明显还发育较强的 H_2O 峰，反映此时已有大量的水从岩浆体系中分离出来；到了环状、放射状裂控型矿化，石英中发育的气相-富气相包裹体其气相成分基本只见 H_2O 峰，而无其他成分峰的存在。这种气相-富气相包裹体气相成分的变化也反映出不同类型矿化形成于岩浆体系的不同演化阶段的事实，即角砾岩型矿化其流体可能于岩浆未固结之前分异流体形成，而岩浆穹隆型矿化其成矿流体及岩浆体系主体固结后分异流体形成。

7.1.6.5 矿化体穿切关系

在野外调研过程中，发现很多不同类型矿脉(矿化体)之间的穿切关系，它们为不同类型矿化的形成演化顺序提供了直接的宏观地质依据。本书第 4 章已对矿区的成矿期次进行了讨论，矿区内的矿体成矿期次为同一期构造岩浆体系不同阶段的产物，即金厂金矿为两期成矿 4 个成矿阶段，又可进一步分为 7 个成矿亚阶段：①闪长玢岩期，细分为角砾岩筒成矿阶段(隐爆角砾岩型矿体成矿亚阶段、气液充填型角砾岩亚阶段、坍塌角砾岩型矿体成矿亚阶段)→放射状矿体成矿阶段(石英-黄铁矿亚阶段、石英-黄铁矿-毒砂亚阶段)→环形矿体成矿阶段(石英-黄铁矿亚阶段；石英-多金属硫化物亚阶段)→黄铁矿-石英-碳酸盐阶段；②表生氧化次生富集期。

综合上述各方面证据，本书确定金厂矿区成矿作用演化顺序为角砾岩型矿体→放射状矿体→环形矿体。本节从流体演化方面讨论了矿区内矿体的成矿期次及成矿阶段，得出了前文相同的观点，为前文提供了佐证。

7.2 元素地球化学特征

7.2.1 微量元素地球化学特征

7.2.1.1 不同地质体微量元素地球化学特征

根据矿区主要出露的地质体(矿体及各类岩石)的分析结果，对主要成矿元素的地球化学参数分别进行统计，矿区内地质体地球化学具如下特征。

(1)与地壳克拉克值相比，金厂金矿床中Au、Bi、As、Ag、Cu、Pb明显富集，Co、Mo、Zn、Hg次之，Ni为分散状态。

(2)金含量高时，Ag、As、Sb、Bi、Pb、W、Mo等元素含量明显增高，这几个元素可作为找金的指示元素。

(3)金在闪长玢岩脉，印支期的斜长花岗岩、燕山晚期的细晶岩、闪长玢岩及燕山早期的花岗闪长岩和闪长岩中含量相对较高。其中，闪长岩玢脉含量最高，该岩脉可作为找金的有利目标体。

(4)Au元素的背景值为0.009×10^{-6}，异常下限为0.091×10^{-6}。

(5)在$\alpha=0.05$的信度下($r_0=0.25$)，Au与W、Ni为正相关；Ag与Bi为正相关；As与Sb、Hg、Cu、Mo为正相关；Sb与Hg、Zn、Pb为正相关；Cu与Pb、Mo为正相关；Zn与Pb为正相关；Co与Ni为正相关。

(6)成矿元素分为3组，即Au-W-Co-Ni、Ag-Bi、Pb-Mo-Hg-As-Zn。若$\alpha=0.01$，$r_0=0.34$，可将这些元素分成6组，即Au-W、Co-Ni、Ag-Bi、Zn、As-Sb-Hg、Pb-Mo-Cu，说明了在矿区内，Au-W密切共生，Co-Ni密切共生，Ag-Bi密切共生，As-Sb-Hg-Pb-Cu-Mo密切共生。

7.2.1.2 矿体微量元素地球化学特征

1. J-1号角砾岩型矿体

Au、Ag、Bi、Sb、Cu、Co、As、Zn元素有较大的富集，除Ni元素外，其他元素都大于其背景值，说明这些元素在成矿过程中变异程度较大，对成矿是有利的。从它们的相关关系看，Au与Ag、Co、Ni、W、Bi、Cu、Mo呈正相关，比较显著的为Co、Ni、Ag、W。呈相关关系的元素还有Ag与Bi、Hg、Cu、W、Pb、Zn，As与Sb，Sb与Cu，Bi与Hg、W，Hg与W，Cu与W，Zn与Ni、Pb，Co与Ni、Mo，Ni与Pb、W、Mo，Pb与W。从谱系图上可看出，当$\alpha=0.01$，$r_0=0.42$时，元素可分为5组，即Au-Ni-Co-Mo、Ag-Bi-W-Cu-Hg、Pb-Zn、As和Sb。这说明在成矿过程中，Au与Ni、Co共生或伴生，但蚀变胶结物中与Au相关系数大于0.5的元素只有Ag；与Ag相关系数大于0.5的元素只有Au、Sb、Pb三个元素；与Sb相关系数大于0.5的元素只有Ag、Ni；与Pb相关系数大于0.5的元素只有Zn；As、Bi、Hg、Cu、Co、Ni、W、Mo等元素与其他各元素的相关系数均小于0.5，这可能是角砾岩筒存在多期次矿化叠加的结果。

第二期第二阶段的石英-黄铁矿脉进行单阶段系统取样，与Au相关系数大于0.5的元素有Pb、Zn、Co、Ni及Ag(接近于0.5)；与Ag相关系数大于0.5的元素有As、Sb、Bi、Hg、Cu、Pb、Zn、Co、Ni、W及Au(接近于0.5)；与As相关系数大于0.5的元素有Ag、Sb、Bi、Hg、Cu、W，其中与Sb、Bi、Hg三个元素的相关系数大于0.9，正相关极其显著；与Sb相关系数大于0.5的元素有Ag、As、Bi、Hg、Cu、Pb、W，其中与As、Bi两个元素的相关系数大于0.9，与Ag、Hg两个元素的相关系数大于0.8，正相关极其显著；与Bi相关系数大于0.5的元素有Ag、As、Sb、Hg、Cu、W，其中与As、Sb、Hg三个元素的相关系数大于0.9，正相关极其显著；与Hg相关系数大于0.5的元素有Ag、As、Sb、Bi、Cu、W，其中与As、Bi二个元素的相关系数大于0.9，正相关极其显著；与Cu相关系数大于0.5的元素有Ag、As、Sb、Bi、Hg、W；与Pb相关系数大于0.5的元素有Au、Ag、As、Sb、Zn；与Zn相关系数大于0.5的元素有Au、Ag、As、Pb；与Co相关系数大于0.5的元素有Au、Ni，其中Co与W的相关系数为-0.51，两者呈负相关；与Ni相关系数大于0.5的元素有Au、Co；与W相关系数大于0.5的元素有Ag、As、Sb、Bi、Hg、Cu；与Mo无相关系数大于0.5的元素。

Au、Ag、Pb、Zn等成矿元素在矿体南西端的深部有升高的趋势，说明该矿体深部的金等矿化有增强的趋势；而As、Hg、Sb及Bi等挥发性或低温元素在脉体中的南西端的浅部有升高的趋势，这些正是矿体头晕的特征元素，说明该矿体才开始被剥蚀，整个矿体保留完好；深源元素Co、Ni向矿体深部也呈增强的趋势；W、Mo、Cu等元素的分布尚看不出规律性。

2. J－8 号角砾岩型矿体

Au、Ag、Bi、Mo 元素含量较高，大于其背景值，Au 离散度最大，富集幅度也最大。其他元素含量较近背景或略高，无明显异常。Au 与 Ag、Sb、Cu、Ni、W 元素呈明显的正相关关系，说明在成矿过程中，这些元素为带入状态，参与金的成矿。呈正相关的元素还有 Ag 与 Sb、Bi、Cu、Co、Ni，As 与 Bi，Sb 与 Cu、Ni、W，Bi 与 Cu、Co、Ni，Cu 与 Co、Ni，Zn 与 Pb，Co 与 Ni。从谱系图上也可以看出，在 $\alpha=0.05$ 时，$r_0=0.532$ 时元素可分为 6 组，其中 As、W、Mo、Hg 各单成一组，Pb、Zn 为一组，Ag、Cu、Ni、Bi、Co、Au、Sb 为一组，Au 与亲铜元素和亲铁元素紧密共生。

3. 放射状Ⅻ号脉群

除 Mo、Ni 含量较低外，其他元素含量较高，其中 Au、Ag、Bi、Hg、Cu、Zn、Pb 变异系数在 200％以上，可见其富集程度是相当高的。从元素的相关关系(表 7－3)来看，Au 与 As、Sb、Bi、Hg、Zn、Co、Ni、Pb、W、Mo 呈显著正相关，此外，其他元素间的相关性也较强，说明了在热液充填成矿过程中，这些微量元素起到了积极的作用。从谱系图上看，在 $r_0=0.765$ 时，元素分为 3 组，Mo 单成一组，Au－As－Zn－Sb－Ni－Co－W 为一组，Ag－Cu－Bi－Pb－Hg 为一组。

4. 构造蚀变岩型Ⅻ－2 号脉

除了 Zn、Ni、W 均值低于其背景值外，其他元素均值均高于其背景值，其中 Au、Ag、As、Bi、Co、Mo 含量较高，离散度大，富集明显。从相关性看($\alpha=0.01$，$r_0=0.765$)，Au 与 Ag、As、Bi、Hg、Zn、Co、Ni、Pb、Mo 呈显著正相关，相关系数在 0.8 以上，有的接近 1。其他元素的相关性也较显著。从共生组合方面来看，在 $r_0=0.632$ 时除了 Cu、Sb、W 分别不一组外，其他元素成为一组，即 Au－Bi－Ag－Mo－As－Co－Ni－Pb，与热液充填型含金矿脉微量元素的组合特征较吻合。

7.2.2 稀土元素

金厂矿区岩体稀土元素含量特征列于表 7－3，矿石稀土元素含量特征见表 7－4。

除花岗岩的稀土总量 ΣREE＋Y 较小，其他各期次的花岗岩的稀土总量 ΣREE＋Y 均较大，燕山晚期第一次闪长玢岩属偏中性，其稀土总量 ΣREE＋Y 相对小些。总的看来，从早期到晚期，稀土总量 ΣREE＋Y 有逐渐增大的趋势。

各期次岩浆岩中，轻、重、稀土比值 ΣLREE/ΣHREE 均大于 1，除侏罗纪流纹岩的 ΣLREE/ΣHREE 为5.64外，其他各期次岩体的 ΣLREE/ΣHREE 均在 7.49～9.74，总体表现为轻稀土富集型。把所有稀土元素分为 3 段：La－Nd 定为轻稀土，Sm－Ho 定为中稀土，Er－Lu 定为重稀土。三角图上投影如图 7－28 所示，从图上可以看出，全区所有岩浆岩，无论是侵入体还是火山岩，无论是哪一期，其在 La－Nd/Sm－Ho/Er－Lu 三角图上集中在一个很小的范围内，说明各期次岩浆岩在岩浆起源上具有同一性。

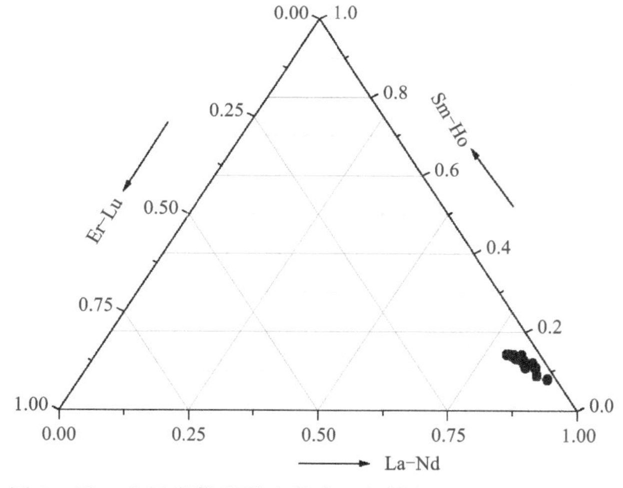

图 7－28　矿区岩浆岩稀土组成三角图解(据陈锦荣等，2000)

表 7-3 金厂矿区各期次岩浆岩的稀土元素特征

单位:10^{-6}

期次	样号	岩性	La	Ce	Pr	Nd	Sm	Eu	Gd	Tb	Dy	Ho	Er	Tm	Yb	Lu	Y	资料来源
燕山晚期第二次	JQ-17	流纹岩	31.06	72.11	8.91	36.53	7.44	1.29	7.06	1.32	8.19	1.61	4.95	0.82	5.31	0.82	43.78	
	JQ-18	流纹岩	42.24	93.24	11.21	46.51	9.80	1.93	9.48	1.41	8.94	2.04	5.15	0.86	5.46	0.77	48.27	
燕山晚期第一次	B-40	闪长玢岩	10.42	24.06	3.02	14.09	2.87	0.97	2.24	0.33	2.07	0.34	1.01	0.15	0.99	0.15	10.01	陈锦荣等,2000
	B-38	细粒花岗岩	10.52	23.28	2.60	12.03	2.50	0.77	1.73	0.20	1.93	0.35	0.99	0.15	1.00	0.14	9.56	
印支晚期—燕山早期	B-98	花岗岩	5.50	8.54	0.97	3.44	0.64	0.16	0.54	0.07	0.41	0.08	0.25	0.05	0.32	0.07	2.37	
	B-37	粗粒花岗岩	28.51	50.01	4.56	17.99	2.95	0.62	2.93	0.33	1.87	0.34	0.96	0.12	0.72	0.10	8.18	
	JS-13	花岗闪长岩	26.82	58.81	7.03	25.96	5.47	1.34	5.50	0.89	5.32	1.05	3.68	0.45	2.97	0.45	25.19	
	JS-21	花岗闪长岩	31.37	66.02	8.10	32.53	6.57	1.43	6.85	1.01	5.95	1.42	3.79	0.59	3.81	0.57	35.67	
	JS-7	花岗岩	29.97	70.01	7.02	25.61	5.30	1.07	4.81	0.74	4.50	1.00	2.81	0.49	3.22	0.47	24.81	
	JJ-14	花岗岩	32.99	66.84	7.36	27.02	6.08	1.28	4.80	0.89	4.60	0.87	2.50	0.46	2.38	0.49	23.41	
	97B5	斜长花岗岩	19.81	30.19	3.01	15.17	3.23	1.02	2.84	0.46	2.79	0.69	1.79	0.27	1.52	0.24	15.13	
	B-41	闪长岩	19.66	44.62	4.29	17.53	3.35	0.83	3.30	0.38	2.53	0.44	1.18	0.15	1.04	0.17	10.90	
	JJ-18	闪长岩	22.31	48.08	5.88	23.19	4.61	1.49	4.22	0.49	2.78	0.49	1.34	0.23	1.16	0.21	13.41	
	JS-42	闪长岩	15.88	36.23	4.10	16.67	3.58	1.28	2.52	0.37	1.95	0.39	1.19	0.13	1.27	0.13	10.91	

表 7-4 金厂矿区矿石稀土元素特征

单位：10^{-6}

样号	矿石类型	La	Ce	Pr	Nd	Sm	Eu	Gd	Tb	Dy	Ho	Er	Tm	Yb	Lu	Y	资料来源
JJ-10	隐爆角砾岩型	15.2	10.04	10.01	8.40	6.24	2.54	5.15	5.23	4.79	4.57	4.59	5.48	6.06	8.20	4.91	慕涛等，1999
JJ-15-1	隐爆角砾岩型	18.89	11.09	9.69	7.30	6.60	3.28	5.80	6.42	6.67	5.04	6.41	6.95	7.93	9.65	6.70	
JJ-15-2	隐爆角砾岩型	9.94	6.23	6.55	4.57	3.39	4.44	2.19	3.64	3.46	3.02	5.18	4.02	6.31	7.77	3.93	
97B1	隐爆角砾岩型	4.24	14.76	1.39	5.68	1.98	0.72	2.57	0.41	2.44	0.60	1.55	0.23	1.25	0.19	9.49	
97B2	隐爆角砾岩型	1.95	5.70	0.72	3.59	1.19	0.37	1.83	0.29	1.64	0.40	1.03	0.15	0.80	0.12	5.88	
97B3	隐爆角砾岩型	4.32	10.58	1.47	6.85	2.29	0.79	2.47	0.39	2.24	0.55	1.43	0.21	1.20	0.19	11.95	
97B4	隐爆角砾岩型	18.25	33.97	3.86	16.65	3.89	1.38	3.31	0.53	3.18	0.78	2.06	0.31	1.73	0.27	15.39	
JB-1	构造蚀变岩型	22.83	16.19	12.47	9.34	5.54	8.39	3.82	3.48	3.38	3.58	3.27	2.43	4.25	23.66	3.11	
JJ-33		48.51	36.08	33.82	25.84	17.72	15.62	12.33	11.96	10.71	12.02	11.02	10.08	11.92	16.00	9.30	
97B1		13.25	15.70	11.58	9.47	9.90	9.86	8.29	8.20	7.87	8.22	7.38	6.97	6.58	6.13	4.84	
JS-6	裂隙充填型	117.68	56.32	76.89	60.05	37.78	20.43	27.20	26.03	29.00	27.33	26.23	23.74	26.63	26.89	28.55	
JX-6	裂隙充填型	31.70	20.38	19.25	16.86	12.41	8.41	10.31	12.59	11.77	12.59	11.99	12.97	14.08	13.73	10.16	
JX-5	裂隙充填型	32.15	17.10	13.65	10.31	8.44	6.61	6.59	9.40	9.15	8.14	8.07	10.17	10.87	10.98	7.97	

在稀土的组成上，轻稀土 Σ(La－Nd)占稀土总量的 85%以上，中稀土 Σ(Sm－Ho)只占稀土总量的 10%左右，重稀土 Σ(Er－Lu)仅占稀土总量的百分之几，呈明显的轻稀土富集。

本区岩浆岩岩石的稀土配分曲线如图 7－29 所示，所有岩石的稀土配分曲线比较相似，都是轻稀土富集，重稀土亏损的向右倾斜平滑曲线，且都集中在一个较小的范围内。除燕山晚期流纹岩和印支晚期—燕山早期粗粒花岗岩类有轻微的铕负异常(δEu 分别为－0.63 和－0.78)，其他均没有铕异常，或表现为轻微的铕正异常(δEu 为 1.09～1.23)；铈异常也不明显，均表现为轻微的铈负异常(δCe 为 0.85～0.92)。这表明岩石为地幔部分熔融作用的产物，各曲线形态相似，相互平行，反映出印支晚期—燕山早期闪长岩、花岗岩和燕山晚期闪长玢岩可能有同源性和构造环境的相似性；总体上印支晚期岩浆岩稀土元素曲线相似，燕山晚期岩浆岩稀土元素曲线相似。矿区不同矿化类型矿石在稀土配分曲线大致相似，均为略具右倾斜的平缓曲线，说明它们可能是同源的产物(图 7－30)。

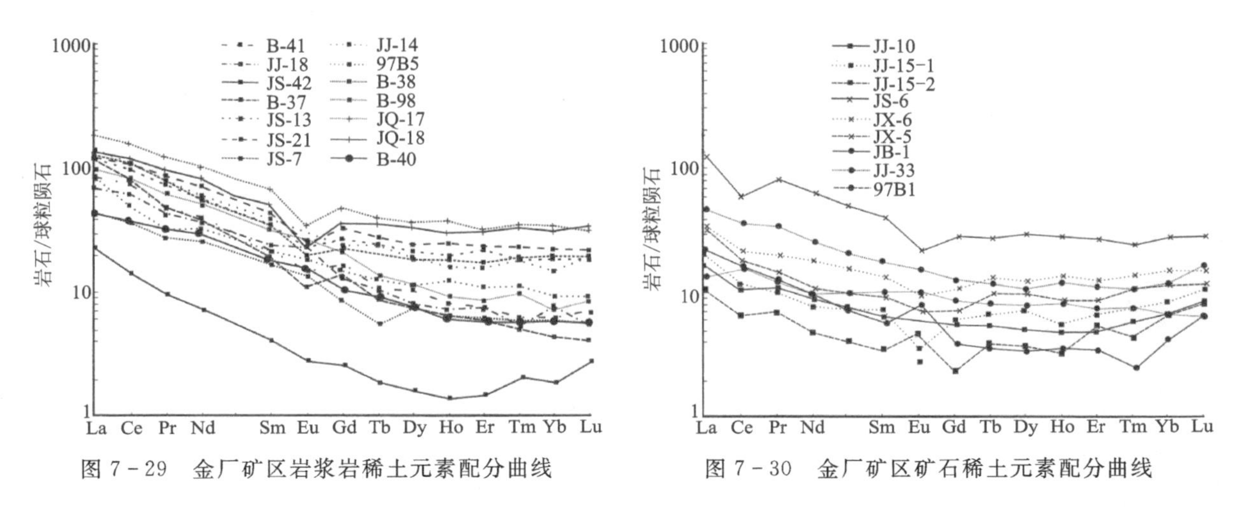

图 7－29 金厂矿区岩浆岩稀土元素配分曲线

图 7－30 金厂矿区矿石稀土元素配分曲线

不同类型矿石间稀土组成特征有一定差异，表现在从隐爆角砾岩型→构造蚀变岩型→裂隙充填型矿化，总体上 ΣREE 有逐渐增加的趋势，反映不同矿化类型间稀土元素富集程度不一致。铕为负异常到正异常，构造蚀变岩型矿化的为正异常，其他两类矿化以负异常为主。各类矿物表现为弱的铈负异常。富集程度不一致，即稀土元素在成矿过程中，角砾岩筒和构造蚀变岩流失大，而裂隙充填脉型相对流失较小，最终反映的是角砾岩筒和构造蚀变岩成矿作用较强烈，有叠加作用，铕为负异常到正异常，构造蚀变岩型矿化的为正异常，其他两类矿化以负异常为主。各类矿物表现为弱的铈负异常。

对比岩浆岩和矿石稀土元素可以看出，矿石稀土元素标准化配分模式燕山晚期 5 次闪长玢岩比较相似，与印支晚期—燕山早期花岗岩和燕山晚期第二次流纹斑岩差别较大，可能原因是：①燕山晚期第二次测定对象为流纹岩，是火山岩，其他为岩浆岩，岩浆岩结晶分异比火山岩好；②矿床成矿与燕山晚期第一次闪长玢岩有一定关系。

7.3 同位素地球化学特征

7.3.1 氢氧同位素

金厂矿区矿石氢氧同位素组成见表 7－5，石英和方解石的 $\delta^{18}O$ 值较集中，变化在 9.5‰～15.6‰

之间，与火成岩中 $\delta^{18}O$ 值范围 5‰～13‰（陈岳龙等，2006）基本一致。这表明矿石中石英氧同位素源于火成岩；成矿流体的氢氧同位素组成投影在 $\delta^{18}O_{SMOW}-\delta D$ 图解上（图 7－31），J－0 号矿体（塌陷角砾岩型）投点往下稍偏初生岩浆水，落于金铜系列岩浆水中，这与岩筒为金铜矿岩筒十分一致；J－1 号矿体（侵入角砾岩型）主要往下稍偏初生岩浆水，落于金铜系列岩浆水中岩，同时有两种样落于改造期成矿流体范围内，与 J－1 号矿体叠加有后期矿化脉相一致；环状脉稍向 $\delta^{18}O_{SMOW}$ 变小，改造期成矿流体范围偏移，但偏移不大，表明成矿流体为岩浆水；矿区内成矿流体主要为岩浆水，大气降水基本没参与或极少参与。

J－0 号矿体没出现改造成矿流体范围内数据表明，J－0 号矿体的成矿深度大于 J－1 号矿体的成矿深度。

表 7－5　金厂矿区矿石氢氧同位素组成

样号	采样位置	测定矿物	均一温度/℃	$\delta^{18}O$/‰	$\delta^{18}O_{SMOW}$/‰	$\delta D_{水}$/‰	资料来源
97Q1	J－1 号矿体	石英	295.73	11.9	4.81	－70	陈锦荣等，2000
XT－2	J－0 号矿体	石英	427.45	10.3	6.64	－86	
9701	Ⅱ－1 号矿体	石英	209.55	10.3	－0.71	－70	
B－72	J－1 号矿体	石英	294.31	9.5	2.36	－72	
97Q1	J－1 号矿体	石英	310	11.9	5.36	－70	慕涛等，1999
9701	Ⅱ－1 号矿体	石英	322	10.3	4.2	－70	
J1	J－1 号矿体	石英	420	13.7	10.06	－99	金巍和卿敏，2008
J1	J－1 号矿体	石英	380	13.7	9.17	－99	
JI－2	J－1 号矿体	石英	420	13.2	9.56	－95	
JI－2	J－1 号矿体	石英	380	13.2	8.67	－95	
J1－5－1	J－1 号矿体	石英	420	10.5	6.86	－96	
J1－5－1	J－1 号矿体	石英	380	10.5	5.97	－96	
J0－8	J－0 号矿体	石英	420	9.6	5.96	－86	
J0－8	J－0 号矿体	石英	380	9.6	5.07	－86	
J0－10	J－0 号矿体	石英	420	10.6	6.96	－89	
J0－10	J－0 号矿体	石英	380	10.6	6.07	－89	
J0－100	J－0 号矿体	石英	420	10	6.36	－87	
J0－100	J－0 号矿体	方解石	380	10	5.47	－87	
J1－5－1	J－1 号矿体	方解石	200	15.6	6.57	－94	
06J0－1	J－0 号矿体	石英		10.9			本书
06J0－14	J－0 号矿体	石英		11.6			
06J1－2	J－1 号矿体	石英		8.3			
06J1－7－1	J－1 号矿体	石英		10.9			

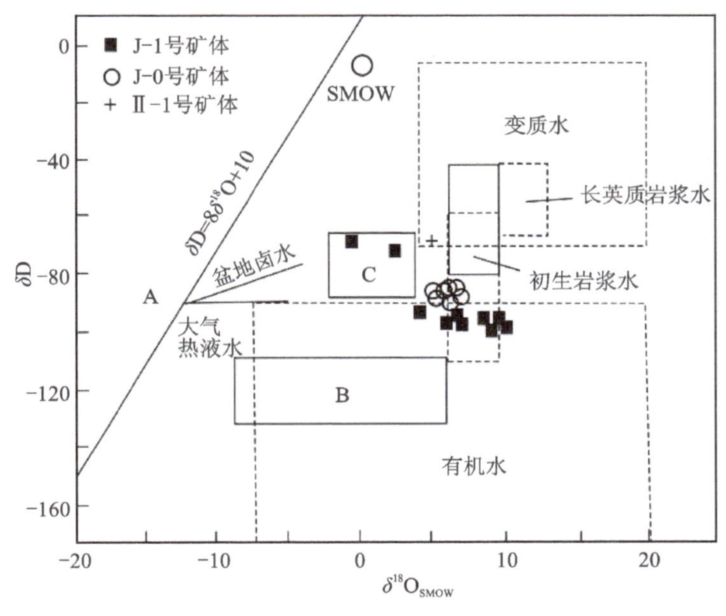

A. 中生代在气降水；B. 成岩期成矿流体；C. 改造期成矿流体；D. 金铜系列岩浆水

图 7-31 金厂矿区矿石流体包裹体 $\delta^{18}O-\delta D$ 图解

7.3.2 硫同位素

矿区角砾岩型矿石(包括侵入角砾岩型和塌陷角砾岩型)、裂隙充填脉型(包括环状、放射状脉型) $\delta^{34}S_{V\text{-}CDT}$同位素组成特征见图 7-32 和表 7-6。矿石硫同位素具如下特征。

总体而言，矿石 $\delta^{34}S_{V\text{-}CDT}$值变化范围不大，变化于 1.1‰～8.8‰之间，多数集中于 1.1‰～5.0‰，平均值为 3.89‰，极差为 7.7‰；矿区不同类型矿体间硫同位素组成变化不大，表明成矿期硫同位素均一化程度高，硫源较为单一，各矿体中硫基本为同一来源及成矿过程中物理化学条件变化不大。矿床中 $\delta^{34}S_{V\text{-}CDT}$值均为正向偏离陨石硫，具有深源硫特征。

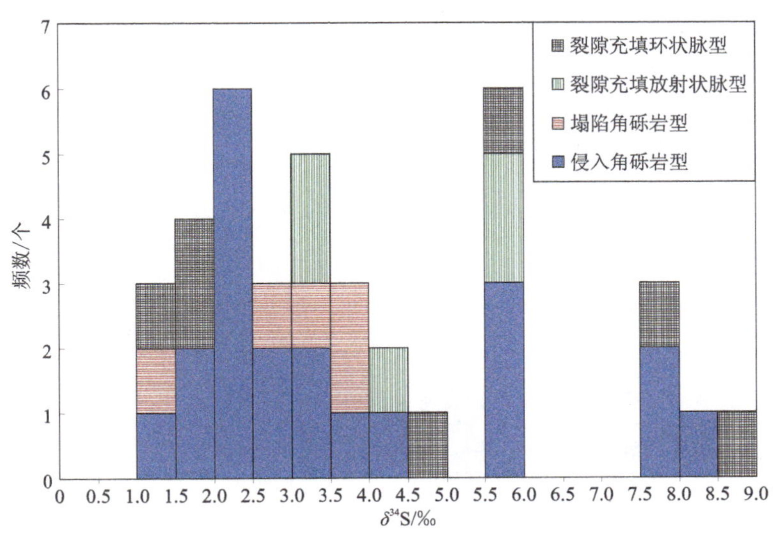

图 7-32 金厂矿区不同类型矿石中硫同位素组成直方图

侵入角砾岩型矿体矿石 $\delta^{34}S_{V\text{-}CDT}$ 值主要集中于 1.1‰～4.5‰之间，同时有较高的 $\delta^{34}S_{V\text{-}CDT}$ 值；塌陷角砾岩型矿体矿石 $\delta^{34}S_{V\text{-}CDT}$ 值集中于 1.1‰～4.5‰之间；裂隙充填环状脉型矿石 $\delta^{34}S_{V\text{-}CDT}$ 值相对不集中，且出现较大 $\delta^{34}S_{V\text{-}CDT}$ 值；裂隙充填放射状脉型矿石 $\delta^{34}S_{V\text{-}CDT}$ 值相对较分散，但比塌陷角砾岩 $\delta^{34}S_{V\text{-}CDT}$ 值大，分布于侵入角砾岩型、裂隙充填环状脉型大值和小值之间。

裂隙充填环状脉型 18 号矿体矿石 $\delta^{34}S_{V\text{-}CDT}$ 值比Ⅱ号脉群 $\delta^{34}S_{V\text{-}CDT}$ 值小，原因是 18 号脉深取样位置为深部，这与半截沟 J-1 号矿体中的不同中段，第二期第二阶段石英-黄铁矿脉中黄铁矿的硫同位素组成在 230 中段为 1.8‰，280 中段为 2.2‰～2.6‰，330 中段为 3.2‰～3.8‰，从下至上呈逐渐增大的趋势；说明成矿流体中原始硫同位素还要小，可能在零左右，在成矿流体向上运移过程中不断地进行硫同位素的分馏，使 $\delta^{34}S$ 呈增大的趋势。

不同类型矿石中硫同位素特征表明，本区内矿石中硫源属于岩浆硫，是岩浆从深部带来的。

表 7-6　金厂矿区矿石硫同位素特征

样品号	矿石类型	采样位置	测定矿物	$\delta^{34}S_{V\text{-}CDT}$/‰	资料来源
JJ-15-1	侵入角砾岩型	J-1 号矿体	黄铁矿	5.79	慕涛等，1999
JJ-15-2	侵入角砾岩型	J-1 号矿体	黄铁矿	5.98	
ZK8-1-7	侵入角砾岩型	J-1 号矿体	黄铁矿	4.25	
ZK8-2-7	侵入角砾岩型	J-1 号矿体	黄铁矿	8.2	
JJ-19	裂隙充填环状脉型	半截沟Ⅱ-1 号矿体	黄铁矿	8.8	
ZK2-1-1	裂隙充填环状脉型	半截沟Ⅱ号矿体	黄铁矿	4.75	
JS-24	裂隙充填放射状脉型	松树砬子Ⅴ号矿体	黄铁矿	7.81	
JS-25	裂隙充填放射状脉型	松树砬子Ⅴ号矿体	黄铁矿	5.85	
JS-28	裂隙充填放射状脉型	松树砬子Ⅸ号矿体	黄铁矿	5.8	
JS-31	裂隙充填放射状脉型	松树砬子Ⅸ号矿体	黄铁矿	5.69	
JB-1	侵入角砾岩型	J-8 号矿体	黄铁矿	7.6	
JB-10	侵入角砾岩型	J-8 号矿体	黄铁矿	5.99	
JJ-33	侵入角砾岩型	J-11 号矿体	黄铁矿	7.82	
IXT-30	侵入角砾岩型	J-1 号矿体	黄铁矿	2.2	陈锦荣等，2000
XT-1	塌陷角砾岩型	J-0 号矿体	黄铁矿	3.2	
XT-2	塌陷角砾岩型	J-0 号矿体	黄铁矿	2.7	
M-2	侵入角砾岩型	J-1 号矿体	黄铁矿	3.8	
M-3	侵入角砾岩型	J-1 号矿体	黄铁矿	3.2	
M-6	侵入角砾岩型	J-1 号矿体	黄铁矿	2.2	
M-7	侵入角砾岩型	J-1 号矿体	黄铁矿	2.6	
M-11	侵入角砾岩型	J-1 号矿体	黄铁矿	1.8	
M-13	侵入角砾岩型	J-1 号矿体	黄铁矿	1.8	
B-90	侵入角砾岩型	J-1 号矿体	黄铁矿	2.3	
B-91	侵入角砾岩型	J-1 号矿体	黄铁矿	1.1	
B-97	侵入角砾岩型	J-1 号矿体	黄铁矿	2.1	

续表 7-6

样品号	矿石类型	采样位置	测定矿物	$\delta^{34}S_{V\text{-}CDT}$/‰	资料来源
06J0-4	塌陷角砾岩型	J-0号矿体	黄铁矿	3.7	肖力等,2010
06J0-14	塌陷角砾岩型	J-0号矿体	黄铁矿	3.8	
06J0-14	塌陷角砾岩型	J-0号矿体	黄铜矿	1.3	
06J1-15	侵入角砾岩型	J-1号矿体	黄铁矿	2.8	
06J1-7-1	侵入角砾岩型	J-1号矿体	黄铁矿	2.1	
06J9-3	侵入角砾岩型	J-9号矿体	黄铁矿	3.4	
06J9-2	侵入角砾岩型	J-9号矿体	黄铁矿	2.1	
06J12-2	裂隙充填放射状脉型	Ⅻ号脉	黄铁矿	4	
06J12-3	裂隙充填放射状脉型	Ⅻ号脉	黄铁矿	3.4	
06J12-4	裂隙充填放射状脉型	Ⅻ号脉	黄铁矿	3	
06J04-42	裂隙充填环状脉型	18号脉	黄铁矿	1.4	
06J04-43	裂隙充填环状脉型	18号脉	黄铁矿	1.7	
06J04-44	裂隙充填环状脉型	18号脉	黄铁矿	1.9	

7.3.3 铅同位素

自然界中铅以^{204}Pb、^{206}Pb、^{207}Pb、^{208}Pb四种同位素的存在，相对丰度占比分别为1.48%、23.6%、22.6%、52.3%，除^{204}Pb为非放射成因外，其他分别由^{238}U、^{235}U、^{232}Th衰变产生，在研究铅同位素丰度变化时以^{204}Pb作为比较基础，测定其他各同位素与^{204}Pb的比值。在地质科学中用于U-Th-Pb衰变系列的测年及普通含铅矿物(基本不含U、Th)铅同位素组成示踪，对成岩、成矿物质来源及划分大地构造单元有重要意义。

为研究与探讨金厂金矿成岩成矿物质来源，本书对矿区围岩与矿体铅同位素进行了测量。NBS 981长期测定的统计结果为：$^{208}Pb/^{206}Pb=(2.167\ 37\pm0.000\ 66)$，$^{207}Pb/^{206}Pb=(0.914\ 88\pm0.000\ 28)$，$^{206}Pb/^{204}Pb=(16.938\ 7\pm0.013\ 1)$，$^{207}Pb/^{204}Pb=(15.496\ 8\pm0.010\ 7)$，$^{208}Pb/^{204}Pb=(36.712\ 3\pm0.033\ 1)(\pm2\sigma)$。

本区主要岩浆岩石和矿石的铅同位素组成及其特征值见表7-7至表7-9。金厂矿区角砾岩筒型矿石铅同位素变化不大，$^{206}Pb/^{204}Pb$为17.31～18.65，平均值为18.09；$^{207}Pb/^{204}Pb$为15.21～15.59，平均值为15.50；$^{208}Pb/^{204}Pb$为37.44～38.47，平均值为37.94。

岩浆穹隆型矿石铅同位素变化不大，$^{206}Pb/^{204}Pb$为17.48～18.70，平均值为18.28；$^{207}Pb/^{204}Pb$为15.50～15.62，平均值为15.57；$^{208}Pb/^{204}Pb$为37.62～38.49，平均值为38.21。岩浆穹隆型和角砾岩型矿体铅同位素含量相近，总体变化不大。从图7-33上可以看到，本区所有铅同位素组成都集中于一个较小的范围内，说明角砾岩筒型矿石与侵入岩、火山岩的铅同位素组成存在着一致的成因演化，角砾岩筒型矿体(床)与岩浆岩存在密切的成因上的联系。

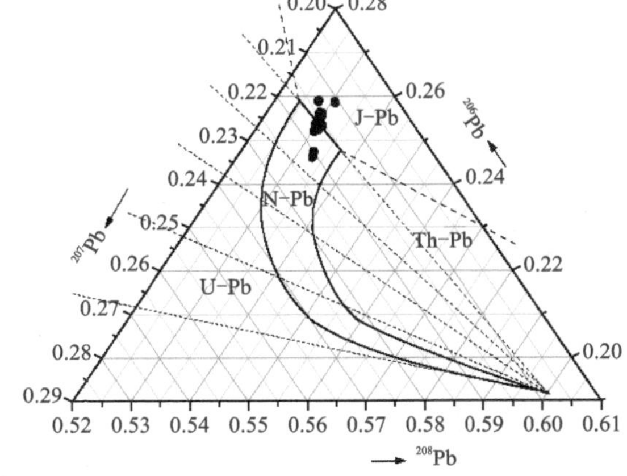

图7-33 金厂矿区铅同位素组成(据陈锦荣等,2000)

表 7-7 矿区主要岩浆岩和矿石的铅同位素组成(据慕涛等,1999)

样号	岩性	取样位置	测定对象	$^{206}Pb/^{204}Pb$	$^{207}Pb/^{204}Pb$	$^{208}Pb/^{204}Pb$	^{204}Pb 占比/%	^{206}Pb 占比/%	^{207}Pb 占比/%	^{208}Pb 占比/%
JS-42	闪长岩	松树砬子	全岩	18.306 971	15.552 523	38.260 636	1.367 6	25.036 8	21.269 8	52.325 7
JB-2	斜长花岗岩	半截沟	全岩	18.427 405	15.528 903	38.234 765	1.366 3	25.177 1	21.216 9	52.239 7
JS-13	中粗粒花岗岩	松树砬子	全岩	18.477 458	15.526 608	38.233 629	1.365 4	25.229 4	21.200 3	52.204 9
JS-21	中粗粒花岗岩	松树砬子	全岩	18.479 165	15.529 040	38.243 648	1.365 2	25.226 9	21.199 5	52.208 4
JQ-1	粗粒花岗岩	紫阳附近	全岩	18.499 334	15.532 096	38.328 604	1.363 1	25.217 2	21.172 4	52.247 3
JB-5	闪长玢岩	半截沟	全岩	18.145 856	15.503 330	37.904 607	1.378 3	25.010 2	21.368 0	52.243 5
JQ-18	安山岩	道河附近	全岩	18.478 823	15.502 827	38.271 232	1.365 1	25.226 1	21.163 4	52.245 4
JQ-20	安山岩	石门	全岩	18.373 571	15.562 213	38.256 844	1.366 3	25.103 0	21.262 0	52.268 7
JQ-21	凝灰角砾岩	奋斗	全岩	18.553 564	15.531 374	38.307 896	1.362 5	25.279 8	21.162 0	52.195 7
JJ-15-2	黄铁矿化胶结物	J-1	全岩	17.307 027	15.520 267	37.442 160	1.403 1	24.283 9	21.776 9	52.536 1
ZK8-2-7	黄铁矿化胶结物	J-1 钻孔	黄铁矿	18.289 560	15.565 385	38.327 109	1.366 5	24.991 9	21.269 4	52.372 3
JB-1	黄铁矿化胶结物	八号硐 J-8	黄铁矿	17.339 437	15.517 790	37.477 493	1.401 8	24.307 1	21.753 5	52.537 5
JB-10	黄铁矿化胶结物	八号硐 J-8	黄铁矿	18.455 633	15.206 426	37.599 790	1.383 9	25.539 9	21.043 5	52.032 7
ZK2-1-1	石英-黄铁矿脉	半截沟Ⅱ	黄铁矿	18.365 136	15.620 319	38.427 834	1.362 2	25.016 1	21.277 2	52.344 5
JJ-19	石英-黄铁矿脉	半截沟Ⅱ	方铅矿	18.100 203	15.502 045	38.008 869	1.377 2	24.927 6	21.349 4	52.345 8
JX-3	石英-黄铁矿脉	半截沟	方铅矿	17.477 323	15.546 131	37.622 385	1.395 8	24.394 1	21.698 6	52.511 6

表 7-8 金厂矿区及外围岩石、矿石铅同位素组成及特征值

样号	取样位置	样品名称	样品	$^{206}Pb/^{207}Pb$	μ	ω	Th/U	V1	V2	$\Delta\alpha$	$\Delta\beta$	$\Delta\gamma$
JS-42	松树砬子	闪长岩	全岩	1.177 1	9.38	35.91	3.71	56.26	51.06	68.68	15.01	28.95
JB-2	半截沟	斜长花岗岩	全岩	1.186 7	9.32	34.96	3.63	50.06	50.97	66.54	12.97	23.10
JS-13	松树砬子	中粗粒花岗岩	全岩	1.190 1	9.31	34.67	3.60	48.40	51.46	66.38	12.67	21.34
JS-21	松树砬子	中粗粒花岗岩	全岩	1.190 0	9.32	34.73	3.61	48.83	51.58	66.63	12.83	21.69
JQ-1	紫阳附近	粗粒花岗岩	全岩	1.191 0	9.32	34.99	3.63	50.59	51.18	66.96	12.99	23.48
JB-5	半截沟	闪长玢岩	全岩	1.170 4	9.30	34.86	3.63	47.68	48.78	63.70	12.06	21.85
JQ-18	道河附近	安山岩	全岩	1.192 0	9.27	34.60	3.61	47.71	49.51	64.75	11.03	21.37
JQ-20	石门	安山岩	全岩	1.180 7	9.39	35.63	3.67	55.19	52.81	69.72	15.48	27.26
JQ-21	奋斗	凝灰角砾岩	全岩	1.194 6	9.32	34.62	3.59	50.49	53.38	69.06	12.89	22.34
JJ-15-2	半截沟 J-1	黄铁矿化胶结物	全岩	1.115 1	9.46	37.89	3.88	62.26	45.82	65.59	17.17	37.16
ZK8-2-7	J-1 钻孔	黄铁矿化胶结物	黄铁矿	1.175 0	9.41	36.40	3.74	59.54	51.18	69.92	15.98	32.00
JB-1	八号洞 J-8	黄铁矿化胶结物	黄铁矿	1.1174	9.45	37.83	3.87	61.95	45.52	65.30	16.79	36.95
JB-10	八号洞 J-8	黄铁矿化胶结物	黄铁矿	1.213 7	8.70	29.62	3.29	31.04	49.10	63.42	−8.30	3.45
ZK2-1-1	半截沟Ⅱ	石英-黄铁矿脉	黄铁矿	1.175 7	9.51	36.91	3.76	64.89	55.67	75.37	19.63	35.29
JJ-19	半截沟Ⅱ	石英-黄铁矿脉	方铅矿	1.167 6	9.30	35.53	3.70	51.39	46.93	63.54	12.13	26.05
JX-3	半截沟	石英-黄铁矿脉	方铅矿	1.124 2	9.48	37.91	3.87	63.94	47.75	67.87	18.11	37.91

表 7-9 金厂矿区主要岩浆岩和矿石的铅同位素组成

样品原号	取样位置	岩性	测定对象	$^{208}Pb/^{204}Pb$	2SE	$^{207}Pb/^{204}Pb$	2SE	$^{206}Pb/^{204}Pb$	2SE	$^{208}Pb/^{206}Pb$	2SE	$^{207}Pb/^{206}Pb$	2SE
09JB5	石门	凝灰岩	全岩	38.323 9	0.001 8	15.572 3	0.000 7	18.409 1	0.000 8	2.081 79	0.000 05	0.845 9	0.000 01
09JB11	石门	凝灰岩	全岩	38.277 9	0.004 0	15.566 6	0.001 5	18.352 6	0.001 6	2.085 69	0.000 06	0.848 2	0.000 02
09JB84	松树砬子	花岗细晶岩	全岩	38.370 2	0.003 0	15.577 9	0.001 1	18.447 9	0.001 1	2.079 92	0.000 07	0.844 43	0.000 02
09JB113	半截沟	闪长岩	全岩	38.270 8	0.002 4	15.558 2	0.001 0	18.305 5	0.001 0	2.090 66	0.000 04	0.849 92	0.000 02
09JB127	半截沟	闪长岩	全岩	38.254 8	0.002 8	15.570 4	0.001 0	18.354 0	0.001 1	2.084 28	0.000 06	0.848 34	0.000 02
09JB142	半截沟	花岗斑岩	全岩	38.477 0	0.002 5	15.581 0	0.001 0	18.571 8	0.001 0	2.071 80	0.000 04	0.838 96	0.000 02
09JB159	半截沟	花岗斑岩	全岩	38.208 6	0.008 3	15.544 7	0.003 4	18.331 6	0.004 0	2.084 31	0.000 07	0.847 97	0.000 04
09JB401	半截沟	闪长玢岩	全岩	38.317 2	0.001 8	15.578 1	0.000 7	18.424 7	0.000 8	2.079 66	0.000 03	0.845 50	0.000 01
09JB402	半截沟	花岗闪长岩	全岩	38.526 5	0.001 2	15.582 9	0.000 4	18.574 0	0.000 5	2.074 21	0.000 03	0.838 96	0.000 01
09JB403	半截沟	花岗闪长岩	全岩	38.489 2	0.003 2	15.575 1	0.001 3	18.545 9	0.001 4	2.075 35	0.000 05	0.839 82	0.000 02
ZK04-1-Pb1	18 号脉	蚀变中粗粒花岗岩矿石	全岩	38.488 1	0.005 7	15.579 8	0.002 3	18.548 5	0.002 6	2.075 00	0.000 08	0.839 95	0.000 02
ZK04-1-Pb2	18 号脉	蚀变中粗粒花岗岩矿石	全岩	38.436 2	0.004 2	15.573 6	0.001 6	18.697 1	0.002 0	2.055 73	0.000 06	0.832 94	0.000 02
ZK04-1-Pb3	18 号脉	蚀变矿石	全岩	38.287 1	0.002 7	15.574 2	0.001 2	18.465 1	0.001 4	2.073 48	0.000 06	0.843 44	0.000 02
09JB171	高丽沟 J-0 筒	角砾状矿石	全岩	38.470 7	0.003 9	15.591 9	0.001 5	18.646 1	0.001 8	2.063 21	0.000 07	0.836 21	0.000 02
09JB238	高丽沟 J-0 筒	矿化闪长玢岩	全岩	38.315 3	0.003 8	15.581 6	0.001 4	18.475 2	0.001 7	2.073 88	0.000 04	0.843 38	0.000 01

地幔(A)、造山带(B)、上部地壳(C)及下部地壳(D)的铅同位素演化模式图中(图 7-34),铅同位素组成在$^{206}Pb/^{204}Pb-^{207}Pb/^{204}Pb$图解上沿着"地幔"曲线与"造山带"曲线的过渡区域演化,表明其兼具地幔铅与造山带铅的双重特征;在$^{206}Pb/^{204}Pb-^{208}Pb/^{204}Pb$图解上铅同位素组成基本沿着"造山带"与"造山带"曲线的过渡区域演化,也表明其兼具地幔铅与造山带铅的双重特征。

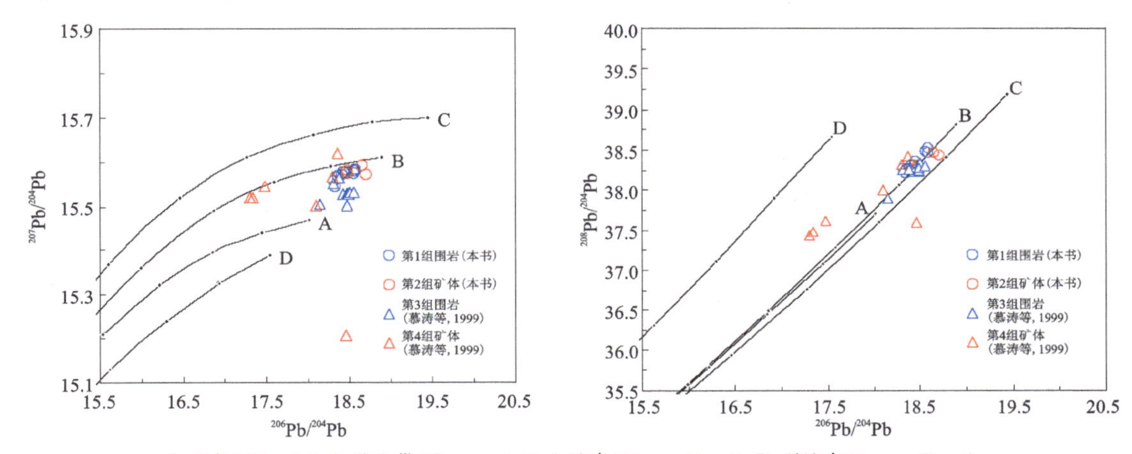

A. 地幔(Mantle);B. 造山带(Orogene);C. 上地壳(Upper Crust);D. 下地壳(Lower Crust)

图 7-34 矿区主要岩浆岩和矿石铅同位素增长曲线

在铅同位素$^{207}Pb/^{204}Pb-^{206}Pb/^{204}Pb$构造环境判别图解和铅同位素$^{208}Pb/^{204}Pb-^{206}Pb/^{204}Pb$构造环境判别图解中(图 7-35),样品主要落于造山带环境和下地壳交汇区域,说明矿区内岩浆岩和成矿物质来源于造山带背景下的下地壳,岩浆岩和矿体具有一致的源区。

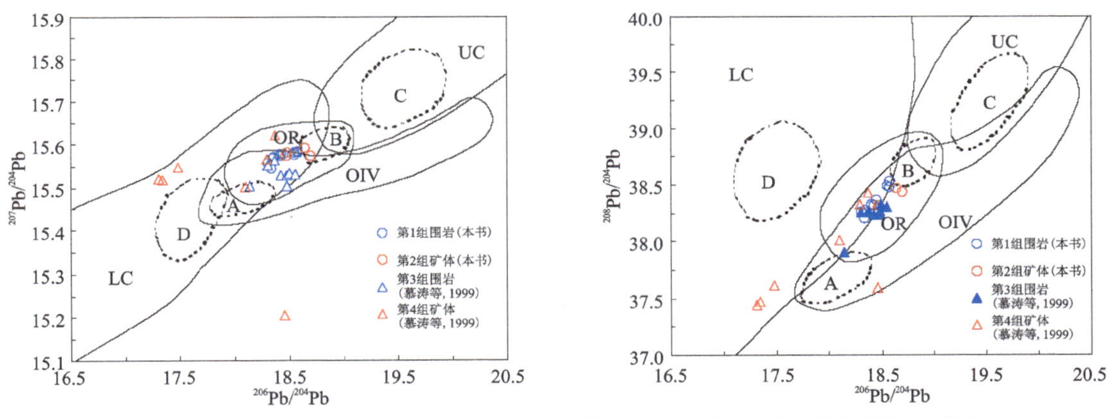

LC. 下地壳;UC. 上地壳;OIV. 洋岛火山岩;OR. 造山带;A、B、C、D 分别为各区域中样品相对集中区

图 7-35 矿区主要岩浆岩和矿石铅同位素构造环境判别图

在矿石铅同位素的$\Delta\gamma-\Delta\beta$成因分类图解中(图 7-36),矿石铅同位素样品主要落于上地壳与地幔混合的俯冲带铅的岩浆作用范围内。

岩石铅大部分落入同熔型铅同位素的Ⅱ区及其附近(图 7-37),表明本区中生代岩浆活动(火山岩、岩浆岩)与深源同熔岩浆作用有关。矿石铅除部分落入Ⅰ区附近的火山岩、岩浆岩分布区外,大部分分布在Ⅱ区,其铅同位素具有明显的向基底岩石的重熔作用方向演化的特征,表明本区矿石铅既与中生代深源同熔岩浆作用密切相关,同时也有部分基底岩石同熔作用造成铅的混入。矿石铅同位素的组成虽然集中在低的$^{206}Pb/^{204}Pb$一侧,但比值上仍显示出相对分段集中的趋势且略呈线性展布,分别集中在 17.3~17.5、18.1~18.4,这种相对分段集中的特征表明了铅同位素经历了多阶段的平衡演化过程,金成矿作用与中生代岩浆活动的继承性特征,同时有部分矿石铅分布在 800Ma 附近,与本区黄松群地层的区域变质年龄吻合,表明成矿作用在上述深源同熔岩浆活动继承性的基础上,有大量与基底岩石重熔有关的岩浆加入。

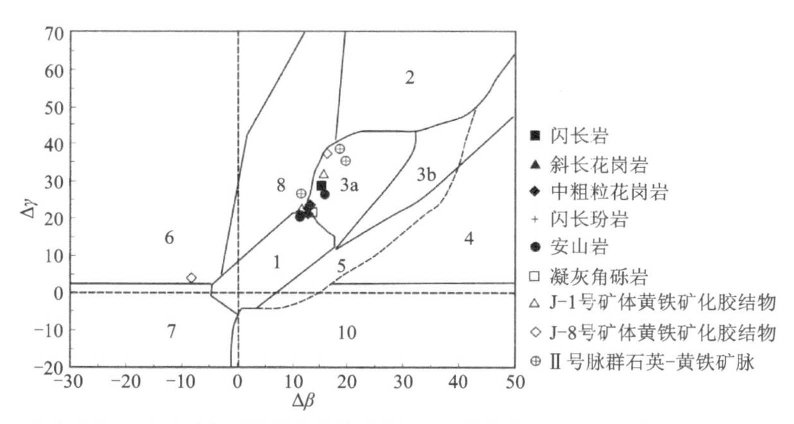

1.地幔源铅；2.上地壳铅；3.上地壳与地幔混合的俯冲带铅（3a.岩浆作用；3b.沉积作用）；4.化学沉积型铅；5.海底热水作用铅；6.中深变质作用铅；7.深变质下地壳铅；8.造山带铅；9.古老页岩上地壳铅；10.退变质铅

图 7－36　铅同位素的 $\Delta\gamma-\Delta\beta$ 成因分类图（据朱炳泉等，1998）

地幔、造山带、上部地壳及下部地壳定义的范围，造山带波及深度超过下部地壳的深度，达 80km 左右，已经到达了地幔，由此推断本区的岩浆岩铅源主要为深部的下地壳铅和上地幔铅，矿石铅与岩浆岩铅有密切关系，主要体现成矿流体的深源特征，同时也显示岩浆活动和成矿作用与延边—东宁地区的太平洋板块俯冲造山作用有关，结合成岩成矿时代，岩浆活动处于俯冲造山早期（晚印支期），成矿作用与俯冲中晚期的燕山期造山作用有关。

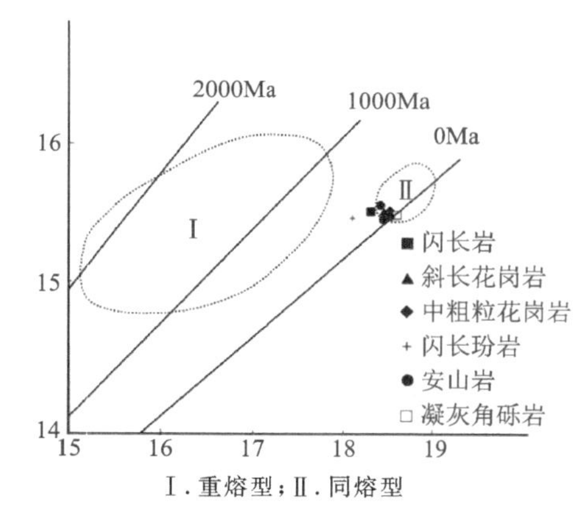

Ⅰ.重熔型；Ⅱ.同熔型

图 7－37　矿区主要岩浆岩和矿石铅同位素分类图

7.3.4　硅同位素

本次对矿区内 J－0 号和 J－1 号角砾岩筒型矿体矿石石英中的硅同位素进行了分析测试，测试方法采用国际上通用的硅同位素分析方法，将石英样品中的 Si 转化成 SiF_4；然后，在气体质谱仪（MAT 251 EM）上测量硅同位素组成，测量结果用 $\delta^{30}Si$ 表示，δ 值计算公式为

$$\delta^{30}Si_{NBS-28}‰=\frac{\delta^{30}Si_{样-参}-\delta^{30}Si_{NBS-28-参}}{1+\delta^{30}Si_{NBS-28-参}\times10^{-3}}$$

硅同位素组成分析结果见表 7－10，角砾岩型矿石石英中 $\delta^{30}Si$ 值的变化范围较小，为－0.7‰～－0.4‰之间，平均值为－0.525‰。金厂矿区角砾岩型矿石中硅同位素在地质演化过程中的分馏很小，分馏幅度为 0.3‰。在自然界不同物质的硅同位素组成图上，金厂矿区角砾岩型矿石的硅同位素组成花岗岩范围内（图 7－38），说明区内角砾岩型矿体中的石英脉来自岩体源区的成矿流体，为深源硅。

表 7－10　金厂矿区角砾岩筒型矿体硅同位素组成

样品编号	样品名称	取样位置	$\delta^{30}Si_{NBS-28}$/‰
06J0－1	石英	J－0 号矿体	－0.7
06J0－14	石英	J－0 号矿体	－0.5
06J1－2	石英	J－1 号矿体	－0.5
06J1－7－1	石英	J－1 号矿体	－0.4

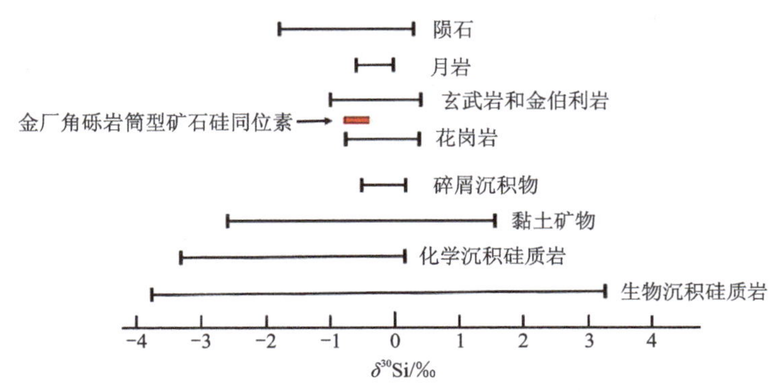

图 7 - 38 金厂矿区角砾岩筒型矿石的硅同位素组成(据丁悌平,1997)

7.4 矿物成因研究

7.4.1 热液蚀变

7.4.1.1 热液蚀变类型及特征

李胜荣等(2006)根据野外对岩浆穹隆型矿体的 ZK18 - 1、ZK18 - 4 和 ZK18 - 5 共 3 个钻孔岩芯进行了热液蚀变研究,认为该矿体的热液蚀变类型主要有钾长石化、绿泥石化、绢英岩化、硅化、高岭石化和碳酸盐化等。

钾长石化是热液活动较早期在花岗闪长岩中所发生的面型交代蚀变作用,本书利用粉晶衍射分析,所形成的蚀变矿物主要为微斜长石。强钾长石化的花岗闪长岩为鲜红色—肉红色,鲜红色部位硬度大于 5.5,主要为新生的微斜长石所致。

绿泥石化的作用时间略晚于钾长石化,主要发育于闪长玢岩体内,但在花岗闪长岩中的某些部位也有发育。在花岗闪长岩中,该蚀变表现为墨绿色绿泥石交代角闪石和黑云母。

绢英岩化是一种面型中温热液钾交代蚀变,作用时间与绿泥石化大体相当,但只发育在中酸性的花岗闪长岩中,通过薄片观察到角闪石、黑云母、斜长石等部分或全部被交代。在金厂金矿矿体内,强绢英岩化的蚀变岩不常见,多为弱—中等程度的绢英岩化花岗闪长岩。在岩石样品中除原岩矿物外,由绢英岩化而成的矿物为细小鳞片状的绢云母和细粒或微晶石英。蚀变岩呈黄绿色,致密块状,强蚀变部位硬度小于 5.5,为绢云母和石英紧密连生所致。晚期绢英岩化常伴随浸染状黄铁矿化,构成黄铁绢英岩。

绿帘石化热液活动中期的一种面型蚀变,作用时间与绢英岩化相当。通过薄片分析原矿物为角闪石。

硅化是热液活动中期的一种面型蚀变,在作用时间上略晚于绢英岩化或绿泥石化。硅化后的岩石致密坚硬,它是面型蚀变向线型蚀变过渡的一类蚀变。在与硅化有关的热液流体演化晚期伴随岩石脆性破裂时可形成石英脉或黄铁矿-石英脉。

碳酸盐化总体上表现为热液活动最晚期的一种蚀变类型,斜长石部分或全部被交代。

本区的高岭石化主要交代钾长石和斜长石,强烈高岭石化岩石中的钾长石和斜长石几乎全部被高岭石化并形成其假象,岩石呈白色。

7.4.1.2 热液蚀变分带

综合 ZK18-1 号、ZK18-4 号和 ZK18-5 号 3 个钻孔岩芯热液蚀变空间分布结果，得到 18 号矿体热液蚀变分带特征。岩浆穹隆型矿体在垂向上不存在较为明显的蚀变分带现象，金成矿元素在绢英岩化带内含量很高，一般蚀变越严重，Au 品位越高。也就是说，绢英岩化蚀变强烈与否，与金矿化关系最大。

7.4.1.3 热液蚀变的找矿意义

通过对 3 口钻孔的蚀变研究可以确定矿体蚀变分带，矿体深部以硅化为主。根据前人研究（王声远和樊文苓，1994），硅化与金成矿关系为

$$Au+1/4O_2+H_4SiO_4=AuH_2SiO_4+1/2H_2O$$

Au 的富集必须要有 Au 的运移，在深部 Au 以 AuH_2SiO_4 络合物的形式进行运移，随着 SiO_2 的沉淀，耗减了溶液中的 SiO_2，导致 AuH_2SiO_4 不稳定，反应向左进行，最终导致 Au 沉淀。因此，硅化与金矿化近乎同时作用，硅化带与金矿化带近同一空间产出。

结合第 4 章有关岩浆穹隆型矿体的蚀变特征，认为岩浆穹隆型矿体以线性蚀变为特征，不具备面型蚀变特征，即没有典型的斑岩型矿床蚀变分带特征，故认为岩浆穹隆型矿体不是典型的斑岩型矿体，而是斑岩岩体上部的脉状矿体。

7.4.2 石英热释光标型特征

石英是硅化中的蚀变矿物，也是金厂金矿中重要的脉石矿物，分布于各个成矿阶段，与金矿化关系密切。黄铁矿是黄铁矿化阶段的主要蚀变矿物，也是本矿区的主要载金矿物，研究其标型特征对金厂金矿成因有重要意义。

石英是一种常见的磷光体，复杂的地质环境可使矿物形成时产生晶体结构缺陷，故可形成热释光现象。石英的热释光机理主要是 Al^{3+} 代替 Si^{4+}，Na^+、K^+ 离子进入结构空隙引起的杂质缺陷，电子空穴心形成局部能级陷阱，它能捕获导带向低能级跃迁的电子，使之留在该局部能级上，构成所谓陷阱。陷阱里的电子要向低能级跃迁时，要获得一定能量使之回到导带上才能向低能级空位上转移，亦就是要吸收一定的能量跳跃陷阱，才能呈现发光性（李高山，1989）。研究表明，石英中的 Al、K 和 Na 等离子含量增高，可使石英的热释光强度增大（李胜荣和高振敏，1996；邵克忠和栾文楼，1989）。成矿期贫富阶段石英在热释光峰点温度和峰型上有明显区别，是石英热释光标型找矿的基础（李胜荣和高振敏，1996）。

孙雨沁（2011）对金厂 18 号矿体石英的热释光标型特征进行了研究，研究显示 18 号矿体石英峰点温度介于 205～313℃之间，主要集中在 235～300℃，围岩中石英峰点温度范围为 60～295℃。矿体石英与围岩石英热释光曲线均出现了单峰和双峰两种类型。通过对峰高、峰点温度、半峰宽、峰强的对比研究，发现矿体中石英热释光的峰点温度普遍高于其围岩中石英的峰点温度。

金厂金矿 18 号矿体石英热释光强度、峰点温度、金品位等值线垂直投影图表明，金品位高值区与石英热释光峰强低值区、峰点温度中—高值区的分布有很好的对应关系，金品位高值区对应于石英热释光峰强 66 533～200 000cps，峰点温度 240～305℃。石英热释光峰强与金品位呈负相关性，峰点温度与金品位呈正相关性，以此可作为金厂金矿的找矿标志。

7.4.3 黄铁矿标型特征

黄铁矿是热液金矿床中分布最为普遍的矿物之一，是重要的载金矿物，这是由金既亲铁又亲硫的地球化学性质所决定的(李胜荣等，1994)。所以系统地研究金矿床中黄铁矿的形态标型特征，总结有关找矿规律，具有重要意义。

7.4.3.1 黄铁矿形态基本特征

李胜荣等(2006)对18号矿体进行了黄铁矿形态统计。统计结果显示，共2130粒黄铁矿具有较好的自形晶，{100}习性晶1040粒，{210}习性晶1047粒，{111}习性晶43粒。其中，1号孔黄铁矿{100}习性晶438粒，{210}习性晶420粒，{111}习性晶5粒。

7.4.3.2 不同阶段黄铁矿形态演化特征

18号矿体早成矿阶段(黄铁绢英岩阶段、黄铁矿-石英阶段)是以{100}习性为主，其中黄铁绢英岩阶段{100}含量为64.3%，{210}含量为34.5%，{111}含量为1.1%，黄铁矿-石英阶段{100}含量为74.4%，{210}含量为21.1%，{111}含量为4.4%。主成矿阶段(石英-黄铁矿阶段、多金属硫化物阶段)是以{210}习性为主，其中石英-黄铁矿阶段{100}含量为23.6%，{210}含量为71.6%，{111}含量为4.8%，多金属硫化物阶段{100}含量为12.3%，{210}含量为87.7%，{111}含量为零。

7.4.3.3 黄铁矿形态与蚀变关系

18号矿体几乎所有的{210}+{111}含量高值区都有硅化的叠加，这同时指明了找矿规律：因为{210}+{111}含量高值区代表了可能富金的区域，所以在本矿体找矿过程中需要特别注意硅化。

7.4.3.4 黄铁矿形态成因及找矿标志

18号矿体早期黄铁矿形态以{100}为主，主成矿期黄铁矿形态以{210}为主，和前人的研究相同(李胜荣等，1994；初凤友等，2004)。根据以上研究，表明黄铁矿{210}习性晶占优是黄铁矿形态的找矿标志。

金厂金矿黄铁矿{210}高值区对应黄铁矿微量元素As+Sb+Se+Te的高值区。这说明了{210}晶形对应的杂质元素As+Sb+Se+Te含量高，而Co+Ni含量的增加有利于{100}的形成。

综上所述，18号矿体早成矿阶段以{100}为主，主成矿阶段以{210}为主。

7.4.4 黄铁矿热电性标型特征

矿物热电性是金属或半导体矿物在温差条件下产生热电效应的反应，主要受温度和微量元素组分等条件制约，是对半导体矿物的能带结构及其中杂质元素分布的微观性状反映，包括热电系数和导电类型等含义。热电系数是指处在温差条件下的半导体矿物，因温差形成的非平衡载流子从高温区向低温区扩散，结果在半导体矿物内形成了电场，对外表现在温差热电动势(E)，当温差一定时，E达到一个平衡值，热电系数则是单位温差下的热电动势，计算公式为

$$a=E/(\mathrm{TH}-\mathrm{TL})=E/\Delta T$$

式中：a 为热电系数；E 为热电动势；ΔT 为温差。

导电类型有两种：空穴型导电（P 型）和电子型导电（N 型）。当 E 为正值时，矿物表现为 P 型导电；当 E 为负值时，为 N 型导电（苏文超，1997）。黄铁矿热电性具有较好指示含金性的作用，一般情况下，正离子或金属原子过剩，即正离子实际含量超过化学式中正常比值时，常为电子导电型，热电系数常为负（N 型）；反之，负离子或非金属原子过剩时，常为空穴导电型，热电系数为正（P 型）。

7.4.4.1 J－1 号矿体黄铁矿热电性标型特征

陈锦荣等（2000）对 J－1 号矿体中石英-黄铁矿脉不同中段系统取样进行黄铁矿热电性测定，J－1 号矿体不同中段的黄铁矿做了 38 个样品的热电系数测定，其结果如图 7－39 所示，从图上可以看到该矿体黄铁矿的热电性绝大部分都属于电子导电型（即 N 型），黄铁矿的热电系数（a）为－150～－50μV/℃，个别电子导电型的黄铁矿，其热电系数达到－300μV/℃以上，仅少数为空穴导电型，其热电系数 a＝100～400μV/℃。导致本区黄铁矿热电性以电子导型为主的原因主要是黄铁矿中金属原子过剩，这些过剩的金属原子可能就是黄铁矿中以包裹金形式存在的自然金。从这个统计的结果还可以见到该矿体的成矿远景，因为该矿体黄铁矿绝大部分为电子导型，说明矿体中绝大部分的黄铁矿的含金性都比较好，而该矿体又是以黄铁矿为主的多金属硫化物矿化非常强烈的矿体，由此推断该矿体的金矿化是非常强烈的。

对 J－1 号矿体第二阶段石英-黄铁矿脉中的黄铁矿热电系数作等值线图（图 7－40）可以看出，黄铁矿热电系数在脉中的变化规律，整条矿脉的黄铁矿热电系数具有明显的变化规律，矿脉的两端以空穴导电型（P 型）为主，而中间地段则为电子导电型（N 型），往深部其电子导电型有进一步扩大的趋势，往浅部其空穴导电型有逐渐增多的趋势。这也进一步证明该矿体的金矿化往深部有逐渐增强的趋势。

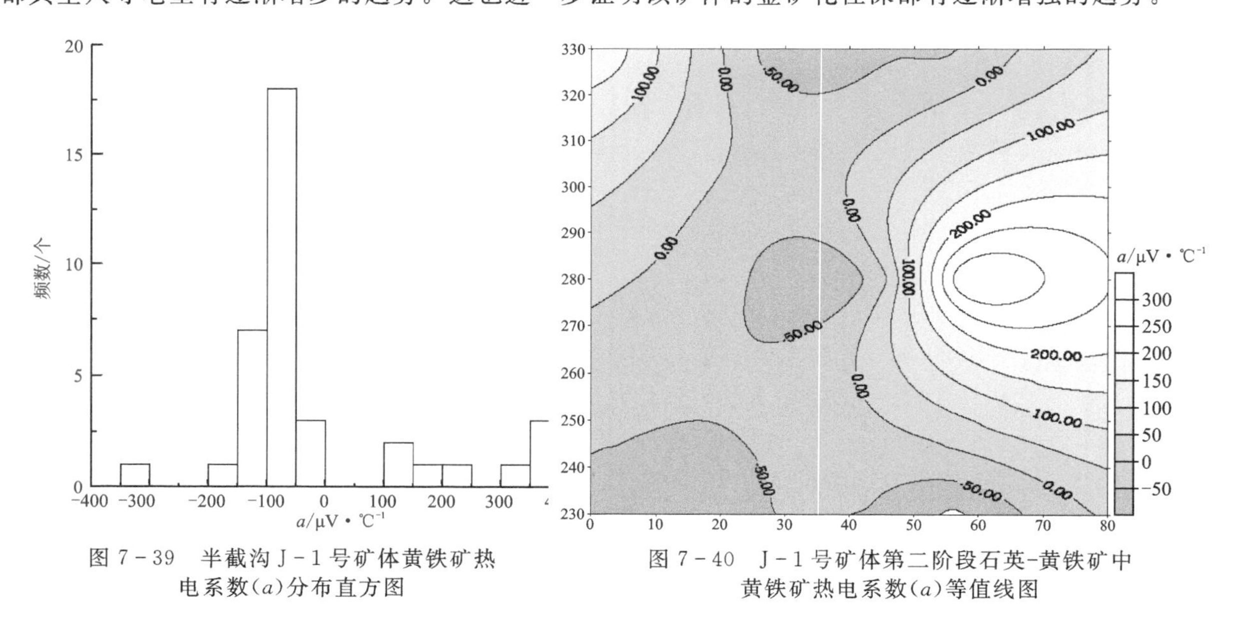

图 7－39 半截沟 J－1 号矿体黄铁矿热电系数（a）分布直方图

图 7－40 J－1 号矿体第二阶段石英-黄铁矿中黄铁矿热电系数（a）等值线图

7.4.4.2 18 号矿体黄铁矿热电性标型特征

孙雨沁（2011）对 18 号矿体黄铁矿热电性标型特征进行了研究，测试结果显示金厂金矿 18 号矿体矿石单颗粒黄铁矿热电系数 a 的变化范围为－352.1～346.2μV/℃。其中，P 型黄铁矿（热电动势＞0）的热电系数 a 变化范围为 1.7～346.2μV/℃，集中区为 90～301.7μV/℃；N 型（热电动势＜0）黄铁矿 a 的变化范围为$-352.1 \sim -1.7\mu V/℃$，集中区为$-200 \sim -80\mu V/℃$；P 型黄铁矿出现率平均为40.66%。

从黄铁绢英岩阶段到多金属硫化物阶段（图7-41），热电型呈 P<N→P<N→P≫N→P≫N 的变化趋势，其中石英-黄铁矿阶段和多金属硫化物阶段 P≫N。此结果与前人总结的黄铁矿热性参数在时间上的变化规律一致，即早期形成的黄铁矿温度高，导电类型以 N 型为主，随着时间的变化，温度逐渐降低，导电类型随之从 N 型向 P 型过渡，后期形成的黄铁矿导电类型主要为 P 型（李胜荣和高振敏，1996）。黄铁矿 a_P 变化趋势总体上与金品位呈正相关关系，a_N 变化趋势与金品位呈反相关关系。

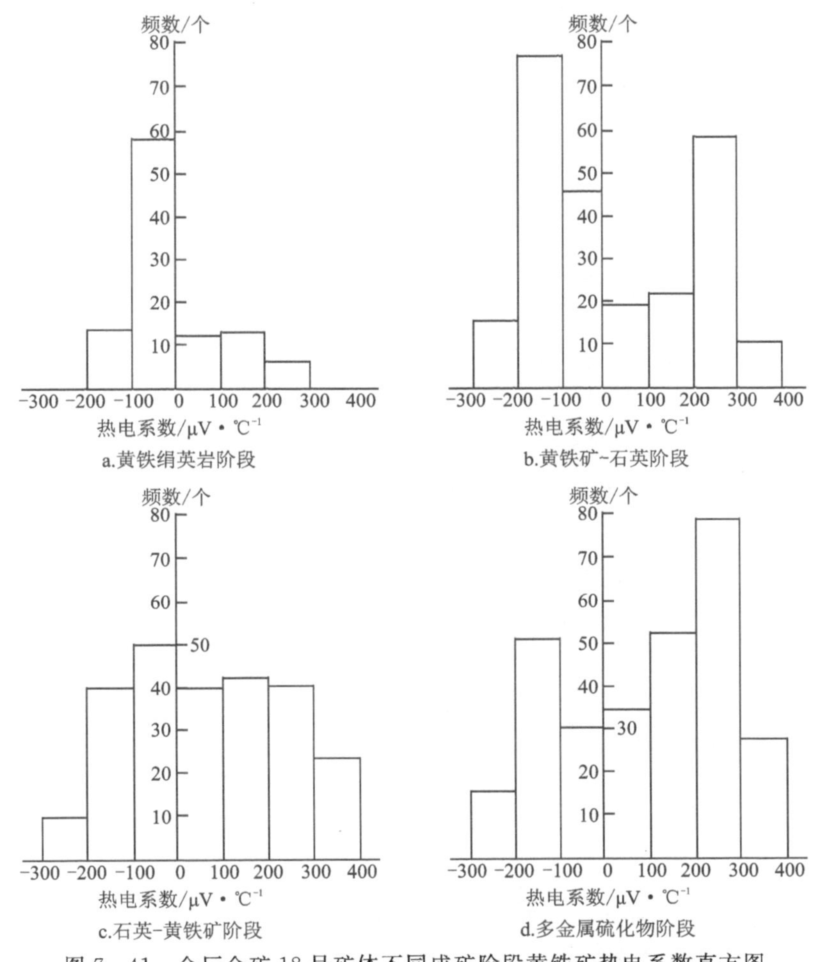

图7-41 金厂金矿18号矿体不同成矿阶段黄铁矿热电系数直方图

石英是本矿区最为发育的脉石矿物，黄铁矿主要矿石矿物，也是主要的载金矿物。矿体石英峰点温度介于205～313℃之间，主要集中在235～300℃，比其围岩中石英峰点温度高；金品位高值区与石英热释光峰强低值区、峰点温度中—高值区的分布有很好的对应关系。从黄铁绢英岩阶段到多金属硫化物阶段黄铁矿热电型变化趋势为 P<N→P<N→P≫N→P≫N；a_P 变化趋势总体上与金品位呈正相关关系，a_N 变化趋势与金品位呈负相关关系；补偿热电系数 a_{np} 与金品位呈正相关关系。

8 矿床成因及成矿模式

8.1 成矿时代

金矿成矿时代是解决矿床成因的一个关键因素。

8.1.1 J-0号矿体成矿时代

从第4章可知,J-0号矿体的成矿地质体为闪长玢岩,其成矿时代与闪长玢岩的成岩时代是一致的,本次对J-0号矿体深部坍塌角砾岩型矿体的胶结物-闪长玢岩进行了锆石LA-ICP-MS U-Pb同位素测年。

J-0号矿体的近矿围岩为蚀变闪长玢岩,从矿体(岩体边部)到岩体中心,岩性由闪长玢岩逐渐过渡到闪长岩,为岩相变化,中间相为闪长岩,边缘相为闪长玢岩。

8.1.1.1 样品采集及分析流程

本次在野外地质观察与研究的基础上,选择了矿区高丽沟J-0号矿体5中段矿山样品蚀变闪长玢岩,岩体中心相未蚀变闪长岩样品为测试对象,样品编号分别为09JB400和09JB401,样品采集质量大于10kg。

09JB400岩石由斑晶、基质组成。斑晶:由斜长石、暗色矿物构成,斜长石含量为35%~40%,角闪石假象小于5%,不均匀分布,粒度一般1.0~2.5mm;斜长石呈半自形板状,具轻绢云母化、不均匀碳酸盐化、硅化、少绿泥石化等,环带构造发育;暗色矿物多呈柱状,被碳酸盐、硅质等不均匀交代似角闪石假象产出,少见残留。基质:由斜长石、石英、暗色矿物构成,斜长石含量为45%(±),石英含量为10%(±);暗色矿物角闪石假象为主、黑云母少量,小于5%;粒度一般0.1~0.7mm;斜长石呈半自形板条状、少半自形板状,具轻绢云母、不均匀碳酸盐化、硅化、少绿泥石化等,可见环带构造;石英呈他形粒状,粒内可见轻波状消光,变晶集合体状分布;暗色矿物被碳酸盐、绿泥石等不均匀交代似角闪石、黑云母假象产出,见被硅质充填的裂隙。结合其地质产状镜下定名为蚀变石英闪长玢岩。

锆石的挑选经过手工破碎大约10kg的样品、淘洗、电磁选、重液分选,之后在双目镜下挑选,得到含包裹体少、无明显裂隙且晶形完好的锆石。在双目镜下将锆石样品粘在双面胶上,制成靶,备用。

然后依据样品的反射光和透射光照片,排除多裂纹和抛光面不清晰的锆石;再根据锆石阴极发光(CL)图像,进一步完成锆石内部结构的分析。

锆石阴极发光(CL)图像是在北京大学完成,锆石的制靶、光学显微镜照相及LA-ICP-MS锆石U-Th-Pb同位素年代学测试在中国地质大学(北京)教育部大陆动力学重点实验室完成。

所用 ICP－MS 为 ELAN 6100 DRC，剥蚀系统为德国 Microlas 公司生产 Geolas 200M 深紫外(DUV)193nm ArF 准分子激光。分析所用的光斑直径为 30μm，并采用^{29}Si作为外标，所用标准锆石为 915 00，锆石 U－Th－Pb 年代学测试数据处理采用 Isoplot 软件进行。

8.1.1.2 测试结果及年龄解释

锆石粒径为 100～350μm，多为长柱状和短柱状，自形程度较高，为自形到半自形。在锆石 CL 图像上，本次测试的锆石多具有清楚的振荡环带，为典型的岩浆成因锆石特征。部分锆石内部结构不均，可见内核及外边，但其发育振荡环带的主体部分岩浆成因特征明显，振荡环带部分从内到外具有一致的表面年龄。

在 09JB400 号样品测试的 34 个锆石数据中，所有测试点 Th/U 值都大于 0.4，最高达到 1.13，表明 09JB400 中的锆石为典型的岩浆成因锆石。经分析认为，有 8 个锆石测试数据的谐和率较低，其余 24 个锆石的年龄较为一致。

前人研究表明，采用激光探针进行 U－Pb 同位素定年时，需要进行普通铅的校正，对大于 1Ga 年龄的锆石采用$^{207}Pb/^{206}Pb$年龄合适，而对于年轻的锆石样品采用$^{206}Pb/^{238}U$年龄较为合适。由于矿区火山岩成岩年龄小于 250Ma，故采用$^{206}Pb/^{238}U$的年龄，$^{206}Pb/^{238}U$表面年龄加权平均值为(118.1±1.6)Ma(MSWD=0.14)(图 8－1)；26 个样品点的表面年龄相关性较好，符合正态分布规律(图 8－2)。26 个样品点在$^{206}Pb/^{238}U-^{207}Pb/^{235}U$谐和图上表现为较好的谐和性(图 8－3)，年龄值较为集中，谐和年龄为(118.1±1.6)Ma(MSWD=0.14)。09JB400 号样品 U－Th－Pb 年龄测试结果见表 8－1。

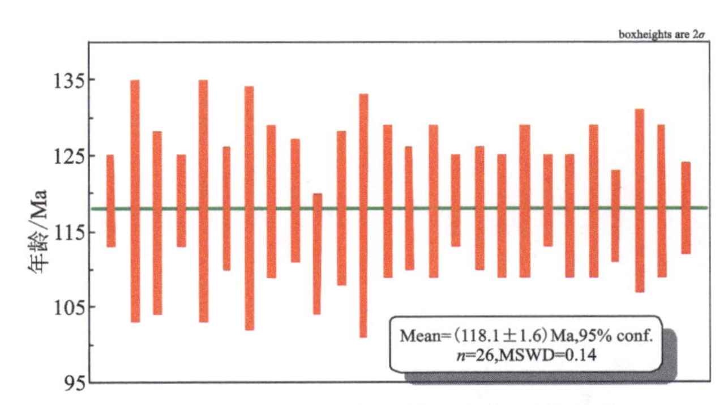

图 8－1 09JB400 号样品锆石加权平均年龄

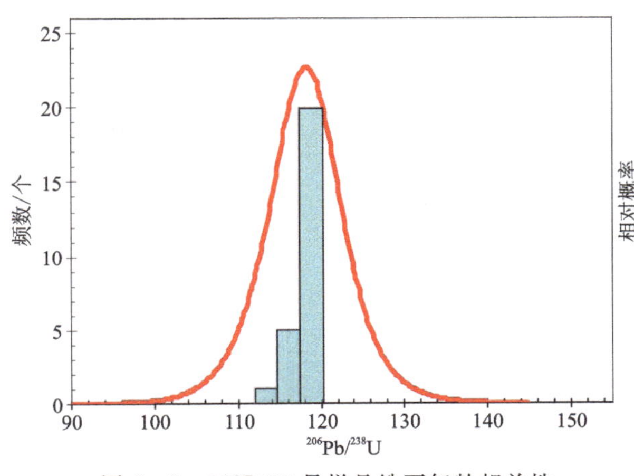

图 8－2 09JB400 号样品锆石年龄相关性

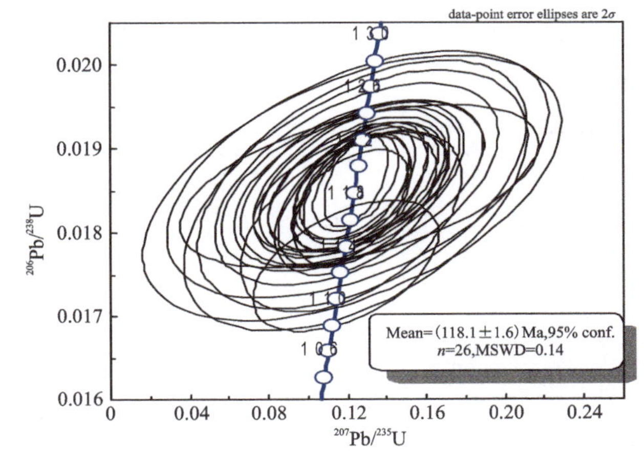

图 8－3 09JB400 号样品锆石 U－Pb 谐和图

在 09JB401 号样品测试的 39 个锆石数据中，所有测试点 Th/U 值都大于 0.6，最高达到 1.42，表明 09JB401 中的锆石为典型的岩浆成因锆石。经分析认为，有 29 个锆石测试数据的谐和率较低，其余 10 个锆石的年龄较为一致。

表 8-1　金厂矿区 09JB400 号样品单颗粒锆石 U-Th-Pb 同位素测试结果

测试点号	元素含量/10^{-10}			Th/U	同位素比值								年龄/Ma					
	Pb^{206}	Th^{232}	U^{238}		$^{207}Pb/^{206}Pb$	1σ	$^{207}Pb/^{235}U$	1σ	$^{206}Pb/^{238}U$	1σ	$^{208}Pb/^{232}Th$	1σ	$^{207}Pb/^{206}Pb$	1σ	$^{207}Pb/^{235}U$	1σ	$^{206}Pb/^{238}U$	1σ
09JB400-01	2.89	29.42	41.06	0.72	0.050 10	0.010 36	0.128 45	0.026 40	0.018 59	0.000 54	0.005 67	0.000 41	200	340	123	24	119	3
09JB400-02	1.39	15.23	19.69	0.77	0.049 89	0.026 84	0.127 74	0.068 26	0.018 57	0.001 21	0.005 35	0.000 81	190	847	122	61	119	8
09JB400-03	1.12	8.62	15.30	0.56	0.050 35	0.059 41	0.127 97	0.150 26	0.018 43	0.002 19	(0.004 67)	0.002 44	211	1327	122	135	118	14
09JB400-04	2.23	22.11	32.85	0.67	0.048 75	0.018 46	0.121 91	0.045 83	0.018 13	0.000 88	0.005 62	0.000 69	136	562	117	41	116	6
09JB400-05	6.47	27.78	52.28	0.53	0.049 55	0.004 42	0.223 12	0.019 69	0.032 65	0.000 68	0.009 42	0.000 44	174	160	205	16	207	4
09JB400-06	7.60	38.21	69.87	0.55	0.055 42	0.005 08	0.219 21	0.019 78	0.028 68	0.000 66	0.008 73	0.000 43	429	161	201	16	182	4
09JB400-07	7.60	45.08	107.74	0.42	0.048 50	0.005 25	0.124 47	0.013 32	0.018 61	0.000 44	0.006 37	0.000 38	124	195	119	12	119	3
09JB400-08	1.19	9.53	17.02	0.56	0.048 68	0.030 90	0.125 47	0.079 27	0.018 69	0.001 20	0.006 11	0.001 23	132	983	120	72	119	8
09JB400-09	3.25	26.42	46.20	0.57	0.049 45	0.010 97	0.126 45	0.027 81	0.018 54	0.000 63	0.005 06	0.000 51	169	353	121	25	118	4
09JB400-10	4.88	50.80	69.43	0.73	0.047 99	0.03413	0.122 61	0.086 83	0.018 53	0.001 29	0.004 33	0.001 24	99	1020	117	79	118	8
09JB400-11	1.67	10.47	23.70	0.44	0.047 66	0.015 96	0.122 16	0.040 67	0.018 59	0.000 72	0.004 35	0.000 81	82	497	117	37	119	5
09JB400-12	2.14	16.70	30.31	0.55	0.048 78	0.014 40	0.124 99	0.036 71	0.018 58	0.000 65	0.004 94	0.000 63	137	447	120	33	119	4
09JB400-13	2.87	19.41	43.89	0.44	0.049 14	0.015 96	0.119 25	0.038 54	0.017 60	0.000 64	0.005 78	0.000 76	155	495	114	35	112	4
09JB400-14	2.01	13.48	28.83	0.47	0.049 96	0.014 16	0.126 77	0.035 64	0.018 40	0.000 74	0.004 68	0.000 83	193	434	121	32	118	5
09JB400-15	2.54	19.57	36.49	0.54	0.049 06	0.028 30	0.124 34	0.071 25	0.018 38	0.001 27	0.005 87	0.001 44	151	890	119	64	117	8
09JB400-16	1.70	17.06	24.16	0.71	0.053 00	0.043 23	0.135 41	0.109 82	0.018 53	0.001 67	0.004 34	0.001 75	329	1164	129	98	118	11
09JB400-17	1.85	19.14	26.23	0.73	0.047 84	0.018 21	0.122 65	0.046 43	0.018 59	0.000 79	0.005 89	0.000 67	91	568	117	42	119	5
09JB400-18	2.26	15.57	32.13	0.48	0.048 08	0.013 88	0.122 97	0.035 34	0.018 55	0.000 62	0.006 58	0.000 65	103	435	118	32	118	4
09JB400-19	4.13	31.18	58.48	0.53	0.049 21	0.016 24	0.126 26	0.041 43	0.018 61	0.000 72	0.005 88	0.000 74	158	497	121	37	119	5
09JB400-20	4.34	41.57	61.56	0.68	0.048 52	0.006 94	0.124 40	0.017 65	0.018 59	0.000 46	0.005 35	0.000 31	125	254	119	16	119	3
09JB400-21	3.13	37.47	45.06	0.83	0.047 83	0.015 97	0.121 94	0.040 59	0.018 49	0.000 58	0.005 44	0.000 40	91	509	117	37	118	4
09JB400-22	2.29	26.38	33.38	0.79	0.049 27	0.013 03	0.124 91	0.032 81	0.018 38	0.000 65	0.005 80	0.000 45	161	406	120	30	117	4

续表 8 - 1

测试点号	元素含量/10^{-10}			Th/U	同位素比值								年龄/Ma					
	Pb^{206}	Th^{232}	U^{238}		$^{207}Pb/^{206}Pb$	1σ	$^{207}Pb/^{235}U$	1σ	$^{206}Pb/^{238}U$	1σ	$^{208}Pb/^{232}Th$	1σ	$^{207}Pb/^{206}Pb$	1σ	$^{207}Pb/^{235}U$	1σ	$^{206}Pb/^{238}U$	1σ
09JB400 - 23	1.33	14.47	19.27	0.75	0.049 09	0.020 32	0.125 67	0.051 79	0.018 57	0.000 80	0.005 63	0.000 67	152	633	120	47	119	5
09JB400 - 24	2.51	20.24	35.37	0.57	0.059 22	0.012 58	0.152 92	0.032 20	0.018 73	0.000 62	0.006 44	0.000 54	575	391	144	28	120	4
09JB400 - 25	2.46	18.40	34.86	0.53	0.048 34	0.009 87	0.124 00	0.025 13	0.018 60	0.000 55	0.004 82	0.000 47	116	326	119	23	119	3
09JB400 - 26	11.66	156.75	167.17	0.94	0.048 45	0.009 68	0.122 77	0.024 27	0.018 38	0.000 62	0.003 26	0.000 31	121	311	118	22	117	4
09JB400 - 27	1.84	14.90	26.25	0.57	0.049 42	0.029 12	0.126 49	0.074 37	0.018 56	0.000 79	0.003 88	0.001 14	168	956	121	67	119	5
09JB400 - 28	2.86	28.07	40.96	0.69	0.052 63	0.020 13	0.134 10	0.051 00	0.018 48	0.000 80	0.005 52	0.000 66	313	610	128	46	118	5
09JB400 - 29	4.26	68.89	61.10	1.13	0.047 93	0.009 58	0.121 47	0.024 14	0.018 38	0.000 49	0.005 31	0.000 26	96	320	116	22	117	3
09JB400 - 30	1.73	16.46	24.56	0.67	0.053 10	0.026 79	0.136 17	0.068 40	0.018 60	0.000 94	0.005 82	0.000 95	333	839	130	61	119	6
09JB400 - 31	1.73	13.60	24.88	0.55	0.048 80	0.023 04	0.125 03	0.058 69	0.018 58	0.000 98	0.006 43	0.000 99	138	722	120	53	119	6
09JB400 - 32	1.27	11.34	18.30	0.62	0.047 87	0.021 35	0.122 53	0.054 43	0.018 56	0.000 83	0.006 01	0.000 83	93	679	117	49	119	5
09JB400 - 33	7.74	57.58	110.53	0.52	0.04870	0.008 61	0.124 36	0.021 80	0.018 52	0.000 53	0.004 82	0.000 51	133	294	119	20	118	3
09JB400 - 34	18.40	74.25	154.72	0.48	0.050 50	0.002 86	0.217 97	0.012 24	0.031 30	0.000 57	0.009 39	0.000 33	218	96	200	10	199	4

$^{206}Pb/^{238}U$表面年龄加权平均值为(115.7±2.0)Ma(MSWD=0.67)(图8-4);10个样品点的表面年龄相关性不好,正态分布规律较差(图8-5)。10个样品点在$^{206}Pb/^{238}U-^{207}Pb/^{235}U$谐和图上表现为较好的谐和性(图8-6),年龄值较为集中,谐和年龄为(115.7±2.0)Ma(MSWD=0.67)。09JB401号样品U-Th-Pb年龄测试结果见表8-2。

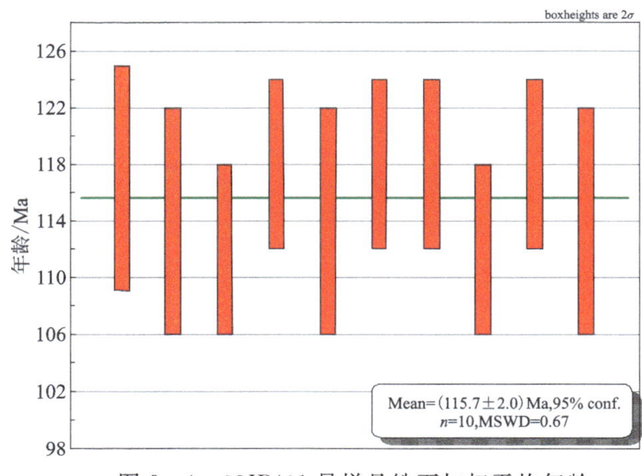

图8-4 09JB401号样品锆石加权平均年龄

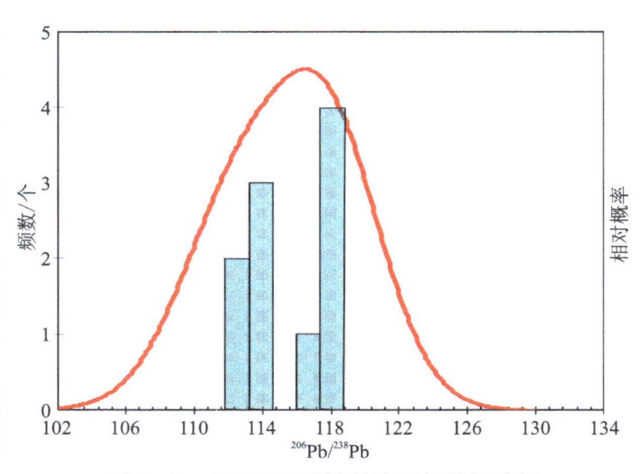

图8-5 09JB401号样品锆石年龄相关性

距离矿体较远的未蚀变闪长玢岩J-0号矿体的近矿闪长玢岩成岩时代为(118.1±1.6)Ma,岩体中心闪长岩的成岩时代为(115.7±2.0)Ma。据J-0号矿体的地质特征,近矿围岩-蚀变闪长玢岩的成岩时代可以代表J-0号矿体的成矿时代,蚀变闪长玢岩和未蚀变闪长岩的成岩时代的不一致性,闪长玢岩年龄较老,闪长岩年龄较新,说明岩体边部结晶较早,而岩体中心部位结晶较晚,这与岩体的地质特征反映的情况一致,故(118.1±1.6)Ma可以代表J-0号矿体的成矿时代。

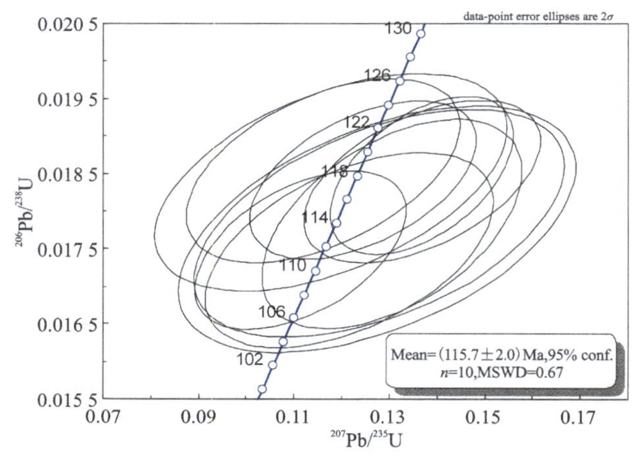

图8-6 09JB401号样品锆石U-Pb谐和图

8.1.2 J-1号矿体成矿时代

陈锦荣等(2000)对半截沟J-1号矿体中的第二阶段石英-黄铁矿脉进行$^{40}Ar-^{39}Ar$快中子活化法年龄测定,其结果列于表8-3。加热分析了10个点,其中低温阶段(第1~2阶段)和高温阶段(第7~10阶段)的视年龄值偏高,^{39}Ar析出量的比例较小。

由于包裹体成分的影响,这些年龄值远大于坪年龄,所以其不具地质意义。中温阶段(第3~6阶段)的^{39}Ar析出量所占的比例较大,其构成的坪年龄为(122.53±0.88)Ma(图8-7),因此,半截沟J-1号矿体第二阶段石英-黄铁矿脉的$^{40}Ar-^{39}Ar$法年龄谱的坪年龄为(122.53±0.88)Ma。其等时线如图8-8所示,从图可见其相关性很好,相关系数r=0.999 97,A=(296.9±1.03),B=(8.08±0.03),等时线年龄T_i=(119.40±0.30)Ma。从此得知,其$^{40}Ar/^{39}Ar$的初始值为(296.9±1.03)Ma,与尼尔值(295.5±5)Ma接近,表明中温区间年龄值无包裹体和过剩Ar成分的干扰,年龄值准确可靠。这样半截沟J-1号矿体第二阶段石英-黄铁矿脉的年龄定为122.53~119.40Ma,属于燕山中晚期的产物。

表 8-2 金厂矿区 09JB401 号样品单颗粒锆石 U-Th-Pb 同位素测试结果

测试点号	元素含量/10^{-10}			Th/U	同位素比值								年龄/Ma					
	Pb^{206}	Th^{232}	U^{238}		$^{207}Pb/^{206}Pb$	1σ	$^{207}Pb/^{235}U$	1σ	$^{206}Pb/^{238}U$	1σ	$^{208}Pb/^{232}Th$	1σ	$^{207}Pb/^{206}Pb$	1σ	$^{207}Pb/^{235}U$	1σ	$^{206}Pb/^{238}U$	1σ
09JB401-01	0.37	28.90	22.90	1.26	0.087 13	0.006 30	0.207 21	0.023 15	0.018 87	0.000 89	0.015 76	0.000 90	1363	130	191	19	120	6
09JB401-02	0.23	15.06	14.43	1.04	0.098 70	0.012 69	0.246 97	0.043 53	0.018 71	0.001 04	0.016 99	0.001 55	1600	271	224	35	119	7
09JB401-03	0.18	10.28	10.39	0.99	0.052 51	0.008 97	0.123 08	0.024 54	0.019 95	0.000 64	0.013 88	0.000 90	308	322	118	22	127	4
09JB401-04	0.27	19.54	16.64	1.17	0.104 42	0.009 75	0.259 54	0.032 01	0.019 18	0.000 66	0.017 49	0.001 20	1704	180	234	26	122	4
09JB401-05	0.21	13.65	13.39	1.02	0.092 25	0.00 86	0.256 06	0.032 96	0.018 12	0.000 75	0.017 39	0.001 17	1473	180	231	27	116	5
09JB401-06	0.20	12.59	12.67	0.99	0.036 84	0.007 47	0.092 26	0.021 60	0.018 90	0.000 67	0.012 96	0.000 85	—	295	90	20	121	4
09JB401-07	0.17	9.50	10.24	0.93	0.058 94	0.006 36	0.140 66	0.019 77	0.018 64	0.000 70	0.012 42	0.000 89	565	217	134	18	119	4
09JB401-08	0.28	22.89	19.39	1.18	0.062 11	0.002 99	0.143 23	0.009 87	0.017 20	0.000 42	0.012 61	0.000 47	678	101	136	9	110	3
09JB401-09	1.27	66.57	78.49	0.85	0.083 31	0.00506	0.202 30	0.020 14	0.019 14	0.000 90	0.017 43	0.001 02	1276	114	187	17	122	6
09JB401-10	0.17	10.13	10.91	0.93	0.074 63	0.014 21	0.155 04	−0.024 03	0.018 29	0.000 71	0.016 97	0.001 11	1058	424	146.3	−21.1	117	4
09JB401-11	0.22	11.71	12.35	0.95	0.205 77	0.015 23	0.584 56	0.063 62	0.020 72	0.000 85	0.028 75	0.002 19	2872	113	467	41	132	5
09JB401-12	0.29	18.26	17.00	1.07	0.148 86	0.012 86	0.430 33	0.050 34	0.020 62	0.000 73	0.024 86	0.001 89	2333	144	363	36	132	5
09JB401-13	0.19	12.10	12.22	0.99	0.044 53	0.004 48	0.117 74	0.015 10	0.018 39	0.000 59	0.012 79	0.000 73	−44	190	113	14	117	4
09JB401-14	0.18	11.92	11.00	1.08	0.085 34	0.005 82	0.231 42	0.021 93	0.018 78	0.000 58	0.017 82	0.000 90	1323	125	211	18	120	4
09JB401-15	0.26	20.87	15.41	1.35	0.090 67	0.007 37	0.227 31	0.024 57	0.019 67	0.000 61	0.015 97	0.000 71	1440	155	208	20	126	4
09JB401-16	0.24	18.85	14.67	1.29	0.073 03	0.007 32	0.179 67	0.023 84	0.019 24	0.000 72	0.013 03	0.000 72	1015	200	168	21	123	5
09JB401-17	0.45	20.45	23.18	0.88	0.186 42	0.003 90	0.568 97	0.025 18	0.022 53	0.000 71	0.029 83	0.001 09	2711	34	457	16	144	4
09JB401-18	0.36	14.37	20.90	0.69	0.134 76	0.005 92	0.358 97	0.026 80	0.019 90	0.000 75	0.025 07	0.001 37	2161	74	311	20	127	5
09JB401-19	0.31	26.45	20.27	1.31	0.069 32	0.004 55	0.155 84	0.014 41	0.017 80	0.000 56	0.013 31	0.000 68	908	128	147	13	114	4
09JB401-20	0.23	15.61	14.74	1.06	0.054 69	0.005 14	0.127 82	0.015 85	0.017 84	0.000 62	0.014 33	0.000 66	400	203	122	14	114	4
09JB401-21	0.16	10.82	11.02	0.98	0.047 20	0.003 46	0.104 36	0.010 30	0.016 56	0.000 49	0.012 01	0.000 53	59	148	101	9	106	3
09JB401-22	0.24	19.33	15.78	1.23	0.048 33	0.002 92	0.111 28	0.009 05	0.017 48	0.000 43	0.012 74	0.000 44	115	135	107	8	112	3

续表 8-2

测试点号	元素含量/10^{-10}			Th/U	同位素比值								年龄/Ma					
	Pb^{206}	Th^{232}	U^{238}		$^{207}Pb/^{206}Pb$	1σ	$^{207}Pb/^{235}U$	1σ	$^{206}Pb/^{238}U$	1σ	$^{208}Pb/^{232}Th$	1σ	$^{207}Pb/^{206}Pb$	1σ	$^{207}Pb/^{235}U$	1σ	$^{206}Pb/^{238}U$	1σ
09JB401-23	0.29	23.67	18.49	1.28	0.055 68	0.002 10	0.136 72	0.007 83	0.018 48	0.000 43	0.013 03	0.000 39	439	82	130	7	118	3
09JB401-24	0.31	28.42	20.32	1.40	0.074 39	0.002 79	0.180 09	0.010 37	0.017 77	0.000 42	0.014 80	0.000 48	1052	72	168	9	114	3
09JB401-25	0.20	13.68	12.98	1.05	0.042 73	0.003 07	0.105 05	0.009 94	0.018 08	0.000 47	0.013 32	0.000 56	−137	146	101	9	115	3
09JB401-26	0.23	16.48	13.83	1.19	0.078 28	0.003 39	0.188 66	0.012 90	0.018 73	0.000 56	0.015 48	0.000 57	1154	86	175	11	120	4
09JB401-27	0.27	19.76	17.32	1.14	0.051 09	0.005 15	0.127 38	0.017 01	0.017 76	0.000 67	0.013 59	0.000 69	245	219	122	15	114	4
09JB401-28	0.22	14.87	13.67	1.09	0.050 32	0.002 91	0.124 47	0.009 68	0.018 42	0.000 43	0.012 74	0.000 52	210	130	119	9	118	3
09JB401-29	0.26	17.31	16.34	1.06	0.048 94	0.003 81	0.116 07	0.011 72	0.018 54	0.000 50	0.014 14	0.000 63	145	176	111	11	118	3
09JB401-30	0.19	9.93	9.69	1.03	0.231 42	0.009 62	0.679 06	0.051 25	0.022 06	0.000 94	0.035 13	0.002 01	3062	62	526	31	141	6
09JB401-31	0.20	14.46	12.16	1.19	0.127 85	0.005 73	0.282 29	0.021 82	0.018 50	0.000 74	0.015 59	0.000 97	2069	78	252	17	118	5
09JB401-32	0.19	12.59	11.91	1.06	0.087 47	0.005 98	0.220 38	0.022 14	0.018 27	0.000 69	0.019 65	0.001 06	1371	125	202	18	117	4
09JB401-33	0.18	11.56	11.63	0.99	0.051 16	0.003 85	0.121 57	0.012 35	0.017 48	0.000 53	0.011 73	0.000 66	248	168	116	11	112	3
09JB401-34	0.18	11.93	11.46	1.04	0.058 09	0.004 44	0.142 49	0.015 26	0.018 22	0.000 65	0.013 73	0.000 67	533	167	135	14	116	4
09JB401-35	0.28	21.42	17.10	1.25	0.060 61	0.002 74	0.157 80	0.010 09	0.018 53	0.000 41	0.013 73	0.000 49	626	94	149	9	118	3
09JB401-36	0.27	23.74	16.72	1.42	0.055 64	0.002 98	0.136 79	0.010 13	0.018 40	0.000 44	0.013 59	0.000 43	438	115	130	9	118	3
09JB401-37	0.15	8.86	9.88	0.90	0.056 82	0.003 30	0.130 53	0.011 12	0.017 83	0.000 57	0.013 34	0.000 65	485	121	125	10	114	4
09JB401-38	0.18	12.05	11.58	1.04	0.060 65	0.002 78	0.143 63	0.010 12	0.018 17	0.000 53	0.013 38	0.000 57	627	97	136	9	116	3
09JB401-39	0.24	17.52	14.20	1.23	0.099 17	0.003 69	0.253 54	0.015 08	0.018 96	0.000 51	0.016 36	0.000 65	1608	70	229	12	121	3

表 8-3 半截沟 J-1 号矿体第二阶段石英-黄铁矿脉$^{40}Ar-^{39}Ar$法年龄测定

加热阶段	加热温度/℃	$\left(\frac{^{40}Ar}{^{39}Ar}\right)_m$	$\left(\frac{^{36}Ar}{^{39}Ar}\right)_m$	$\left(\frac{^{36}Ar}{^{37}Ar}\right)_m$	$\left(\frac{^{38}Ar}{^{39}Ar}\right)_m$	$^{39}Ar_K$/ 10^{-12}mol	$\left(\frac{^{40}Ar^*}{^{39}Ar_K}\right)=1\sigma$	$^{39}Ar_K$/ %	视年龄/Ma ($t=1\sigma$)
1	430	41.818	0.106 1	1.386 1	0.142 4	0.765	10.71±0.01	5.89	156.70±2.32
2	540	25.213	0.057 4	0.614 6	0.059 6	2.171	8.336±0.00	16.8	123.10±1.49
3	670	13.846	0.019 9	1.928 0	0.142 1	5.120	8.129±0.01	39.5	120.14±1.79
4	780	23.333	0.052 4	2.980 5	0.316 7	0.972	8.163±0.02	7.49	120.63±2.98
5	880	36.303	0.095 7	1.472 6	0.148 9	0.871	8.238±0.01	6.71	121.69±1.86
6	1000	51.798	0.147 5	1.645 3	0.140 3	0.644	8.526±0.01	4.96	125.81±1.87
7	1100	57.576	0.164 1	2.026 4	0.171 7	0.688	9.189±0.01	5.30	135.24±2.21
8	1200	55.172	0.153 2	3.043 7	0.187 7	0.604	10.32±0.01	4.66	151.27±2.58
9	1350	69.302	0.200 0	2.127 4	0.176 7	0.498	10.62±0.01	3.84	155.48±2.57
10	1550	66.841	0.194 1	2.380 9	0.128 2	0.632	9.914±0.01	4.87	145.48±2.08

测试单位：中国科学院地质与地球物理研究所 Ar-Ar 法定年实验室。

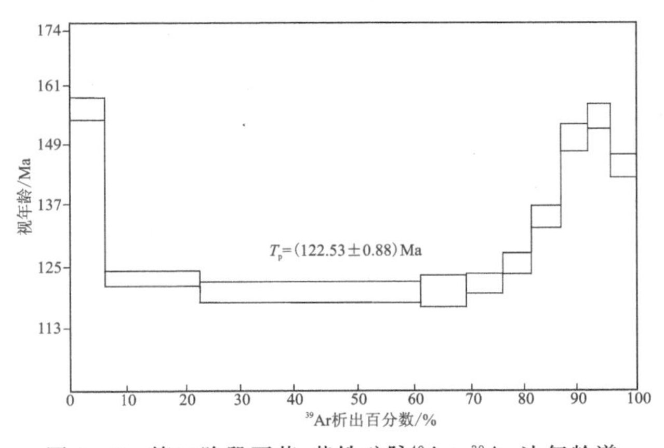

图 8-7 第二阶段石英-黄铁矿脉$^{40}Ar-^{39}Ar$法年龄谱

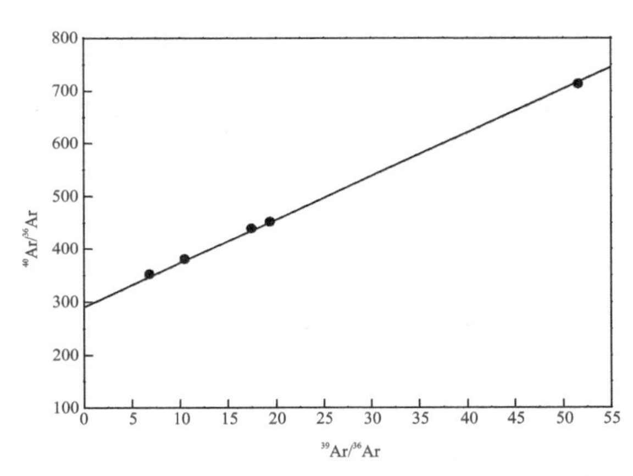

图 8-8 第二阶段石英-黄铁矿脉$^{40}Ar-^{39}Ar$法等时线年龄

8.1.3 J-9 号矿体成矿时代

卿敏和韩先菊(2002)对 J-9 号矿体进行了$^{40}Ar-^{39}Ar$激光探针法年龄测定，样品 06J9-7 来自邢家沟 J-9 号角砾岩筒中的硫化物-石英脉。硫化物-石英脉以黄铁矿化为主，并发育有少量的闪锌矿和黄铜矿化，非金属矿化则以硅化和绢云母化为主。对样品中的闪锌矿进行单矿物挑取后，进行$^{40}Ar-^{39}Ar$激光显微电子探针分析。

8.1.3.1 测试方法和流程

将 0.18～0.28mm 粒径样品用自制的高纯铝罐包装，封闭于石英玻璃瓶中，置于中国原子能科学研究院 49-2 反应堆 B4 孔道进行中子照射，照射时间为 24h，快中子通量为 $2.220\ 48\times10^{18}$。用于中子通量监测的样品是我国周口店 K-Ar 标准黑云母(ZBH-25，年龄为 132.7Ma)。同时对纯物质 CaF_2 和 K_2SO_4 进行同步照射，得出的校正因子参见数据。

照射后的样品冷置后，在显微镜下，以每个样品仓 10～20 颗不等量的颗粒数分别转移到约 30 个样品仓中，密封去气之后，装入系统。

样品测试由北京大学造山带与地壳演化教育部重点实验室全时标全自动高精度高灵敏度激光 $^{40}Ar/^{39}Ar$ 定年系统完成。测定采用聚焦激光对单颗粒或多颗粒的矿物岩石样品进行一次性熔融。激光能量1.0～3.5W，激光束斑直径为0.5mm。激光在5s内逐渐升温到1.0～3.5W，升温后熔样释气时间持续40s。系统分两个阶段使用两个锆铝泵对释出气体进行纯化，第一阶段纯化时间为180s，第二阶段为60s。系统通过测量已知摩尔数的空气对5个氩同位素（^{40}Ar、^{39}Ar、^{38}Ar、^{37}Ar、^{36}Ar）质量歧视进行日常监测和校正，D 值为（1.003 55±0.000 02）。基准线和5个氩同位素均使用电子倍增器进行13个循环测量。信号强度的测量采用电流强度测量法，信号强度以纳安（nA）为单位记录。测量已知摩尔数的空气的氩同位素信号强度，获得系统在电子倍增器单位增益下的绝对灵敏度为 2.394×10^{-10} moles/nA。通过绝对灵敏度可以将氩同位素信号强度由纳安（nA）换算为摩尔。电子倍增器增益（与法拉第杯测量信号强度的比值）为3000～4000倍。整个设备的平均本底水平为：^{40}Ar=（0.003 018 04±0.000 150 622），^{37}Ar=（0.000 021 843 2±0.000 001 344 57），^{38}Ar=（0.000 001 431 46±0.000 000 636 84），^{37}Ar=（0.000 008 709 90±0.000 000 652 602），^{36}Ar=（0.000 017 128 0±0.000 000 940 753）。

系统测试过程、原始数据处理、模式年龄和等时线年龄的计算均采用美国加州大学伯克利地质年代学中心 Alan L. Denio 博士编写的“MASS SPEC（V.7.665）”软件自动控制。

8.1.3.2 测年结果及年龄解释

测试结果见图8-9及表8-4。图8-9中J-9号矿体的年龄概率波谱拟合图中，成矿年龄为（130±2）Ma（MSWD=8.88），06J9-7闪锌矿样品29个测点表面年龄分布在2252～116Ma之间，从29个样品测点的概率分布图来看，样品年龄概率拟合度不佳，出现明显的3个峰值，而且MSWD较高。06J9-7闪锌矿样品的年龄等时线图如图8-10所示，等时线年龄 t=（124.0±6）Ma，从图中可见其相关性较好，相关系数 R=0.995 2，$^{40}Ar/^{36}Ar$ 的初始值为（323±4）Ma，与尼尔值[理想大气值为（295.5±5）Ma]存在一定差距，MSWD=14有些偏高。表明样品有过剩Ar或Ar丢失。

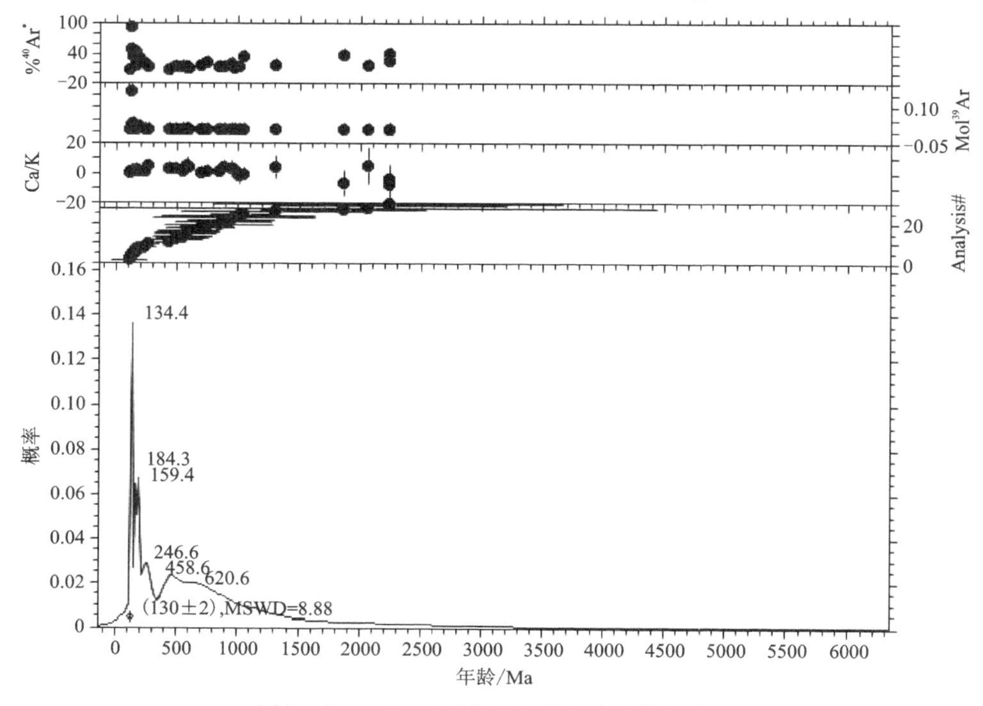

图8-9 06J9-7号样品年龄概率波普拟合图

表 8-4 闪锌矿全自动电子探针$^{40}Ar/^{39}Ar$同位素测试结果表

测试点号	样品号	^{40}Ar	年龄/Ma	±	^{39}Ar	40	±40	39	±39	38	±38	37	±37	36	±36
1452-01	06J9-7	31.4	135	4	2.64×10^{-16}	0.201 6	0.000 2	0.002 89	0.000 04	0.000 133	0.000 014	0.000 052	0.000 033	0.000 468	0.000 005
1452-02	06J9-7	46.1	125	5	1.83×10^{-16}	0.087 9	0.000 1	0.002 01	0.000 03	0.000 065	0.000 010	0.000 039	0.000 031	0.000 160	0.000 004
1452-03	06J9-7	88.6	129	2	1.62×10^{-15}	0.481 2	0.000 7	0.020 44	0.000 06	0.000 286	0.000 044	0.000 650	0.000 029	0.000 186	0.000 004
1452-04	06J9-7	9.5	1020	571	7.35×10^{-18}	0.180 8	0.000 2	0.000 08	0.000 06	0.000 129	0.000 012	−0.000 112	0.000 030	0.000 554	0.000 005
1452-05	06J9-7	12.9	162	35	1.64×10^{-17}	0.037 0	0.000 1	0.000 18	0.000 01	0.000 015	0.000 008	0.000 058	0.000 029	0.000 109	0.000 003
1452-06	06J9-7	29.0	188	8	1.37×10^{-16}	0.161 0	0.000 2	0.001 51	0.000 05	0.000 110	0.000 011	0.000 119	0.000 031	0.000 387	0.000 004
1452-07	06J9-7	9.6	488	172	8.27×10^{-18}	0.082 9	0.000 1	0.000 09	0.000 03	0.000 083	0.000 009	0.000 102	0.000 033	0.000 254	0.000 004
1452-08	06J9-7	9.2	586	211	9.74×10^{-18}	0.144 6	0.000 2	0.000 12	0.000 05	0.000 105	0.000 010	0.000 270	0.000 033	0.000 444	0.000 004
1452-09	06J9-7	10.1	553	168	7.77×10^{-18}	0.085 5	0.000 1	0.000 09	0.000 03	0.000 039	0.000 009	−0.000 011	0.000 031	0.000 260	0.000 004
1452-10	06J9-7	13.1	2070	2320	1.80×10^{-18}	0.091 2	0.000 1	0.000 02	0.000 04	0.000 066	0.000 008	0.000 041	0.000 026	0.000 268	0.000 004
1452-11	06J9-7	17.2	948	303	3.37×10^{-18}	0.050 3	0.000 1	0.000 04	0.000 02	0.000 044	0.000 009	0.000 051	0.000 029	0.000 141	0.000 004
1452-12	06J9-7	6.6	602	205	3.87×10^{-18}	0.091 9	0.000 1	0.000 05	0.000 02	0.000 068	0.000 010	0.000 073	0.000 027	0.000 291	0.000 004
1452-13	06J9-7	9.9	554	190	6.79×10^{-18}	0.075 9	0.000 1	0.000 07	0.000 03	0.000 073	0.000 010	0.000 035	0.000 034	0.000 232	0.000 004
1452-14	06J9-7	6.2	445	52	1.74×10^{-17}	0.244 1	0.000 3	0.000 19	0.000 01	0.000 174	0.000 010	0.000 146	0.000 034	0.000 775	0.000 005
1452-15	06J9-7	18.8	746	164	1.48×10^{-17}	0.124 3	0.000 1	0.000 16	0.000 04	0.000 075	0.000 008	0.000 025	0.000 035	0.000 341	0.000 005
1452-16	06J9-7	14.0	700	229	5.24×10^{-18}	0.055 1	0.000 1	0.000 06	0.000 02	0.000 044	0.000 009	−0.000 030	0.000 032	0.000 160	0.000 004
1452-17	06J9-7	11.3	857	379	1.12×10^{-17}	0.186 8	0.000 2	0.000 12	0.000 07	0.000 123	0.000 011	−0.000 005	0.000 028	0.000 561	0.000 005
1452-18	06J9-7	7.6	971	621	6.72×10^{-18}	0.195 2	0.000 2	0.000 07	0.000 06	0.000 176	0.000 009	0.000 019	0.000 030	0.000 611	0.000 005
1452-19	06J9-7	3.5	116	85	7.20×10^{-18}	0.041 9	0.000 1	0.000 08	0.000 01	0.000 019	0.000 009	−0.000 050	0.000 032	0.000 137	0.000 004
1452-20	06J9-7	31.8	1053	211	4.82×10^{-18}	0.044 6	0.000 0	0.000 06	0.000 02	0.000 026	0.000 008	−0.000 077	0.000 027	0.000 103	0.000 004
1452-21	06J9-7	33.3	1870	626	2.27×10^{-18}	0.038 3	0.000 0	0.000 02	0.000 01	0.000 017	0.000 007	−0.000 093	0.000 025	0.000 086	0.000 003
1452-22	06J9-7	40.2	162	9	9.66×10^{-17}	0.069 9	0.000 1	0.001 06	0.000 03	0.000 037	0.000 010	0.000 034	0.000 035	0.000 142	0.000 004
1452-23	06J9-7	12.1	888	338	6.33×10^{-18}	0.102 4	0.000 1	0.000 07	0.000 03	0.000 082	0.000 011	0.000 089	0.000 034	0.000 305	0.000 005

续表 8 - 4

测试点号	样品号	^{40}Ar	年龄/Ma	±	^{39}Ar	40	±40	39	±39	38	±38	37	±37	36	±36
1452 - 24	06J9 - 7	38.2	2243	898	2.78×10^{-18}	0.055 6	0.000 1	0.000 03	0.000 02	0.000 009	0.000 010	−0.000 137	0.000 027	0.000 116	0.000 004
1452 - 25	06J9 - 7	22.5	2252	1364	2.24×10^{-18}	0.076 6	0.000 1	0.000 02	0.000 03	0.000 033	0.000 010	−0.000 058	0.000 031	0.000 201	0.000 004
1452 - 26	06J9 - 7	16.0	245	35	2.45×10^{-17}	0.068 7	0.000 1	0.000 27	0.000 03	0.000 058	0.000 010	0.000 012	0.000 040	0.000 195	0.000 004
1452 - 27	06J9 - 7	10.1	581	189	7.71×10^{-18}	0.089 1	0.000 1	0.000 08	0.000 03	0.000 083	0.000 010	0.000 139	0.000 037	0.000 271	0.000 005
1452 - 28	06J9 - 7	11.7	261	39	2.78×10^{-17}	0.114 1	0.000 1	0.000 30	0.000 03	0.000 068	0.000 011	0.000 565	0.000 037	0.000 341	0.000 005
1452 - 29	06J9 - 7	13.0	1308	722	3.87×10^{-18}	0.097 7	0.000 1	0.000 04	0.000 03	0.000 067	0.000 011	0.000 072	0.000 036	0.000 288	0.000 005
1452 - 30	06J9 - 7	12.8	—	−5523	-1.36×10^{-18}	0.065 9	0.000 1		0.000 02	0.000 029	0.000 012	−0.000 001	0.000 031	0.000 194	0.000 005

测试单位:北京大学造山带与地壳演化教育部重点实验室。

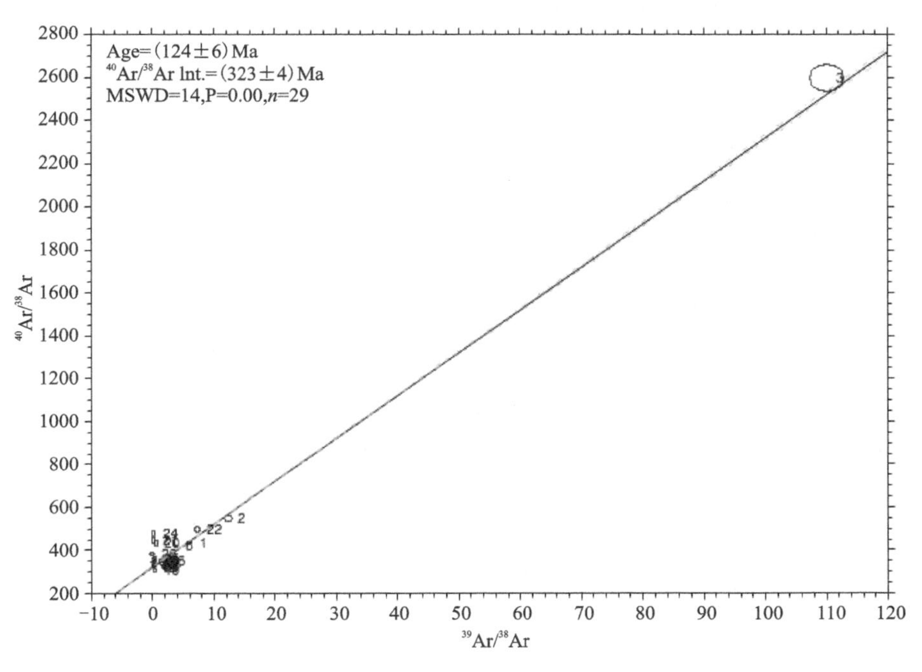

图 8-10　J-9 号矿体 ^{40}Ar-^{39}Ar 法年龄等时线图

8.1.4　Ⅱ号矿体成矿时代

张华峰(2007)对 18 号矿体进行了单矿物 Rb-Sr 同位素年龄测定。样品分别采自 ZK04 孔 91m、333m 强绢英岩化和 ZK14 孔 143m 和 180m 处强黄铁绢英岩化岩石，编号分别为 ZK04-91(18-1 号矿体)、ZK04-333(18-3 号矿体)、ZK14-143(Ⅱ-1 号矿体)、ZK14-180(Ⅱ-0 号矿体)。

8.1.4.1　测试方法和流程

云母的 Rb-Sr 化学分离与质谱测试在中国科学院地质与地球物理研究所固体同位素地球化学实验室完成。该实验室所属超净化学实验室装备数个百级洁净度的操作台。实验所用的酸试剂均经过双瓶二次亚沸蒸馏纯化，经 Millipore-E 水纯化系统的纯化 H_2O 为 18.2MΩ，其 Sr 本底小于 0.2 pg/mL。熔样时，在双目镜下选取纯的绢云母，并对所选云母进行酒精清洗和弱 HCl(<0.05mol/L)浸泡，然后加入熔样罐中。往熔样罐中加入适量的 ^{87}Rb-^{84}Sr 混合稀释剂和 2μL HPO_3，蒸干，放于烘箱中约 180℃恒温加热 72h，用酸蒸气进行熔样。采用 300μL Spec-Sr 特效交换树脂和 3mol/L HNO_3 进行 Rb 和 Sr 分离纯化。采用单 W 和单 Ta 灯丝分别加载 Sr 和 Rb 样品，以纯化的 TaF_5 作为发射剂，同位素比值测试在高精度固体热电离质谱计 IsoProbe-T 上进行。采用 $^{88}Sr/^{86}Sr$=8.375 21 校正 Sr 同位素比值。$^{87}Rb/^{85}Rb$ 质量分馏校正系数为每质量单位 0.4‰。

Sr 标准 NBS987 多次测量获得的平均 $^{87}Sr/^{86}Sr$ 比值为(0.710 242±10)(n=12，单次测量加载的 Sr 样品量为 100ng)和(0.710 250±22)(n=8，单次测量加载的 Sr 样品量为 200pg)。Rb 和 Sr 全流程本底为 5～6pg。等时线年龄计算采用 Isoplot 程序，2σ 误差。

8.1.4.2　测试结果及年龄解释

ZK04-91 岩性为中粗粒文象花岗岩，ZK04-333 为中粗粒花岗岩，ZK14-143 为花岗斑岩，而

ZK14－180为花岗闪长岩。ZK04孔两个样品绢云母Rb－Sr同位素未能获得良好的等时线年龄，可能与样品叠加后期弱的泥化作用有关，同位素体系受到扰动而不均一。ZK14－143、ZK14－180两样品的黄铁矿Rb、Sr含量很低，Rb/Sr比很小（表8－5），未能获得良好等时线。对样品ZK14－143和ZK14－180分别进行了6个点的测试，其$^{87}Rb/^{86}Sr$比值分别为37.6～66.5、60.5～107.7；$^{87}Sr/^{86}Sr$比值则分别变化在0.762 343～0.806 315、0.800 549～0.879 884；绢云母等时线年龄分别为(107±5)Ma（Ⅱ－1，图8－11a）、(109.6±3.7)Ma(Ⅱ－0，图8－11b)；初始Sr分别为(0.706 3±0.004 7)和(0.706 3±0.003 3)；笔者将它们的绢云母测点与各自的黄铁矿测点做等时线年龄，结果则分别获得(104±6)Ma（Ⅱ－1，图8－12a)和(110.3±2.6)Ma(Ⅱ－0，图8－12b)；初始Sr分别为(0.707 2±0.003 4)、(0.705 2±0.002 6)。从等时线年龄和初始Sr来看，两种方式所获得的年龄和初始Sr值非常一致。这说明热液蚀变过程中，黄铁矿和绢云母Rb、Sr体系达到平衡，为此获得的4个年龄值和初始Sr误差范围内一致。根据钻孔黄铁绢英岩蚀变的地质特征来看，其蚀变期次应属于晚期成矿热液蚀变阶段。因此，获得的绢云母Rb－Sr年龄应该代表这次蚀变时间，即Ⅱ号矿体的成矿时代为110～104Ma。

表8－5　黄铁绢英岩的绢云母和黄铁矿Rb－Sr同位素组成分析结果

样点	矿物	$Rb/10^{-6}$	$Sr/10^{-6}$	$^{87}Rb/^{86}Sr$	$^{87}Sr/^{86}Sr$	2σ
ZK14－180m－1	绢云母	112.9	5.4	60.480 6	0.800 549	0.32
ZK14－180m－2	绢云母	103.8	3.0	103.250 3	0.867 552	0.20
ZK14－180m－3	绢云母	127.0	4.3	86.632 3	0.841 342	0.23
ZK14－180m－4	绢云母	107.6	2.9	110.027 0	0.879 884	0.27
ZK14－180m－5	绢云母	151.3	4.1	107.713 0	0.871 772	0.17
ZK14－180m－6	绢云母	61.9	1.8	98.873 8	0.859 365	0.24
ZK14－180m－1	黄铁矿	0.08	0.88	0.249 9	0.705 434	0.20
ZK14－180m－2	黄铁矿	0.01	1.94	0.249 9	0.705 434	0.25
ZK14－180m－3	黄铁矿	0.03	1.84	0.052 1	0.705 187	0.26
ZK14－180m－4	黄铁矿	0.07	0.39	0.524 2	0.706 310	0.30
ZK14－180m－5	黄铁矿	0.03	1.56	0.054 6	0.705 254	0.12
ZK14－143m－1	绢云母	16.37	1.27	37.621 2	0.762 343	0.37
ZK14－143m－2	绢云母	9.79	0.63	45.321 2	0.774 915	0.25
ZK14－143m－3	绢云母	13.87	0.77	52.743 2	0.785 647	0.33
ZK14－143m－4	绢云母	28.53	1.25	66.543 2	0.806 315	0.19
ZK14－143m－5	绢云母	37.53	2.49	43.812 3	0.772 768	0.30
ZK14－143m－6	绢云母	54.74	3.58	44.532 0	0.772 425	0.22
ZK14－143m－1	黄铁矿	0.31	0.16	5.680 6	0.714 557	0.86
ZK14－143m－2	黄铁矿	0.04	0.41	0.250 1	0.710 165	0.18
ZK14－143m－3	黄铁矿	0.10	0.32	0.860 7	0.707 240	0.92

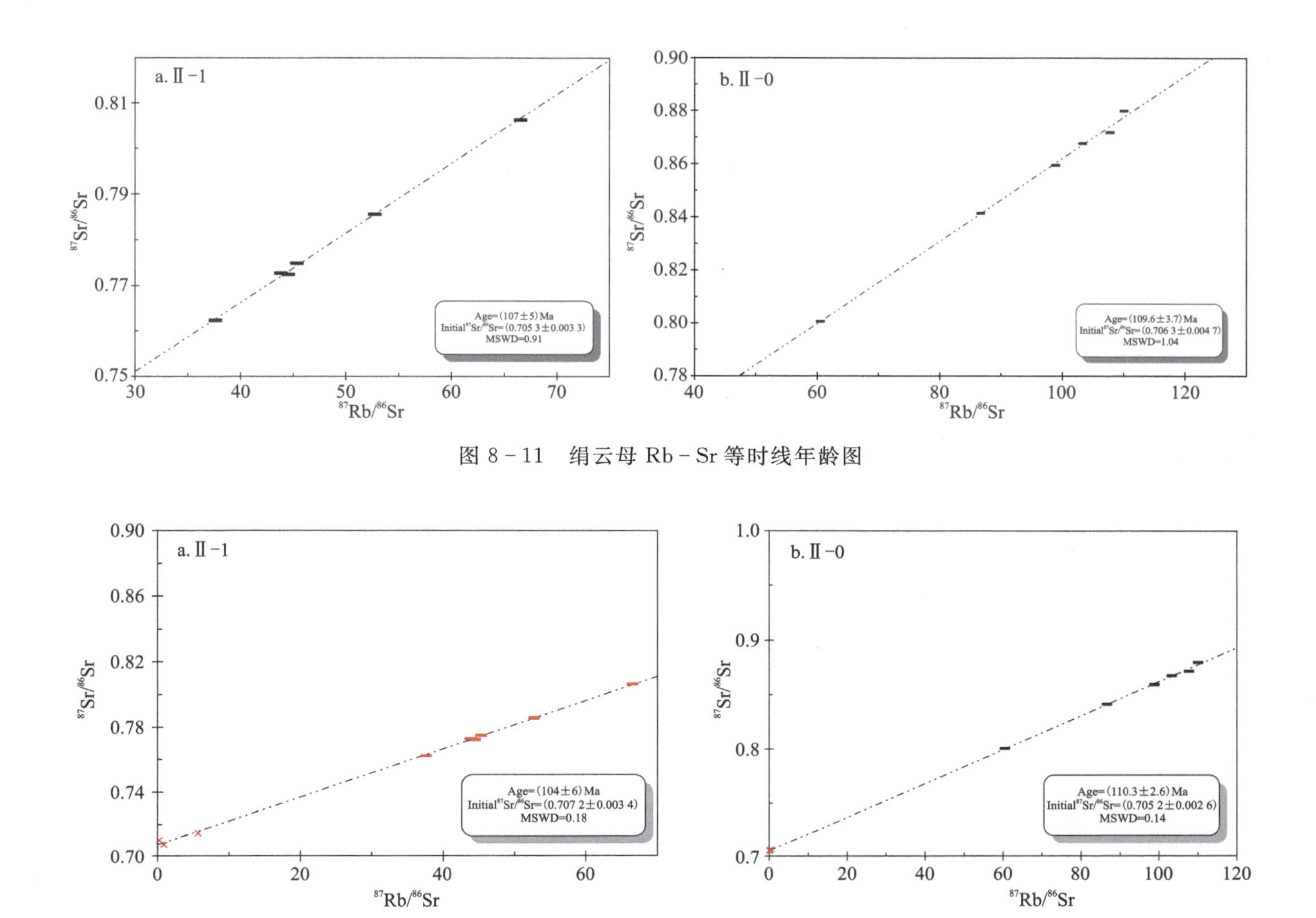

图 8-11　绢云母 Rb-Sr 等时线年龄图

图 8-12　黄铁矿-绢云母 Rb-Sr 等时线年龄图

8.1.5　Ⅻ号矿体成矿时代

卿敏等(2006)对Ⅻ号矿体进行了$^{40}Ar-^{39}Ar$激光探针法年龄测定，样品 06J12-1 来自石门Ⅻ脉中的硫化物-石英脉。硫化物-石英脉以黄铁矿化为主，并发育有少量的闪锌矿和方铅矿化，非金属矿化则以硅化和绢云母化为主。对样品中的石英进行单矿物挑取后，进行$^{40}Ar-^{39}Ar$激光显微电子探针分析。

8.1.5.1　测试方法和流程

将 0.18～0.28mm 粒径样品用自制的高纯铝罐包装，封闭于石英玻璃瓶中，置于中国原子能科学研究院 49-2 反应堆 B4 孔道进行中子照射，照射时间为 24h，快中子通量为 $2.220\ 48\times10^{18}$。用于中子通量监测的样品是我国周口店 K-Ar 标准黑云母(ZBH-25，年龄为 132.7Ma)。同时对纯物质 CaF_2 和 K_2SO_4 进行同步照射，得出的校正因子参见数据。

照射后的样品冷置后，在显微镜下，以每个样品仓 10～20 颗不等量的颗粒数分别转移到约 30 个样品仓中，密封去气之后，装入系统。

样品测试由北京大学造山带与地壳演化教育部重点实验室的全时标全自动高精度高灵敏度激光$^{40}Ar/^{39}Ar$定年系统完成。测定采用聚焦激光对单颗粒或多颗粒的矿物岩石样品进行一次性熔融。激光能量1.0～3.5W，激光束斑直径为0.5mm。激光在5s内逐渐升温到1.0～3.5W，升温后熔样释气时间持续40s。系统分两个阶段使用两个锆铝泵对释出气体进行纯化，第一阶段纯化时间180s，第二阶段60s。系统通过测量已知摩尔数的空气对5个氩同位素（^{40}Ar、^{39}Ar、^{38}Ar、^{37}Ar、^{36}Ar）质量歧视进行日常监测，进行校正，D值为(1.003 55±0.000 02)。基准线和5个氩同位素均使用电子倍增器进行13个循环测量。信号强度的测量采用电流强度测量法，信号强度以纳安(nA)为单位记录。测量已知摩尔数的空气的氩同位素信号强度，获得系统在电子倍增器单位增益下的绝对灵敏度为2.394×10^{-10} moles/nA。通过绝对灵敏度可以将氩同位素信号强度由纳安(nA)换算为摩尔。电子倍增器增益(与法拉第杯测量信号强度的比值)为3000～4000倍。整个设备的平均本底水平为^{40}Ar=(0.003 018 04±0.000 150 622)，^{39}Ar=(0.000 021 843 2±0.000 001 344 57)，^{38}Ar=(0.000 001 431 46±0.000 000 636 84)，^{37}Ar=(0.000 008 709 90±0.000 000 652 602)，^{36}Ar=(0.000 017 128 0±0.000 000 940 753)。

系统测试过程、原始数据处理、模式年龄和等时线年龄的计算均采用美国加州大学伯克利地质年代学中心Alan L. Denio博士编写的“MASS SPEC(V.7.665)”软件自动控制。

8.1.5.2 测年结果及年龄解释

测试结果见图8-13和表8-6。图8-13中Ⅻ号矿体的年龄概率波谱拟合图中，成矿年龄为(121±2)Ma，MSWD=25.64，06J12-1石英样品30个测点表面年龄分布在132.2～112.3Ma之间，从30个样品测点的概率分布图来看，样品年龄概率拟合度较好，出现明显的一个峰值，但MSWD较高。其等时线年龄t=(119±5)Ma，从图8-14中可见其相关性较好，相关系数R=0.995 2，$^{40}Ar/^{36}Ar$的初始值为(313±7)Ma，与尼尔值[理想大气值为(295.5±5)Ma]存在一定差距，MSWD=6.3比较低，表明样品没有过剩Ar或Ar丢失。故等时线年龄t=(119.0±5)Ma可以代表Ⅻ号矿体成矿年龄。

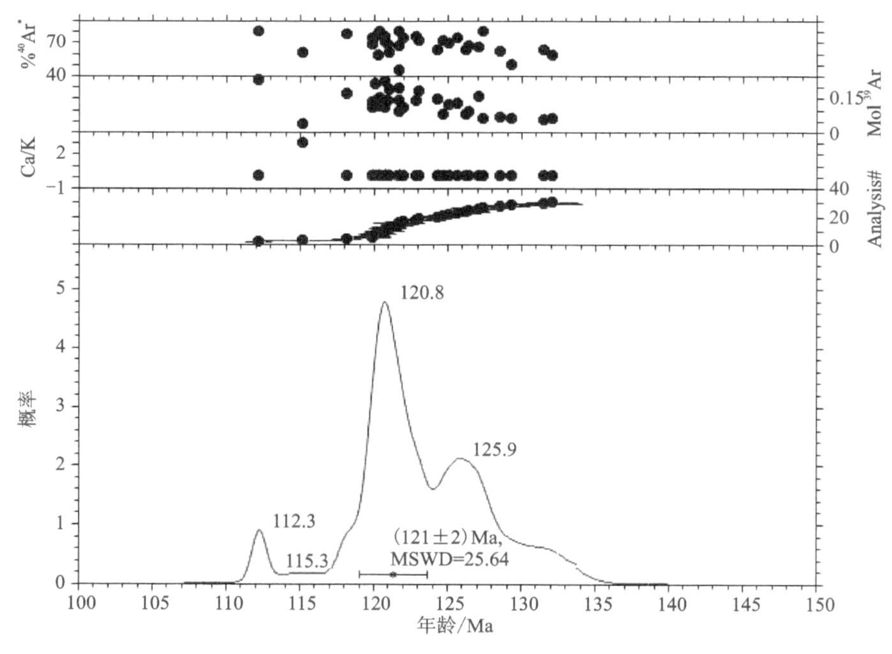

图8-13 06J12-1号样品年龄概率波谱拟合图

表 8-6 石英全自动电子探针$^{40}Ar/^{39}Ar$同位素测试结果表

测试点号	样品号	%40*	年龄/Ma	±	$^{39}Ar/10^{-15}$	40	$\pm 40/10^{-5}$	39	$\pm 39/10^{-5}$	38	$\pm 38/10^{-5}$	37	$\pm 37/10^{-5}$	36	$\pm 36/10^{-6}$
1453-01	06J12-1	73.196 11	125.753 8	2.519 928	1.27	0.385 837	44	0.013 885	3.52	0.000 213	3.86	0.000 142	3.97	0.000 35	5.00
1453-02	06J12-1	70.659 47	124.806	2.626 429	0.75	0.235 137	26.1	0.008 233	3.04	0.000 135	2.40	0.000 114	3.50	0.000 234	4.46
1453-03	06J12-1	58.138 56	132.194 3	2.828 557	0.574	0.311 163	26.1	0.008 446	2.83	0.000 191	2.63	0.000 076 1	3.63	0.000 441	5.33
1453-04	06J12-1	61.981 19	131.578 1	3.371 049	0.505	0.190 542	18.1	0.005 54	6.44	0.000 113	1.56	0.000 061 5	4.00	0.000 245	5.11
1453-05	06J12-1	61.246 72	128.623 4	2.906 925	0.644	0.239 871	27.1	0.007 056	2.99	0.000 139	2.31	0.000 063 7	3.65	0.000 315	5.58
1453-06	06J12-1	59.913 1	115.264 2	3.1081 25	0.361	0.122 686	14.2	0.003 958	2.35	0.000 088 5	1.60	0.006 077	5.26	0.000 168	4.53
1453-07	06J12-1	49.234 84	129.349 2	3.012 933	0.57	0.265 878	28.1	0.006 251	3.50	0.000 155	1.96	−0.000 002 1	3.50	0.000 457	5.08
1453-08	06J12-1	73.782 9	119.978 7	2.445 547	1.04	0.299 605	29.1	0.011 41	2.63	0.000 169	3.17	0.000 17	3.68	0.000 266	4.90
1453-09	06J12-1	76.586 21	118.211	2.337 826	1.68	0.458 299	50	0.018 396	4.28	0.000 255	4.75	0.000 175	3.89	0.000 363	4.90
1453-10	06J12-1	75.311	120.108 5	2.359 05	2.09	0.590 052	54	0.022 91	5.36	0.000 416	2.44	0.000 057 6	4.17	0.000 493	5.19
1453-11	06J12-1	73.379 55	122.043 1	2.465 625	1.06	0.313 606	36.1	0.011 67	2.62	0.000 178	3.40	0.000 093 6	3.75	0.000 283	4.61
1453-12	06J12-1	70.970 97	123.077 8	2.433 99	1.78	0.547 943	48.1	0.019 549	4.86	0.000 358	4.77	0.000 131	3.90	0.000 538	5.24
1453-13	06J12-1	68.021 97	121.042 3	2.439 92	1.39	0.438 423	38.1	0.015 253	4.45	0.000 268	3.97	0.000 167	3.72	0.000 474	5.33
1453-14	06J12-1	80.050 09	112.259 9	2.196 751	2.27	0.562 993	47	0.024 914	4.75	0.000 431	2.14	0.000 48	3.69	0.000 38	0.000 005
1453-15	06J12-1	66.115 74	121.787 9	2.453 259	1.37	0.448 773	45	0.015 079	3.37	0.000 268	4.47	0.000 179	3.54	0.000 515	5.44
1453-16	06J12-1	79.966 27	121.777 6	2.383 212	1.92	0.520 449	51	0.021 152	4.06	0.000 353	5.66	0.000 158	3.33	0.000 353	4.97
1453-17	06J12-1	74.248 3	122.919 3	2.428 341	1.37	0.511 408	43	0.019 114	4.78	0.000 306	5.16	0.000 219	4.06	0.000 446	5.2
1453-18	06J12-1	64.788 76	127.195 4	2.528 391	1.56	0.544 748	39.1	0.017 148	4.02	0.000 286	4.79	0.000 188	3.40	0.000 649	5.22
1453-19	06J12-1	62.992 24	126.336 4	2.681 733	0.773	0.275 589	26.1	0.008 494	3.15	0.000 155	2.58	0.000 002 64	3.66	0.000 345	4.83
1453-20	06J12-1	68.013 39	119.998 6	2.423 869	1.31	0.409 585	49	0.014 376	3.48	0.000 252	2.98	0.000 184	3.71	0.000 443	5.22
1453-21	06J12-1	79.987 47	127.472	2.979 249	0.586	0.166 149	16.1	0.006 443	5.75	0.000 093 4	1.38	0.000 12	4.23	0.000 113	4.72
1453-22	06J12-1	62.971 27	124.387 1	2.482 677	1.43	0.578 267	81	0.018 107	3.98	0.000 391	3.78	0.000 188	3.89	0.000 725	5.16
1453-23	06J12-1	68.101 94	125.1401	2.557 545	1.19	0.390 287	57	0.013 134	4.97	0.000 22	3.39	0.000 058	4.16	0.000 421	5.08

续表 8－6

测试点号	样品号	%40*	年龄/Ma	±	$^{39}Ar/10^{-15}$	40	$\pm 40/10^{-5}$	39	$\pm 39/10^{-5}$	38	$\pm 38/10^{-5}$	37	$\pm 37/10^{-5}$	36	$\pm 36/10^{-6}$
1453－24	06J12－1	70.393 51	120.784 3	2.494 938	1.08	0.328 321	49	0.011 847	3.88	0.000 223	2.43	0.000 262	4.93	0.000 329	5.26
1453－25	06J12－1	57.321 95	120.360 9	2.448 989	1.15	0.495 646	50	0.014 616	3.95	0.000 344	3.67	0.000 077 8	3.45	0.000 716	5.10
1453－26	06J12－1	74.212 31	120.841 2	2.356 318	2.2	0.780 636	85	0.029 68	5.44	0.000 576	1.48	0.000 206	4.07	0.000 681	5.28
1453－27	06J12－1	59.959 97	121.082 1	2.426 149	1.85	0.664 297	64	0.020 365	5.17	0.000 391	5.26	0.000 145	3.78	0.000 9	5.83
1453－28	06J12－1	66.111 66	126.470 5	2.597 898	0.912	0.350 278	46	0.011 318	4.38	0.000 212	2.72	0.000 128	3.84	0.000 402	4.69
1453－29	06J12－1	44.431 62	121.812 4	2.680 684	0.858	0.417 962	50	0.009 436	3.09	0.000 256	2.50	0.000 169	4.17	0.000 786	5.47
1453－30	06J12－1	79.987 4	120.395 4	2.386 892	0.147	0.393 578	51	0.016 19	4.07	0.000 264	4.26	0.000 138	4.15	0.000 267	4.64

测试单位:北京大学造山带与地壳演化教育部重点实验室。

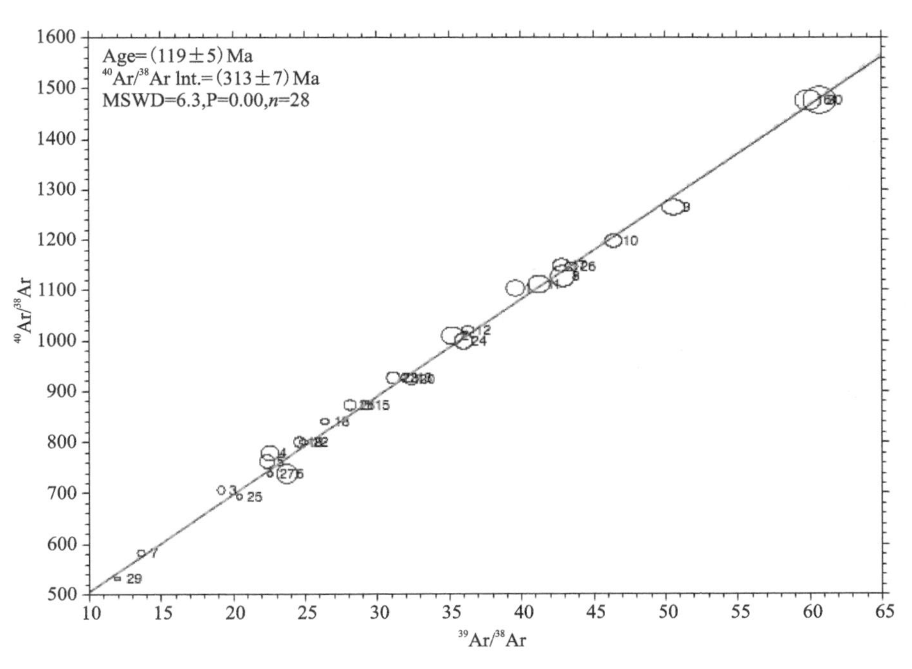

图 8-14 Ⅻ号矿体 $^{40}Ar-^{39}Ar$ 法年龄等时线图

8.1.6 成矿年龄讨论

从第4章，矿区内矿体成矿阶段划分可知，矿区内的矿体成矿期次为同一期构造岩浆体系不同阶段的产物，即金厂金矿为两期成矿。从表 8-7 中可知，角砾岩型矿体的成矿时代为 124～118Ma，放射状矿体的成矿时代为 119Ma，环形矿体的成矿时代为 110～104Ma。单从成矿时代上也能得出角砾岩型→放射状→环形矿体的成矿顺序(阶段)。

表 8-7 金厂矿区成矿时代表

样号	取样位置	样品名	测定矿物	测定方法	年龄/Ma	资料来源
ZK14-143	Ⅱ-1号矿体	蚀变岩	黄铁矿绢云母	Rb-Sr	104±6	张华锋，2007
ZK14-180	Ⅱ-0号矿	蚀变岩	黄铁矿绢云母	Rb-Sr	110.3±2.6	
09JB400	J-0号矿体	闪长玢岩	锆石	U-Pb	118.1±1.6	本书
06J-12	12号脉	石英-黄铁矿脉	石英	$^{40}Ar/^{39}Ar$	119±5	
06J-9	J-9号矿体	角砾岩型矿体	闪锌矿		124.0±6	

结合角砾岩体和岩浆穹隆构造特征分析，本区主要成矿年代为 130～110Ma，成矿时期为燕山晚期，与矿区内燕山晚期闪长玢岩的成岩时代一致，关系密切。

8.2 成矿背景

矿区岩浆岩主要有两期岩浆活动：印支晚期到燕山早期岩浆活动，燕山晚期岩浆活动。从第5章可知矿区成岩时代集中于 210～190Ma。区域大地构造背景显示，吉黑东北的延边—东宁地区在古生代末期(250Ma)兴蒙造山运动结束(Wu et al.,2010),黑龙江群形成并进入构造间歇期(张兴洲等,1999);印支晚期(210Ma)受太平洋板块俯冲影响,进入环太平洋构造域阶段,在碰撞早期(印支晚期210～190Ma)构造环境为挤压造山运动,岩浆活动主要为板块俯冲造成的上地壳花岗岩的重融岩浆,即I型花岗岩。这一时期为太平洋板块俯冲的初始阶段,为主要成岩期,延边—东宁地区广泛出露这一时期的岩浆岩和火山岩。碰撞早期不利于成矿,本书认为原因有两点:①构造环境为挤压造山环境,不利于成矿流体的运移和储存;②岩浆活动为板块俯冲造成的上地壳花岗岩的重融,成矿物质匮乏。

在太平洋板块俯冲碰撞造山的中晚期(120～110Ma),为弧后(陆缘弧)伸展期(Wu et al.,2011),据地震方面的资料证实(高立新,2011;Zhao et al.,2011,1990;黄金莉,2010),此时俯冲带到达壳幔边界并越过壳幔边界达到下地幔,从而引起壳幔物质熔融。板块的进一步俯冲引起岩石圈拆沉或俯冲板片折返,有利于壳幔熔融物和成矿物质沿深大断裂侵位,并在张性容矿空间成矿,延边-东宁成矿带中金矿床集中形成于这一时期。从上文可以看出,金厂金矿的成矿时代集中于125～110Ma之间,与成矿关系密切的闪长玢岩(成矿地质体)成岩年龄为(115.76 ±0.63)Ma、(113.15±0.77)Ma、(112.70±0.54)Ma、(118.17±0.83)Ma、(117.9±1.8)Ma,结合前人对矿区内闪长玢岩的测岩年龄,矿区内的闪长玢岩成岩时代集中于120～110Ma之间,与金厂金矿的成矿时代对应,且与区域上成岩成矿时代对应性非常好。延边—东宁地区的金矿都形成这一时期,该时期为本区的主成矿期。本书认为金矿的成因有3点:①120～110Ma为太平洋板块的俯冲中晚期,区域构造环境为弧后伸展环境,张性构造发育,有利于成矿流体的运移与储存;②俯冲的太平洋板块达到下地幔,岩浆活动以壳幔物质的熔融为主,成矿物质丰富;③岩石圈拆沉或俯冲板片的折返有利于深大断裂形成,有利于深部成岩浆的侵位和成矿物质运移。

8.3 矿床成因

8.3.1 矿床类型分析

金厂矿区因矿脉类型和矿化类型及成矿物质组成的复杂性,矿床成因类型争论较大,主要有以下4种:①与中生代岩浆活动有密切关系的岩浆期后热液作用形成的金矿床,其成因类型属于中高温岩浆期后热液金矿床(慕涛等,1999);②金厂金矿床是与两次火山-次火山活动有关的次火山热液矿床(陈锦荣,2000);③斑岩型(叶青,2006;王永,2006;张德会和李胜荣,2005;李胜荣等,2006);④属浅成低温岩浆期后热液型金矿床(朱成伟等,2003)。

研究表明,浅成低温热液型金矿床主要形成于岩浆弧及弧后的张裂带,世界上的浅成低温热液型金矿床主要集中产在3个巨型成矿域:环太平洋成矿域、地中海-喜马拉雅成矿域、古亚洲成矿域。浅成低温热液型金矿床可以划分为低硫化型、高硫化型、碱性岩型和中硫型,根据蚀变类型可将其划分为明矾石高岭石型(酸性硫酸盐型)和冰长石-绢云母型,并在矿床学界得到了广泛的应用,尤其是高硫化型和低硫型术语更是频繁见于浅成低温热液型金矿床的描述当中。浅成低温热液型金矿床可进行进一步分类,首先,将低硫化型矿床划分为两类,即岩浆弧型和裂谷型,然后再根据矿床形成深度和矿物组合将岩浆弧型进一步划分为石英硫化物Au-Cu型、碳酸盐贱金属Au型、多金属Au-Ag矿脉型和浅成低温热液石英Au-Ag型4类矿床。这些矿床不仅在形成深度,而且在矿物组合、围岩蚀变和形成机理等方面均存在重要差别。尽管如此,由于上述矿床在成矿上属于一个连续的系列,因此往往在一个大的矿区内(甚至在一个矿床范围内),可以见到两种甚至3种这样的矿床类型;而裂谷低硫化型浅成低温热液型金矿则由冰长石绢云母浅成低温热液Au-Ag矿石组成,形成于岩浆弧或弧后的裂谷环境;局部可以见到该类型矿床与碳酸盐贱金属-Au型和石英硫化物Au-Cu型矿床具有某种过渡关系。浅成低温热液型金矿床主要形成于板块俯冲带上盘大陆边缘及岛弧的岩浆弧和弧后张裂带,金矿体一般受火山口或者破火山口构造控制。

斑岩型矿床表现为细网脉和裂隙控制浸染状铜-铁硫化物矿物广泛散布于斑岩侵入体及其中性围岩的巨大范围,主要与含钾硅酸盐、绢云母、青磐岩等蚀变岩共生,次为高级黏土化蚀变岩。在斑岩系统中,成矿小岩体与广泛散布的岩浆-热液蚀变和矿化有密切的时空关系。斑岩型矿床以规模大、品位低为特征。多数富金斑岩矿床存在于环太平洋带中(Sillitoe,1997)。

斑岩型成矿系统的重要特征:①成矿岩体为中性到长英质岩石,直径小(小于2km);②侵位较浅,一般为1~4km;③成矿岩体具斑状结构,长石、石英和镁铁矿物斑晶被细晶基质包围;④侵入体具多相特征,可以有成矿前、成矿期和成矿后的侵入相,晚期火山角砾岩筒是西太平洋火山弧背景的标志特征;⑤每个成矿侵入体都伴随多期次热液蚀变;⑥在斑岩侵入体和邻近围岩中广泛发育裂隙构造控制的蚀变和矿化;⑦早期为不连续不规律的细脉和网脉,过渡期为板状细脉,晚期为贯入脉和角砾岩体,呈递进演变;⑧热液蚀变从早期的中心钾硅酸盐化和外围青磐岩化,演变为晚期的绢云母化,中深程度的黏土化;⑨硫化物和氧化物,从早期斑铜矿-磁铁矿,经黄铜矿-黄铁矿,向晚期黄铁矿-赤铁矿、黄铁矿-硫砷铜矿或黄铁矿-斑铜矿组合演变;⑩早期蚀变和铜矿化温度范围为400~600℃,成矿流体盐度为30%~60%的岩浆水,晚期蚀变和矿化流体包括大气降水组分,盐度低(小于15%),温度低(200~400℃)。

富金斑岩型矿床通常在地壳的浅部(1~2km)侵位(芮宗瑶等,2003),与同期的火山岩紧密共生。圆柱状垂向延伸(1~2km)的斑岩体是富金斑岩型铜矿床的中心,包含全部或大部分的矿石,直径范围通常从100m到大于1km。岩体通常是复式的,早期的斑岩体被成矿期和成矿后的岩相侵入,导致岩体幕式的膨胀。后期的斑岩相常侵入早期岩体的轴部,从而形成套合的几何特征。大多数大型的富金斑岩型矿床的岩株均是I型的,属于磁铁矿系列,具有高氧化性的特征。矿化斑岩株在岩石化学亲缘关系上或是钙碱性的或是高钾钙碱性的,斑岩体的岩性变化范围从低钾钙碱性闪长岩、石英闪长岩和英云闪长岩到高钾钙碱性石英二长岩到碱性的二长岩及正长岩。富金斑岩型铜矿床与氧化性高、分异演化程度低的花岗闪长质岩浆有关。与富金斑岩型铜矿有关的斑岩SiO_2含量低于65%,分异系数DI(58~70)较低(芮宗瑶等,2004)。可见,富金斑岩型铜矿床的形成对斑岩体的岩性有选择性,多偏中性或碱性且分异程度较低(李金祥等,2006)。

从空间上来说,斑岩型铜-金矿床通常与矽卡岩型和低温热液型铜-金矿床相连。斑岩型矿床与低温热液矿床在空间上发生叠置现象,即在低温热液矿床下面可能有斑岩型矿床产出。这个观点对于指导金厂的下一步找矿具有重大意义。

关于斑岩型矿床产出的地质背景,已有众多学者进行过讨论,大都认为斑岩型铜金矿床既可定位于大陆造山带,也可产出于岛弧造山带。对于斑岩铜-金矿床来说,不论产出于岛弧造山环境还是碰撞造山环境,均发育类似的热液蚀变和典型的蚀变分带。

与斑岩有关的矿化除与斑岩本身特征有关外,在一定程度上受控于围岩的岩性条件。当斑岩体侵位于火成岩区或砂板岩系,矿化类型主要为Cu、Cu-Mo和Cu-Au矿化,矿体主要赋存于斑岩体及与围岩接触带中。当斑岩体侵位于碳酸盐岩围岩时,常发生矽卡岩化作用,形成铅锌铜多金属矿化,形成矽卡岩型多金属矿体。虽然成矿的围岩条件不同,但它们与斑岩型铜矿属于同一个成矿系统。

浅成低温热液流体被斑岩岩浆的热力驱动,使浅成低温热液沿构造破碎带和岩相界面侧向运移,形成以石英、明矾石为特征的高级泥化蚀变带。浅成低温热液矿化与斑岩型矿化既可以处于同一空间,也可近距离分离。浅成低温热液叠加于矿化斑岩上,导致斑岩型矿体的Cu-Mo活化与再分配,在矿化斑岩顶部形成似层状或透镜状的高品位Au-Cu矿体,由于Au-Cu矿体因后期的剥蚀作用,Au-Cu矿体常常呈环状围绕斑岩体出露。斑岩型热液系统与浅成低温热液系统的相隔时限通常是比较短的,斑岩型成矿系统的残余岩浆为浅成低温热液系统成矿提供部分的热液流体和动力。研究表明，与斑岩型矿床叠加的浅成低温热液矿化均为高硫化型的，其形成温度介于90～480℃之间，集中于230～260℃范围，成矿流体以大气降水为主，形成深度在古潜水面之下300～500m范围。而斑岩型矿床的早期蚀变和铜矿化的形成温度范围为400～600℃，成矿流体以岩浆水为主，流体盐度30%～60%，晚期蚀变及成矿流体出现部分天水，温度降低至200～400℃，盐度降低至15%以下。斑岩型矿化形成深度一般在1～4km之间。

尽管还有不少矿床学家对斑岩型矿床与浅成低温热液型矿床之间的关系存在这样或者那样的疑问，但是随着在浅成低温热液型矿床深部发现大量的斑岩型矿化(Silliton，2010)，或者在斑岩型矿床附近发现大量的浅成低温热液型矿床的事实，引起了人们对斑岩型矿床与浅成低温热液型矿床之间存在的内在关系的高度重视，表现在近年来对这方面的研究方兴未艾，有大量的文章发表，学者们从不同角度来探讨它们之间的转换关系。主要原因是这些浅成低温液热矿床与斑岩型矿空间上距离较近，有的甚至产在一个矿区，上部为浅成低温热液型Au矿床，下部为斑岩型Cu-Au矿床，如勒潘多(Lepanto)高硫化型浅成低温热液型Cu-Au矿床就产出在远东南(FarSoutheast)斑岩铜矿之上。我国也有这方面的实例，如福建紫金山Cu-Au矿区和吉林延边的小西南岔Au-Cu矿床。

按照Sillitoe的斑岩铜矿成矿系统模式(Sillitoe，2010)，斑岩铜矿上部会过渡到高硫化作用(简称HS)浅成热液矿床。因此高硫化作用矿床中早期以岩浆出溶的热液为主，晚期演化到以大气降水为主。高硫化作用矿床流体包裹体具有以下特征：温度从90℃到480℃，盐度(相当于NaCl质量分数)从小于1%到45%，变化范围很宽。单个矿床内温度和盐度变化范围也很大，反映了高硫化作用矿床成矿的动力学环境，即成矿过程伴随着高温和低温、高盐度和低盐度流体的相互作用。高硫化作用矿床中流体包裹体分为4类。①盐度可变的高温流体(大于300℃)，出现在少数矿床中，为“异常”或与矿化无关的包裹体，与早期蚀变共生。有的学者提出高的均一温度表明包裹体圈闭了两相流体，但许多学者并不认同。矿床温度梯度大表明可能存在浅成侵入体，并且处在静岩围限压力下。②所有矿床都含有相当于NaCl的质量分数大于1%到18%的中温(180～330℃)流体包裹体，代表了主成矿阶段的流体。Lepanto(菲律宾)和Julcani(秘鲁)两矿床流体包裹体的均一温度相似，但盐度差别较大(相应质量分数为0.2%～4.5%和8%～18%)，表明岩浆出溶的盐水热液在高硫化作用矿床形成中的作用也不尽相同。③低温(90～180℃)稀(质量分数小于5%)流体，出现在少数晚阶段矿化(Au、重晶石)的矿床中。④“绢云母化”流体，绢云母化(石英-绢云母-黄铁矿)是高硫化作用矿床中最普通的蚀变集合体，与浅部蚀变相比具有高温和高盐度的特征。浅成热液矿床成矿流体成分与斑岩铜矿成矿流体具有成分演化上的继承性，表明浅成热液矿床属于斑岩铜矿成矿系统的组成部分。

众所周知，斑岩型矿床中角砾岩筒或角砾岩体很发育，它与成矿关系密切，据研究这类角砾岩体的成因有隐爆型、爆破型、崩塌型及热液侵入型4类，它们都与剧烈的岩浆气液活动有关，形成深度一般不超过2～3km。角砾岩体常在断裂构造交会地段，在一个地区常成群出现，且沿一定构造方向分布，这种角砾岩体常呈筒状分布于斑岩顶部及边部，直径几十米到几百米。角砾成分随围岩不同而有变化，角砾大小不一，小者呈碎屑状，大者可达1～2m，互相混杂。矿体由细脉浸染状矿石组成，赋存于岩筒内，少量全筒矿化。据统计，南、北美洲58个斑岩铜矿床中，产在角砾岩筒中的占70%，且富含Gu、Mo、Au、Ag，我国河南、江西、海南等地也有发现，它是寻找斑岩型矿床的重要标志之一。

金厂矿区内主要的矿化类型为角砾岩型和岩浆穹隆型，高丽沟J-0号矿体为相对高温、高氧逸度的矿物组合，高丽沟J-0号矿体的成矿温度在400℃以上，以磁铁矿、赤铁矿、黄铁矿、黄铜矿、硫铜钴矿、硅化及绿泥石化的矿化蚀变组合为主，并有磁铁矿→赤铁矿→黄铁矿→硫铜钴矿(金)→黄铜矿(金)矿物的生产顺序特征，据高氧逸度到低氧逸度的演化特征，J-0号矿体由浅部的脉状矿体和深部的坍塌角砾岩型矿体组成复合型矿体，具斑岩型矿体的地质特征，矿床类型厘定为斑岩型。半截沟J-1号矿体成矿温度一般为相对较高200～300℃之间，以黄铁矿化、绢云母化、高岭土化、硅化的矿化蚀变组合为主，同时有阳起石、电气石等高温蚀变矿物存在，与岩浆气液关系密切，可能位于玢岩体的顶部，属于斑岩成矿系统。放射状和环形矿体是由于深部闪长玢岩体的侵位形成的岩浆穹隆构造系统控制的脉型矿体，与深部玢岩体存在成因上的联系，为斑岩成矿系统的组成部分。

8.3.2 矿床物质来源分析

长期的地质应用表明，流体包裹体与稳定同位素地球化学研究是判断成矿物质来源的一种较成功的方法，它不仅可以示踪古流体性质和含矿流体的演化途径，还可以解释含矿流体的来源、反演流体的演化过程，更重要的是能够揭示成矿机理。对矿物流体包裹体的氢、氧、硫、铅、硅等同位素组成进行研究，可为成岩成矿物质、流体来源提供可靠的依据。

8.3.2.1 包裹体特征

岩浆穹隆型矿石和角砾岩型矿石石英矿物中流体包裹体极为发育，既有沿晶带生长或孤立分布的原生包裹体，还有沿裂隙分布的次生包裹体。包裹体类型较多，主要有气相-富气相包裹体、气液两相包裹体、含子晶矿物气相包裹体、含 NaCl 子晶三相包裹体、含子矿物气液相包裹体、纯液相包裹体、熔融包裹体 7 种。18 号脉主要包裹体类型为含子矿物气液相包裹体和富气相包裹体，出现熔融包裹体，且含 NaCl 子晶三相包裹体增多；Ⅱ号脉主要为含 NaCl 子晶三相包裹体和气液两相包裹体；Ⅲ号脉主要为含 NaCl 子晶三相包裹体和气相包裹体；角砾岩型矿石包裹体主要为气相-富气相包裹体、含子晶矿物多相包裹体和含 NaCl 子晶三相包裹体。角砾岩型矿体和岩浆穹隆型矿体的包裹体中均发育大量不透明的子矿物，角砾岩型矿体包裹体中子矿物 5～7 个，存在熔流包裹体硅酸盐子矿物，流体为熔浆-溶液过渡态流体；岩浆穹隆型包裹体中子矿物 3～5 个，流体为高盐度热水溶液-岩浆演化晚期分异流体。为了确定不透明子矿物（硫化物）的类型，王可勇等（2010）对其包裹体内发育的不透明子矿物进行了扫描电镜和能谱分析，结果表明，包裹体中发育的硫化物子矿物主要包括黄铁矿、黄铜矿及闪锌矿等。角砾岩型矿体、岩浆穹隆型矿体矿物石英中均发育含有黄铁矿、黄铜矿及闪锌矿等子矿物的多相包裹体，而且这些硫化物矿物又构成矿石中主要矿石矿物和载金矿物，其含量与金品位有直接正相关关系。因此，可以推断该矿床成矿物质直接来自于岩浆侵入体。

8.3.2.2 氢氧同位素

前人对金厂矿区矿石氢氧同位素组成进行了研究，石英和方解石的 $\delta^{18}O$ 值较集中，变化在 9.5‰～15.6‰之间，与火成岩中 $\delta^{18}O$ 值的范围 5%～13‰（陈岳龙等，2006）基本一致，表明矿石中石英氧同位素源于火成岩。成矿流体的氢氧同位素组成投影在 $\delta^{18}O_{SMOW}-\delta D$ 图解上（图 8-15），角砾岩型矿体的投点往下稍偏初生岩浆水，落于金铜系列岩浆水中。环状脉稍向 $\delta^{18}O_{SMOW}$ 变小，改造期成矿流体范围偏移，但偏移不大，表明成矿流体为岩浆水。矿区内成矿流体主要为岩浆水，大气降水基本没参与或极少参与。

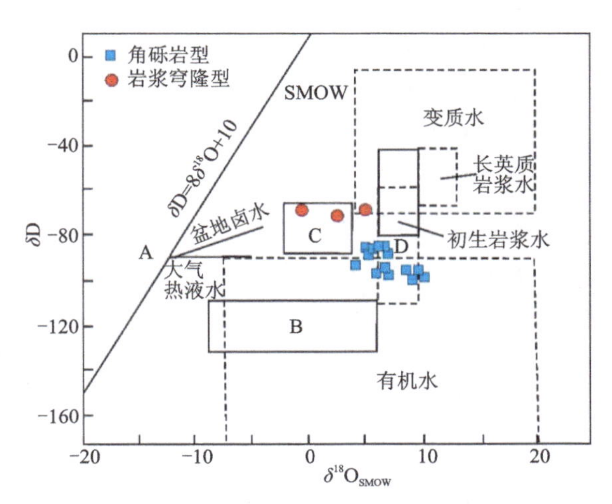

A. 中生代大气降水；B. 成岩期成矿流体；C. 改造期成矿流体；D. 金铜系列岩浆水

图 8-15 金厂矿区矿石流体包裹体 $\delta^{18}O-\delta D$ 图解（底图据张理刚，1985）

8.3.2.3 硫同位素

通过总结前人资料和笔者自测的共38个硫同位素数据，得出矿区矿石硫同位素具如下特征：①总体而言，矿石$\delta^{34}S_{V-CDT}$值变化范围不大，变化在1.1‰～8.8‰之间，多数集中在1.1‰～5.0‰之间，平均值为3.89‰，极差为7.7‰；矿区不同类型矿体间硫同位素组成变化不大，表明成矿期硫同位素均一化程度高，硫源较为单一，各矿体中硫在成矿过程中物理化学条件变化不大。矿床中$\delta^{34}S$值均为正向偏离陨石硫，具有深源硫特征；②侵入角砾岩型矿体矿石$\delta^{34}S_{V-CDT}$值主要集中在1.1‰～4.5‰之间，同时有较高的$\delta^{34}S_{V-CDT}$值；塌陷角砾岩型矿体矿石$\delta^{34}S_{V-CDT}$值集中在1.1‰～4.5‰之间；环状脉型矿石$\delta^{34}S_{V-CDT}$值相对不集中，且出现较大$\delta^{34}S_{V-CDT}$值；放射状脉型矿石$\delta^{34}S_{V-CDT}$值相对较分散，但比塌陷角砾岩$\delta^{34}S_{V-CDT}$值大，分布于侵入角砾岩型、环状脉型大值和小值之间；③环状脉型18号矿体矿石$\delta^{34}S_{V-CDT}$值比Ⅱ号脉群$\delta^{34}S_{V-CDT}$值小，原因是18号脉深取样位置为深部，这与J-1号矿体中的不同中段，第二期第二阶段石英-黄铁矿脉中黄铁矿的硫同位素组成在230中段为1.8‰，280中段为2.2‰～2.6‰，330中段为3.2‰～3.8‰，从下至上呈逐渐增大的趋势相一致；说明成矿流体中原始硫同位素还要小，可能在零左右，在成矿流体向上运移过程中不断地进行硫同位素的分馏，使$\delta^{34}S$呈增大的趋势。不同类型矿石中硫同位素特征表明，本区内矿石中硫源属于岩浆硫，是岩浆从深部带来的。

8.3.2.4 铅同位素

肖力等(2010)通过对金厂矿区的岩浆岩和主要矿体的铅同位素研究后，认为金厂矿区岩浆岩铅源主要为造山带环境下的地幔铅，而矿石与岩浆岩的铅同位素关系密切，主要体现成矿物质的深源特征，同时也显示岩浆活动和成矿作用与延边—东宁地区燕山期造山作用有关。

8.3.2.5 硅同位素

肖力等(2010)对矿区内角砾岩型矿体的硅同位素进行了研究，角砾岩型矿石石英中$\delta^{30}Si$值的变化范围较小，在-0.4‰～-0.7‰之间，平均值为-0.525‰。金厂矿区角砾岩型矿石中硅同位素在地质演化过程中的分馏很小，分馏幅度为0.3‰。在自然界不同物质硅同位素组成图上，角砾岩型矿石硅同位素组成在花岗岩范围内，说明区内角砾岩型矿体中石英脉来自花岗岩源区的成矿流体，为深源硅。

流体包裹体和氢氧、硫、铅、硅同位素的研究结果表明，矿区内的角砾岩型和岩浆穹隆型矿体的成因均与深部岩浆岩有关，结合前面同位素测年的研究结果，认为金厂矿区深部的闪长玢岩与成矿关系密切，与闪长玢岩的成岩年龄相差不大，均为120～110Ma。

综合分析金厂金矿床产出大地构造位置、矿床地质特征、矿床地球化学特征、成矿流体特征结合成矿年龄，认为金厂金矿床与典型斑岩型矿床有一定区别，应属斑岩成矿系统的组成部分。矿区范围内(包括深部)是否存在典型的斑岩型矿化需进一步工作。

8.3.3 矿床成因探讨

金厂金矿是由斑岩型矿体、角砾岩型矿体、环形和放射状矿体组成，矿体在时间、空间和物质来源上有密切联系，是同源岩浆在同一成矿场中不同演化阶段的产物，是与闪长玢岩岩体有关的斑岩金(铜)成矿系统。矿床的形成过程如下。

延边—东宁地区在古生代末期兴蒙造山运动结束，黑龙江群形成并进入构造间歇期。

印支晚期开始受太平洋板块俯冲影响，进入环太平洋构造域阶段。在碰撞早期，本区发生强烈的构造岩浆活动，并形成了深部基性岩浆房，进而促使了下部地壳物质的熔融，形成了上部中酸性岩浆房。岩浆活动主要为板块俯冲造成的上地壳花岗岩的重融岩浆，为主要成岩期。中酸性岩浆多阶段侵入，形成同源不同岩石类型的中酸性火山-侵入岩系列，时间上从早到晚依次为罗圈站组火山岩、闪长岩、花岗岩、黑云母花岗岩。这期岩浆活动将深部岩浆流体和部分成矿物质带到地壳浅部，是后期矿化的围岩。

在太平洋板块俯冲碰撞造山的中晚期为弧后伸展期。据地震方面的资料证实，此时俯冲带到达壳幔边界并越过壳幔边界达到下地幔，从而引起壳幔物质熔融。板块的俯冲引起岩石圈拆沉或俯冲板片折返，造成软流圈地幔的上升、底侵。受底侵作用和敦化-密山走滑剪切深断裂带活动影响，区域上出现大规模岩浆活动、强烈左行走滑断裂、伸展断陷盆地和火山岩。矿区内成矿物质沿绥阳深大断裂侵位，并在该断裂的次级张性构造系统中成矿。闪长玢岩的侵入对角砾岩筒、岩浆穹隆的形成和成矿物富集起着主要作用。

本区隐爆角砾岩筒是闪长玢岩的侵入就位过程中在多组构造交会处形成的，侵入就位并形成隐爆-爆破角砾岩筒之后，又发生多次热液脉动，主要对已形成的隐爆角砾岩筒进行胶结、充填，由于岩浆热液中带有大量成矿物质，所以热液的胶结作用对矿区内岩筒的成矿与否很关键，热液充分、胶结作用强的全筒矿化(J－1号)；热液不足、胶结作用较弱，则只能沿筒内构造裂隙充填、矿化(J－0号)。岩浆热液的活动期次和能量的多少直接导致了角砾岩筒的矿化蚀变程度的不同。

在闪长玢岩岩浆上拱过程中，岩浆大致从邢家沟一带向东斜向上作用，致使在半截沟一带形成环状和放射状裂隙。野外对这些环状和放射状裂隙进行产状统计，环状裂隙的产状全部外倾，西半环的倾角较缓，大致为20°，东半环的倾角较陡，大致为62°。这个上拱方向还可以从遥感影像上得以证明，在邢家沟—穷棒子沟一带为一系列环形影像，这些环形影像在西边规模较大，向东有逐渐收缩的趋势，它是隐伏闪长玢岩体的外在表现。闪长玢岩上拱形成环状和放射状裂隙以后，发生多次热液脉动，形成多阶段的蚀变矿化，对形成的环状、放射状裂隙进行充填，形成放射状、环状矿体。

总之，本区闪长玢岩岩浆的多期次活动，岩浆演化的后期聚集了大量的挥发组分和成矿物质。挥发组分的聚集致使原有的薄弱带发生爆炸，同时由于挥发组分的作用使已形成的角砾发生不断滚动，形成浑圆状角砾。成矿物质的聚集为后期形成多期次的矿化提供物质保障。

8.4 成矿模式

闪长玢岩岩浆沿深绥阳大断裂向上运移到地壳浅部，由于压力、温度急速下降，流体发生剧烈的沸腾作用，成矿流体发生沸腾从岩浆中直接出溶，在不同的构造部位形成不同类型的矿体：①在围岩中断裂交会部位形成隐爆角砾岩筒并充填形成隐爆角砾岩筒型矿体；②在侵入体上升形成的环状、放射状断裂中形成了脉状矿体；③在岩体顶部带和围岩中形成浸染型矿床。由于成矿期间闪长玢岩岩浆多次脉动、多中心侵入，持续向围岩提供成矿物质、热液流体和能量，因此沸腾作用反复发生，形成了矿田内大范围、多类型的矿床(图8－16)。

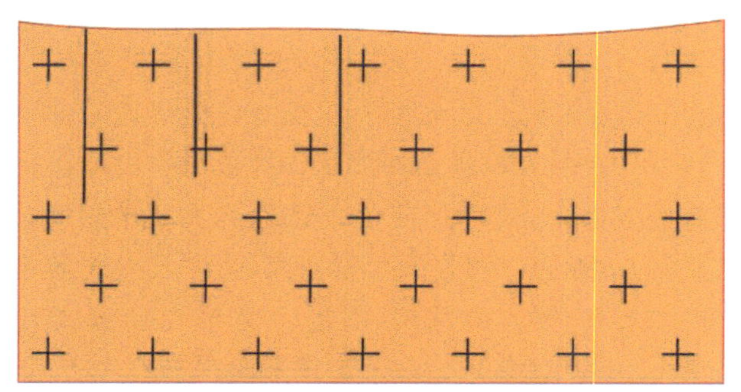

a.断裂初期

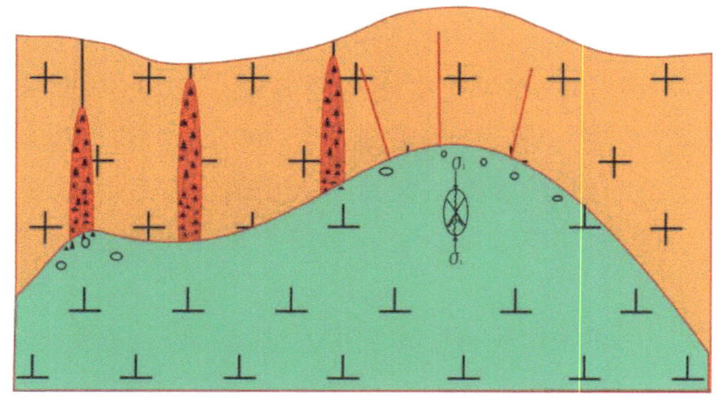

b.角砾岩筒型和放射状矿体成矿期

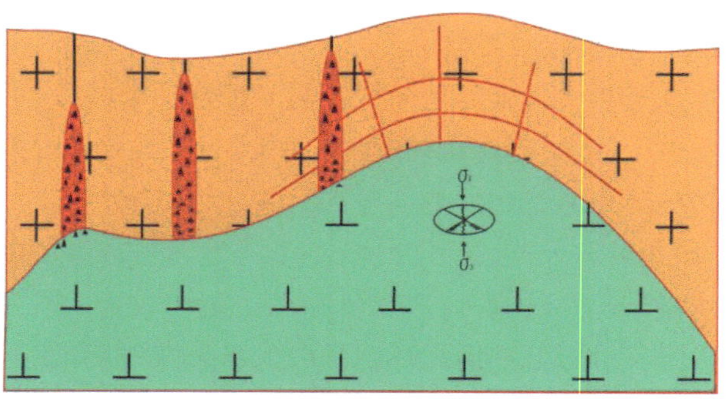

c.环状、放射状矿体成矿期

1.花岗岩；2.闪长玢岩；3.成矿前构造；4.角砾岩矿体；5.放射状脉；6.环状脉

图 8-16　金厂矿区成矿模式图

9 综合信息找矿模型及找矿预测

综合信息找矿模型的提出和应用是一个极其复杂的地质过程，矿床的形成则是这一过程中多种地质因素共同作用的最终结果，因而对未知矿床的预测本身就是一项综合性很强、难度很大的技术工作，依靠单一的找矿方法而获取的信息对成矿前景的评价往往是片面的。再者，矿床这种特殊地质体本身就是一个和谐的统一体，不同找矿方法获取的地学信息，如地质、物探、化探、遥感等，仅是其不同侧面有关特征的反映。因此，只有综合各方面的信息资料，才能对找矿方法做出正确的评估。综合找矿信息对有关信息的研究成果形式一般是建立起综合找矿模型，然后以此作为信息提取、评判标准对待选地段进行对比。

9.1 地质特征

9.1.1 成矿地质背景

区域大地构造背景显示，吉黑东北的延边—东宁地区在古生代末期(250Ma)兴蒙造山运动结束，黑龙江群形成并进入构造间歇期；印支晚期受太平洋板块俯冲影响，区内进入环太平洋构造域阶段，在碰撞早期构造环境为挤压造山运动，这一时期为太平洋板块俯冲的初始阶段，为主要成岩期，延边—东宁地区广泛出露这一时期的岩浆岩和火山岩在太平洋板块俯冲碰撞造山的中晚期，为弧后(陆缘弧)伸展期，此时俯冲带到达壳幔边界并越过壳幔边界达到下地幔，从而引起壳幔物质熔融。板块的进一步俯冲引起岩石圈拆沉或俯冲板片折返，有利于壳幔熔融物和成矿物质沿深大断裂侵位，并在张性容矿空间成矿，延边-东宁成矿带中金矿床集中形成于这一时期，金矿床矿区内的闪长玢岩成岩时代集中于120～110Ma之间，与区域上成岩成矿时代对应性非常好。延边—东宁地区的金矿都形成这一时期，为本区的主成矿期。本书认为延边-东宁成矿带的成矿地质背景为活动大陆边缘的火山弧构造环境。

9.1.2 矿床地质特征

找矿模型是在矿床成矿模式研究的基础上，针对发现某类具体矿床所必须具备的有利地质条件、有效的找矿技术手段及各种直接或间接的矿化信息的高度概括和总结。

由前文可知，金厂金矿的矿床类型为斑岩成矿系统的中上部，属于斑岩成矿系统的一部分。矿体类型有角砾岩型和岩浆穹隆型(放射状和环形脉状矿体)。

已发现金矿化的角砾岩矿体有6个，分布具有如下特征：①角砾岩筒的分布受半截沟环形影像的控制，在大环套小环及大环与小环的交叉部位较发育，如半截沟—刑家沟一带；②常成串成群出现，如刑家沟、大狍子沟一带;③沿着断裂带分布,主要受北西向、近南北向及近东西向断裂的联合控制,产于这3组断裂的交会部位。

岩浆穹隆裂控型矿(化)体的厚度一般都比较小,仅几厘米到十几厘米,但是品位比较高,延长比较稳定。这些金矿化脉在空间上具有明显的分布规律。环状矿体受半截沟大型环状构造控制,环状构造的直径为1.1km,主要控制了Ⅱ号脉群和18号脉群,矿体呈环形或弧形展布。Ⅱ号脉群处于岩浆穹隆的上部,18号脉群处于岩浆穹隆的下部。岩浆穹隆型矿体的分布在剖面上具"背斜"特征。

放射状矿体沿着环状展布的矿脉附近呈放射状分布。这类矿体的延长较小,厚度不稳定,矿体在走向上基本垂直于环状构造,常成群分布。

金厂金矿床的矿石按照其产状、矿物组合及结构构造可以分为4个类型:①角砾岩型矿石;②石英-黄铁矿型矿石;③石英-多金属硫化物脉型矿石;④构造蚀变岩型矿石。

金厂金矿床的围岩蚀变以对称的面形或线形为主,蚀变范围较小,不具备典型斑岩型矿床的蚀变分带特征,所以不能将其厘定为斑岩型矿床;而J-8号、J-0号矿体的矿石中发现的冰长石化可能是成矿后期叠加的低温热液蚀变,因为野外工作中发现J-0号矿体存在后期叠加的石英-黄铁矿脉、石英-黄铁矿-碳酸盐脉和石英-碳酸盐脉,冰长石不属于主成矿期产物,故不能定义为浅成低温热液型矿床。金厂金矿的围岩蚀变即不同于典型斑岩型矿床,又与典型浅成低温热液型矿床存在明显差别,结合其地质特征和区域上的成矿特征,认为其矿床应属于从浅成低温热液型矿床到斑岩型矿床过渡的一个类型,属于广义的斑岩成矿系统。

流体包裹体和氢氧、硫、铅、硅同位素的研究结果表明,矿区内的角砾岩型和岩浆穹隆型矿体的成因均与深部岩浆岩有关,结合前面同位素测年的研究结果,认为金厂矿区深部的闪长玢岩与成矿关系密切,与闪长玢岩的成岩年龄相差不大,均为120~110Ma。

9.1.3 矿床成因类型

任何类型矿床模型的建立都要以成因类型为基础,在矿床模型的编排上也尽可能以矿床地质类型为依据。

综合分析金厂金矿床产出大地构造位置、矿床地质特征、矿床地球化学特征、成矿流体特征结合成矿年龄,认为金厂金矿床与典型斑岩型矿床有一定区别,应属斑岩成矿系统的组成部分。矿区范围内J-0号矿体深部已经发现闪长玢岩体,包括深部是否存在典型的斑岩型矿化需进一步工作。

9.2 找矿标志

找矿标志为矿区内地质找矿标志、地球物理找矿标志、地球化学找矿标志、遥感找矿标志和相关的勘查方法组合。综合前人资料及研究成果,分析认为下述地质、地球物理、地球化学及遥感等特征与该区金成矿作用关系密切,可以作为该区金矿找矿工作的重要指示标志。

9.2.1 地质找矿标志

构造标志:北西向构造带为主体,与北东向、东西向、近南北向等构造交会部位是成矿有利部位,隐爆角砾岩体是直接的找矿标志;环状断裂和放射状断裂是岩浆穹隆型矿体找矿标志。

岩浆岩标志:矿区范围内主要发育海西期—燕山期不同时代的侵入岩,不同时代、不同类型岩体含矿性不同。一般而言,赋存于闪长岩、花岗闪长岩及花岗斑岩类及其与其他类型岩体接触带附近的矿体数量较多。因此,闪长岩、花岗闪长岩、花岗斑岩等类岩体、出露面积及其与他类侵入体接触带的存在可作为指导找矿勘查工作的岩浆岩标志。燕山晚期闪长玢岩与成矿关系密切,闪长玢岩脉和小岩株是找矿的直接标志。

矿化、蚀变标志:呈面形分带的青磐岩化→绢云化、高岭土化→钾化、硅化中心部位是寻找角砾岩矿化的有利地段,以黄铁矿化为主的多金属硫化物矿化是直接的找矿标志。

9.2.2 遥感找矿标志

ATM遥感影像图中圆或椭圆形凹坑,BTM遥感图像上的色调异常区带、线环形影像发育区(带)是找矿的重要靶区。矿区北西向线性影像与东西向、近南北向等线性影像交会部位或叠加在环形影像上的线性影像带是找矿的有利部位。

9.2.3 地球物理找矿标志

9.2.3.1 激电中梯

由于区内的矿体(矿化体)与围岩存在着明显的电性差异,所以二者引起的激电特征不同。矿体(矿化体)的激电特征为低阻高极化率;围岩的激电特征为高阻低极化率,因此在矿体上可形成视极化率值较高的异常。形态不同的矿体(矿化体)的异常特征也不同。对与矿体有一定联系的异常,从形态上划分为两种类型:一是条带状异常;二是圆形异常。

目前金厂岩金矿区共发现物探异常17处,依据本区含金黄铁矿化地质体及结构的成矿控制因素,岩矿石的物性参数,TM遥感影像特征及异常的形态、规模、梯度等因素将本区物探异常划分为两种:一是与矿体(矿化体)有关的异常;二是与黄铁矿化地质体有关的异常。

与矿体(矿化体)所引起的异常特征:多为物化探综合异常,异常形态多呈带状和近于圆形。如0号、Ⅰ号、Ⅱ-2号矿体所引起的综合异常。与黄铁矿化地质体有关的异常特征:只有激电异常,无土壤多元素组合异常,并且电法异常形态不规则,极值不明显,异常走向很难确定。一般是由含黄铁矿化的大面积闪长岩体所引起,如9号激电异常。

(1)条带状异常:这类异常面积较大,一般超过0.5km^2,并具有一定走向的条带状异常(图9-1),其异常梯度变化较大,异常强度较高,并出现一个或多个异常峰值,它所对应的矿体(矿化体)多呈脉状,其总体走向与异常走向相同,多为构造破碎蚀变型矿体,如Ⅱ-1号、Ⅱ-2号矿体。

(2)圆形异常:这类异常面积较小,一般小于0.1km^2,呈无明显走向的较规则的圆形,异常梯度变化较大,异常的曲线左右较对称,异常强度较高,一般只有一个峰值,它所对应的矿体呈柱状向下延伸,倾角大,多为隐爆角砾岩型矿体,如0号、Ⅰ号矿体(图9-2)。

(3)激电中梯异常:对于激电中梯面积性工作所圈定的异常,采用测电深与联剖进行异常检查尤为重要,对条带状异常采用激电联剖进行检查,可以进一步确定矿体的产状和空间展布的大致位置;对形态呈圆形的异常利用电测深进行检查,可以初步查明引起异常的柱状矿体的垂向深度变化情况及顶板埋深。通过以上工作可为地质工程的布设提供更准确的信息。

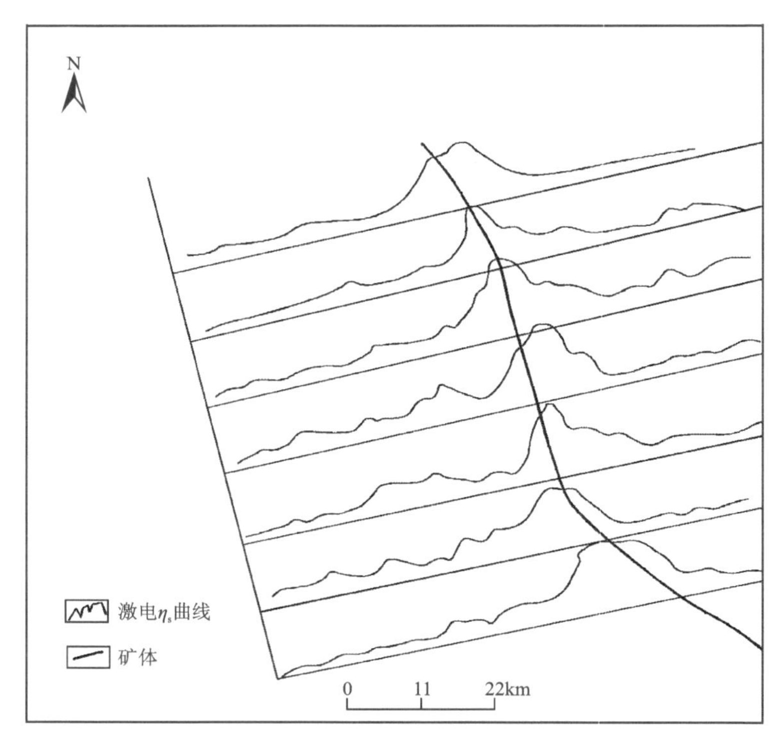

图 9-1　Ⅱ-1号矿体激电中梯剖面平面示意图

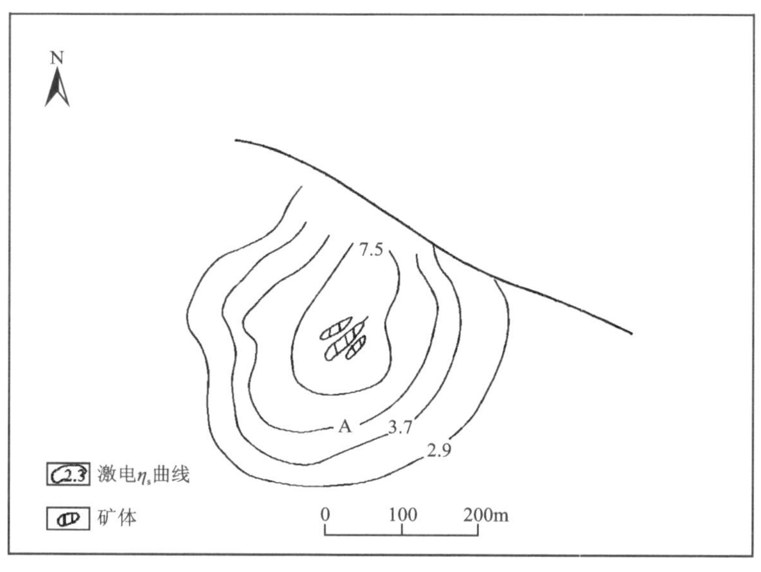

图 9-2　0号矿体激电中梯 η_s 平面图

9.2.3.2　高精度磁法

大地电磁测深是利用观测和研究各种物理场的变化来解决地质问题的，以岩矿石的导电性为主要物质基础，根据电磁感应原理观测和研究电磁场空间与时间分布规律以寻找目标体的方法。可控源音频大地电磁法是一种频率域人工源电磁测深法。它克服了大地电磁测深因场源信号随机、微弱观测十分困难的弱点，在横向、纵向分辨能力较强，是研究构造及地质找矿的有效手段。该方法主要特点：①适合干扰大、山高林密区作业，勘探深度为 0.1～3km；②垂向分辨能力好，水平方向分辨能力高；③地形影响小对高阻层的屏蔽作用小。

金厂矿区燕山中晚期闪长岩与花岗岩接触带附近，闪长岩、花岗岩视极化率较低，视电阻率较高，具高阻低极化率特征，构成地球物理背景场。金矿化主要赋存在近北西向构造控制的角砾岩体内，矿化为黄铁矿化、磁铁矿化、黄铜矿化，具低阻高极化特征，形成异常场。大地电磁测量可以寻找低阻地质体，利用该方法在本区达到间接找矿的目的(图 9－3、图 9－4)。

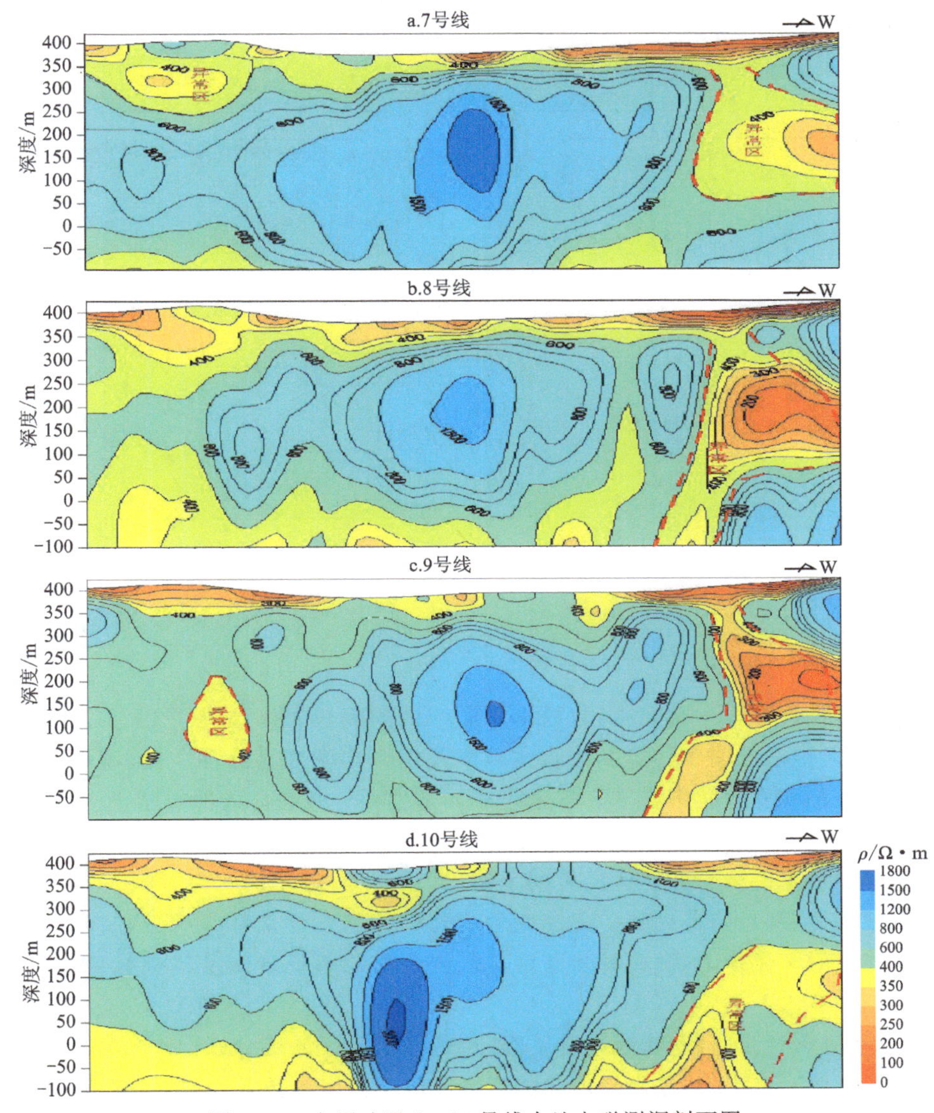

图 9－3 金厂矿区 7～10 号线大地电磁测深剖面图

大地电磁测深布置在邢家沟，共 10 条测线，线距 40m，点距 20m，剖面长 700m。

7～10 号线的西端存在一个连续的低阻异常，异常长 150m，平均宽度为 50m，延深大于 800m。推测是由北西向构造引起，钻孔见角砾岩，黄铁矿化，Au 平均品位为 7.06×10^{-6}。

3～6 号线的西部存在一个连续的低阻异常，异常长 150m，平均宽度为 40m，推测是由北西向构造带引起，该地质体在 3～4 号线顶板埋深 400m，向下延深 600m，5～6 号线顶板出露近地表，向下延深至 800m。

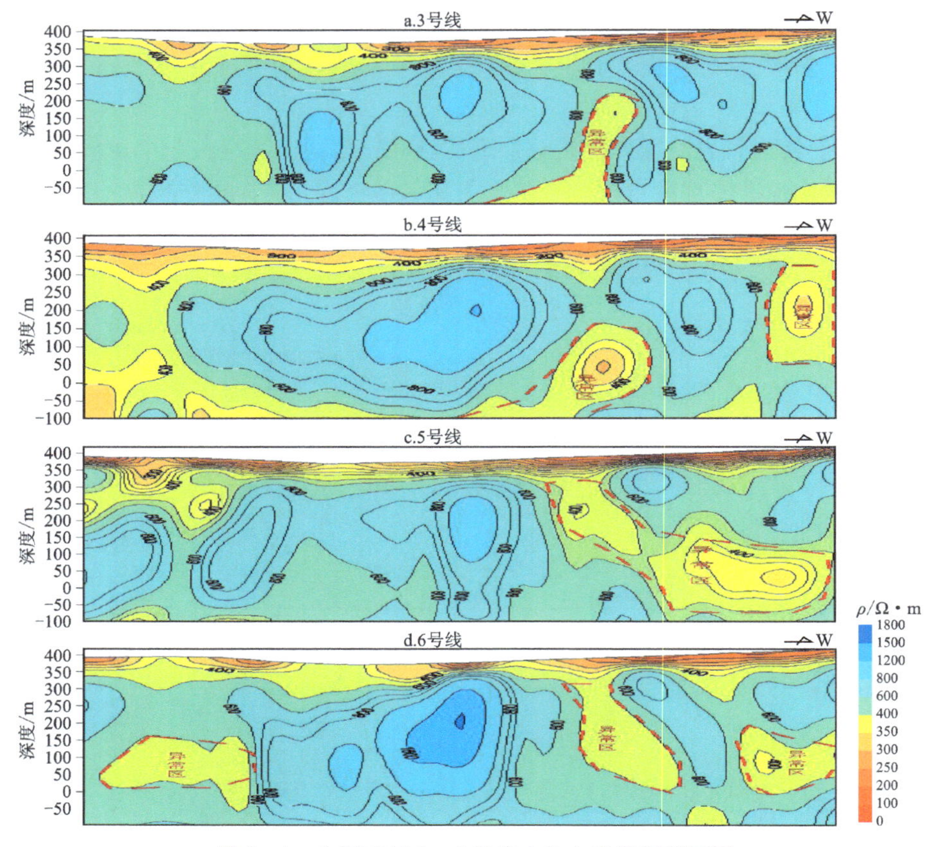

图 9-4　金厂矿区 3～6 号线大地电磁测深剖面图

9.2.3.3　高密度电法

根据区内地质特征及激电中梯异常，自西向东沿区内的闪长岩体布设了 27 条高密度电法剖面，线距 200m。圈定高密度电法异常 15 处，其中视电阻率及视极化率综合异常 7 处，视电阻率异常 8 处，高密度异常分为视电阻率和视极化率异常。视电阻率异常主要分布在矿区的黑瞎子沟、邢家沟、大小狍子沟一带，异常的分布主要受闪长岩与花岗岩的接触蚀变带、闪长岩体内的矿化蚀变角砾岩筒、构造破碎带控制。视极化率异常主要分布在矿区的黑瞎子沟、邢家沟、穷棒子沟一带，异常的分布主要受闪长岩与花岗岩的接触蚀变带、闪长岩体内的矿化蚀变角砾岩筒控制。异常都集中分布在闪长岩与花岗岩的接触带及闪长岩体中的矿化体上，由此初步断定矿区内分布的闪长岩体及其接触带部位是成矿有利部位(图 9-4)。

在邢家沟 14 号角砾岩筒北侧，通过高密度电法测量(图 9-5)，结合区内地质特征、以往物化探工作成果、遥感解译，推断邢家沟 14 号角砾岩筒北侧高密度电法圈定的异常部位，存在一含金的低阻高极化地质体，金属矿化主要为黄铁矿化。地质体形态为陡倾斜的椭圆柱体，略向西侧伏，该地质体长轴呈北北西向展布。

图 9-5 中第一条为视电阻率模型反演断面图，在剖面西侧 440m 处和中部 280m 处有两个低阻异常带，应引起注意的是西侧的低阻异常，推测在此处有一个宽约 80m、向下延深超过 80m 的一个呈圆柱状的低阻地质体。视电阻率值变化范围在 284～507Ω·m，沿剖面方向 405～435m 处存在一个厚度约 10m 的近地表的高阻盖层，在工程验证过程中要注意该地质体的影响。视极化率模型反演断面图也是在同样位置上有一个视极化率异常区，推测存在一个高极化体，形态也基本一致，该极化体顶板埋深约 5m，向下延伸大于 80m。

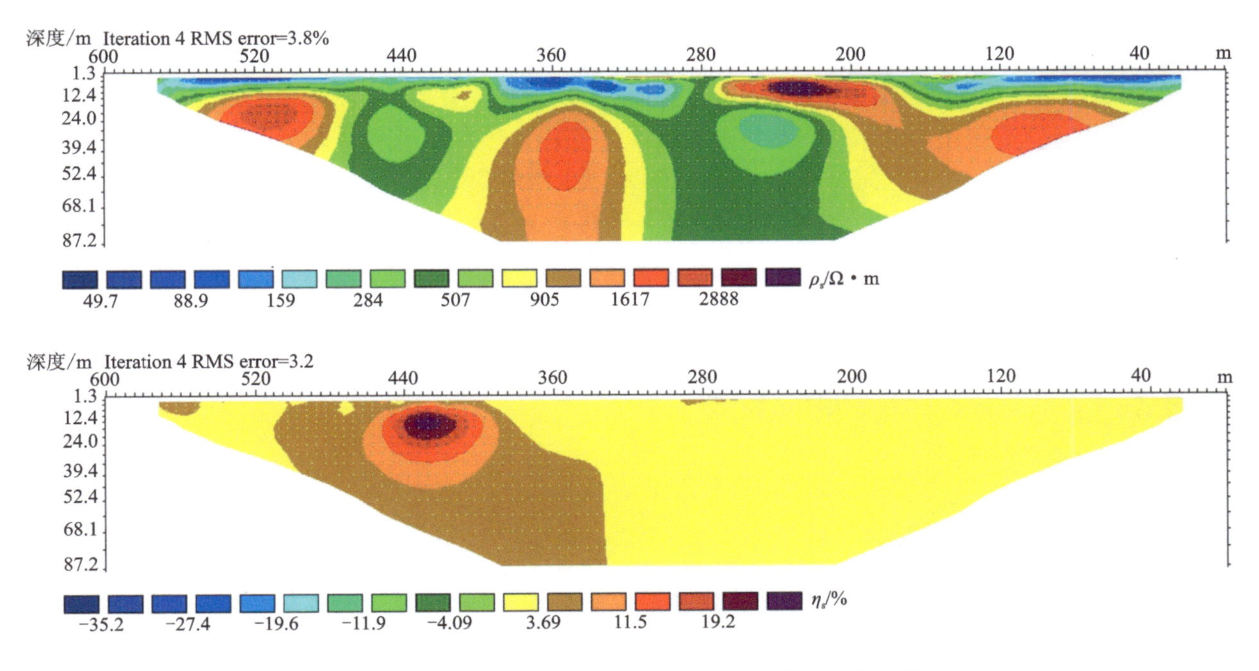

图 9-5 邢家沟 G1 线高密度电法测量二维反演断面图

图 9-6 中第一条剖面为视电阻率反演断面图，在西侧 400m 处存在一个低阻异常带，推测此处存在一个低阻地质体，其宽度 80m，向下延伸大于 100m，视电阻率值在 500Ω · m。与图 9-5 中看到的一样，在该低阻地质体上部，沿剖面方向 380～410m 同样存在一个高阻盖层，厚度在此剖面位置有增加的趋势，地表至下厚约 20m。从 X1、X0 两条剖面图来分析该盖层走向应为北北西，与发现的这个矿化体长轴方向一致，盖层可能是一个小的岩体或者是角砾岩筒的盖层，长度大于 100m，宽度为 30m。在以后的工程验证中，尤其是地表工程一定要注意到它的影响。在 400m 处同样存在一个视极化率异常带，与低阻地质体相对应的是在同样位置存在着一个高极化体，形态也相近。极化体宽度为 80～90m，向下延伸大于 100m，金属矿化在 15～80m 处较强。视极化率值变化范围在 16%～36%，顶板埋深在 10m 左右。

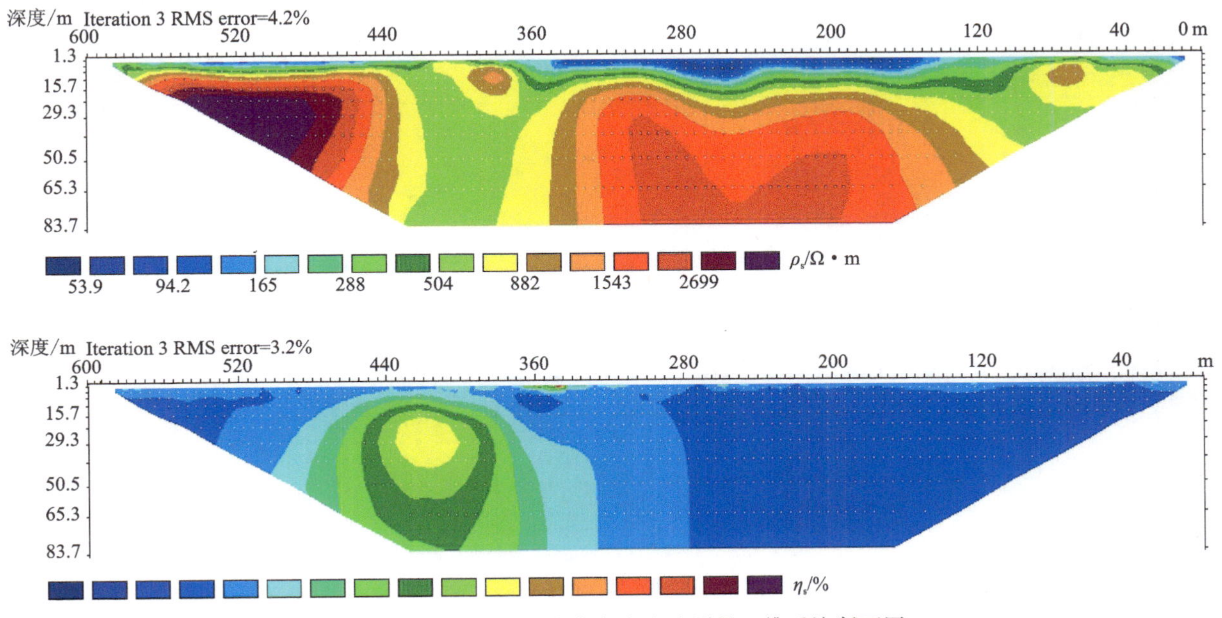

图 9-6 邢家沟 G2 线高密度电法测量二维反演断面图

9.2.3.4 可控源音频大地电磁

2010年黑龙江省煤田地质队在刑家沟地区施工可控源音频大地电磁测深测量剖面10条，圈定低阻异常两处，走向北西。1号异常长度约240m，倾向北东，倾角75°；2号异常长度约80m，倾向南西，倾角75°（图9-7）。通过对1号异常8号线（图9-8）的验证，在J_{14}ZK1955号钻孔发现两层矿体，第一层381.00～386.00m，平均厚度2.66m，平均品位3.26×10^{-6}；第二层399.00～403.00m，平均厚度2.13m，最高品位71.40×10^{-6}，平均品位21.13×10^{-6}。

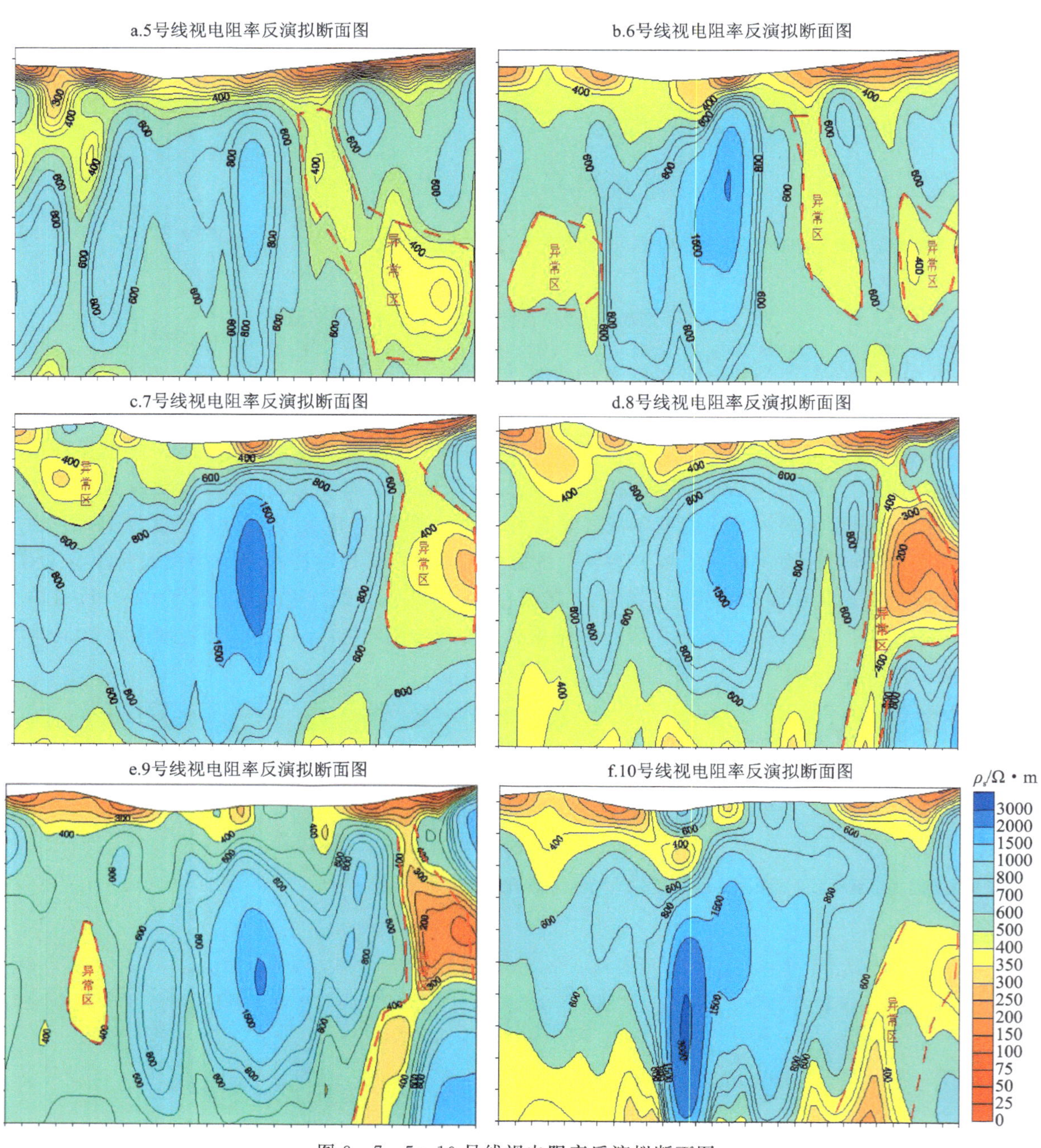

图9-7 5～10号线视电阻率反演拟断面图

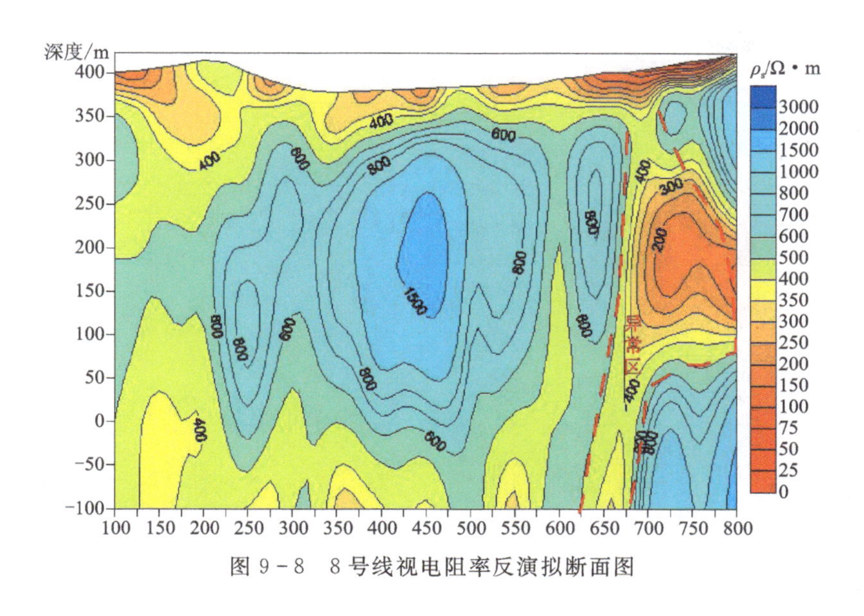

图 9-8　8 号线视电阻率反演拟断面图

9.2.3.5　地震技术

地震技术优点为获取的目标层直接，不具多解性，地质体层位、埋深、产状判断十分准确，适合于寻找油气田、煤田。地震技术缺点为只能针对近似水平层状的地质体判断准确，一般金属矿产很少应用，目前新兴了在金属矿产领域的地震技术的应用，技术难度高，初步解决了一些金属矿的问题(陈祖斌,2008)。

本次在 18 号矿体布设了 2 条地震剖面(图 9-9)，18 号矿体地表为砂金过采区，卵石层覆盖 3～7m，常规的电法、高密度、EH4 测量无法正常开展工作，根据 18 号矿体产状较缓呈层状分布的特点，所以利用地震技术来了解矿体深部的变化情况。18-1 号线剖面长 270m，采用道间距 1m，偏移距 80m，采样率 4000Hz，水平分辨率 0.5m，水平覆盖次数 12 次。剖面 0～80m，深度 0～400m，地下弹性介质呈舟形层状分布，80～220m 地质体发生变化，层状分布不连续不明显，220～270m、0～300m 呈层状分布。18-2 号线剖面长 260m，采用的道间距 2m，偏移距 80m，采样率 4000Hz，水平分辨率 1m，水平覆盖次数 12 次。弹性波变化大比较紊乱，地质体层状分布不明显，在 210m 可以看到一个清晰的断裂构造，推测是一个构造破碎蚀变带(图 9-10)。

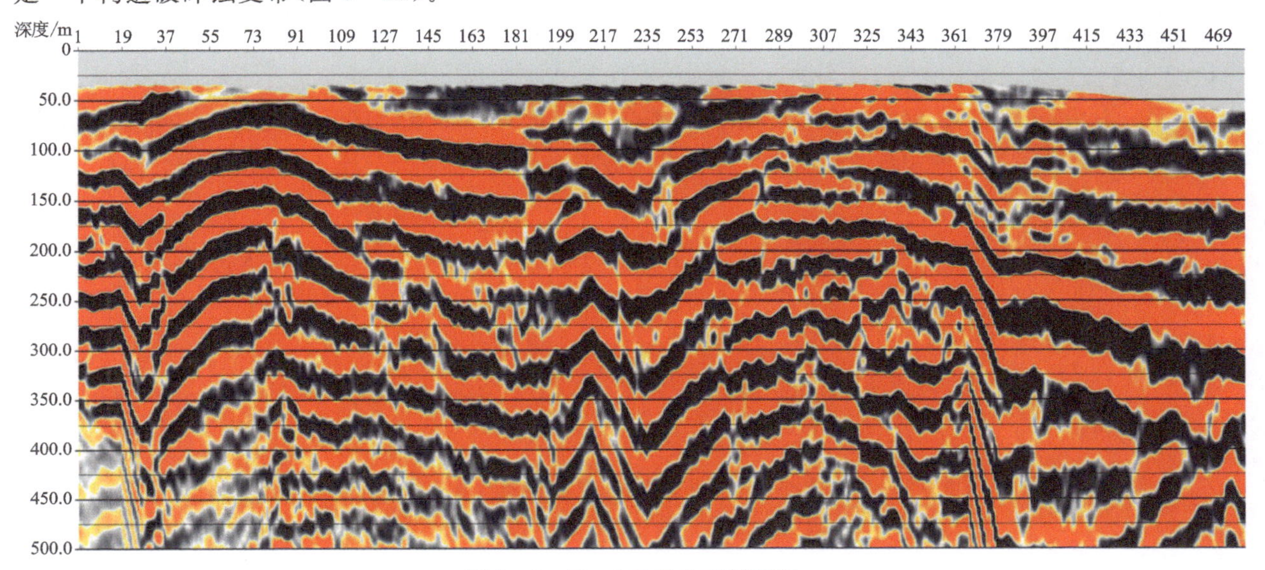

图 9-9　18-1 号线地震剖面图

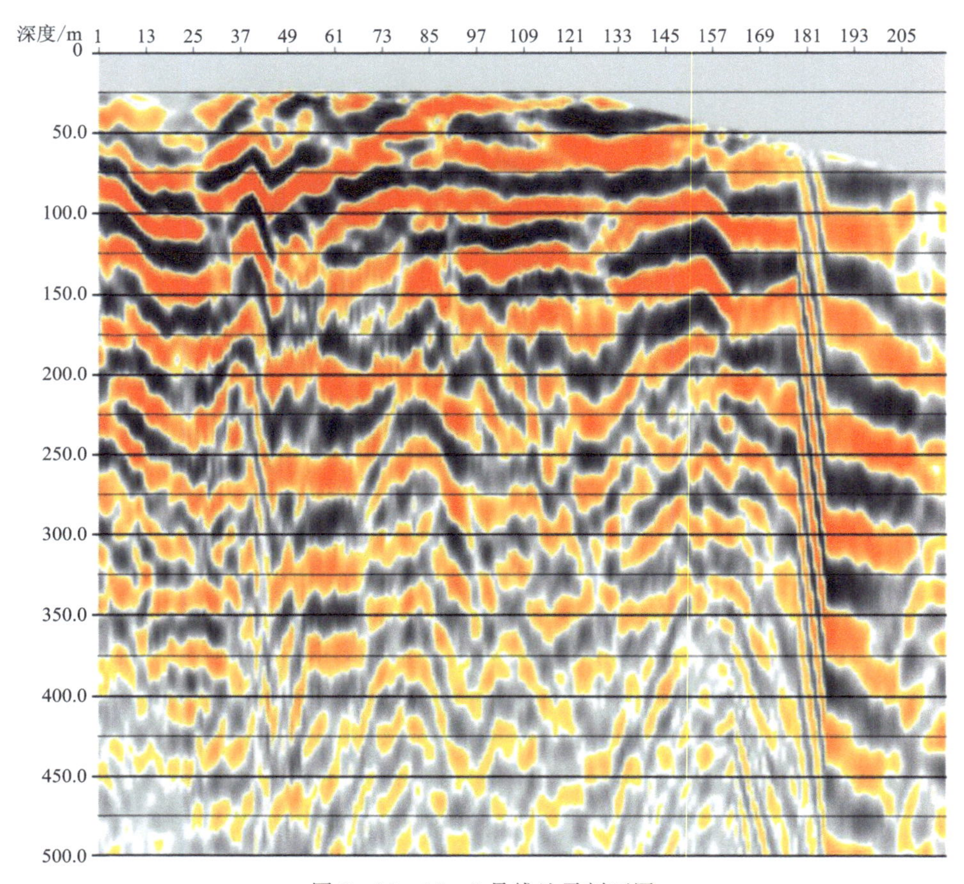

图 9-10　18-2 号线地震剖面图

9.2.4　地球化学找矿标志

9.2.4.1　土壤地球化学

通过对邢家沟 J-17 号矿体的土壤微量元素地球化学测量结果与前人对其他矿体土壤微量元素地球化学剖面研究结果进行研究，认为矿区土壤中 Au、Cu、As、Sb、Hg 共 5 种元素含量相关性较好，而其与 Ag、Pb、Zn、Co、Ni、Mo、W 共 7 种元素相关性差，这就表明利用土壤微量元素地球化学指导找矿时，Au、Cu、As、Sb、Hg 共 5 种元素及其组合异常可作为重要的找矿标志之一(图 9-11～图 9-15)。

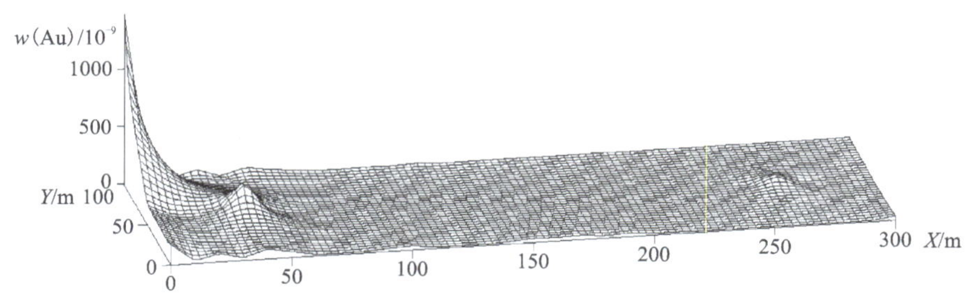

图 9-11　邢家沟 J-17 号矿体 Au 元素微量异常等值线立体图

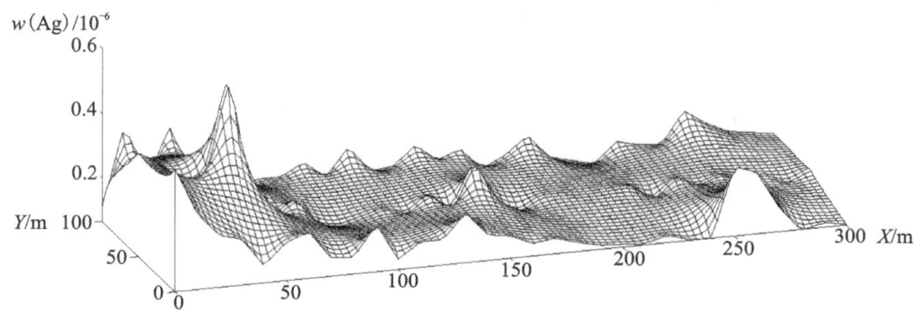

图 9-12 邢家沟 J-17 号矿体 Ag 元素异常等值线立体图

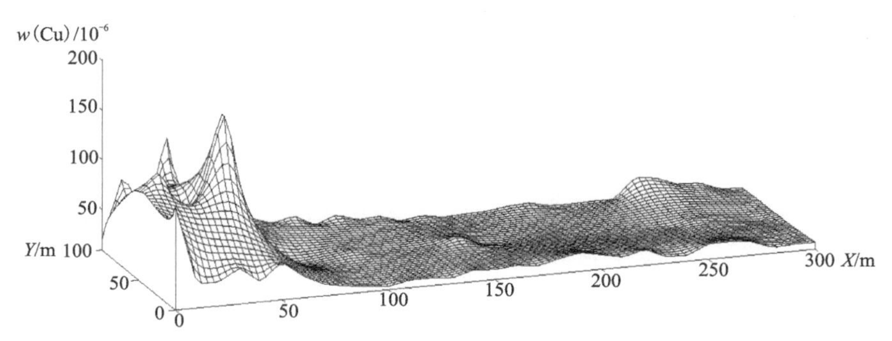

图 9-13 邢家沟 J-17 号矿体 Cu 元素异常等值线立体图

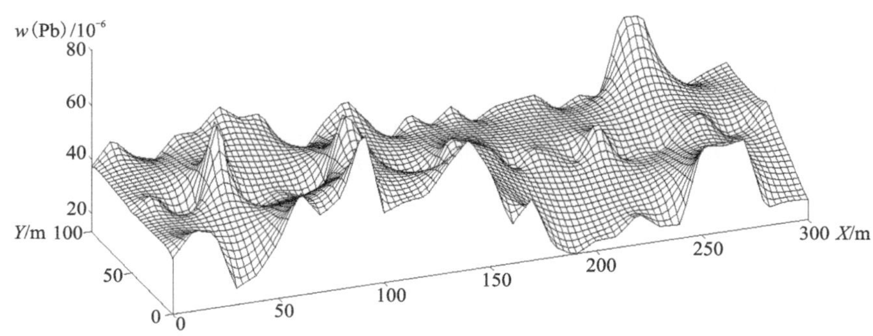

图 9-14 邢家沟 J-17 号矿体 Pb 元素异常等值线立体图

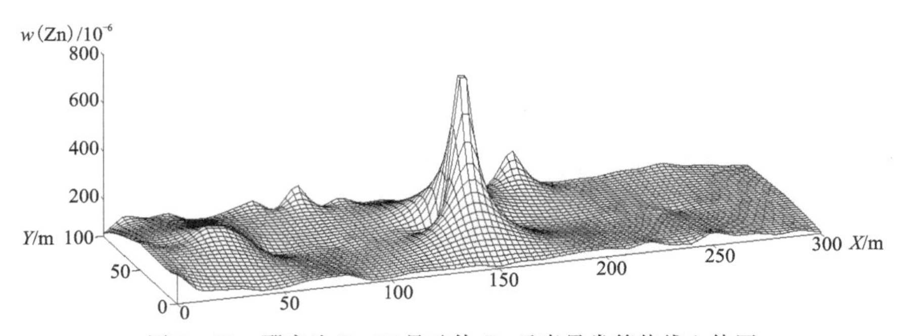

图 9-15 邢家沟 J-17 号矿体 Zn 元素异常等值线立体图

9.2.4.2 偏提取地球化学测量

杨理勤等(2010)在金厂矿区开展了土壤偏提取地球化学研究，设计了 1 条 590m 地化剖面，穿过主要已知矿带，以 10m 为点距，共取样 60 件，以金的活动态总量结果为依据绘制异常曲线，结果表明异常点与已知金矿体位置完全对应，证实了方法的有效性。

图9-16上图和下图分别表示了这条剖面所处的地球化学景观和地质特征，其中①～④号短竖直线所示位置为已知的4条金矿成矿的线环构造经过处。可见，土壤中活动态金异常值分布与已知金矿带完全对应。图9-17显示了金的活动态异常比全金量异常衬度较大的特点。

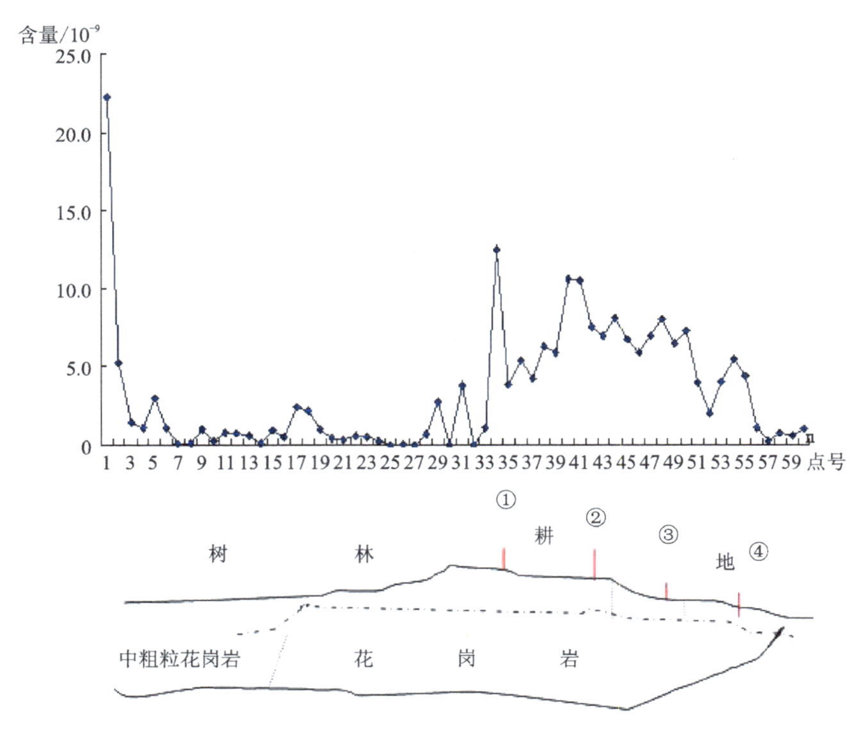

图9-16　金厂矿区穷棒子沟Q剖面活动态金分布图

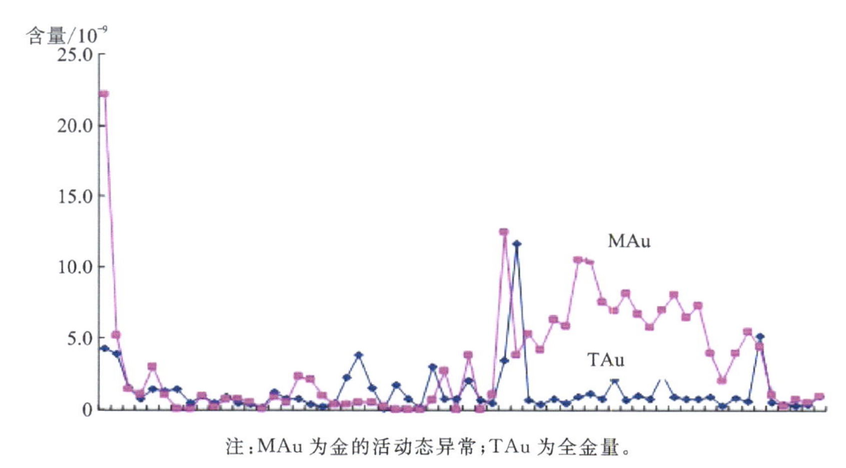

注：MAu为金的活动态异常；TAu为全金量。

图9-17　金厂矿区Q剖面全金量和金的活动态异常曲线对照图

分别在电6区的南北端、黑瞎子沟中南部、邢家沟东的南部和邢家沟西的西南部共5处圈定了金的异常区，并有多元素的套合异常，是进一步找矿的有利区域。

选择的工作区均有已知矿点进行比对，各个工作区均发现金的活动态化探异常，共发现新的金的找矿靶位5处，其中电6区发现的1号找矿靶位具有金银伴生的特点；发现的找矿靶位的有效元素活动态异常组合与同区的已知矿点元素气球化学异常特征吻合。目前，在黑瞎子沟发现的3号找金靶位已经进行钻探工程验证(JhgZK0002)，并在深部133～152m见矿，Au一般品位为0.3×10^{-6}～0.5×10^{-6}，Au最高品位为0.89×10^{-6}。

9.2.4.3 地电化学

罗先熔(2009)为了确定地电提取法在本区找矿的可行性,在已知金矿(化)体(J-14号、J-19号)进行试验。J-14号矿化体位于邢家沟顶环状构造中,有角砾岩体,围岩蚀变及矿化为硅化、高岭土化、黄铁矿(褐铁矿)化及少量方铅矿-闪锌矿化、局部黄铜矿化。

J-19号矿化体位于邢家沟内,矿化蚀变闪长岩带中蚀变矿化为高岭土化、绿泥石化、绿帘石化、绢云母化、黄铁矿(褐铁矿)化。

在J-14号、J-19号矿化体附近分别布设x14-1、x14-3剖面线,总长2000m,在两剖面线共采集82个泡塑样品进行分析研究。结果表明,在x14-1剖面线的14号矿化体上方(图9-18),有地电提取Au异常(图9-18),Au含量异常峰值不低于8×10^{-9}。在x14-3剖面线的19号矿化体上方亦测得Au含量为17.63×10^{-9}的异常峰值(图9-19)。两条剖面线的异常与已知金矿化体赋存位置大致吻合,因此利用该方法在该区寻找金矿是可行的。

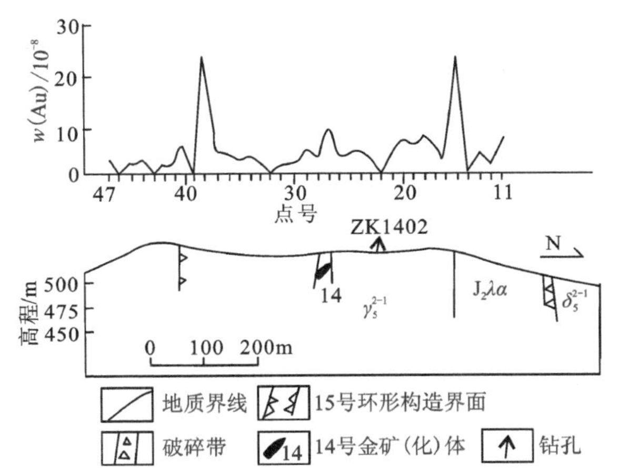

$J_2\lambda\alpha$. 中侏罗统安山岩夹凝灰岩;δ_5^{2-1}. 石英闪长岩;γ_5^{2-1}. 中—细粒花岗岩

图 9-18 x14-1号测线地质、地电异常综合剖面图

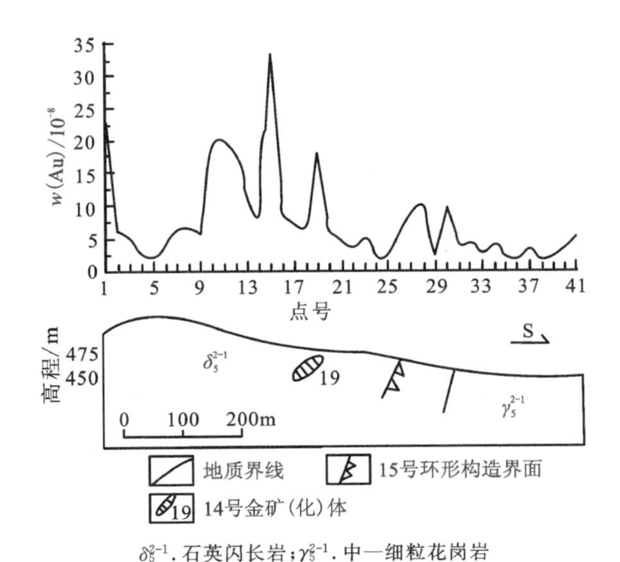

δ_5^{2-1}. 石英闪长岩;γ_5^{2-1}. 中—细粒花岗岩

图 9-19 x14-3号测线地质、地电异常综合剖面图

9.2.4.4 土壤汞气测量

利用土壤汞气 H_3 测量方法指导找矿工作是勘查地球化学中相对简便易行、快速且有一定实效的地球化学找矿方法之一，尤其适合于覆盖区隐伏热液矿床的找矿勘查工作。王可勇等(2010)在金厂矿区开展 H_3 测量，其剖面如图 9－20 所示。

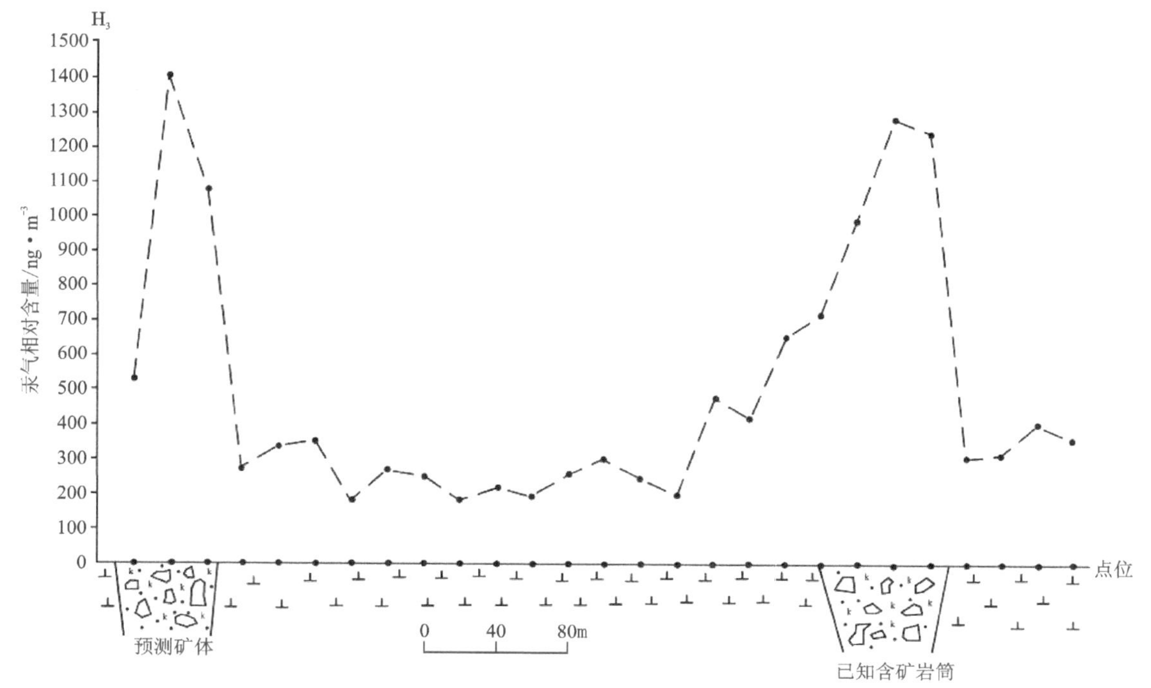

图 9－20 黑瞎子沟 H_3 剖面土壤汞气含量变化曲线图

该测汞剖面位于金厂乡南 2km 处的黑瞎子沟东侧山坡位置，剖面总体呈北西-南东向展布，全长约 520m。按 20m 点间距，沿剖面共布置壤中汞气测量点 26 个。测量结果显示，各测量点壤中汞气相对含量最低为 183ng/m³，最高达 1401ng/m³，变化范围为 183～1401ng/m³。在土壤汞气含量变化剖面图上(图 9－20)，沿该剖面壤中汞气相对含量明显存在两处高值点：①第一个高值点壤中汞气相对含量为 990～1287ng/m³，位于剖面的南端部位，宽度在 60m 以上，通过地表地质检查，该处发育一长轴长度近 50 余米的椭圆形爆破角砾岩筒，取样化验结果表明金矿化较好；②第二个高值点位于剖面的北端，壤中汞气相对含量达 1071～1401ng/m³，宽度 40～50m。该地段第四系覆盖较重无基岩出露，遥感解译图像显示该区发育一椭圆形环状构造，由此推测该区可能存在另一隐伏的矿化角砾岩筒。

土壤汞气地球化学测量剖面研究结果表明，区内土壤中汞气含量背景值一般为 200～300ng/m³，最高不超过 500ng/m³；在剖面土壤中汞气含量超过 600ng/m³ 的地段，经地质调查或钻孔验证多处已发现了金矿(化)体。这就表明壤中汞气含量超过 600ng/m³ 可作为该区找矿的重要土壤地球化学标志之一。

9.3 综合找矿模型

综合找矿模型是将地质、遥感、地球物理、地球化学等不同方面获取的多源地质找矿信息经进一步的优化、加工处理后，转化为相互关联的间接信息。

矿床类型是建立矿床模型的地质前提,矿床模型的应用方向是建立模型的关键,经验模型与理论模型交叉与融合是建立矿床模型的核心。这3条是矿床模型研究中必须坚持的原则,也是建立找矿模型的重要原则,它基本明确了找矿模型的定位和建设方向。所谓找矿模型,不管其成熟度如何,均以经验模型与理论模型的各类信息的兼收并蓄为基础,以找矿为目的,以特征、标志等事实资料为基本内容,以标志、特征、数据组合(不是成因和假设)为依据,形成准则和判据指导找矿。从广义上来说,找矿模型包括区域找矿模型、局部找矿模型、矿床找矿模型;从狭义上来说,找矿模型是指局部找矿模型。

金厂矿区成矿地质条件非常有利,除已发现的20余处金矿体外,其外围地区仍显示出较好的进一步找矿前景。在今后的找矿工作中,应进一步优化组合找矿方法,这对提高找矿工作效益有着重要的意义。因此,在综合研究前人工作基础上,提出找矿模型(图9-21),通过建立找矿模型,圈定成矿靶区,达到投入最小化、利益最大化。

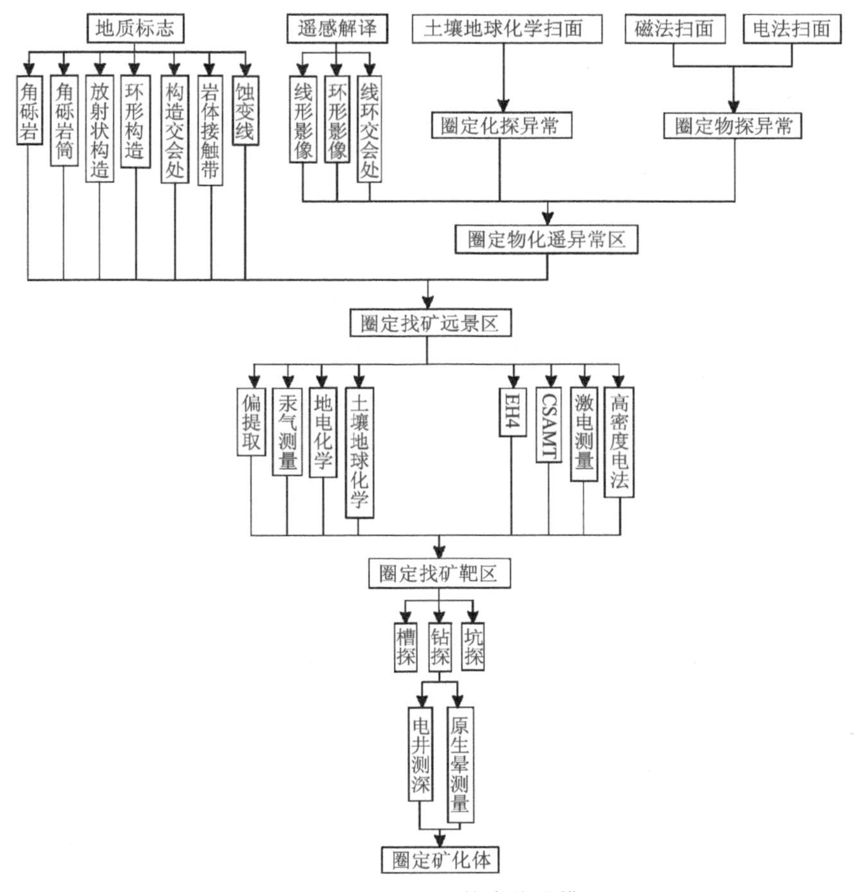

图9-21 金厂矿区综合找矿模型

9.4 找矿预测

找矿预测是应用基础地质和矿床地质的理论和有关技术方法,分析区域(或矿区)中的成矿条件和找矿信息,推断可能存在的矿床及其基本特征。找矿预测的最终成果表现为划定成矿远景区和找矿靶区。

成矿远景区是指具有有利的成矿地质条件,可能发现某些矿产的地区。它是在成矿预测或区域地质调查、矿产普查的基础上,根据成矿规律的研究结果而确定的进一步矿产普查的重点地区。成矿远景区主要指区域上的找矿预测。

找矿靶区是指综合分析找矿地质准则和找矿标志，或通过数学地质方法提取综合找矿信息，并与已知矿床类比进行成矿预测基础上，选定找矿靶区。根据表征矿床发现概率大小的一些综合性指标，常常将找矿靶区划分成不同的级别。成矿靶区主要是指矿田或矿区范围内。

结合金厂矿区综合找矿模型及遥感解译线性、环状构造，地球化学异常、地球物理异常、矿化特征和岩浆穹隆应力分析，本次完成找矿靶区圈定(图9-22)，其中一级找矿靶区5处，二级找矿靶区5处。

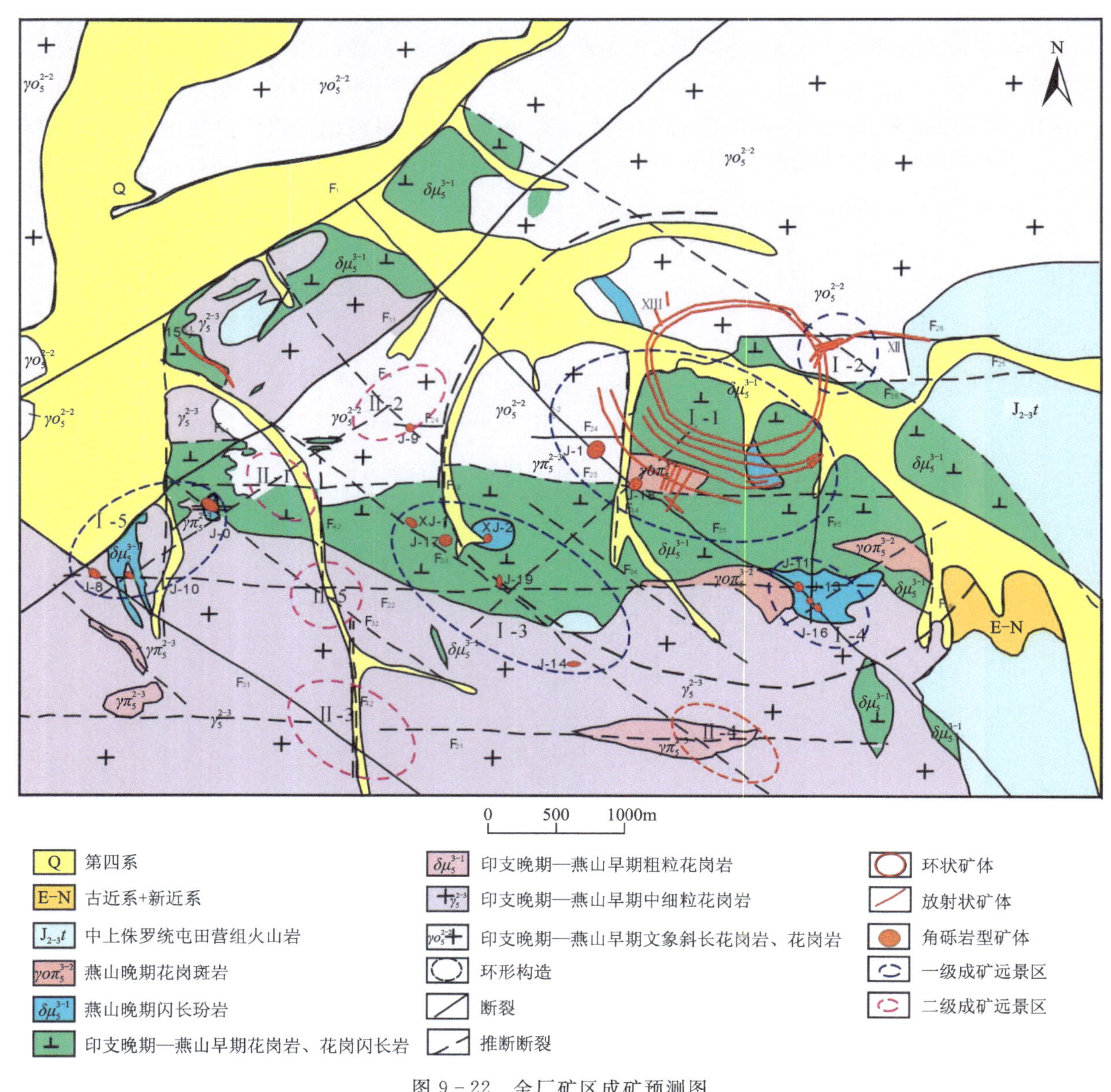

图9-22 金厂矿区成矿预测图

9.4.1 一级找矿靶区

1. 穷棒子沟Ⅰ-1找矿靶区

本区段内已产出矿区最大的角砾岩型矿体J-1号矿体、环状Ⅱ号脉群和18号脉群及放射状Ⅲ号脉群和J-1筒采坑中放射状脉；地段所处地发育闪长玢岩和较早期花岗岩类接触带，深部发现了花岗斑岩脉；地段内北西向、近东西向和南北向及北东向断裂发育，且处于岩浆穹隆南西部的上盘，环状断裂和放射状断裂发育区；小型环状构造发育；呈北东-南西展布的哑铃状电-2异常的北东部分布其中；同时发育有Ht5土壤地球化学金异常。靶区内找矿方向：①放射状脉，包括新的放射状脉和已知Ⅲ号放射状脉的南西延长和延深；②18号脉深部环状矿体；③已知Ⅱ号环状脉群深部和Ⅱ-4号脉往外侧往邢家沟一带新的环状脉(如新发现的Ⅱ-5号脉，地表断续延长约2km，延深已控制约300m，在J-1筒四中段(180m)处黄铁矿化、高岭土化蚀变带，控制长度为300m，呈弧形，厚5～30cm不等，产状220°∠74°，Au品位为2.57×10^{-6}；在五中段(130m)处，石墨化、黄铁矿化强烈，厚50cm，产状240°∠46°，Au品位为5.10×10^{-6}；在六中段(80m)处石墨化、黄铁矿化强烈，呈浸染状，厚70cm，产状240°∠48°，Au品位为3.43×10^{-6}；在四中段Ⅱ-5号脉南西外侧产出一破碎蚀变带，黄铁矿化、高岭土化蚀变带，厚5～30cm不等，产状220°∠74°，Au品位为2.57×10^{-6}，可能为环状脉西南方向的新脉体Ⅱ-6号脉；④新的角砾岩型矿体，如穷棒子沟东部，沿北西向断裂产出一角砾岩体，角砾岩产于北侧花岗岩和南侧闪长玢岩接触带的北侧早期花岗岩中，地表矿化蚀变较弱，应对深部进行评价。

2. 石门Ⅰ-2找矿靶区

找矿靶区位于半截沟岩浆穹隆东北部，本区内已产出近东西向的Ⅻ号脉群和多条北东向的放射状脉群；地段所处地发育闪长玢岩和较早期花岗岩类接触带；地段内北西向、近东西向断裂发育，且处于岩浆穹隆北东部应力相对集中区，环状断裂较发育，放射状断裂发育；同时发育呈东西向展布的电-10异常和Ht6土壤地球化学金异常。靶区内找矿方向：①Ⅻ号放射状脉群深部；②往穹隆内侧新的放射状脉和环状脉。

3. Ⅰ-3找矿靶区

找矿靶区位于邢家沟中上部，本区是下一步矿区找矿最有望突破的地段。本地段内已产出J-17号、J-14号、J-19号矿体。地段所处地发育闪长玢岩和较早期花岗岩类接触带南带，同时有闪长玢岩的岩株、岩脉产出。地段内北西向、近东西向和南北向及北东向断裂发育，松树砬子-邢家沟大型环状构造切过本地段，发育许多小型环状构造；呈北东-南西展布的哑铃状电-2异常的南西部分布其中；同时发育有Ht9、Ht10土壤地球化学金异常，地电地球化学异常区也主要集中于本地段。靶区内找矿方向：①已知角砾岩型矿体的深部；②新的角砾岩型矿体(如邢家沟东侧新发现XJ-1号矿体，受北西向断裂控制，据地表采出矿石和围岩观察，岩石类型复杂，岩体产于闪长玢岩上部早期花岗岩中，角砾成分复杂，角砾棱角状、胶结物较少，蚀变相对较弱，主要有高岭土化、绿泥石化，并发育有蚀变晕圈，主要矿化为褐铁矿化、孔雀石化；地表角砾特征、矿化特征表明出露为岩体上部，深部有一定找矿前景；邢家沟东部新发现的XJ-2号矿体，矿石矿化为黄铁矿细脉-浸染状闪长岩矿化，与高丽沟细脉-浸染状闪长岩矿化有一定的相似之处，就是说在邢家沟有发现与高丽沟J-1号矿体相似的矿化脉体)；③岩浆穹隆构造控制的环状和放射状脉。

4. Ⅰ-4找矿靶区

找矿靶区位于大狍子沟上游，本地段内已产出呈北西向串珠状产出的J-11号、J-13号和J-16号矿化角砾岩体；角砾岩体产于闪长玢岩接触带上部附近的上覆岩层中，地段内北西向、近东西向和南北向及北东向断裂发育，地段所在区，发育闪长玢岩与花岗岩接触带；电-6、电-7物探异常和Ht11、Ht12土壤地球化学金异常发育。

找矿靶区内找矿目方向：①已知角砾岩型矿体的深部，J-11号矿体地表岩体未出露，岩体由地表往下角砾变小，并出现黄铜矿化，岩体规模变大，预示深部有一定的前景；②新的角砾岩型矿体，主要指呈北西向展布的J-11号、J-13号和J-16号的南东侧和北西侧电-6异常内及Ht12异常内。

5. Ⅰ-5找矿靶区

找矿靶区位于矿区西南部八号硐—高丽沟一带，为北东向的椭圆形，本地段内已产出J-0号、J-8号、J-10号矿体；地段所处地发育闪长玢岩和较早期花岗岩类接触带；地段内北西向、近东西向和南北向及北东向断裂发育；小型环状构造发育；发育电-4和电-3异常。靶区内找矿方向为角砾岩型矿体。

9.4.2 二级找矿靶区

1. Ⅱ-1找矿靶区

找矿靶区位于黑瞎子沟中部西侧，北东向、东西向和近南北向断裂构造在此交会；北部早期花岗岩类岩石和闪长玢岩在此呈近东西向断裂接触，是闪长玢岩接触带发育部位；电-22异常呈北西向展布，三级分带明显。下一步找矿方向为角砾岩型矿体。

2. Ⅱ-2找矿靶区

找矿靶区位于邢家沟，已发现J-9号角砾岩型矿体，近东西向、北东向和北西向断裂在本地段交会；区内主要出露早期花岗岩类岩石，电-23异常呈北西向展布。下一步找矿方向为角砾岩型矿体。

3. Ⅱ-3找矿靶区

找矿靶区位于黑瞎子沟中上部西侧，北东向、东西向和近南北向断裂构造在此交会，主要出露早期花岗岩类岩石。按近等距性原则推测深部可能存在花岗斑岩侵入体。下一步找矿目标为角砾岩型矿体和岩浆穹隆裂控型矿体。

4. Ⅱ-4找矿靶区

找矿靶区位于穷棒子山顶附近，出露早期花岗岩类岩石，近东西向构造和北西向构造在此交会；发育有Ht12土壤地球化学金异常，小型环状构造发育。下一步找矿方向为角砾岩型矿体和岩浆穹隆裂控型矿体。

5. Ⅱ-5找矿靶区

找矿靶区位于黑瞎子沟中上部东侧，北东向、东西向和近南北向断裂构造交会附近；北部为闪长玢岩，南部为早期花岗岩类岩石，接触带构造发育；接触带中发育电-14异常和Ht8土壤地球化学异常；地表发现有早期岩浆岩角砾岩，角砾棱角状可拼接，且无胶结物。下一步找矿方向为角砾岩型矿体。

9.5 找矿突破

在综合找矿模型及找矿预测的基础上，本次确定了刑家沟Ⅰ-3找矿靶区和大狍子沟Ⅰ-4找矿靶区为下一步重点工作区。在此指导思想的基础上，矿区的找矿工作取得了突破性的进展，两个靶区共施工10个钻孔，其中7个钻孔见矿(化)，主要表现在4个方面。

1. 刑家沟Ⅰ-3 找矿靶区

本靶区所处发育闪长岩和较早期花岗岩类接触带，同时有闪长玢岩的岩脉产出；靶区内北西向、近东西向和南北向及北东向断裂发育，松树砬子-邢家沟大型环状构造切过本地段，是线环交会处，发育许多小型环状构造；呈北东-南西展布的哑铃状电-2 异常的南西部分布其中；同时发育有 Ht9、Ht10 土壤地球化学金异常。

因此，刑家沟Ⅰ-3 找矿靶区找矿潜力巨大。近年来，本区加大了找矿投入，偏提取、地电化学、可控源音频大地电磁先后在本区进行深部找矿预测，于 2010 年进行钻孔(J14ZK1955)验证，取得了非常好的见矿效果。

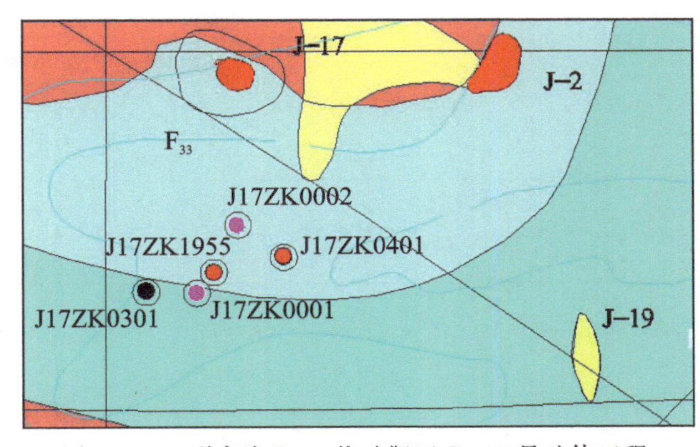

图 9-23　刑家沟Ⅰ-3 找矿靶区 J-17 号矿体工程布置及见矿效果示意图

2011 年加大了钻探工程的投入，J-17 号矿体(图 9-23)共施工 5 个钻孔，其中 2 个钻孔见矿(J14ZK1955、J17ZK0401)，2 个钻孔见矿化(J17ZK0001 矿化不连续，Au 最高品位为 0.78×10^{-6}；J17ZK0002 矿化较好且连续，品位未报出)，1 个钻孔见微弱矿化(J17ZK0301)，Au 最高品位为 0.28×10^{-6}。

J14ZK1955 号钻孔见矿效果最好，孔深 500.00m，该孔全孔矿化，矿化主要为团块状、浸染状、细脉状，有黄铁矿化、绿泥石化、硅化、钾长石化、绿帘石化，局部见少量铅锌矿化、磁铁矿化、黄铜矿化。0～314.30m 主要原岩为闪长岩、闪长玢岩、局部夹花岗岩；314.30～442.00m 主要为角砾岩，角砾成分复杂，主要为钾长质花岗岩、少量闪长质角砾，角砾岩部分普遍矿化蚀变程度高，黄铁矿化多以团块状、网脉状产出于胶结物内，少量穿插于角砾内部。根据分析成果，该孔 Au 品位大于 1×10^{-6} 的样品 25 个，其中 399.00～403.00m 连续见矿，Au 最高品位为 71.40×10^{-6}，平均品位为 21.13×10^{-6}。

J17ZK0401 号钻孔，倾角 70°，孔深 489.31m，岩芯为闪长岩及花岗岩，87.10～101.20m 见角砾岩，角砾岩蚀变较强，以绿泥石化、微细浸染状黄铁矿化为主，92.50～93.71m 段 Au 品位为 1.54×10^{-6}，93.71～94.71m 段 Au 品位为 253.00×10^{-6}。

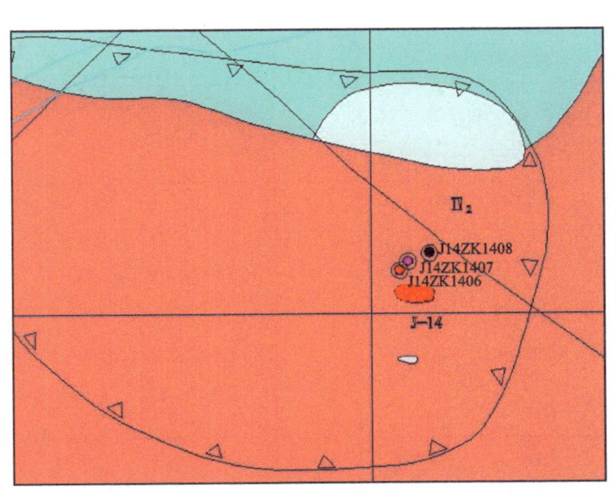

图 9-24　刑家沟Ⅰ-3 找矿靶区 J-14 号矿体工程布置及见矿效果图示意图

在综合模型的基础上，对 J-14 号矿体(图 9-24)施工 3 个钻孔进行控制。J14ZK1406 孔见矿，J14ZK1407 孔见矿化，J14ZK1408 孔未见矿。J14ZK1406 号钻孔，倾角 80°，方位 40°，孔深 482.60m。其中 254.63～441.50m 主要为角砾岩，其内断续有闪长岩脉、钾长细晶花岗岩脉穿插现象，矿化蚀变强烈，见黄铁矿化、绿泥石化、绢云母化、硅化，少量黄铜矿化、铅锌矿化。钻孔共穿过 4 层矿体：①J-14-1，356.9～375.4m，厚度 18.5m，Au 平均品位为 2.10×10^{-6}；②J-14-2，381.61～383.72m，厚度2.11m，Au 平均品位为 1.24×10^{-6}；③J-14-3，393.20～413.50m，厚度 20.3m，Au 平均品位为 2.10×10^{-6}；④J-14-4，434.9～439.15m，厚度 5.48m，Au 平均品位为 2.51×10^{-6}。

2. 大狍子沟Ⅰ-4找矿靶区

JⅪ-1ZK1601号钻孔，倾角80°，孔深447.32m。岩芯主要为花岗闪长岩，矿化蚀变普遍。钻孔内矿化不连续（表9-1）。

表9-1 JⅪ-1ZK1601号钻孔见矿情况一览表

孔深/m	岩性	矿化蚀变	（深度/m）/（品位/10^{-6}）
0～113.00	花岗闪长岩	39.30～39.80m：黄铁矿化、绿泥石化；66.56～70.00m：闪长岩角砾，见黄铁矿化、绿泥石化	(85.70～105.06)/(0.2)、(88.74～89.74m)/(1.52)
113.00～167.90	闪长岩	139.40m见黄铁矿化	(131.83～133.03)/(2.62)、(139.03～140.33)/(1.45)
167.90～282.90	花岗闪长岩	黄铁矿化普遍，蚀变弱	(177.63～179.13)/(0.50)、(179.13～180.63)/(0.71)、(180.63～181.63)/(1.68)、(181.63～182.63)/(1.69)、(182.63～183.63)/(1.02)
282.90～284.20	闪长岩	黄铁矿化普遍，蚀变弱	
284.20～447.32	花岗闪长岩	284.20～285.20m见黄铜矿化、黄铁矿化、硅化	(284.20～285.20)/(1.82)

JⅪ-1ZK0002号钻孔，倾角76°，孔深550.35m。岩芯为花岗闪长岩，矿化蚀变普遍，但未形成规模（表9-2）。

表9-2 JⅪ-1ZK0002号钻孔见矿情况一览表

孔深/m	岩性	蚀变	（深度/m）/（品位/10^{-6}）
0～30.22	花岗闪长岩	黄铁矿化、绿泥石化、绿帘石化	
30.22～37.05	花岗岩	绿泥石化、黄铁矿化	
37.05～207.39	花岗闪长岩、花岗岩交替出现，以花岗闪长岩为主	黄铁矿化、绿泥石化普遍，但强度不高，黄铁矿化主要以微细浸染状、细脉状产出	
207.39～231.34	花岗岩	黄铁矿化普遍，绿泥石化、高岭土化	(227.08～228.08)/(0.85)
231.34～550.35	花岗闪长岩	浸染状、细脉状黄铁矿化、弱硅化、高岭土化	(342～343)/(1.30) (343～344)/(1.39) (344～345)/(5.40) (345～346.42)/(2.42)

JⅪ-1ZK2401号钻孔（表9-3），孔深333.69m，岩芯为花岗闪长岩，蚀变可见绿泥石化、高岭土化。其中，33.70～34.70m段Au品位为1.54×10^{-6}；181～182m段Au品位为1.15×10^{-6}；182～183m段Au品位为3.36×10^{-6}；183～184m段Au品位为0.80×10^{-6}。

表 9-3 JⅪ-1ZK2401 号钻孔见矿情况一览表

孔深/m	岩性	蚀变	(深度/m)/(品位/10^{-6})
0～39.15	花岗闪长岩	鳞片状黄铁矿化、绿泥石化、绿帘石化	(29～30)/(0.64)、(33.7～34.7)/(1.54)、(34.7～35.95)/(0.16)、(35.95～36.75)/(0.59)、(36.75～37.75)/(0.96)
(39.15～48.15)	闪长岩	绿泥石化、黄铁矿化	
48.15～90.50	花岗闪长岩	黄铁矿化沿裂隙发育、绿泥石化	
90.50～111.24	闪长岩	黄铁矿化细脉、鳞片状产出，绿泥石化	
111.24～333.69	花岗闪长岩	浸染状、细脉状黄铁矿化岩裂隙发育、绿泥石化、弱硅化、高岭土化	(181～182)/(1.15)、(182～183)/(3.36)、(183～184)/(0.89)、(184～185)/(0.22)、(185～186)/(0.51)、(196.7～197.7)/(0.91)

3. 高丽沟Ⅰ-5 找矿靶区

高丽沟J-0号为隐爆角砾岩与坍塌角砾岩复合型矿体，在J-0号矿体五中段见到了含磁铁矿的多金属矿石，且五中段矿体范围相对四中段明显扩大，深部是否存在斑岩型矿体需进一步工作。在J-1号矿体西部和西南部发现金矿(化)体，高丽沟北发现一闪长玢岩脉，矿化连续，以浸染状黄铜矿化和黄铁矿化为主，打样金分析品位为 1×10^{-6}～2×10^{-6}；高丽沟南侧闪长岩与花岗岩接触带附近，拣块金分析品位为 61×10^{-6}，矿化为黄铜矿化、方铅矿化、闪锌矿化、黄铁矿化。说明高丽沟除J-0号矿体深部外，地表还有较大找矿潜力。

4. 石门Ⅰ-2 找矿靶区

石门找矿靶区发现一条弧形盲矿体，其产状大致平行于Ⅱ-1号，可能为Ⅱ号脉群的一条矿体，矿化蚀变较强，以石英-多金属硫化物脉为主，目前控制长度 140m。

参考文献

陈锦荣,金宝义,王科强,等,2000.黑龙江省东宁县金厂矿区及外围金矿成矿规律与深部预测[R].廊坊:武警黄金地质研究所:3-124.

陈锦荣,李汉光,金宝义,等,2002.黑龙江金厂J-1号金矿体地质特征及深部预测[J].黄金地质,8(4):8-12.

陈毓川,叶天竺,张洪涛,等,1999.中国主要成矿区带矿产资源远景评价[M].北京:地质出版社.

陈岳龙,唐金荣,刘飞,等,2006.松潘-甘孜碎屑沉积岩的地球化学与Sm-Nd同位素地球化学[J].中国地质,33(1):109-118.

陈祖斌,2008.黑龙江东宁金厂金矿18号矿体地震勘探成果剖面[R].长春:吉林大学.

初凤友,胡大千,于洪林,等,2004.黄铁矿晶体形态标型在金矿评价中的意义[J].吉林大学学报(地球科学版),34(4):531-535.

丁悌平,1997.中国某些特大型矿床的同位素地球化学研究[J].地球学报,18(4):373-381.

高立新,2011.中国东北地区地震活动的动力背景及其时空特征分析[J].地震,31(1):41-51.

韩先菊,刘烊,张慧玉,等,2010.森林覆盖区利用ASTER数据提取蚀变信息实验研究:以黑龙江省东宁县金厂金矿区为例[J].地质与勘探,46(431):1295-1300.

黄金莉,2010.中国大陆及重点地区多尺度地震层析成像及其构造意义[C]//中国地球物理学会.中国地球物理学会第二十六届年会暨中国地震学会第十三次学术大会论文集.宁波:中国地学物理学会.

嵇少丞,王茜,许志琴,2008.华北克拉通破坏与岩石圈减薄[J].地质学报,82(2):174-193.

吉林省地质矿产局,1988.吉林省区域地质志[M].北京:地质出版社.

贾国志,陈锦荣,杨兆光,等,2005.金厂特大型金矿床的地质特征与成因研究[J].地质学报,79(5):661-670.

贾正元,张贵宾,赵国凤,等,2009.黑龙江东宁县金厂矿区多种物探新方法寻找隐伏金矿研究和成矿预测[R].北京:中国地质大学(北京).

金巍,卿敏,2008.延边-东宁成矿带浅成(低温)热液型金矿成矿规律及找矿方向[R].长春:吉林大学.

李长民,2009.锆石成因矿物学与锆石微区定年综述[J].地质调查与研究,33(3):161-174.

李高山,1989.从金矿的找矿矿物学研究看量子矿物学的发展[J].长春地质学院学报,18(3):305-309.

李金祥,秦克章,李光明,2006.富金斑岩型铜矿床的基本特征、成矿物质来源与成矿高氧化岩浆-流体演化[J].岩石学报,22(3):678-688.

李胜荣,陈光远,邵伟,等,1994.胶东乳山金矿双山子矿区黄铁矿环带结构研究[J].矿物学报,14(2):152-156.

李胜荣，高振敏，1996. 华南下寒武统黑色岩系中的热水成因硅质岩[J]. 矿物学报，16(4)：416－422.

李胜荣，孙丽，张华锋，2006. 西藏曲水碰撞花岗岩的混合成因：来自成因矿物学证据[J]. 岩石学报，22(4)：884－894.

李真真，李胜荣，张华峰，2009. 黑龙江东宁县金厂金矿围岩蚀变和成矿年代学特征[J]. 矿床地质，28(1)：83－92.

鲁颖淮，张宇，赖勇，等，2009. 黑龙江金厂金矿田岩浆和成矿作用的 LA－ICPMS 锆石定年[J]. 岩石学报，25(11)：2902－2912.

罗先熔，2009. 黑龙江省东宁县金厂矿区多种新方法寻找隐伏金矿研究及找矿预测[R]. 桂林：桂林工学院隐伏矿床预测研究所.

毛景文，谢桂青，张作衡，等，2005. 中国北方中生代大规模成矿作用的期次及其地球动力学背景[J]. 岩石学报，21(1)：169－188.

毛景文，张作衡，余金杰，等，2003. 华北及邻区中生代大规模成矿的地球动力学-背景：从金属矿床年龄精测得到启示[J]. 中国科学(D 辑)，33(4)：289－299.

门兰静，2008. 黑龙江东宁县金厂超大型金矿床的地质地球化学特征及成矿模式[D]. 长春：吉林大学.

孟庆丽，周永昶，柴社立，2001. 中国延边东部斑岩-热液脉型铜金矿床[M]. 长春：吉林科学技术出版社.

慕涛，刘桂阁，项魁辰，等，1999. 黑龙江省东宁县金厂一带金矿成矿地质特征控矿地质条件及找矿方向研究[R]. 廊坊：武警黄金地质研究所.

彭玉鲸，纪春华，辛玉莲，2002. 中俄朝毗邻地区古吉黑造山带岩石及年代记录[J]. 地质与资源，11(2)：65－75.

秦江艳，2008. 黑龙江金厂岩体穹窿构造型金矿床的流体地球化学研究[D]. 北京：中国地质大学(北京).

卿敏，韩先菊，2002. 隐爆角砾岩型金矿研究述评[J]. 黄金地质，8(2)：1－7.

卿敏，唐明国，肖力，等，2012. 黑龙江省东宁县金厂金矿石英和闪锌矿激光$^{40}Ar－^{39}Ar$法年龄及其找矿意义[J]. 地质与勘探，48(5)：991－999.

芮宗瑶，侯增谦，曲晓明，等，2003. 岗底斯斑岩铜矿成矿时代及青藏高原隆升[J]. 矿床地质，22(3)：217－225.

芮宗瑶，张洪涛，王龙生，等，1995. 吉林延边地区斑岩型-浅成热液型金铜矿床[J]. 矿床地质，14(2)：99－126.

芮宗瑶，张立生，陈振宇，等，2004. 斑岩铜矿的源岩或源区探讨[J]. 岩石学报，20(2)：229－238.

邵克忠，栾文楼，1989. Bi－硫盐、Bi－碲化物-祈雨沟爆发坍塌角砾岩型金矿床成因及找矿标志[J]. 河北地质学院学报，12(3)：299－308.

苏文超，1997. 黔西南烂泥沟金矿黄铁矿热电性研究及其找矿意义[J]. 黄金地质，3(2)：7－12.

孙文斌，和跃时，2004. 中国东北地区地震活动特征及其与日本海板块俯冲的关系[J]. 地震地质，26(1)：122－132.

孙雨沁，2011. 黑龙江省金厂金矿蚀变岩研究及其找矿意义：以 18 号矿体为例[D]. 北京：中国地质大学(北京).

王可勇，卿敏，万多，等，2010. 黑龙江省东宁金厂金矿床成矿作用模式及找矿勘查模型研究[R]. 长春：吉林大学.

王声远，樊文苓，1994. Au 在 $SiO_2－HCl－H_2O$ 体系中 200 溶解度测定-硅化对金矿化的意义初探[J]. 矿物学报，14(1)：46－55.

王永,2006. 黑龙江金厂金矿岩浆穹隆内矿体流体地球化学特征及矿床成因探讨[D]. 北京:中国地质大学(北京).

王照波,2001. 隐爆岩及其形成模式探讨[J]. 地质找矿论丛,16(3):201-204.

肖力,卿敏,赵玉锁,等,2010. 黑龙江省东宁县金厂金矿成矿作用探讨[J]. 矿床地质,29(S):1005-1006.

肖力,赵玉锁,2009. 黑龙江省东宁县金厂矿区及外围金矿构造控矿规律与找矿预测研究[R]. 廊坊:武警黄金地质研究所.

徐文喜,2009. 黑龙江金厂金(铜)矿田地质特征、成矿规律与成矿模式[D]. 北京:中国地质大学(北京).

许佳琪,2017. 黑龙江金厂金矿床成矿作用及找矿标志[D]. 北京:中国地质大学(北京).

杨理勤,李玄辉,冯亮,等,2010. 金及多元素偏提取技术在金厂矿区森林与土壤覆盖区的找矿应用[R]. 廊坊:武警黄金地质研究所.

叶青,2006. 黑龙江省东宁县金厂斑岩型金矿热液蚀变及黄铁矿标型研究[D]. 北京:中国地质大学(北京).

翟明国,朱日祥,刘建明,等,2003. 华北东部中生代构造体制转折的关键时限[J]. 中国科学(D辑),33(10):913-920.

张德会,李胜荣,2005. 黑龙江金厂金矿岩体含矿性、矿床成因与成矿模式研究[R]. 北京:中国地质大学(北京).

张德会,张文淮,许国建,2001. 岩浆热液出溶和演化对斑岩成矿系统金属成矿的制约[J]. 地学前缘,8(3):193-202.

张华锋,2007. 黑龙江省东宁县金厂金矿的围岩蚀变特征与成矿时代、类型研究[R]. 北京:中国地质大学(北京).

张理刚,1985. 稳定同位素在地质科学中的应用[M]. 西安:陕西科学技术出版社.

张文淮,秦江艳,张德会,等,2008. 斑岩型Au矿床的包裹体标志:以黑龙江金厂金矿床为例[J]. 岩石学报,24(9):2011-2016.

张兴洲,穆石敏,陈琦,等,1999. 黑龙江板块群的地球动力学[M]. 北京:地质出版社.

张兴洲,杨宝俊,吴福元,等,2006. 中国兴蒙吉黑地区岩石圈结构基本特征[J]. 中国地质,33(4):816-823.

赵春荆,彭玉鲸,党增欣,等,1996. 吉黑东部构造格架及地壳演化[M]. 沈阳:辽宁大学出版社.

赵宏光,2007. 延边中生代浅成热液铜金矿床的成矿模式研究[D]. 长春:吉林大学.

周永昶,1992. 延边地区显生宙花岗岩成因系列及其构造演化序列:长春地质学院建院40周年论文集[C]. 长春:吉林科学技术出版社.

朱炳泉,常向阳,邱华宁,等,1998. 地球化学急变带的元古宙基底特征及其与超大型矿床产出的关系[J]. 中国科学(D辑),28:63-70.

朱成伟,陈锦荣,李体刚,等,2003. 黑龙江金厂金矿床地质特征及成因探讨[J]. 矿床地质,22(1):56-64.

CONDIE K C,1987. 大陆起源及其早期生长速度[J]. 世界地质,6(4):175-185.

SILLITOE R H,1997. Characteristics and controls of the largest porphyry copper - gold and epithermal gold deposits in the circum - Pacific region[J]. Australian Journal of Eatrh Science,44(3):373-388.

SILLITOE R H,2000. Gold - rich porphyry deposits:descriptive and genetic models and their role in exploration and discovery[J]. Reviews in Economic Geology,13:315-345.

SILLITOE R H,2010. Porphyry copper systems[J]. Economic Geology,105:3 - 41.

SUN S S,MCDONOUGH W F,1989. Chemical and isotope systematics of oceanic basalts:implications for mantle composition and processes[J]. Geological Society, London, Special Publication, 42 (1):313 - 345.

WU F Y,SUN D Y,GE W C,et al. ,2010. A fluid inclusion study of the Suicide Ridge Breccia Pipe,Cloncurry District,Australia:implication for Breccia genesis and IOCG mineralization[J]. Precambrian Research,179:69 - 87.

WU F Y,SUN D Y,LI H M,et al. ,2002. A - type granites in Northeastern China:age and geochemical constraints on their petrogenesis[J]. Chemical Geology,187:143 - 173.

WU F Y,YANG J H,LO C H,et al. ,2007. The Heilongjiang Group:a Jurassic accretionary complex in the Jiamusi Massif at the western Pacific margin of northeastern China[J]. The Island Arc,16: 156 - 172.

ZHAO D P,YU S,OHTANI E,2011. East Asia:seismotectonics,magmatism and mantle dynamics[J]. Journal of Asian Earth Sciences,40:689 - 709.

ZHAO X X,COE R S,ZHOU Y X,et al. ,1990. New plaeomagnetic results form northern China: Collision and suturing with Siberia and Kazakstan[J]. Tectonophysics,181:43 - 58.